高职高专"十二五"规划教材

食品检测技术

张 妍 主编

祝 妍 张丽萍 副主编

化学工业出版社

·北京·

本教材采用行动导向的教学方法编写。共分八章，分别为：食品检测的基础知识、食品的感官检测、物理检测、食品中营养成分的检测、食品安全成分的检测等。教材内容注重实践操作，按照国家最新标准进行检测，本书重点介绍了乳及乳制品的检测。

本书可作为高职高专食品类专业的教学用书，也可作为食品相关行业技术人员的专业参考书。

图书在版编目（CIP）数据

食品检测技术/张妍主编. —北京：化学工业出版社，2015.7

高职高专"十二五"规划教材

ISBN 978-7-122-23974-7

Ⅰ.①食… Ⅱ.①张… Ⅲ.①食品检验-高等职业教育-教材 Ⅳ.①TS207

中国版本图书馆 CIP 数据核字（2015）第 101958 号

责任编辑：陈有华　　　　　　　　　　　　文字编辑：刘志茹
责任校对：王素芹　　　　　　　　　　　　装帧设计：王晓宇

出版发行：化学工业出版社（北京市东城区青年湖南街 13 号　邮政编码 100011）
印　　刷：北京永鑫印刷有限责任公司
装　　订：三河市宇新装订厂
787mm×1092mm　1/16　印张 18　字数 444 千字　　2015 年 8 月北京第 1 版第 1 次印刷

购书咨询：010-64518888（传真：010-64519686）　售后服务：010-64518899
网　　址：http://www.cip.com.cn
凡购买本书，如有缺损质量问题，本社销售中心负责调换。

定　　价：36.00 元

前　言

本书根据高等职业院校食品类专业的职业培养目标，突出以理论够用、应用为主的高职教育特色，以行动导向的教学方法进行编写。

全书分为八章，内容包括：食品检测的基础知识、食品的感官检测、物理检测、食品中营养成分的检测、食品安全成分的检测。重点介绍了乳及乳制品的检测。每章开始有知识目标和技能目标，指出学生应达到的基本要求。在实训中有能力要求、详细的工作过程、工作简图及结果处理，注重学生的技能训练。章后有思考练习题，题型有填空题、选择题、判断题，以帮助学习者自我测试学习效果。

本书作为高职高专食品类专业学生的教材，也可作为食品检验人员的培训教材。

本书编写严格执行国家标准或企业标准，突出实用性和准确性。

本书由黑龙江旅游职业技术学院张妍担任主编并统稿，负责每章后的思考练习题、附录和附表的编写；黑龙江旅游职业技术学院张丽萍负责全书图示过程的绘制；黑龙江旅游职业技术学院宋玲玲编写第一章；黑龙江生物科技职业学院李伟编写第二章；黑龙江飞鹤乳业有限公司张蕊编写第三章；黑龙江职业学院张升华、旺旺食品有限公司哈尔滨分公司孙颖编写第四章；黑龙江飞鹤乳业有限公司李忠文编写第五章；黑龙江飞鹤乳业有限公司范晶编写第六章；黑龙江旅游职业技术学院祝妍编写第七章和第八章。

由于本教材涉及内容广泛，而编者水平有限，书中疏漏和不当之处在所难免，敬请读者批评指正。同时感谢同仁们提供的材料得以借鉴。

编　者
2015 年 3 月

目 录

CONTENTS

第四章　食品中营养成分的检测（一）

第五章　食品中营养成分的检测（二）

第六章　食品安全成分的检测（一）

第七章　食品安全成分的检测（二）

第八章　食品安全成分的检测（三）

附录

第一章 食品检测的基础知识

知识目标

1. 了解食品检测的目的和任务；了解国内外食品检测技术发展动态。
2. 熟悉食品检测的内容和范围；掌握食品检测的方法。
3. 了解食品检测的一般程序，学会食品样品的采集、制备和保存方法。
4. 了解有机物破坏法、溶剂提取法及蒸馏法等各种食品样品的预处理方法，以适应不同食品类型检测的需要。
5. 学会选择正确的检测方法，掌握食品检测的误差与数据处理方法。

技能目标

1. 能够正确地采集、制备及保存样品。
2. 正确进行误差分析及数据处理。

知识导入

随着社会的进步和生活水平的不断提高，人们对自身的健康予以了更多的关注。我国目前食品安全仍然存在比较严重的问题，食品添加剂、重金属等的污染是影响我国食品安全的主要因素，同时在投入品供给，农业产地环境，防疫体系，农产品生产、加工以及销售等环节仍然存在安全隐患。要减少食源性疾病，最理想的状况是市场上所有的食品都是合格的，这就要求在食品种植（养殖）、生产、加工、储存、运输、销售等各个环节都对食品进行检测及评估，以保证让合格的产品进入市场，减少对人类的危害。

食品的成分复杂，既含有如碳水化合物、蛋白质、脂肪、维生素、农药等有机大分子化合物，也含有许多如钾、钠、钙、铁、镁等小分子无机元素。它们以复杂的形式结合在一起，当以选定的方法对其中某种成分进行分析检测时，因其他组分的存在，常会产生干扰而影响被测组分的正确检出。为此在分析检测之前，必须采取相应的措施排除干扰。另外，有些样品特别是有毒、有害污染物，其在食品中的含量极低，但危害很大，完成这样组分的测定，有时会因为所选方法的灵敏度不够而难以检出，这种情形下往往需对样品中的相应组分进行浓缩，以满足分析检测方法的要求。样品预处理的目的就是为了解决上述问题。

数据分析是组织有目的地收集数据、分析数据，使之成为信息的过程。目的是把隐没在一大批看来杂乱无章的数据中的信息集中、萃取和提炼出来，以找出所研究对象的内在规律。在实际中，数据分析可帮助人们做出判断，以便采取适当措施。

一、食品检测的目的和任务

1. 食品检测的目的

食品是人类赖以生存的物质基础，是机体活动所需各种营养素和能量的供给源。因此，食品的质量、营养成分的存在量、被机体的利用率以及是否存在对人体有害的成分等，都是人们所关心的问题，更是食品安全关注者关注的对象。

2. 食品检测的任务

食品检测是应用物理、化学、物理化学、生物化学等相关学科的基础理论，对食品的组成及其含量（原料、辅料、半成品、成品、副产品、包装材料、排出的"三废"等）的检测与监测，以对产品的品质、营养、安全指标等方面做出评价。食品检测还可以对食品生产的工艺过程进行监控，以掌握生产情况，保证产品安全。同时，食品检测也可以对食品新资源和新产品的开发、新技术和新工艺的研究和应用提供可靠的依据，也是分析化学在食品生产中的应用。

在食品科学研究中，食品检测技术是不可缺少的手段，无论是理论性研究还是应用性研究，几乎都离不开食品的检测。食品检测在保证食品营养、食品安全（防止食物中毒及食源性疾病、控制食品污染）以及研究食品污染的来源与途径等方面都具有十分重要的意义。

二、食品检测的内容和范围

食品检测的内容主要包括：食品的感官检测、食品营养成分的检测、食品添加剂的检测及食品中有毒、有害物质的检测。

1. 食品的感官检测

食品的感官特征是食品的重要质量指标。食品质量的优劣最直接地表现在它的感官性状上，各种食品都具有各自的感官特征，除了色、香、味是所有食品共有的感官特征外，液态食品还有澄清、透明等感官指标，对固体、半固体食品还有软、硬、弹性、韧性、黏、滑、干燥等一切能为人体感官判定和接受的指标。品质好的食品不但要符合营养和安全的要求，而且要有良好的可接受性。目前，现行的国家标准对各类食品都制定了相应的感官指标标准。感官检测是食品质量与食品安全检验的主要内容之一，在食品检测中占有重要的地位。

2. 食品营养成分的检测

食品中的营养成分主要包括水分、矿物质、脂肪、碳水化合物、蛋白质与氨基酸、维生素六大类，这是构成食品的主要成分。不同的食品所含营养成分的种类和含量各不相同，在天然食品中，能够同时提供各种营养成分的品种较少，因此人们必须根据人体对营养的要求，进行合理搭配，以获得较全面的营养。为此必须对各种食品的营养成分进行检测，以评价其营养价值，为选择食品提供资料。此外，在食品工业生产过程中，对工艺配方的确定、工艺合理性的鉴定、生产过程的控制及成品质量的监测等，都离不开营养成分的检测。所以，食品营养成分的检测是食品检测中的主要内容。

3. 食品安全成分的检测（食品添加剂的检测）

食品企业在生产过程中，为了改善食品的感官特性、品质、营养等因素，或者为了延长保质期、加工工艺需要，常常会加入一些辅助材料，即食品添加剂。由于目前所使用的食品添加剂多为化学合成物质，有些对人体具有一定的毒性作用，故国家对其使用范围及使用量均作了严格的规定。为监督在食品生产中合理地使用食品添加剂，保证食品的安全性，必须对食品添加剂进行检测，因此，对食品添加剂的鉴定和检测也具有十分重要的意义，也是食品检测的一项重要内容。

4. 食品安全成分的检测（食品中有毒、有害物质的检测）

正常的食品应当无毒无害，符合应有的营养素要求，具有相应的色、香、味等感官特性。但食品在生产、加工、包装、运输、贮存、销售等各个环节中，由于产生或混入了对人体有急性或慢性危害的物质，而产生了食品污染，按其性质分，食品中的污染物主要有以下几类。

（1）有毒、有害元素　由于工业"三废"、生产设备、包装材料等对食品的污染所造成的，主要有砷、镉、汞、铅、铜、铬、锡等。

（2）农药和兽药残留　由于不合理地施用农药造成对农作物的污染，再经动植物体的富集作用及食物链的传递，最终造成食品中农药的残留。另外，兽药（包括兽药添加剂）在畜牧业中的广泛使用，对降低牲畜发病率与死亡率、提高饲料利用率、促进生长和改善产品品质方面起到十分显著的作用，已成为现代畜牧业不可缺少的物质基础。但是，由于科学知识的缺乏和经济利益的驱使，畜牧业中滥用兽药和超标使用兽药的现象普遍存在，因此导致动物性食品中兽药残留超标。

（3）细菌、霉菌及其毒素　这是由于食品的生产或贮藏环节不当而引起的微生物污染，例如危害较大的黄曲霉毒素。另外，还有动植物体中的一些天然毒素，例如贝类毒素、苦杏仁中存在的氰化物等。

（4）食品加工中产生的有毒、有害物质　在食品加工过程中也可产生一些有毒、有害物质。例如：在腌制过程中产生亚硝胺；在发酵过程中产生的醛、酮类物质；在熏制品加工过程中产生的苯并 $[a]$ 芘等。

（5）包装材料带来的有害物质　由于使用了质量不符合卫生要求的包装材料，例如聚氯乙烯、多氯联苯、荧光增白剂等有害物质，造成包装材料对食品污染。

三、食品检测的方法

在食品检测过程中，由于目的不同，或被测组分和干扰成分的性质以及它们在食品中存在的数量的差异，所选择的检测方法也各不相同。食品检测常用的方法有感官检验法、化学检验法、仪器检验法、微生物检验法和酶检验法等。

1. 感官检验法

感官检验法是通过人体的各种感觉器官（眼、耳、鼻、舌、皮肤）所具有的感觉、听觉、嗅觉、味觉和触觉，结合平时积累的实践经验，并借助一定的器具对食品的色、香、味、形等质量特性和卫生状况做出判定和客观评价的方法。感官检验有两种类型：一是以人的感官作为测量工具，测定食品的质量特征；二是以食品作为测试工具，测定人的嗜好、偏爱倾向。感官检验作为食品检测的重要方法之一，具有简便易行、快速灵敏、不需要特殊器材等特点，特别适用于目前还不能用仪器定量评价的某些食品特性的检验，如水果滋味的检验、食品风味的检验以及烟、酒、茶的气味检验等。

2. 化学检验法

化学检验法以物质的化学反应为基础，使被测成分在溶液中与试剂作用，由生成物的量或消耗试剂的量来确定组分含量的方法，包括定性分析和定量分析。定量分析包括称量分析法和容量分析法。容量分析法又包括酸碱滴定法、氧化还原滴定法、配位滴定法和沉淀滴定法。

化学检验法是食品检测技术中最基础、最重要的检测方法。

3. 仪器检验法

仪器检验法以物质的物理或物理化学性质为基础，利用光电仪器来测定物质含量的方法称为仪器检验法。包括物理检验法和物理化学检验法。

物理检验法是通过测定密度、黏度、折射率、旋光度等物质特有的物理性质来求出被测组分含量的方法。如密度法可测定糖液的浓度、酒中酒精含量、检验牛乳是否掺水、脱脂等；折光法可测定果汁、番茄制品、蜂蜜、糖浆等食品的固形物含量等；旋光法可测定饮料中蔗糖含量、谷类食品中淀粉含量等。

物理化学检验法是通过测量物质的光学性质、电化学性质等物理化学性质来求出被测组分含量的方法。它包括光学分析法、电化学分析法、色谱分析法、质谱分析法等，食品检测中常用的是前三种方法。光学分析法又分为紫外-可见分光光度法、原子吸收分光光度法、荧光分析法等，可用于测定食品中无机元素、碳水化合物、蛋白质、氨基酸、食品添加剂、维生素等成分。电化学分析法又分为电导分析法、电位分析法、极谱分析法等。电导法可测定糖品灰分和水的纯度等；电位分析法广泛应用于测定 pH、无机元素、食品添加剂等成分；极谱分析法已应用于测定重金属、维生素、食品添加剂等成分。色谱分析法包含许多分支，食品检测中常用的是薄层色谱法、气相色谱法和高效液相色谱法，可用于测定有机酸、氨基酸、维生素、农药残留量及黄曲霉毒素等成分。

仪器检验法具有灵敏、快速、操作简单、易于自动化操作等优点。随着科学技术的发展，仪器检验法已越来越广泛应用于现代食品检测中。

4. 微生物检验法

微生物检验法基于某些微生物生长需要特定的物质，通过对细菌、病毒进行观察、检验来判定微生物的污染程度的检验方法。此方法条件温和，克服了化学分析法和仪器分析法中某些被测成分易分解的弱点，方法的选择性也高。常用于维生素、抗生素残留量、激素等成分的检测中。

四、食品检测的发展方向

近几年来，随着科技的发展，食品检测技术主要朝着以下几个方向发展。

1. 食品检测的仪器化和快速化

科技先进的国家在食品检测中已基本上采用仪器分析代替手工操作的老方法。气相色谱仪、高效液相色谱仪、氨基酸自动分析仪、原子吸收分光光度计以及可进行光谱扫描的紫外-可见分光光度计、荧光分光光度计等均已在食品检测中得到了普遍应用。我国目前很多食品企业也采用上述仪器开展了各种食品成分的检测工作。为提高检验精度和准确度，还需要发展综合型仪器；为提高常规检测的工作效率，还需研究快速和简便的检测方法。

2. 食品检测的自动化

自动化检测技术的开发研究始于 20 世纪 50 年代末期。由程序分析器的应用发展至连续流动分析检验方法，食品中的某些维生素、微量元素、脂肪酸、氨基酸等的测定均可用上述自动化流程进行分析检测，免除了繁重的手工操作。我国正在逐步开展上述各种自动化分析检验方法。

3. 无损分析检测和在线分析检测

食品检测在操作中大多采取对抽检的样品进行破坏实验，虽然抽检的样品占总体积的比例很小，但是从经济角度来看也是一种消耗。随着检测技术的提高，已出现和发展了低耗和无损耗的检测技术。目前，有些项目的检测已经可以在生产线上完成，如线上细菌检验、线上容量检验等，这样不仅降低了消耗，减少了检验工作量，而且加快了生产的节奏，提高了经济效益。

4. 综合性学科内容及其技术的融合分析检验

随着生物技术、材料力学理论的发展及其在食品检测中的应用，已出现了许多新的检验方法。如生物传感检验技术、酶标检验、生物荧光、酶联免疫分析、流变性检验、分子印模技术等跨学科跨专业的综合性分析检验方法的出现，使得食品检测技术无论从成分到结构形态的定性、定量及检验范围和检出限方面都得到了极大的进步和改善。

总之，随着科学技术的进步和食品工业的发展，食品检测技术的发展十分迅速，国际上有关食品检测技术方面的研究开发工作至今方兴未艾，许多学科的先进技术不断渗透到食品检测中来，形成了日益增多的检测方法和分析仪器设备。许多自动化检测技术在食品检测中已得到普遍的应用。这些不仅缩短了分析时间，减少了人为的误差，而且大大提高了测定的灵敏度和准确度。同时，随着人们生活和消费水平的不断提高，人们对食品的品种、质量、安全等要求越来越高，相应地要求检测的项目也越来越多；食品检测由单一组分的检测正向多组分的检测发展。

五、食品样品的采集、制备及保存

1. 样品的采集

（1）采样的目的与原则　食品检测的一般程序为：样品的采集、制备和保存、样品的预处理、成分检测、数据处理及检测报告的撰写。

样品的采集是食品检测的第一步。采样就是从大量分析对象中抽取具有代表性的一部分作为检测材料的过程。抽取的检测材料称为样品或试样。

采样必须遵守两个原则：

① 采集的样品要均匀，具有代表性，能反映全部被测食品的组分、质量和安全状况；

② 采样过程中要设法保持原有的理化指标，防止成分逸散或带入杂质。

在食品检测过程中，不论是原料或者是半成品、成品，由于受到产地、品种、成熟期、加工与储藏方法等不同的影响，其成分、含量等都会有很大变化。对于相同的检测样品，不同的部分其组成也会有所不同，因此如何正确采样关系到检测结果的可靠性和准确性，不可随意进行。

采样检测的目的还在于检测试样感官性质上有无变化，食品的一般成分有无缺陷，加入的添加剂等外来物是否符合国家的标准，食品的成分有无掺假现象，食品在生产运输和储藏过程中有无重金属、有害物质、各种微生物的污染以及有无变化和腐败现象。由于检测时采样不多，其检测结果必须代表整箱或整批食品的结果。因此，采样必须具有代表性（采集的样品能代表全部的检测对象）。

（2）样品的分类　样品种类可分为大样、中样和小样三种。大样是指一整批；中样是从样品各部分取得的混合样品；小样是指做检测用的，称为检样。检样一般以 25g 为准，中样以 200g 为准。

采样一般分为以下几步进行：

待检样品→原始样品→平均样品→检验样品、复检样品、保留样品

原始样品：将许多份待检样品混合在一起，得到能代表本批食品的样品。

平均样品：把原始样品经过处理，按照一定的方法和程序抽取一部分作为最后的检测样品。

检验样品：由平均样品中分出用于全部项目检测用的样品。

复检样品：对检测结果有异议时，可以根据情况进行复检，用于复检的样品。

保留样品：对某些样品，需要封存一定时间，以备再次检测。

（3）采样的一般方法　采样一般分随机抽样和代表性取样两种方法。

随机抽样：从大批待检样品中抽取部分样品。为保证样品具有代表性，取样时应从被测样品的不同部位分别取样，混合后作为被检试样。随机抽样可以避免人为倾向因素的影响，但这种方法对难以混合的食品则达不到效果，必须结合代表性取样，才能完全代表样品集。

代表性取样：是用系统抽样的方法进行采样，已经了解样品随位置和时间的变化规律，按照规律进行取样。

具体采样方法如下。

① 简单随机取样　这种方法要求样品集中的每一个样品都有相同的被抽选的概率，首先需要定义样品集，然后再进行抽选。

② 分层随机抽样　在这种方法中，样品集首先被分为不重叠的子集，称为层。如果从层中的采样是随机的，则整个过程称为分层随机抽样。这种方法通过分层降低了错误的概率，但当层与层之间很难清楚地定义时，可能需要复杂的数据分析。

③ 整群抽样　在简单随机抽样和分层随机抽样中，都是从样品集中选择单个样品，而整群抽样则从样品集中一次抽选一组或一群样品。这种方法在样品集处于大量分散状态时可以降低时间和成本的消耗。这种方法不同于分层随机抽样，它的缺点也是有可能不代表整群。

④ 系统抽样　首先在一个时间段内选取一个开始点，然后按有规律的间隔抽选样品。由于采样点均匀分布，这种方法比简单随机抽样更精确，但是如果样品有一定周期性变化，则容易引起误导。

⑤ 混合抽样　这种方法从各个散包中抽取样品，然后将两个或更多的样品组合在一起以减少样品间的差异。

（4）各类食品的采样　由于食品种类繁多，有罐头类食品，有乳制品、饮料、蛋制品和各种小食品（糖果、饼干类）等。另外食品的包装类型也很多，有散装（粮食、食糖），还有袋装（食糖）、桶装（蜂蜜）、听装（罐头）、木箱或纸盒装（禽、兔和水产品）、瓶装（酒和饮料）等。食品采样的类型也不一样，有的是成品样品，有的是半成品样品，有的还是原料或辅料的样品。尽管商品的种类不同，包装形式也不同，但是采取的样品一定要具有代表性，也就是说采样要能代表整个批次的样品结果，对于各种食品采样方法中都有明确的采样数量和方法说明。

① 颗粒状样品　对于这些样品采样时应从某个角落，上、中、下各取一部分，然后混合，用四分法得平均样品。

② 半固体样品　对桶（缸、罐）装样品，确定采样桶（缸、罐）数后，用虹吸法分上、中、下三层分别取样，混合后再分取，缩减得到所需数量的平均样品。

③ 液体样品 先混合均匀，分层取样，每层取 500mL，装入瓶中混匀得平均样品。

④ 小包装的样品 对于小包装的样品是连同包装一起取样（如罐头、奶粉），一般按生产班次取样，取样数为 1/3000，尾数超过 1000 的取 1 罐，但是每天每个品种取样数不得少于 3 罐。

⑤ 鱼、肉、果蔬等组成不均匀的固体样品 不均匀的固体样品类，根据检测的目的，可对各个部分分别采样，经过捣碎混合成为平均样品。

不均匀的固体样品（如肉、鱼、果蔬等），可对各个部分（如肉，包括脂肪、肌肉部分；蔬菜包括根、茎、叶）捣碎混合成为平均样品。如果分析水对鱼的污染程度，只取内脏即可。部位极不均匀，个体大小及成熟度差异大，更应该注意取样的代表性。个体较小的鱼类可随机取多个样，切碎、混合均匀后分取缩减至所需要的量；个体较大的鱼，可从若干个体上切割少量可食部分，切碎后混匀，分取缩减。果蔬类先去皮、核，只留下可食用的部分。体积小的果蔬，如葡萄等，随机取多个整体，切碎混合均匀后，缩减至所需量。对体积大的果蔬，如番茄、茄子、冬瓜、苹果、西瓜等，按个体的大小比例，选取若干个个体，对每个个体单独取样。取样方法是从每个个体生长轴纵向剖成 4 份，取对角线 2 份，再混合缩分，以减少内部差异；体积膨松型如油菜、菠菜、小白菜等，应由多个包装（捆、筐）分别抽取一定数量，混合后做成平均样品。包装食品（罐头、瓶装饮料、奶粉等）批号，分批连同包装一起取样。如小包装外还有大包装，可按比例抽取一定的大包装，再从中抽取小包装，混匀后，作为采样需要的量。各类食品采样的数量、采样的方法如有具体规定，可予以参照。

（5）采样注意事项

① 采样所用工具都应做到清洁、干燥、无异味，不能将有害物质带入样品中。供微生物检验的样品，采样时必须按照无菌操作规程进行，避免取样染菌，造成假染菌现象；检测微量或超微量元素时，要对容器进行预处理，防止容器对检测的干扰。

② 要保证样品原有微生物状况和理化指标不变，检测前不得出现污染和成分变化。

③ 采样后要尽快送到实验室进行检测，以能保持原有的理化、微生物、有害物质等存在状况，检测前也不能出现污染、变质、成分变化等现象。

④ 装样品的器具上要贴上标签，注明样品名称、取样点、日期、批号、方法、数量、分析项目、采样人员等基本信息。

2. 样品的保存

制备好的样品应尽快检测，如不能马上检测，则需妥善保存，防止样品发生受潮、挥发性成分散失、风干、变质等现象，确保其成分不发生任何变化。保存的方法是将制备好的样品装入密闭、干净的容器中，置于暗处保存；易腐败变质的样品应保存在 0~5℃的冰箱中；易失水的样品应先测定水分。存放的样品应按日期、批号、编号摆放，以便查找。

一般检测后的样品还需保留一个月，以备复查。保留期限从签发报告单算起，易变质食品不予保留。对感官不合格样品可直接定为不合格产品，不必进行理化检测。

3. 样品的制备

按采样规程采取的样品一般数量过多、颗粒大、组成不均匀。样品制备的目的就是对上述采集的样品进一步粉碎、混匀、缩分，保证样品完全均匀，在样品分析的时候，取任何部分都能代表全部被测物质成分。制备方法有如下几种。

（1）液体、浆体或悬浮液体 通过摇匀、玻璃棒或电动搅拌器搅拌使其均匀，使样品充分混合。

（2）**互不相溶的液体**　如油与水的混合物，应先使不相溶的各成分彼此分离，再分别进行采样。

（3）**固体样品**　具体操作可切细（大块样品）、粉碎（硬度大的样品如谷类）、捣碎（质地软含水量高的样品如果蔬）、研磨（韧性强的样品如肉类）。常用工具有粉碎机、组织捣碎机、研钵等。然后用四分法采取制备好的均匀样品。

（4）**罐头（含带核、带骨头的样品）**　这类样品在捣碎之前应清除果核、骨头及葱、姜、辣椒等调料。可用高速组织捣碎机。

上述样品制备过程中，还应注意防止易挥发成分的逸散及有可能造成的样品理化性质的改变，尤其是做微生物检验的样品，必须根据微生物学的要求，严格按照无菌操作规程制备。

4. **实例：蔬菜和水果农药残留分析样品的采样方法**

（1）**产地样品采样**　按照产地面积和地形不同，采用随机法、对角线法、五点法、Z形法、S形法、棋盘式法等进行多点采样。每个采样单元内采集一个代表性样品。不应采有病、过小的样品。采果树样品时，需在植株各部位（上、下、内、外、向阳和背阴面）采样。

样品预处理及采样量如下。

块根类和块茎类蔬菜：采集块根或块茎，用毛刷和干布去除泥土及其他黏附物。样品采集量至少为6～12个个体，且不少于3kg。代表种类有：马铃薯、萝卜、胡萝卜、甘薯、山药、甜菜等。

鳞茎类蔬菜：如韭菜和大葱，去除泥土、根和其他黏附物；干洋葱头和大蒜，去除根部和老皮。样品采集量为12～24个个体，且不少于3kg。代表种类有：大蒜、洋葱、韭菜、葱等。

叶类蔬菜：去掉明显腐烂和萎蔫部分的茎叶。花椰菜分析花序和茎。采集样品量为4～12个个体，不少于3kg。代表种类：菠菜、甘蓝、大白菜、莴苣、甜菜叶、花椰菜、萝卜叶、菊苣等。

茎菜类蔬菜：去掉明显腐烂和萎蔫部分的可食茎、嫩芽。大黄只取茎部。采集样品量至少为12个个体，且不少于2kg。代表种类有：芹菜、朝鲜蓟、菊苣等。

豆菜类蔬菜：取豆荚或子粒。采集鲜豆（荚）不少于2kg，干样不少于1kg。代表种类有：蚕豆、菜豆、大豆、绿豆、豌豆、芸豆等。

果菜类（果皮可食）：除去果梗后的整个果实。采集样品量为6～12个个体，不少于3kg。代表种类有：黄瓜、辣椒、茄子、西葫芦、番茄等。

果菜类（果皮不可食）：除去果梗后的整个果实，测定时果皮与果肉分别测定。采集样品量为4～6个个体。代表种类有：哈密瓜、南瓜、甜瓜、西瓜、冬瓜等。

食用菌类蔬菜：取整个子实体。采集样品量至少12个个体，不少于1kg。代表种类有：香菇、草菇、口蘑、双孢蘑菇、大肥菇、木耳等。

柑橘类水果：取整个果实。外皮和果肉分别测定。采集样品量为6～12个个体，不少于3kg。代表种类有：橘子、柚子、橙子、柠檬等。

梨类水果：去蒂、去芯部（含种子）带皮果肉共测。采集样品量为至少12个个体，不少于3kg。代表种类有：苹果、梨等。

核果类水果：除去果梗及核的整个果实，但残留计算包括果核。采集样品量为至少24

个个体，不少于2kg。代表种类有：杏、油桃、樱桃、桃、李子等。

小水果和浆果：去掉果柄和果托的整个果实，样品采集量不少于3kg。代表种类有：葡萄、草莓、黑莓、醋栗、越橘等。

果皮可食类水果：枣、橄榄，分析除去果梗和核后的整个果实，但计算残留量时以整个果实计。无花果取整个果实。样品采集量不少于1kg。代表种类有：枣、橄榄、无花果。

果皮不可食类水果：除非特别说明，应取整个果实。鳄梨和芒果：整个样品去核，但是计算残留量时以整个果实计。菠萝：去除果冠。样品采集量为4～12个个体，不少于3kg。代表种类有：鳄梨、芒果、香蕉、番木瓜果、番石榴、西番莲果、新西兰果、菠萝。

坚果：去壳后的整个可食部分。板栗去皮处理。多点采样且不少于1kg。代表种类有：杏核、澳洲坚果、栗子、核桃、榛子、胡桃。

（2）农药残留田间试验样品采样　根据试验目的和样品种类实际情况，按照随机法、对角线法或五点法在每个采样单元内进行多点采样。

（3）市场样品采样　散装样品：应视堆高不同，从上、中、下分层采样，必要时增加层数，每层采样时从中心及四周五点随机采样。抽检样品的采样量按照GB/T 8855规定进行。

包装产品：抽检样品的采样量按照GB/T 8855规定进行随机采样。采样时按堆垛采样或甩箱采样，即在堆垛两侧的不同部位上、中、下或四角中取出相应数量的样品，如因地点狭窄，按堆垛采样有困难时，可在成堆过程中每隔若干箱甩一箱，取出所需样品。

六、样品的预处理

根据食品的种类、性质不同，以及不同检测方法的要求，预处理的手段有不同方法。

1. 样品预处理的注意事项

食品样品的检测需要注意许多问题。从采样到样品检测的整个过程中食品不能发生明显的特性改变。

（1）酶的活动　酶的活动是许多食品采样过程中普遍存在的问题。如果需要检测食品中的成分，如碳水化合物、脂肪、蛋白质的含量，在准备样品时不能激活任何种类的酶，否则成分会发生改变。

（2）脂肪保护　食品中的脂肪是很难研磨处理的，一般需要冷冻。非饱和脂肪酸可能发生各种氧化反应。光照、高温、氧气或氧化剂都可能增加被氧化的概率。因此通常将这种含有高不饱和脂肪酸的样品保存在氮气等惰性气体中，并且低温存放于暗室或深色瓶子里，在不影响检测的前提下还可以加入抗氧化剂，以减缓氧化的发生。

（3）微生物的生长和交叉污染　微生物普遍存在于大多数食品中，如果不加控制可能改变样品的成分。冷冻、烘干、热处理和化学防腐剂常用于控制食品中微生物的增长。防腐剂的使用需要根据存储条件、时间和将要进行的检测项目而定。

（4）物理变化　样品中也可能发生物理变化，例如，由于蒸发或者浓缩，水分可能有所损失；脂肪或冰可能融化或者结晶，结构属性可能混乱。通过控制温度和外力可以将物理变化控制到最低程度。

2. 样品预处理的方法

样品的前处理要根据被测物的理化性质以及样品的特点进行。样品的前处理常用下列几种方法。

（1）溶解法　水是常用溶剂，能溶解很多糖类、部分氨基酸、有机酸、无机盐等。酸碱能溶解某些不溶性糖类、部分蛋白质。有机溶剂如乙醚、乙醇、丙酮、氯仿、四氯化碳、烷烃等，多用于提取脂肪、单宁、色素、部分蛋白质等有机化合物。实际检测中应根据"相似相溶"的原则，选用合适的有机溶剂。有机相中存在的少量水，若对检测有影响，可以用无水氯化钙、无水硫酸钠脱水。

（2）有机物破坏法　食品中的无机元素常与食品中有机物质结合，成为难溶、难离解的化合物，另外，食品中的有机物往往对无机元素的测定有干扰。因此，测定这些无机元素时，必须首先破坏有机结合体，将被测组分释放出来。该方法主要用于食品中无机盐或金属离子的测定，一般通过高温、氧化等条件，使有机物分解成气态逸散，被测成分则保留下来。根据具体操作不同，又分为干法和湿法两大类。

① 干法灰化　通过高温灼烧将有机物破坏，除汞以外的大多数金属元素和部分非金属元素的测定均可采用此法。具体操作是将一定量的样品置于坩埚中加热，使有机物脱水、炭化、分解、氧化，再于高温炉中（500～550℃）灼烧灰分，残灰应为白色或浅灰色，所得残渣即为无机成分，可供测定用。干法特点是分解彻底，操作简便，使用试剂少，空白值低。但操作时间长，温度高，尤其对汞、砷、锑、铅易造成挥散损失。对有些元素的测定必要时可加助灰化剂。

提高回收率的措施：第一，根据被测组分的性质，采取适宜的灰化温度；第二，加入助灰化剂，防止被测组分的挥发损失和坩埚吸留，例如，通过加入氢氧化钠或氢氧化钙可使卤素转变为难挥发的碘化钠或氟化钙；加入氯化镁或硝酸镁可使磷、硫元素转变为磷酸镁或硫酸镁，防止它们损失。

② 湿法消化　将试样与浓酸共热分解试样。常用的浓酸有硫酸、硝酸、盐酸、高氯酸。消化的湿法特点是分解速度快，时间短，因加热温度较干法低，减少了金属挥发逸散的损失。但在消化过程中产生大量有害气体，需在通风橱中操作，试剂用量较大，空白值高。也可用过氧化氢代替硝酸进行操作，滴加时应沿壁缓慢进行，以防爆沸。过氧化氢使有机物质完全分解、氧化、呈气态逸出，待测组分转化成无机状态存在于消化液中，供测试用。

常用湿法消化方法如下。

① 硝酸-高氯酸-硫酸法　称取5～10g粉碎的样品于250～500mL凯氏烧瓶中，加少许水使之湿润，加数粒玻璃珠，加4∶1的硝酸-高氯酸混合液10～15mL，放置片刻，小火缓缓加热，待作用缓和后放冷，沿瓶壁加入5～10mL浓硫酸，再加热，至瓶中液体开始变成棕色时，不断沿瓶壁滴加硝酸-高氯酸混合液（4∶1）至有机物分解完全。加大火力至产生白烟，溶液应澄清，无色或微黄色。在操作过程中应注意防止爆炸。

② 硝酸-硫酸法　称取均匀样品10～20g于凯氏烧瓶中，加入浓硝酸20mL、浓硫酸10mL，先以小火加热，待剧烈作用停止后，加大火力并不断滴加浓硝酸直至溶液透明不再转黑为止。每当溶液变深时，立即添加硝酸，否则溶液难以消化完全。待溶液不再转黑后，继续加热数分钟至有浓白烟逸出，消化液应澄清透明。

（3）蒸馏法　蒸馏法是利用被测物质中各种组分挥发性的不同进行分离的一种方法。该方法可以除去干扰物质，也可以用于被测组分的蒸馏逸出，收集馏出液进行检测。

① 常压蒸馏　常压蒸馏为一般蒸馏方式，多数沸点较高、热稳定性好的成分采用这种方式。加热方式根据蒸馏物的沸点和特性不同可以选择水浴、油浴或直接加热。如图1-1所示。

② 减压蒸馏　某些被测物质热稳定性差，容易分解或沸点过高，可以采用减压蒸馏。减压装置可以采用水泵或真空泵。如图1-2所示。

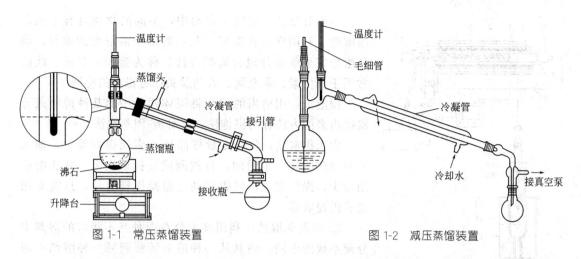

图 1-1 常压蒸馏装置 　　图 1-2 减压蒸馏装置

③ 水蒸气蒸馏　某些物质沸点很高，直接加热时，由于受热不均匀会出现局部炭化或出现在沸点时发生分解，可以采用水蒸气蒸馏（如食醋中挥发酸含量的测定等）。蒸馏时混合液体中各组分的沸点要相差 30℃ 以上才可以进行分离，而要彻底分离，沸点要相差 110℃ 以上，而分馏可使沸点相近的互溶液体混合物（甚至沸点仅相差 1～2℃）得到分离和纯化。如图 1-3 所示。

④ 分馏　应用分馏柱将集中沸点相近的混合物进行分离的方法称为分馏。在分馏柱内，当上升的蒸汽与下降的冷凝液互相接触时，上升的蒸汽部分冷凝放出热量使下降的冷凝液部分汽化，两者之间发生热量交换，其结果是上升蒸汽中易挥发组分增加，而下降的冷凝液中高沸点组分增加，如此连续多次，达到多次蒸馏的效果。只要分馏柱足够高，就可将这些组分完全彻底分开。如图 1-4 所示。

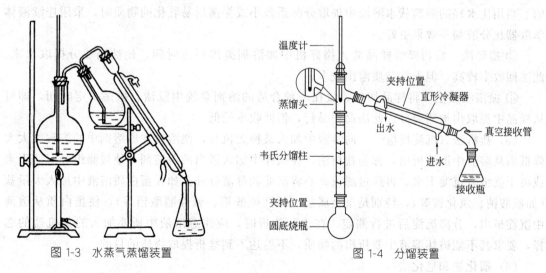

图 1-3 水蒸气蒸馏装置 　　图 1-4 分馏装置

⑤ 扫集共蒸馏　一种专用设备，管式蒸馏器后接冷凝装置与微型色谱柱。多用于检测食品中残存农药的含量。特点：需要样品量少，用注射器加料，节省溶剂，速度快，自动化式只需 5～6s 测一个样，有 20 条净化管道。如图 1-5 所示。

（4）萃取分离法

① 浸提法　分三种方法：溶剂分层法、浸泡法和索氏提取法。

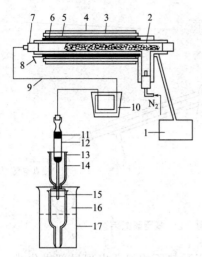

图 1-5 扫集共蒸馏装置

1—可调变压器；2—施特勒管（填充 12～15cm 硅烷化的玻璃棉）；3—石棉；4—绝缘套；5—加热板；6—铜管；7—硅橡胶塞；8—高温计；9—聚氯乙烯管；10—水或冰浴；11—硅烷化玻璃；12—ANAKROM ABS（一种吸附剂）4cm；13—尾接管；14—硅烷化玻璃棉；15—19～22 号标准磨口；16—离心管；17—盛水烧杯

溶剂分层法：在同一溶剂中，不同的物质具有不同的溶解度。利用样品各组分在某一溶剂中溶解度的差异，将各组分完全或部分地分离的方法，称为溶剂分层法。此法常用于维生素、重金属、农药及黄曲霉毒素的检测。

浸泡法：用适当的溶剂将固体样品中的某种待测成分浸提出来的方法称为浸泡法，又称液-固萃取法。

索氏提取法：将一定量样品放入索氏提取器中，加入溶剂加热回流一定时间，将被测成分提取出来。此法溶剂用量少，提取完全，回收率高。但操作较麻烦，且需专用的索氏提取器。

② 溶剂萃取法　利用某组分在两种互不相溶的溶剂中分配系数的不同，使其从一种溶剂转移到另一种溶剂中而与其他组分分离的方法，称为溶剂萃取法。此法操作迅速，分离效果好，应用广泛。但萃取试剂通常易燃、易挥发且有毒性。

萃取溶剂的选择：萃取用溶剂应与原溶剂互不相溶，对被测组分有最大溶解度，而对杂质有最小溶解度。即被测组分在萃取溶剂中有最大的分配系数，而杂质只有最小的分配系数。经萃取后，被测组分进入萃取溶剂中，与仍留在原溶剂中的杂质分离开。此外，还应考虑两种溶剂分层的难易以及是否会产生泡沫等问题。

萃取方法：萃取通常在分液漏斗中进行，一般需经 4～5 次萃取才能达到完全分离的目的。当用比水轻的溶剂从水溶液中提取分配系数小或振荡后易乳化的物质时，采用连续液体萃取器比分液漏斗效果更好。

③ 捣碎法　将切碎的样品放入捣碎机中加溶剂捣碎一定时间，使被测成分提取出来。此法回收率较高，但干扰杂质溶出较多。

④ 振荡浸渍法　将样品切碎，放在一种合适的溶剂系统中浸渍、振荡一定时间，即可从样品中提取出被测成分。此法简便易行，但回收率较低。

（5）盐析法（沉淀反应）　向溶液中加入某种无机盐，使溶质在原溶剂中的溶解度大大降低而从溶液中沉淀析出，称为盐析法。在试样中加入适当的沉淀剂，使被测组分沉淀下来或将干扰组分沉淀下来，再经过滤或离心将沉淀和母液分开。如在蛋白质溶液中加入大量盐（如硫酸钠、氯化铵等），特别是重金属盐（碱性硫酸铜、碱性醋酸铅等），使蛋白质从溶液中沉淀析出，分离沉淀后进行测定。在进行盐析时，应注意溶液中所要加入的无机盐的选择，要求其不能破坏溶液中要析出的物质，不然达不到盐析提取物质的目的。

（6）磺化法和皂化法

① 磺化法　油脂与浓硫酸发生磺化反应，生成极性较大易溶于水的磺化产物，其反应式为：

$$CH_3(CH_2)_n COOR + H_2SO_4 （浓）\longrightarrow HO_3SCH_2(CH_2)_n COOR$$

利用这一反应，使样品中的油脂磺化后再用水洗去，即磺化净化法。磺化法适用于强酸介质中的稳定农药的测定，如有机氯农药中的六六六、DDT，回收率在 80% 以上。

② 皂化法 脂肪与碱发生皂化反应，生成易溶于水的羧酸盐和醇，可除去脂肪，其反应式为：

$$RCOOR' + KOH \longrightarrow RCOOK + R'OH$$

如荧光分光光度法测定肉、鱼、禽等中的苯并 [a] 芘时，样品中加入氢氧化钾溶液，回流皂化，以除去脂肪。

磺化法和皂化法是处理油脂或含脂肪样品时常使用的方法。

(7) 色层分离法 色层分离法是将样品中待测组分在载体上进行分离的一系列方法。又称色谱分离法。根据其分离原理不同分为吸附色谱分离、分配色谱分离和离子交换色谱分离等。该法分离效果好，在食品检测中应用广泛。

① 吸附色谱分离 利用聚酰胺、硅胶、硅藻土、氧化铝等吸附剂，经活化处理后，具有适当的吸附能力，对被测成分或干扰组分进行有选择的吸附而进行的分离操作。例如，聚酰胺对色素有强大的吸附力，而其他组分难以被吸附，食品中检测色素时，常用聚酰胺吸附色素，经过滤洗涤，再用适当溶剂解吸，较纯净的色素溶液，供测试用。

② 分配色谱分离 以分配作用为主的色谱分离法，是根据不同物质在两相间的分配比不同（溶解度的不同）所进行的分离操作。两相中其中一相为流动相，另一相为固定相，被分离的组分在流动相中沿着固定相移动的过程中，由于不同物质在两相中具有不同的分配比，当溶液渗透在固定相中并向上渗透展开时，由于不同物质在两相分配作用反复进行，从而使不同物质达到分离。

③ 离子交换色谱分离 利用离子交换剂与溶液中的离子之间发生交换反应进行分离。离子交换分阳离子交换和阴离子交换两种。

阳离子交换：$R-H + M^+X^- \longrightarrow R-M + HX$

阴离子交换：$R-OH + M^+X^- \longrightarrow R-X + MOH$

式中　R——离子交换剂的母体；

　　　MX——溶液中被交换的物质。

当将被测溶液与离子交换剂一起混合振荡或将被测溶液缓缓通过用离子交换剂填充的离子交换柱时，被测离子或干扰离子即与离子交换柱上的 H^+ 和 OH^- 发生交换，被测离子或干扰离子留在离子交换柱上，被交换出来的 H^+ 或 OH^- 以及不发生交换反应的其他物质则留在溶液中，然后用适当溶剂将被交换的离子洗脱出来，从而达到分离的目的。

(8) 浓缩 样品经过提取、净化后，有时净化液体积较大，在测定前要进行浓缩，以提高被测成分含量。浓缩的方法有常压浓缩法和减压浓缩法。常压浓缩法主要用于被测组分为非挥发性的样品试液的浓缩，通常采用蒸发皿直接挥发。如要回收溶剂可采用普通蒸馏装置或旋转蒸发器等，该法简便快速，是常用的方法。减压浓缩法适用于被测组分为热不稳定性或易挥发样品净化液的浓缩。通常采用 K-D 浓缩器。样品浓缩时，水浴加热并抽气减压。该法浓缩温度低、速度快、被测组分损失少，特别适用于农药残留量分析中样品净化液的浓缩。

(9) 现代预处理技术

① 固相萃取分离法 一种无需有机溶剂，简便快速，集"采样、萃取、浓缩、进样"于一体，能够与气相色谱或高效液相色谱仪联用的样品前处理技术。其分离原理是溶质在高分子固定液膜和水溶液间达到分配平衡后分离。固相微萃取（SPME）技术集萃取、富集和解吸于一体，具有无溶剂、可直接进样、操作简便快捷、灵敏的特点。

② 微波萃取分离法　通常，萃取溶剂和固体样品中目标物由不同极性的分子组成，萃取体系在微波电磁场的作用下，具有一定极性的分子从原来的热运动状态转为跟随微波交变电磁场而快速排列取向。在这一微观过程中，微波能量转化为样品内的能量，从而降低目标物与样品的结合力，另一方面微波所产生的电磁场加速被萃取组分由样品内部向萃取溶剂界面的扩散速率，缩短萃取组分的分子由样品内部扩散到萃取溶剂界面的时间，从而提高萃取速率。微波协助萃取是在传统的有机溶剂萃取基础上发展起来的一种新型萃取技术。它有如下特点：快速（只需几分钟）、节省能源、降低环境污染，是又一种萃取方法，具有萃取选择性，可避免样品的许多组分被分解，操作方便，提取回收率高。

③ 超声波萃取分离法　超声波在传递过程中存在着的正负压强交变周期，在正相位时，对介质分子产生挤压增加介质原来的密度；负相位时，介质分子稀散，介质密度减小。超声波并不能使样品内的分子产生极化，而是在溶剂和样品之间产生声波空化作用，导致溶液内气泡形成、增长和爆破压缩，从而使固体样品分散，增大样品与萃取溶剂之间的接触面积，提高目标物从固相转移到液相的传质速率。

④ 超临界流体萃取分离法　超临界萃取技术采用超临界压力，以二氧化碳流体代替有机溶剂，并发挥其在临界、超临界状态下，对弱极性物质（动植物挥发油、脂）有特殊的溶解能力的特性，在常温下对动植物的有效组分和精华进行萃取和分离，使生物活性不被破坏，产品中无溶剂残留等污染。

⑤ 气浮分离法　表面活性剂在水溶液中易被吸附到气泡的气-液界面上。表面活性剂极性的一端向着水相，非极性的一端向着气相，含有待分离的离子、分子的水溶液中的表面活性剂的极性端与水相中的离子或其极性分子通过物理（如静电引力）或化学（如配位反应）作用连接在一起。当通入气泡时，表面活性剂就将这些物质连在一起定向排列在气-液界面，被气泡带到液面，形成泡沫层，从而达到分离的目的。常用的气浮分离法有：离子气浮分离法、沉淀气浮分离法、溶剂气浮分离法。

七、食品检测的数据处理

1. 检测结果的表述

食品检测中直接或间接的结果，一般都会用数字表示，但这个数字与数学中的"数"不同，其计算与取舍必须遵循有效数字的运算规则及数字的修约规则。

（1）有效数字的运算规则

① 除有特殊规定外，一般可疑数表示末位1个单位的误差；②进行复杂运算时，中间过程要多保留一位有效数字，最后结果应取有效位数；③进行加减法计算时，其结果中小数点后有效数字的保留位数应与参加运算的各数中小数点后位数最少的相同；④进行乘除法计算时，其结果中有效数字的保留位数应与参加运算的各数中有效数字位数最少的相同。

（2）数字的修约规则　数字的修约规则一般称为"四舍六入五成双"法则，具体要求如下。①在拟舍弃的数字中，若左边第一个数字小于5（不包括5）时，则舍去，即所拟保留的末尾数字不变。例如：将15.2321修约到保留一位小数，修约后为15.2。②在拟舍弃的数字中，若左边第一个数字大于5（不包括5）时，则进一，即所拟保留的末尾数字加1。例如：将26.4844修约到保留一位小数，修约后为26.5。③在拟舍弃的数字中，若左边第一个数字等于5时，而其右边的数字并非全部为零时，则进一，即所拟保留的末尾数字加1。例如：将2.0544修约到保留一位小数，修约后为2.1。④在拟舍弃的数字中，若左边第一个数字等于 5 时，而其右边的数字全部为零时，所保留的末尾数字为奇数则进一，为偶数（包括 0）则不变。例如，将 0.6500、0.3500、1.0500 修约到保留一位小数，修约后分别为 0.6、0.4、1.0。⑤在拟舍弃的数字中，若为两位以上数字时，不得连续多次修约，应根据所拟舍弃数字中左边第一位数字的大小，按上述规定一次修约，得出结果。

测定过程中要按照仪器的精度确定有效数字的位数，运算后的数字还要进行修约。平行样品的测定，其结果报告算术平均值。进行结果表述时，测定的有效数字的位数一般应满足安全标准的要求，甚至高于安全指标的要求，即报告的结果比安全标准的要求多一位有效数字。

2. 误差和偏差

在实际分析检测过程中，即使采用最可靠的分析方法，使用最精密的仪器，由技术很熟练的分析人员进行测定，也不可能得到绝对准确的结果。同一个人在相同条件下对同一种试样进行多次测定，所得结果也不会完全相同。这表明，在分析检测过程中，误差是客观存在，不可避免的。因此，在定量分析检测中应该了解误差产生的原因及其出现的规律，以便采取相应的措施减小误差，以提高分析结果的准确度。

（1）误差的分类　真实值是一个客观存在的具有一定数值的被测成分的物理量。真实值是未知的、客观存在的量，不可能准确地知道。因此，人们通常所说的真实值并不指绝对的真实值，而是指相对意义上的真实值。在实际检测工作中，只能对被测物做几次平行测量，将所求出的算术平均值作为真实值。

误差是指测定结果与真实值之间的差值。根据误差的性质和产生的原因，误差可分为系统误差和偶然误差两大类。

① 系统误差　系统误差是指分析过程中由于某些固定的原因所造成的误差。系统误差的特点是具有单向性和重复性，即它对分析结果的影响比较固定，使测定结果系统地偏高或系统地偏低；当重复测定时，它会重复出现。系统误差产生的原因是固定的，它的大小、正负是可测的，理论上讲，只要找到原因，就可以消除系统误差对测定结果的影响。因此，系统误差又称可测误差。根据系统误差产生的原因，可将其分为：方法误差，是由于方法本身所造成的误差。例如，滴定分析中指示剂的变色点与化学计量点不一致；重量分析中沉淀的溶解损失；仪器误差，是由于仪器本身不够精确而造成的误差。例如，天平砝码、容量器皿刻度不准确；试剂误差，是由于实验时所使用的试剂或蒸馏水不纯而造成的误差。例如，试剂和蒸馏水中含有被测物质或干扰物质；操作误差，是由于分析人员所掌握的分析操作与正确的分析操作的差别而引起的误差。例如，试样分解时分解不够完全，重量分析称量沉淀时坩埚及沉淀尚未完全冷却，滴定终点颜色的辨别偏深或偏浅等。如果是由于工作人员工作粗心、马虎所引入的误差，只能称为工作的过失，不能算是操作误差。

② 偶然误差　偶然误差又称随机误差，它是由某些随机的、偶然的原因所造成的，往往大小不等、正负不定。例如测量时环境温度、气压、湿度、空气中尘埃等的微小波动；个人一时辨别的差异而使读数不一致，如在滴定管读数时，估计的小数点后第二位的数值，几次读数不一致。在定量分析中，外界条件的改变及工作中难以估计的因素，是产生偶然误差的主要原因。因此偶然误差是客观存在，不可避免的。偶然误差的大小、正负都是不确定的，从表面上看，偶然误差的出现似乎很不规律。但是引起偶然误差的各种偶然的因素是相互影响的，消除系统误差后，在同样条件下进行多次测定，就可发现偶然误差的分布有下列规律：小误差出现的机会多，大误差出现的机会少，特别大的误差出现的机会极少；大小相

等的正、负误差出现的概率相等，测量的次数越多，测量的平均值越接近真实值。

在定量分析中，除了系统误差和随机误差外，在分析检测中还可能会出现由于过失或差错而造成的"过失误差"。例如，溶液溅失、沉淀穿滤、看错砝码、读错读数、记错数据、加错试剂等，这些都属于不应有的过失，实验时必须注意避免。如发现操作中有过失，要返工重做，或将测定结果弃去不用。

（2）误差的表示方法

① 准确度和精密度　前面已经指出，误差是指测定结果与真实值之间的差值。误差越小，表示测定结果与真实值越接近，准确度越高。也就是说，准确度表示测定结果与真实值接近的程度，它说明测定的可靠性。

在实际工作中，真实值不可能绝对准确地知道，人们总是在相同条件下对同一试样进行多次平行测定，得到多个测定数据，取其平均值，以此作为最后的分析检测结果。如果多次平行测定结果都比较接近，说明分析检测结果的精密度高。精密度就多次平行测定结果相互接近的程度。分析化学中，精密度高就表示结果的重复性或再现性好。重复性表示同一分析人员在同一条件下所得分析检测结果的精密度，重现性表示不同分析人员或不同实验室之间在各自条件下所得分析结果的精密度。

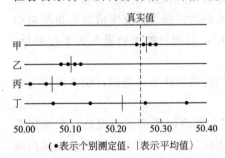

（•表示个别测定值，|表示平均值）

图 1-6　四人分析同一样品的结果

准确度和精密度的关系怎样，如何利用准确度和精密度来评价分析结果的好坏呢？例如：甲、乙、丙、丁四人测定同一试样中某组分的含量 4 次，所得结果如图 1-6 所示。由图可见，4 人的分析结果各不相同，甲所得结果的准确度和精密度均好，结果可靠；乙的分析结果的精密度虽然很高，但准确度较低；丙的精密度和准确度都很差；丁的精密度很差，平均值虽然接近真实值，但这是由于正负误差凑巧相互抵消的结果，因此丁的结果也不可靠。

由此可以看出，一个理想的测定结果，既要精密度好，又要准确度高。精密度是保证准确度的先决条件。精密度高的并不一定保证准确度就高，但准确度高一定要求精密度高，即一组数据精密度很差，自然就失去了衡量准确度的前提。

② 误差和偏差

a. 误差。准确度可以用误差来衡量。误差为正，表示测定结果偏高；误差为负，表示测定结果偏低。误差又可分为绝对误差和相对误差。

绝对误差（E）表示测定结果（X）与真实值（X_T）之差，即

$$E = X - X_T \tag{1-1}$$

相对误差（E_r）表示误差在真实值中所占的百分率，即

$$E_r = \frac{E}{X_T} \times 100\% \tag{1-2}$$

绝对误差相等，相对误差并不一定相等。因此，用相对误差来表示测定结果的准确度更为确切些。但应注意，有时为了说明一些仪器测量的准确度，用绝对误差更清楚。如分析天平的称量误差是 $\pm 0.0002\text{g}$，常量滴定管的读数误差是 $\pm 0.02\text{mL}$ 等，这些都是用绝对误差来说明的。

b. 偏差。精密度的高低用偏差来衡量。偏差是指各单次测定结果（X）与多次测定结

果的平均值的差值。几个平行测定结果的偏差如果都很小，则说明分析检测结果的精密度比较高。偏差同样可以用绝对偏差和相对偏差来表示。

对某试样进行 n 次平行测定，测定数据为 x_1，x_2，…，x_n，则其算术平均值为：

$$\bar{x} = \frac{1}{n}(x_1 + x_2 + \cdots + x_n) = \frac{1}{n}\sum_{i=1}^{n}x_i \tag{1-3}$$

对单次测量值其偏差可表示为：

$$\text{绝对偏差} \quad d_i = x_i - \bar{x} \quad (i = 1, 2, \cdots, n) \tag{1-4}$$

$$\text{相对偏差} \quad \frac{d_i}{\bar{x}} \times 100\% \tag{1-5}$$

由于各次测定值对平均值的偏差有正有负，故偏差之和等于零。在实际分析中，对于检测结果的精密度，通常用平均偏差 $\bar{d}$ 来表示。

$$\bar{d} = \frac{1}{n}\sum_{i=1}^{n}|d_i| = \frac{1}{n}\sum_{i=1}^{n}|x_i - \bar{x}| \tag{1-6}$$

将平均偏差除以平均值得相对平均偏差：

$$\text{相对平均偏差} \quad \frac{\bar{d}}{\bar{x}} \times 100\% \tag{1-7}$$

用平均偏差和相对偏差表示精密度比较简单，但由于在一系列的测定结果中，小偏差占多数，大偏差占少数，如果按总的测定次数要求计算平均偏差，所得结果会偏小，大偏差得不到应有的反映。

标准偏差又称均方根偏差，当测定次数趋于无穷大时，标准偏差用 σ 表示：

$$\sigma = \sqrt{\frac{\sum_{i=1}^{n}(x_i - \mu)^2}{n}} \tag{1-8}$$

式中，μ 是无限多次测定结果的平均值，称为总体平均值，即

$$\mu = \lim_{n \to \infty}\frac{1}{n}\sum_{i=1}^{n}x_i \tag{1-9}$$

显然，在没有系统误差的情况下，μ 即为真实值。

在一般的分析工作中，只做有限次数的平行测定，这时标准偏差用 s 表示：

$$s = \sqrt{\frac{\sum_{i=1}^{n}(x_i - \bar{x})^2}{n=1}} = \sqrt{\frac{\sum_{i=1}^{n}d_i^2}{n-1}} \tag{1-10}$$

采用标准偏差表示精密度比用平均偏差更合理。这是因为，将单次测定的偏差平方后，较大的偏差就能显著地反映出来，因此能更好地反映数据的分散程度。

相对标准偏差也称变异系数（CV），其计算式为：

$$CV = \frac{s}{\bar{x}} \times 100\% \tag{1-11}$$

③ 极差　一组测量数据中，最大值（$X_{\max}$）与最小值（$X_{\min}$）之差称为极差，用字母 R 表示。

$$R = X_{\max} - X_{\min} \tag{1-12}$$

用该法表示误差十分简单，适用于少数几次测定中估计误差的范围，不足之处是没有利

用全部测量数据。

测定结果的相对极差为：

$$相对极差 = \frac{R}{\bar{x}} \times 100\%$$ (1-13)

3. 分析数据的处理

在科学实验中，分析结果的数据处理是非常重要的。仅靠 1~2 次的检测结果是不能提供可靠的信息的，也不会被人们所接受。因此，在一般的实验和科学研究中，必须对一个试样进行多次的重复实验，直至获得足够的数据，然后进行数据处理并写出实验报告。

(1) 偶然误差的正态分布　因测量过程中存在偶然误差，使测量数据具有分散的特性，但各次测量值总是在一定范围内波动，这些测量数据一般符合正态分布规律。

偶然误差的分布符合高斯（Gaussian）正态分布曲线。正态分布曲线的数学方程式为：

$$y = f(x) = \frac{1}{\sigma\sqrt{2\pi}} e^{\frac{-(x-\mu)^2}{2\sigma^2}}$$ (1-14)

式中，y 为概率密度，表示 x 出现的概率；x 为测量值；μ 为无限次测量的平均值（作为真值），相应于曲线最高点的横坐标值；σ 为无限次测量的标准偏差，相应于平均值 μ 到曲线拐点间的距离。以 x-μ 作图，则曲线的最高点对应的横坐标为零，这时曲线成为偶然误差的正态分布曲线。

曲线上各点的纵坐标表示误差出现的频率，曲线与横坐标从 $-\infty$ 到 $+\infty$ 之间所包围的面积表示具有各种大小误差的测定值出现的概率的总和，设为 100%。由数学统计计算可知：对于无限次测定，测定结果 (x) 落在 $\mu \pm 1\sigma$ 范围内的概率是 68.3%；落在 $\mu \pm 2\sigma$ 范围内的概率是 95.5%；落在 $\mu \pm 3\sigma$ 范围内的概率是 99.7%。这就是说，如果进行 1000 次的测定，只有 3 次测定是落在 $\mu \pm 3\sigma$ 范围之外的。显然在一般情况下，偏差超过 $\pm 3\sigma$ 的测定值出现的可能性很小，特别是在有限次的测定中，出现这样大的偏差是不大可能的。

(2) 平均值的置信区间　在实际工作中，通常总是把测定数据的平均值作为分析检测结果报出，测得的少量数据的平均值总是带有一定的不确定性，它不能明确地说明测定的可靠性。在要求准确度较高的分析工作中，报出分析报告时，应同时指出结果真实值所在的范围，这一范围就称为置信区间，以及真实值落在这一范围的概率，称为置信度或置信水准，常用 P 表示。

对于有限次数的测定，真实值 μ 与 $\bar{x}$ 平均值之间有如下关系：

$$\mu = \bar{x} \pm \frac{ts}{\sqrt{n}}$$ (1-15)

式中，s 为标准偏差；n 为测定次数；t 为在选定的某一置信度下的概率系数，可根据测定次数从表 1-1 中查得。

式 (1-15) 表示，在一定置信度下，以测定的平均值 $\bar{x}$ 为中心，包括总体平均值 μ 的范围，这就叫平均值的置信区间。

表 1-1　不同测定次数及不同置信度的 t 值

测定次数 (n)	置信度				
	50%	90%	95%	99%	99.55%
2	1.000	6.314	12.706	63.657	127.32

测定次数 (n)	置信度				
	50%	90%	95%	99%	99.55%
3	0.816	2.920	4.303	9.925	14.089
4	0.785	2.353	3.182	5.841	7.453
5	0.741	2.132	2.776	4.604	5.598
6	0.727	2.015	2.571	4.032	4.773
7	0.718	1.943	2.447	3.707	4.317
8	0.711	1.895	2.365	3.500	4.029
9	0.706	1.860	2.308	3.355	3.832
10	0.703	1.833	2.262	3.250	3.690
11	0.700	1.812	2.228	3.169	3.581
21	0.687	1.725	2.086	2.845	3.153
∞	0.674	1.645	1.960	2.576	2.807

从 t 值表中还可以看出，当测量次数 n 增大时，t 值减小；当测定次数为 20 次以上到测定次数为 ∞ 时，t 值相差不多，这表明当 $n > 20$ 时，再增加测定次数对提高测定结果的准确度已经没有什么意义，因此只有在一定的测定次数范围内，分析数据的可靠性才随平行测定次数的增多而增加。

4. 提高分析结果准确度的方法

（1）选择合适的分析检测方法

① 根据试样中待测组分的含量选择分析检测方法。高含量组分用滴定分析或重量分析法，低含量组分用仪器分析法。②充分考虑试样中共存组分对测定的干扰，采用适当的掩蔽或分离方法。③对于痕量组分，分析方法的灵敏度不能满足分析要求，可先定量富集后再进行测定。

（2）减少测量误差

① 称量时分析天平的称量误差为 ±0.0002g，为了使测量时的相对误差在 0.1% 以下，试样质量必须在 0.2g 以上。

② 滴定管读数常有 ±0.01mL 的误差，在一次滴定中，读数两次，可能造成 ±0.02mL 的误差，为使测量时的相对误差小于 0.1%，消耗滴定剂的体积必须在 20mL 以上，一般在 20～30mL 之间。

③ 微量组分的光度分析中，可将称量的准确度提高约一个数量级。

（3）减小随机误差　在消除系统误差的前提下，平行测定次数越多，平均值越接近真值。因此，增加测定次数，可以提高平均值的精密度。在分析检测中，对于同一试样，通常要求平行测定 2～4 次。

（4）消除系统误差　由于系统误差是由某种固定的原因造成的，因而找出这一原因，就可以消除系统误差的来源。有下列几种方法可采用：对照试验、空白试验、比较试验、回收试验、校准仪器、分析结果的校正。

① 对照试验　与标准试样的标准结果进行对照；与其他成熟的分析方法进行对照；国家标准分析方法或公认的经典分析方法。由不同分析人员、不同实验室来进行对照试验。内检、外检。

② 空白试验　在不加待测组分的情况下，按照试样分析同样的操作手续和条件进行实验，所测定的结果为空白值，从试样测定结果中扣除空白值来校正分析结果。消除由试剂、蒸馏水、实验器皿和环境带入的杂质引起的系统误差，但空白值不可太大。

③ 比较试验　用标准方法和所选用方法同时测量某一试样，测量结果做统计检验，判断有无系统误差。

④ 回收试验　称取等量试样两份，在其中一份试样中加入已知量的待测组分，平行进行两份试样测量，由加入被测组分量是否定量回收，判断有无系统误差。

⑤ 校准仪器　仪器不准确引起的系统误差。通过校准仪器来减小其影响。例如砝码、移液管和滴定管等，在精确的分析中，必须进行校准，并在计算结果时采用校正值。

⑥ 分析结果的校正　校正分析过程的方法误差。

八、技术标准介绍

标准是为在一定的范围内获得最佳秩序，对活动或其结果规定共同的和重复使用的规则、导则或特性的文件。该文件经协商一致制定并经一个公认机构的批准。标准应以科学、技术和经验的综合成果为基础，以促进最佳社会效益为目的。

标准的形式有两类：一类是由文字表达的，即标准文件；另一类是实物标准，包括各类计量标准、标准物质、标准样品等。

1. 技术标准的分级

按照标准的适用范围，我国的技术标准分为国家标准、地方标准和企业标准三个级别。

2. 技术标准的分类

技术标准的种类分为基础标准、产品标准、方法标准、安全卫生与环境保护标准四类。

（1）基础标准　是指在一定范围内作为其他标准的基础并具有广泛指导意义的标准，包括标准化工作导则，如 GB/T 1.1—2009《标准化工作导则第 1 部分：标准的结构和编写》；通用技术语言标准；量和单位标准；数值与数据标准等。

（2）产品标准　是指对产品结构、规格、质量和检验方法所做的技术规定。

（3）方法标准　是指以产品性能、质量方面的检验、试验方法为对象而制定的标准。其内容包括检验或试验的类别、检验规则、抽样、取样测定、操作、精度要求等方面的规定，还包括所用仪器、设备、检验和试验条件、方法、步骤、数据分析、结果计算、评定、合格标准、复验规则等。

（4）安全卫生与环境保护标准　这类标准是以保护人和物的安全、保护人类的健康、保护环境为目的而制定的标准。这类标准一般都要强制贯彻执行。

3. 我国标准的约束性

我国标准的约束性随着标准化的发展进程而有所演化。1989 年以前我国的标准全部为强制性标准。1989 年开始实施的《中华人民共和国标准化法》（简称《标准化法》）把我国标准的约束性分为两类：一类是强制性标准；另一类是推荐性标准。2000 年，为使标准化工作适应社会主义市场经济发展的需要，并逐步和国际惯例接轨，我国的强制性标准又划分为全文强制标准和条文强制标准两种形式。当标准的全部技术内容需要强制时为全文强制标准；当标准中部分技术内容需要强制时为条文强制标准，而此类标准中的非强制性条文，属于推荐性条文。

根据《标准化法》的要求，强制性标准，"必须执行"；推荐性标准，"国家鼓励企业自愿采用"。推荐性标准在一定的条件下其约束性可以转化。推荐性标准一旦纳入指令性文件（如生产许可证管理文件），将具有相应的行政约束力，即具有强制性。当推荐性标准被企业采纳，应用于企业的广告宣传、产品标识时，也具有强制性。企业标准一经备案并发布实施，即对整个企业具有约束性，是企业法规性文件。

4. 标准的代号和编号

（1）国家标准的代号和编号　国家标准的代号由大写汉字拼音字母构成，强制性国家标准代号为"GB"，推荐性国家标准的代号为"GB/T"。国家标准的编号由国家标准的代号、标准发布顺序号和标准发布年代号（4位数）组成。

（2）地方标准的代号和编号　地方标准的代号由汉字"地方标准"大写拼音"DB"加上省、自治区、直辖市行政区划代码的前两位数字，再加上"/T"组成推荐性地方标准；不加"/T"为强制性地方标准。

地方标准的编号由地方标准代号、地方标准发布顺序号、标准发布年代号（4位数）三部分组成。

（3）企业标准的代号和编号　企业标准的代号由汉字"企"大写拼音字母"Q"加斜线再加企业代号组成，企业代号可用大写拼音字母或阿拉数字或两者兼用所组成。企业标准的编号由企业标准代号、标准发布顺序号和标准发布年代号（4位数）组成。

5. 标准的检索（查询）

（1）互联网查询　通过计算机在互联网上查询。常用的检索标准的网站有如下几种。①中国标准在线服务网（www.gb168.cn）：该网站提供现行国家标准的查询、电子版销售及在线阅读服务。②中国标准服务网（www.cssn.net.cn）：从该网站查询标准的主要方式有按"标准分类检索"、按"期刊检索"、按"图书检索"等。③中国标准出版社标准网上书店（www.spc.net.cn）：该网站有"智能搜索"、"作废代替标准"等查询方式，也可按"标准分类"、"图书分类"检索。

网上查询快捷方便，可直接在百度中查询，也可上"工标网"查询，也有的网站可以免费下载部分标准。

（2）目录查询　通过各类标准目录查询。常见目录有《中华人民共和国国家标准目录及信息总汇》、《中华人民共和国行业标准目录》、《国家标准代替废止目录》等。

（3）期刊查询　查阅有关期刊，如《国家质量监督检验检疫总局公告》、《中国标准化》及《中国标准导报》（均为月刊）等。

（4）标准文本（单行本）索取

① 对于新标准，可到各地标准情报发行站购买。

② 对于发布实施较长时间的标准，可到各地标准情报所（站）查询复印。

↘ 实训　理化检验原始记录的填写

【实训要点】

1. 了解化验室的岗位职能。

2. 掌握化验室岗位职能所应掌握的基础知识。

【工作过程】

理化检验原始记录

样品名称		班　次	
生产日期		检验日期	
样品批次			

检验项目：　水　分　　　　　　　　　　　　　　　　　　　　检验依据：GB 5009.3—2010

水分皿编号				
水分皿质量 m_3/g				
水分皿和样品质量 m_1/g				
恒重后水分皿和样品质量 m_2/g				
水分/%				
平均值/%				
计算公式	$(m_1-m_2)/(m_1-m_3)\times100\%$			

检验项目：脂　肪　　　　　　　　　　　　　　　　　　　　检验依据：GB 54133—2010

抽脂瓶编号				
抽脂瓶质量 m_0/g				
样品质量 m_2/g				
恒重后抽提物和瓶质量 m_1/g				
脂肪/%				
平均值/%				
计算公式	$(m_1-m_0)/m_2\times100\%$			

检验项目：　蛋白质　　　　　　　　　　　　　　　　　　　检验依据：GB 5009.5—2010

c（HCl，H_2SO_4）=　　　mol/L　；　F=　　　　；　V_0=　　　mL

样品质量 m/g				
消耗盐酸或硫酸的体积 V/mL				
蛋白质/%				
平均值/%				
计算公式	$c(V-V_0)F\times0.014/m\times0.25\times100\%$			

完成日期		检验员		审核员	

【思考题】

   1. 你对未来的岗位有多少了解？

   2. 表格中数据的依据标准？

   3. 表格中数据的测定方法？

   4. 表格中数据的处理方法？

   5. 检验原始记录的意义？

【补充知识】

   化验员的主要工作：①采集样品；②配制标准溶液和化学试剂；③进行外观视检；④使用理化仪器等设备，测试样品的理化性质；⑤使用化学分析和食品分析方法，对样品进行组分测定；⑥记录、计算、判定化验数据；⑦协助主检人员完成检验报告；⑧检查、调试、维护仪器设备；⑨处理检验过程中的故障；⑩负责检验室卫生、安全工作。

【知识小结】

   本章中应该重点掌握取样的方法和数量，尤其在生产实践中如何采样，采样数量的多少，直接影响到检测数据的可靠性。还有实验数据的正确处理能力。

思考练习题

一、填空题

   1. 有机物破坏法主要用于（　　）的测定。

   2. 样品的采集有（　　）、（　　）两种方法。必须遵循（　　）原则；采集步骤为（　　）、（　　）、（　　）。

   3. 样品保存的原则是：（　　）、（　　）、（　　）、（　　）。

   4. 食品检测标准按使用范围分为（　　）、（　　）、（　　）、（　　）、（　　）。

   5. 精密度是指（　　）；精密度由（　　）造成，它代表测定方法的（　　）。

   6. 在样品制备过程中，防止脂肪氧化的方法有：（　　）、（　　）、（　　）。

   7. 样品的预处理方法原则是：（　　）、（　　）、（　　），以便获得可靠的分析结果。

   8. 空白实验是按操作方法不加（　　）的试验，目的是测试（　　）对试验结果的影响。

   9. 样品的处理方法包括均匀化处理、（　　）、（　　）、（　　）等。

   10. 由于乙醚具有（　　）性，所以通过水浴可以蒸发。

   11. 准确度是指（　　）；准确度由（　　）误差决定，反映（　　）。

二、选择题

   1. 对样品进行理化检验时，采集样品必须具有（　　）。

   （1）代表性　　　　（2）典型性　　　　（3）随意性　　　　（4）适时性

   2. 使空白测定值较低的样品处理方法是（　　）。

   （1）湿法消化　　　（2）干法灰化　　　（3）萃取　　　　　（4）蒸馏

   3. 可用"四分法"制备平均样品的是（　　）。

   （1）稻谷　　　　　（2）蜂蜜　　　　　（3）鲜乳　　　　　（4）苹果

   4. 湿法消化方法通常采用的消化剂是（　　）。

   （1）强还原剂　　　（2）强萃取剂　　　（3）强氧化剂　　　（4）强吸附剂

5. 选择萃取试剂时，萃取剂与原溶剂（　　　）。

(1) 以任意比混溶

(2) 必须互不相溶

(3) 能发生有效的络合反应

(4) 不能反应

6. 当蒸馏物受热易分解或沸点太高时，可选用（　　　）方法从样品中分离。

(1) 常压蒸馏　　　　(2) 减压蒸馏　　　　(3) 高压蒸馏　　　　(4) 以上都不行

7. 色谱分析法的作用是（　　　）。

(1) 只能作分离手段

(2) 只供测定检验用

(3) 可以分离组分作为定性手段

(4) 可以分离组分作为定量手段

8. 防止减压蒸馏爆沸现象产生的有效方法是（　　　）。

(1) 加入沸石

(2) 插入毛细管与大气相通

(3) 加入干燥剂

(4) 加入分子筛

9. 水蒸气蒸馏利用具有一定挥发度的被测组分与水蒸气混合成分的沸点（　　　）而有效地把被测成分从样液中蒸发出来。

(1) 升高　　　　(2) 降低　　　　(3) 不变　　　　(4) 无法确定

10. 在对食品进行分析检验时，采用的企业标准应该比国家标准的要求（　　　）。

(1) 高　　　　(2) 低　　　　(3) 一致　　　　(4) 随意

11. 表示精密度正确的数值是（　　　）。

(1) 0.2%　　　　(2) 20%　　　　(3) 20.23%　　　　(4) 1‰

12. 表示滴定管体积读数正确的是（　　　）。

(1) 11.1mL　　　　(2) 11mL　　　　(3) 11.10mL　　　　(4) 11.105mL

13. 用万分之一分析天平称量样品质量正确的读数是（　　　）。

(1) 0.2340g　　　　(2) 0.234g　　　　(3) 0.23400g　　　　(4) 2.340g

14. 要求称量误差不超过 0.01，称量样品 10g 时，选用的称量仪器是（　　　）。

(1) 准确度百分之一的台秤

(2) 准确度千分之一的天平

(3) 准确度万分之一的天平

(4) 任意天平

15. 蒸馏挥发酸时，一般用（　　　）。

(1) 直接蒸馏法　　　(2) 水蒸气蒸馏法　　　(3) 减压蒸馏法　　　(4) 加压蒸馏法

16. 蒸馏样品时加入适量的磷酸，其目的是（　　　）。

(1) 使溶液的酸性增强

(2) 使磷酸根与挥发酸结合

(3) 使结合态的挥发酸游离出来，便于蒸出 (4) 提高蒸馏温度

17. 下列说法正确的是（　　　）。

(1) 滴定管的初读数必须是"0.00"

(2) 直接滴定分析中，各反应物的物质的量应成简单整数比

(3) 滴定分析具有灵敏度高的优点

(4) 基准物应具备的主要条件是摩尔质量大

18. 标准是对（　　　）事物和概念所做的统一规定。

(1) 单一　　　　(2) 复杂性　　　　(3) 综合性　　　　(4) 重复性

19. 实验室安全守则中规定，严格任何（　　　）入口或接触伤口，不能用（　　　）代替餐具。

(1) 食品，烧杯

(2) 药品，玻璃仪器

（3）药品，烧杯　　　　　　　　　　　　（4）食品，玻璃仪器

20. 滴定管的最小刻度为（　　）。

（1）0.1mL　　　（2）0.01mL　　　（3）1mL　　　（4）0.02mL

21. 下面对 GB/T 13662—92 代号解释不正确的是（　　）。

（1）GB/T 为推荐性国家标准　　　　　　　（2）13662 是产品代号

（3）92 是标准发布年号　　　　　　　　　（4）13662 是标准顺序号

22. 国家标准规定化学试剂的密度是指在（　　）时单位体积物质的质量。

（1）28℃　　　（2）25℃　　　（3）20℃　　　（4）23℃

23. 下列哪一项是系统误差的性质（　　）

（1）随机产生　　　（2）具有单向性　　　（3）呈正态分布　　　（4）难以测定

24. 按有效数字计算规则，3.40＋5.7281＋1.00421＝（　　）。

（1）10.13231　　　（2）10.1323　　　（3）10.132　　　（4）10.13

25. 标准规定，水分检验要求在重复性条件下获得的两次独立测定结果的绝对差值不得超过算术平均值的（　　）。

（1）8%　　　（2）5%　　　（3）3%　　　（4）2%

26. 下列关于系统误差的叙述中不正确的是（　　）。

（1）系统误差又称可测误差，是可以测量的

（2）系统误差使测定结果系统地偏高或系统地偏低

（3）系统误差一般都来自测定方法本身

（4）系统误差大小是恒定的

27. 测量结果精密度的高低用（　　）表示最好。

（1）偏差　　　（2）极差　　　（3）平均偏差　　　（4）标准偏差

28. 下列（　　）不属于随机抽样方法。

（1）等距抽样　　　（2）分层抽样　　　（3）简单随机抽样　　　（4）随意抽样

29. 回收率试验叙述中不正确的是（　　）。

（1）可检验操作不慎而引起的过失误差　　　（2）可检验测试方法引起的误差

（3）可检验样品中存在的干扰误差　　　（4）回收率＝$(X_1－X_0)/m_1×100$

30. 下列标准代号属于国家标准的是（　　）。

（1）GB 10792　　　（2）ZBX 66012　　　（3）QB/T ××××　　　（4）Q/J ×××

31. 有关平均偏差和标准偏差的叙述中，不正确的是（　　）。

（1）平均偏差和标准偏差都是用来表示测定结果精密度的

（2）平均偏差是各测量值的偏差绝对值的算术平均值

（3）标准偏差能将较大的偏差灵敏地反映出来

（4）用平均偏差和标准偏差同样反映一组测量结果的精密度

32. 下列关于平行测定结果准确度与精密度的描述正确的有（　　）。

（1）精密度高则没有随机误差

（2）精密度高测得的准确度一定高

（3）精密度高表明方法的重现性好

（4）存在系统误差，则精密度一定不高

33. 蒸馏或回流易燃低沸点液体时操作错误的是（　　）。

(1) 在烧瓶内加数粒玻璃珠，防止液体爆沸

(2) 加热速度宜慢不宜快

(3) 用明火直接加热烧瓶

(4) 烧瓶内液体不宜超过 1/2 体积

34. 对某试样进行三次平行测定，得 CaO 平均含量为 30.6%，而真实含量为 30.3%，则 30.6%－30.3%＝0.3% 为（　　　　）。

(1) 相对误差　　　　(2) 相对偏差　　　　(3) 绝对误差　　　　(4) 绝对偏差

35. 由计算器算得的乘法结果为 12.004471，按有效数字运算规则应将结果修约为（　　　　）。

(1) 12　　　　(2) 12.0　　　　(3) 12.00　　　　(4) 12.004

36. 下列叙述错误的是（　　　　）。

(1) 误差是以真值为标准的，偏差是以平均值为标准的

(2) 对某项测定来说，它的系统误差大小是可以测定的

(3) 在正态分布条件下，σ 值越小，峰形越矮胖

(4) 平均偏差常用来表示一组测量数据的分散程度

37. 在滴定分析法测定中出现的下列情况，哪种属于系统误差（　　　　）。

(1) 试样未经充分混匀　　　　(2) 滴定管的读数读错

(3) 滴定时有液滴溅出　　　　(4) 砝码未经校正

38. 滴定分析中，若试剂含少量待测组分，可用于消除误差的方法是（　　　　）。

(1) 仪器校正　　　　(2) 空白试验　　　　(3) 对照分析　　　　(4) 多测几组

39. 一个样品检测结果的准确度不好，但精密度好，可能存在（　　　　）。

(1) 操作失误　　　　(2) 记录有差错　　　　(3) 使用试剂不纯　　　　(4) 随机误差大

40. 下列有关置信区间的定义中，正确的是（　　　　）。

(1) 以真值为中心的某一区间包括测定结果的平均值的概率

(2) 在一定置信度时，以测量值的平均值为中心的，包括真值在内的可信范围

(3) 总体平均值与测定结果的平均值相等的概率

(4) 在一定置信度时，以真值为中心的可信范围

41. 置信区间的大小受（　　　　）的影响。

(1) 测定次数　　　　(2) 平均值　　　　(3) 置信度　　　　(4) 真实值

42. 有效数字是指实际上能测量得到的数字，只保留末一位（　　　　）数字，其余数字均为准确数字。

(1) 可疑　　　　(2) 准确　　　　(3) 不可读　　　　(4) 可读

43. 对同一样品分析，采取一种相同的分析方法，每次测得的结果依次为 31.27%、31.26%、31.28%，其第一次测定结果的相对偏差是（　　　　）。

(1) 0.03%　　　　(2) 0.00%　　　　(3) 0.06%　　　　(4) −0.06%

44. 做空白试验的目的是为了消除（　　　　）。

(1) 操作误差　　　　(2) 方法误差　　　　(3) 试剂误差

(4) 仪器误差　　　　(5) 系统误差

45. 系统误差包括（　　　　）。

(1) 方法误差　　　　(2) 环境温度变化　　　　(3) 操作失误

（4）试剂误差　　　　（5）计算误差

46. 实验中出现的可疑值（与平均值相差较大的值），若不是由明显过失造成，就需根据（　　）决定取舍。

（1）结果的一致性　　　　　　　　　　（2）是否符合误差要求

（3）偶然误差分布规律　　　　　　　　（4）化验员的经验

47. 置信度是指真值落在平均值置信区间的概率，通常化学分析中要求的置信度为（　　）。

（1）99％　　　　　（2）98％　　　　　（3）95％　　　　　（4）90％

48. 将 25.375 和 12.125 处理成 4 位有效数字，分别为（　　）。

（1）25.38；12.12　　（2）25.37；12.12　　（3）25.38；12.13　　（4）25.37；12.13

三、判断题

1. （　　）小包装食品如罐头食品，应该每一箱抽出一瓶作为试样进行分析。

2. （　　）从原料中抽出有代表性的样品进行分析是为了保证原料的质量。

3. （　　）对于存放在大池中的液体样品，则从池的四角及中心部位分上、中、下三层进行采样，经混匀后，取出 0.5～1L 为分析样品。

4. （　　）分析工作中有一类"过失误差"。它是由于分析人员粗心大意或未按操作规程办事所造成的误差。

5. （　　）保存样品的容器应该是清洁干燥的优质磨口玻璃容器或塑料、金属等材质的容器，原则上保存样品的容器不能与样品的主要成分发生化学反应。

6. （　　）样品制备的方法有振摇、搅拌、切细、粉碎、研磨或捣碎等。

7. （　　）对于已腐败变质的样品，应弃去，重新采样分析。

8. （　　）对于小包装食品，批量在 1000 箱以下的，取 5 箱左右的样品。

9. （　　）计算 $0.0121 \times 25.64 \times 1.05782$ 的值为 0.328。

10. （　　）称量纸的质量为 0.0680g，则其为 5 位有效数字。

11. （　　）准确度高的方法精密度必然高，精密度高的方法准确度不一定高。

12. （　　）灵敏度较高的方法相对误差较大。

13. （　　）随机误差又称偶然误差。它是由某些难以控制、无法避免的偶然因素造成的，其大小与正负值都不固定，又称不定误差。

14. （　　）在食品的制样过程中，应防止挥发性成分的逸散及避免样品组成及理化性质发生变化。

第二章 食品的感官检测

知识目标

1. 了解感官检测的特点。
2. 熟悉感官检测的基本条件。
3. 重点掌握描述性检验法。

技能目标

1. 能够正确使用描述性检验法进行感官检测。
2. 能够对各类食品进行感官检测。

知识导入

食品的感官特性指可由人的感觉器官感知的特点，如食品的色泽、风味、香气、形态组织等。食品的感官检验就是根据人的感觉器官对食品的各种质量特征产生"感觉"，如味觉、嗅觉、视觉、听觉等，并用语言、文字、符号或数据进行记录，再运用概率统计原理进行统计分析，从而得出结论，对食品的各项指标做出评价的方法。

食品感官的检测既可以在实验室进行，也可以在购物现场进行，还可以在评比会、鉴定会等场合进行。由于食品的感官检测简便易行、可靠性高、实用性强，目前已被国际上普遍承认和使用，并日益广泛地应用于食品安全检测的实践中。感官检测对食品工业原辅材料、半成品和成品质量检测和控制、食品储藏保鲜、新产品开发、市场调查等方面都具有重要的指导意义。

人们习惯于依赖和根据自身感官的感觉进行判断、选择和评价食品。食品质量的感官鉴别能否真实、准确地反映客观事物的本质，除了与人体感觉器官的健全程度和灵敏程度有关外，还与人们对客观事物的认识能力有直接的关系。只有当人体的感觉器官正常，又熟悉有关食品质量的基本常识时，才能比较准确地鉴别出食品质量的优劣。因此，通晓各类食品质量感官的鉴别方法，为人们在日常生活中选购食品或食品原料、依法保护自己的正常权益不受侵犯提供了必要的客观依据。

在食品工业生产和其他环节中，也常常依赖这种感官检测。感官检测是食品行业必不可少的安全检验手段，为安全控制提供了信息，降低了生产过程中的风险。

食品的感官检测评价除了在产品开发方面有明显的应用外，还可给其他部门提供信息。

食品安全的感官标准是安全控制体系的一个重要组成部分。政府服务部门，例如工商管理人员在查假冒伪劣食品时，最快速直接的方法是感官鉴别。因此食品的感官检测技术具有广泛的适用范围。

一、感官检测的特点

食品的感官检测技术通过感官指标来鉴别食品或食品原料的优劣和真伪，与使用各种理化、微生物、仪器等方法进行分析相比，作为鉴别食品安全的有效方法，感官鉴别可以概括出以下三大优点。

① 用物理或化学的方法来检测食品中各组分的含量，特别是与感觉有关的组分，如糖、氨基酸、食盐等，只是对组分的含量进行测定，并未考虑组分之间的相互作用和对感官的刺激情况，缺乏综合性判断。人的感官是十分有效、敏感的综合检测器，可以克服上述方法的不足，可以对食品做出综合性的感官评价，并能加以比较和准确地表达，从而对食品的可接受性做出判断。因此，通过对食品感官性状的综合性检查，可以及时、准确地鉴别出食品质量有无异常，便于早期发现问题，及时进行处理，减少生产损失，保证食品质量，避免对人体健康和生命安全造成损害。

② 感官检测技术方法直观、手段简便，不需要借助任何仪器设备和专用、固定的检测场所以及专业人员。感官检测成本低，判定快，一直被广泛应用于食品的生产加工及质量检测中。

③ 感官检测常能够察觉其他检测方法所无法鉴别的食品质量特殊性污染或微量变化。在各种食品的质量标准中，都规定有感官指标，如外观、形态、色泽、口感、风味、均匀度、浑浊度、是否有沉淀和杂质等。这些感官指标往往能反映出食品的品质和质量的好坏，当食品的质量发生变化时，常引起某些感官指标也发生变化。因此，通过感官检查可判断食品的质量及变化情况。尤其重要的是，当食品的感官性状只发生微小变化，甚至这种变化轻微到有些仪器都难以准确发现时，通过人的感觉器官，如嗅觉、味觉等能给予应有的鉴别。

可见，食品的感官检测有着理化检测方法和微生物检测方法所不能替代的优越性，是食品检测中的一个重要组成部分，而且居于食品检测的首位。感官检测不仅能直接对食品的感官性状做出判断，而且可觉察异常现象的有无，因而它也是食品的生产、销售、管理人员所掌握的一门技能。广大消费者从维护自身权益角度讲，掌握这种方法也是十分必要的，应用感官手段来鉴别食品的安全有着非常重要的意义。

二、感官检测的种类

按检测时所利用的感觉器官，感官检测可分为视觉检验、嗅觉检验、味觉检验、触觉检验和听觉检验。进行感官检测时，通常先进行视觉检验，再进行嗅觉检验，然后进行味觉检验及触觉检验。感官检测实验室应远离其他实验室，要求安静，不受外界干扰，无异味，整体设计为淡色调。

1. 视觉检验

通过被检验物作用于视觉器官所引起的反应对食品进行评价的方法称为视觉检验。

在感官检测中，视觉检验占有重要位置，几乎所有产品的检验都离不开视觉检验。视觉检验即用肉眼观察食品的形态特征。如通过色泽可判断水果、蔬菜的成熟状况和新鲜程度；透光感可以判断饮料的清澈与浑浊；把瓶装液体倒过来，可检验有无沉淀物和夹杂物，据此判断食品是否受到了污染或变质。

视觉检验不宜在灯光下进行（除视觉检查内容物中的杂质外），因为灯光会给食品造成假象，给视觉检验带来错觉。检验时应从外往里检验，先检验整体外形，如罐装食品有无凸罐或凹罐现象，软包装食品是否有胀袋现象等；再检验内容物，然后再给予评价。

在感官检测中，颜色识别必须考虑以下几个方面：①观察区域的背景颜色和对比色区域的相对大小会影响颜色的识别；②样品表面的光泽和质地也会影响颜色的识别；③评价人员的观察角度和光线照射在食品上的角度不应该相同，因为那样会导致入射光线的镜面反射，以及因该方法人为造成的一种可能的光泽；④评价人员是否存在色盲或色弱，如不能区分红色和橙色、蓝色和绿色等。

视觉检验应在白昼的散射光线下进行，以免灯光隐色发生错觉。总之，观察样品在颜色和外观上的差异非常重要，它可以避免评价人员在识别风味和质地上存在差别时做出有误的结论。

2. 嗅觉检验

通过被检物作用嗅觉器官所引起的反应来评价食品的方法称为嗅觉检验。

嗅觉是人类的基本感觉之一，是挥发性物质刺激鼻腔嗅觉神经时在中枢神经中引起的一种感觉。其中产生令人喜爱感觉的挥发性物质叫香气；产生令人厌恶感觉的挥发性物质叫臭气。当食品发生轻微的腐败变质时，就会有不同的异味产生。食品的正常气味是人们能否能够接受该食品的一个决定因素。食品的气味常与该食物的新鲜程度、加工方式、调制水平有很大关联。人的嗅觉非常灵敏，有人选用一般方法和仪器不能检测出来的轻微变化用嗅觉可以发现。

食品的气味是一些具有挥发性的物质形成的，它对温度的变化常很敏感，因此在进行嗅觉检验时，可把样品稍加热，但最好是在 $15\sim25℃$ 的常温下进行，因为食品中的气味挥发性物质常随温度的高低而增减。在鉴别食品时，液态食品可滴在清洁的手掌上摩擦，以增知气味的挥发；识别畜肉等大块食品时，可将一把尖刀稍微加热刺入深部，拔出后立即嗅闻气味。人的嗅觉比较复杂，同样的气味，因个人的嗅觉反应不同，故感受喜爱与厌恶的程度也不同。

嗅觉器官长时间接触浓气味物质的刺激会疲劳，灵敏度降低，因此检验时应先识别气味淡的食品，后鉴别气味浓的食品，检验一段时间后，应休息一下，以免影响嗅觉的灵敏度。在鉴别前禁止吸烟。

由于气味没有确定的定义，而且很难定量测定，所以气味分类比较混乱，目前尚未有一个公认的分类方法。气味的表达，在语言上也同样存在很大的困难。现在发现人类具有某些嗅觉缺失症，但食品感官检验员不应有嗅觉缺失症。

3. 味觉检验

通过被检物作用于味觉器官所引起的反应来评价食品的方法称为味觉检验。

味觉是由舌面和口腔内味觉细胞产生的，基本味有酸、甜、苦、咸四种，其余味觉都是由基本味觉组成的混合味觉。

味觉在感官检测上占有重要地位。在我国饮食习惯中很注重品味，味觉的作用更为显著。味觉的敏感程度与许多因素有关，如食物的构成、温度、质地、味蕾所在部位，甚至人体血液的化学成分、人体的生理状况等。因此，味觉往往是多种刺激作用后的综合结果。味觉还与嗅觉、触觉等其他感觉有联系。

味觉器官不但能品尝到食品的滋味，而且对于食品中极轻微的变化也能敏感地察觉。做好的米饭存放到尚未变馊时，其味道即有相应的改变。味蕾的灵敏度与食品的温度有密切关系，味觉检验的最佳温度为 20～45℃，尤其以 30℃时最为敏锐。温度过高会使味蕾麻木，温度过低会降低味蕾的灵敏度，尤以苦味最为明显。

味道与呈味物质的组合以及人的心理也有微妙的相互关系。味精的鲜味在有食盐时尤其显著，是因为咸味对味精的鲜味起增强作用的结果。另外还有与此相反的削减作用，食盐和砂糖以相当的浓度混合，则砂糖的甜味会明显减弱甚至消失。当品尝过食盐后，随即饮用无味的水，也会感到有些甜味，这是味的变调现象。另外还有味的相乘作用，例如在味精中加入一些核苷酸时，会使鲜味有所增强。在选购食品和感官鉴别其质量时，常将滋味分类为甜、酸、咸、苦、辣、涩、浓、淡、碱味及不正常味等。

味觉同样会有疲劳现象，并受身体疾病、饥饿状态、年龄等个人因素影响。味觉的灵敏度存在着广泛的个体差异，特别是对苦味物质。在味觉检验前不要吸烟或吃刺激性较强的食物，以免降低味觉器官的灵敏度。检验时取少量被检食品放入口中，细心品尝，然后吐出（不要咽下），用温水漱口。若连续检验几种样品，应先检验味淡的，后检验味浓的，且每品尝一种样品后，都要用温水漱口，以减少相互影响。在进行大量样品鉴别时，中间必须休息，每鉴别一种食品之后必须用温水漱口。对已有腐败迹象的食品，不要进行味觉检验。

4. 触觉检验

通过被检物作用于触觉感受器官所引起的反应来评价食品的方法称为触觉检验。

触觉检验主要借助手、皮肤等器官的触觉神经来检验某些食品的弹性、韧性、紧密程度、稠度等，以鉴别其质量。如根据肉类的弹性，可判断其品质和新鲜程度；可根据用掌心与指头揉搓蜂蜜时的润滑感鉴定其黏度。此外，还有脆性、黏性、弹性、硬度、冷热、油腻性和接触压力等触感。在感官测定食品硬度（稠度）时，要求温度在 15～20℃之间，因为温度的升降会影响到食品状态的改变。

5. 听觉检验

利用人的听觉器官鉴别样品受振动而发出的声音来确定其品质的方法称为听觉检验。

听觉也是人类认识周围环境的重要感觉。听觉在食品感官检测中主要用于某些特定食品（如膨化谷物食品）和食品的某些特性（如质构）的评析上。如用手摇鸡蛋，听蛋中是否有声音来确定蛋的优劣；挑西瓜时，用手敲击西瓜听其发出的声音，来检验西瓜的成熟度等；焙烤食品中的酥脆薄饼、爆玉米花和某些膨化食品，在咀嚼时应该发出特有的声响，否则可认为质量已变化而拒绝接受这类产品。声音对食欲也有一定影响。

三、感官检测的基本要求

对于实施质量感官鉴别的人员，最基本的要求是必须具有健康的体质、健全的精神素质，无不良嗜好、偏食和变态性反应。鉴定人员自身感觉器官必须机能良好，对色、香、味、形有较强的分辨力和较高的灵敏度。对于非食品专业人员，还要求对所鉴别的食品有一般性的了解，对其色、香、味、形有常识性的知识和经验。

食品感官评价是以人的感觉为基础，通过感官评价食品的各种属性后，再经概率统计分析而获得客观结果的试验方法。因此，在感官评价中，其结果不但受到客观的影响，也要受到主观条件的影响。食品感官分析的客观条件包括外部环境和样品的制备，而主观条件则涉及参与感官鉴评试验人员的基本条件和素质，对于食品感官鉴评试验，外部环境条件、参与试验的评价人员和样品制备是品评顺利进行并获得理想结果的三个关键必备要素。

1. 食品感官检测评价人员的条件

参加感官评价的人员必须经过筛选与培训，才能进行感官评价。通常把参加感官评价试验的人员分为五类：专家型、消费者型、无经验型、有经验型和训练型。检验的目的不同，对评价人员的要求也不完全相同，但通常的基本条件有以下几点：①身体健康，不能有任何感觉方面的缺陷；②各评价人员之间及评价人员本人的感官要有一致和正常的敏感性；③评价员要具备对感官分析的兴趣；④个人卫生条件较好，无明显个人气味；⑤具有对检验产品的专业知识，并对产品无偏见；⑥检验过程中应集中精力避免任何因素的干扰，不能用表情和语言来传播结果；⑦评价人员应按时出席，经常出差、旅行或工作繁忙者应排除在外。

2. 食品感官检测的环境条件

食品感官检测的试验室由两部分组成：试验区和样品制备区。此外，还包括休息室和办公室等区域。

(1) 试验区的环境条件　试验区的环境条件对感官鉴定结果的准确性和可重复性有相当大的影响。因此，在试验区环境控制应注意以下问题。

① 低噪声　噪声会引起评价人员听力障碍、血压上升、呼吸困难、焦躁、注意力分散、工作效率低等不良影响。此外，也可采用隔音、吸音、防震等处理，如以木架安装的胶合板、硬纸板等材料可吸收低噪声；用软质纤维板、吸音纤维板、石棉等材料可用于吸收高噪声，用屏风、夹壁墙等方法减少噪声干扰。

② 恒温恒湿　目的在于保证评价人员在此条件下身体舒适，一般室温 21～25℃，相对湿度约为 60%。

③ 空气清新　试验区空气必须是无味的，检测完毕后遗留在个体试验间的香味、碳酸气等异味都应清除干净，一般用气体交换器和活性炭过滤器来完成，换气量达到原空气量的两倍。如果试验区外环境污染严重，有灰尘、烟尘等杂质时，还应附设空气净化器。此外，试验区内所用的桌椅的油漆以及内墙面的涂料也应是无味的。

④ 室内装饰淡雅　试验区的墙壁、地板及各种设施应以稳重淡雅的色调为主，目的在于不影响参加试样的色泽。此外，还应考虑材料的耐水、耐湿、耐腐蚀、耐磨、耐火、价格等因素。

⑤ 光线和照明　光线的明暗决定视觉的灵敏性。不适当的光线会直接影响感官鉴评人员对样品色泽的鉴评。光线对其他类型的感官鉴评试验也有程度不同的影响。大多数感官鉴评试验只要求试验区有 200～400lx 光亮的自然光即可满足。通常感官鉴评室都采用自然光线和人工照明相结合的方式，以保证任何时候进行试验都有适当的光照。人工照明选择日光灯或白炽灯均可，以光线垂直照射到样品面上不产生阴影为宜，避免在逆光、灯光晃动或闪烁的条件下工作。对于一些需要遮盖或掩蔽样品色泽的试验，可以通过降低试验区光照、使用滤光板或调换彩色灯泡来调整。对于试验样品外观或色泽的试验，需要增加试验区的光亮，使样品表面光亮达到 1000lx 为宜。

(2) 样品制备区　样品制备区是进行感官评价试验的准备场所，应具备以下条件：①制备区与试验区相邻；②制备区不是评价人员进入试验区的必经之路；③通风性能好，并有合适的上下水装置；④不能使用有味的建筑材料和装饰材料，试验器具、设备、室内设施必须用无味或阻味性材料制成；⑤制备区设计方式应在样品制备时，其风味不会流入试验区；⑥制备区常备的设备应包括加热器、冰箱、恒温箱、烤箱、干燥箱、贮藏箱、微波炉等。

（3）附属设施感官检验室的附属部分 包括休息室、洗涤室、办公室。

①休息室是评价人员等待试验，或试验规模较大，需中途休息的场所。②洗涤室是有些样品在试验前要洗涤，试验器具在评价人员使用后也应及时洗涤。③办公室是在感官评价环境中，评价表的设置、分类，分析资料的收集、处理以及发布报告，与评价人员就试验过程和试验结果进行个别讨论的场所。办公室的常备设施包括办公桌、书架、椅子、电话、档案柜、计算机等。

3. 食品感官检测被检样品的制备

被检样品在食品感官鉴定中，样品的图示、编号、呈送次数甚至盛具形状、颜色会对评价人员产生心理和生理上的影响，因此，任何一个规范的感官鉴定试验，对被检样品处理的各项条件都应保持一致，样品制备的温度、时间等细节都必须符合同一标准。

（1）被检样品的准备 感官评价样品的准备包括器具的选择、样品编号、排列和编组等。感官鉴定中，应选择易清洁，无色或白色无味、无臭的容器，所有重复使用的用具和容器必须彻底冲洗干净，检测中应采用同一类数量、形状的器具来盛装，目的在于避免一些盛具带来的非评定特性引起的刺激偏差。样品编号可利用随机的三位数字编码，以保证对评价人员提供的样品是未知的，在具体实施中，应注意不要使用人们喜爱、忌讳或容易记忆的数字，如"888"、"250"，或与单位相同的电话号码、邮编等，在一次感官试验中，递送给每位评价人员的样品编码也应互不相同。同一样品编码应有多个编号，在试验次数较多的情况下，必须避免使用重复编号。

为避免人为地对样品出现次数、位置产生心理倾向性，以防止感官的疲劳和适应性，参评的样品一次呈送次数不宜过多，具体数目取决于检测的性质及样品的类型，提供给评价人员的样品应在某个位置出现次数相同；每次重复试验配置顺序应随机化，递送的样品尽量避免直接摆放，可采用圆形摆放等。

检测可在上午、下午评价人员感官敏感性较高的时间进行。在周末，饮食前 1h 和饮食后 1h 以及评价人员刚上班和快下班时都不宜进行试验。

（2）样品制备的要求 均一性：这是感官评价试验样品制备中最重要的一条。样品均一性是指制备的样品由所要评价的特性来决定的，如食用时的温度、形状、大小都应与各类食品正常食用下条件一致，其次对同样样品的制备方法应尽量一致，如相同的温度，相同的蒸沸时间，相同的加水量，相同的烹调方法等，并尽量保持原有样品的风味。

样品量：样品量对感官鉴评试验的影响体现在两个方面，即感官鉴评人员在一次试验中所能鉴评的样品个数及试验提供给每个鉴评人员供分析用的样品数量。

感官鉴评人员在感官鉴评试验期间，理论上可以鉴评许多不同类型的样品，但实际能够鉴评的样品数量跟感官鉴评人员的预期值、主观因素和样品特性有很大的关系，除上述因素外，一些次要因素如：噪声、谈话、不适当光线等也会降低鉴评人员鉴评的数量。

大多数食品感官鉴评试验在考虑到各种影响因素后，每次试验样品数控制在 4～8 个。对含酒精饮料和有刺激感官特性（如辣味）的样品，可鉴评的样品数应限制在 3～4 个。

呈送给每个评价人员的样品分量应随试验方法和样品种类的不同而分别控制。有些试验（如二-三点法）应严格控制样品分量，另一些试验则不需控制，给鉴评人员足够鉴评的数量。通常，对需要控制用量的差别试验，每个样品的分量控制在液体 30mL，固体 28g 左右为宜。嗜好性试验的样品分量可比差别试验高 1 倍。描述性试验的样品分量可依实际情况而定。

四、感官检测的常用方法

1. 检测方法的选择和分类

(1) 感官检测方法的选择　感官检测方法的选择应该就具体情况而定，可以从以下几方面考虑。

① 检测目的　判断两个样品差别时可以采用两点试验法、三点试验法、五中取二试验法和评分法等；对三个样品以上样品的品质进行比较时，可以采用的方法有评分法、分类法及评估法等。

② 要检测出差异的时候，应选择精密度高的方法。当检验两个样品间的差异时，对于同样的试验次数，同样的差异水平，三点试验法所要求的正解数少，从这方面来看，三点试验法比两点试验法要好。

③ 从评价员所受的影响角度考虑，对于那些复杂的方法，即使是实验室培训过的评价人员，也会产生不安和压迫等感觉。这样的方法如果用于普通消费者，即使其方法精密度很高，也不一定会收到好的结果。

④ 从经济角度考虑样品的用量、评价人员的数量、试验的时间、数据的统计和处理的难易程度。

(2) 感官检测方法的分类　在感官检测中一般分为具有不同作用的两种类型，分析型感官检验和偏爱型感官检验。

① 分析型感官检验　是把人的感觉器官作为一种检验测量的工具，通过感觉器官的感觉来评价样品的质量特性或鉴别多个样品之间的差异等。这种类型的检测适用于质量检查及产品评优等工作。

在分析型感官检测中是通过感官经验的感觉来进行检测的，在检测过程中为了降低个人感觉之间差异的影响，提高检测的重现性，以达到检测结果的高精度，应注意评价基准的标准化、试验条件的规范化以及评价人员的素质等因素。

a. 评价基准的标准化　在感官检测食品的质量特性时，对每一个检测的项目，必须有明确的、具体的评价尺度及评价基准物。对同一类食品进行感官检测时，其基准物和评价尺度，都必须具有连贯性和稳定性。

b. 试验条件的规范化　感官检测中，经常因为环境及试验条件的影响，而出现大的波动，因此要规范试验条件。如必须有合适的感官试验室、有适宜的光照等条件。

c. 评价人员的素质　从事感官检测工作的评价人员，必须有良好的生理和心理条件，并进行过专门的培训等，感官感觉要相对的敏锐。

② 偏爱型感官检验　偏爱型感官检验与分析型相反，是以样品为工具，来了解人的感官反应以及倾向。比如在新产品的研发过程中，对试验品的评价，在对顾客的市场调查中不同的偏爱倾向。这一类型的感官检测，不需要统一的评价标准及其条件，而是依赖于人们生理和心理上的综合感觉。即个体人和群体人的感觉特征和主观判断起着决定作用，检测的结果受到生活环境、生活习惯及个人的审美观点不同等多种因素影响。因此其检测结果经常是因人、因时、因地而异。它反映了不同个体或群体的偏爱倾向，不同个体或群体的差异对食品的开发、研制和生产有着积极的指导作用。偏爱型感官检测是人的主观判断，是其他方法所无法替代的。

2. 常用的几种感官检测方法

感官检测的方法很多，一般在明确检测的目的和要求的前提下，选择适宜的检测方法。

根据检测的目的和要求等不同，常用的感官检测方法一般分为三种：差别检验法、类别检验法及描述性检验法。

（1）差别检验法　差别检验法是常用的感官检测法，它具有简单方便的特点。差别检验法只要求评价人员评定两个或两个以上的样品是否存在感官差异。差别检验法的结果是以每一类别评价人员数量为基础的。例如，有多少人回答 A，多少人回答 B，多少人回答正确。解释其结果主要运用统计学的二项分布参数检查，判断是否存在着感官差别，做出不同结论的数量和检验次数为基础，进行概率统计和分析，从而得到检测结果的判别。差别检验中常用的检验方法有：成对比较检验法、二-三点检验法、三点检验法、五中取二检验法、选择检验法和配偶检验法。

① 成对比较检验法　以随机顺序同时出示两个样品给评价人员，要求评价人员对这两个样品进行比较，判定整个样品或某些特征强度顺序的一种鉴评方法称为成对比较检验法或两点检验法。此检验方法是最为简单的一种感官鉴评方法，它可用于确定两种样品之间是否存在某种差异，差异方向如何；或者偏爱两种样品中的哪一种。本方法比较简便，但效果较差。

具体试验方法：把 A、B 两个样品同时呈送给评价人员，要求评价人员根据要求进行鉴评。在试验中，应使样品 A、B 和 B、A 这两种次序出现的次数相等，样品编码可以随机选取三位数组成，而且每个评价人员之间的样品编码尽量不重复。

结果分析：根据 A、B 两个样品的特性强度的差异大小，确定检测是双边的还是单边的。如果样品 A 的特定强度（或被偏爱）明显优于 B，即参加检测的评价人员，做出样品 A 比样品 B 的特性强度大（或被偏爱）的判断概率大于做出样品 B 比样品 A 的特性强度大（或被偏爱）的判断概率，$P_A > 1/2$（P_A 即 A 样品的概率）。例如，两种饮料 A 和 B，其中饮料 A 明显甜于 B，则实验是单边的；如果这两种样品没有显著差别，但没有理由认为 A 或 B 的特性强度大于对方或被偏爱，则该检测是双边的。对单边检测，统计肯定答案的数字，如果对某一种样品投票的人数多于表 2-1 显著水平的人数，表示在显著性水平上拒绝原假设，从而得出结论两种样品之间有显著性差别。如果样品 A 投票的人数多，则可得出结论，样品 A 的某种指标强度大于样品 B 的同种特性强度（或样品 A 更受偏爱）。检测可以是双边的，也可以是单边的，双边检测则只需要发现两种样品在特性强度上是否存在差别，或者是否其中之一更被消费者偏爱。单边检测是希望发现某一指定样品。对于双边检测统计答案总数取两数中的大值；如果选择样品 A 的数目大于或等于表中的数，则说明在此显著水平上，样品间有显著差异，见表 2-2。

② 二-三点检验法　先提供给评价人员一个对照样品，接着提供两个样品，其中一个与对照样品相同。要求评价人员在熟悉对照样品后，从后者提供的两个样品中挑选出与对照样品相同的样品，此方法称为二-三点检验法。

表 2-1　成对比较检验（单边）法和二-三点检验

参加人数（n）	显著水平			参加人数（n）	显著水平			参加人数（n）	显著水平		
	5%	1%	0.1%		5%	1%	0.1%		5%	1%	0.1%
7	7	7	—	11	9	10	11	15	12	13	14
8	7	8	—	12	10	11	12	16	12	14	15
9	8	9	—	13	10	12	13	17	13	14	16
10	9	10	10	14	11	12	13	18	13	15	16

续表

参加人数（n）	显著水平 5%	1%	0.1%	参加人数（n）	显著水平 5%	1%	0.1%	参加人数（n）	显著水平 5%	1%	0.1%
19	14	15	17	32	22	24	26	45	29	31	34
20	15	16	18	33	22	24	26	46	30	32	34
21	15	17	18	34	23	25	27	47	30	32	35
22	16	17	19	35	23	25	27	48	31	33	35
23	16	18	20	36	24	26	28	49	31	34	36
24	17	19	20	37	24	27	29	50	32	34	37
25	18	19	21	38	25	27	29	60	37	40	43
26	18	20	22	39	26	28	30	70	43	46	49
27	19	20	22	40	26	28	31	80	48	51	55
28	19	21	23	41	27	29	31	90	54	57	61
29	20	22	24	42	27	29	32	100	59	63	66
30	20	22	24	43	28	30	32				
31	21	23	25	44	28	31	33				

表 2-2　成对比较检验法检验（双边）

参加人数（n）	显著水平 5%	1%	0.1%	参加人数（n）	显著水平 5%	1%	0.1%	参加人数（n）	显著水平 5%	1%	0.1%
7	7	—	—	24	18	19	21	41	28	30	32
8	8	8	—	25	18	20	21	42	28	30	32
9	8	9	—	26	19	20	22	43	29	31	33
10	9	10	—	27	20	21	23	44	29	31	34
11	10	11	11	28	20	22	23	45	30	32	34
12	10	11	12	29	21	22	24	46	31	33	35
13	11	12	13	30	21	23	25	47	31	33	36
14	12	13	14	31	22	24	25	48	32	34	36
15	12	13	14	32	23	24	26	49	32	34	37
16	13	14	15	33	23	25	27	50	33	35	37
17	13	15	16	34	24	25	27	60	39	41	44
18	14	15	17	35	24	26	28	70	44	47	50
19	15	16	17	36	25	27	29	80	50	52	56
20	15	17	18	37	25	27	29	90	55	58	61
21	16	17	19	38	26	28	30	100	61	64	67
22	17	18	19	39	27	28	31				
23	17	19	20	40	27	29	31				

当表中 $n > 100$ 时，答案最少数按以下公式计算，取最接近的整数值。

$$x = \frac{n+1}{2} + k\sqrt{n} \tag{2-1}$$

式中，k 值见表 2-3。

表 2-3　k 值

显著水平	5%	1%	0.1%
单边检验 k 值	0.82	1.16	1.55
双边检验 k 值	0.98	1.29	1.65

此检验法用于区别两个同类样品间是否存在感官差异，尤其适用于评价人员熟悉对照样品的情况，如成品检验和异味检查。但由于精度较差，故常用于风味较强、刺激较大和产生余味持久的产品检测，以降低鉴评次数，避免味觉和嗅觉疲劳。另外，外观有明显差别的样品不适宜此法。

通常鉴评时，在鉴评对照样品后，最好有 10s 左右的停息时间。同时要求，两个样品作为对照样品的概率应相同。

结果分析：有效鉴评表数为 n，回答正确的表数为 R，查表 2-4 的一行数值，若 R 小于其中所有数，则说明在 5% 水平，两种样品间无显著差异；若 R 大于或等于其中某数，说明在此数所对应的显著水平上两样品间有差异。

表 2-4　三点检验法

参加人数（n）	显著水平			参加人数（n）	显著水平			参加人数（n）	显著水平		
	5%	1%	0.1%		5%	1%	0.1%		5%	1%	0.1%
4	4	—	—	24	13	15	16	44	21	23	25
5	4	5		25	13	15	17	45	22	24	26
6	5	6	—	26	14	15	17	46	22	24	26
7	5	6	7	27	14	16	18	47	23	24	27
8	6	7	8	28	15	16	18	48	23	25	27
9	6	7	8	29	15	17	19	49	23	25	28
10	7	8	9	30	15	17	19	50	24	26	28
11	7	8	10	31	16	18	20	51	24	26	29
12	8	9	10	32	16	18	20	52	24	27	29
13	8	9	11	33	17	18	21	53	25	27	29
14	9	10	11	34	17	19	21	54	25	27	30
15	9	10	12	35	17	19	22	55	26	28	30
16	10	11	12	36	18	20	22	56	26	28	31
17	10	11	13	37	18	20	22	57	26	29	31
18	10	12	13	38	19	21	23	58	27	29	32
19	11	12	14	39	19	21	23	59	27	29	32
20	11	13	14	40	19	21	24	60	28	30	33
21	12	13	15	41	20	22	24	61	28	30	33
22	12	14	15	42	20	22	25	62	28	31	33
23	12	14	16	43	21	23	25	63	28	31	33

参加人数 (n)	显著水平			参加人数 (n)	显著水平			参加人数 (n)	显著水平		
	5%	1%	0.1%		5%	1%	0.1%		5%	1%	0.1%
64	29	32	34	77	34	37	40	90	39	42	45
65	30	32	35	78	35	38	41	91	40	43	46
66	30	32	35	79	35	38	41	92	40	43	46
67	30	33	36	80	35	38	41	93	41	44	47
68	31	33	36	81	36	39	42	94	41	44	47
69	31	34	36	82	36	39	42	95	42	44	48
70	32	34	37	83	37	40	43	96	42	44	48
71	32	35	38	84	37	40	43	97	42	45	49
72	32	35	38	85	38	40	44	98	42	45	49
73	33	35	38	86	38	40	44	99	43	46	49
74	33	36	39	87	38	41	44	100	43	46	49
75	34	36	39	88	38	41	44				
76	34	36	40	89	39	42	45				

当有效鉴评表数 (n) 大于 100 时，表明存在差异的鉴评最少数为：

$$x = 0.4714z\sqrt{n} + \frac{2n+3}{6} \qquad (2\text{-}2)$$

x 取最近似整数；若回答正确的鉴评表数大于或等于这个最少数，则说明两样品间有差异。式中 z 值见表 2-5。

表 2-5　z 值

显著水平	5%	1%	0.1%
z 值	1.64	2.33	3.10

③ 三点检验法（三角检验法）　同时提供三个编码样品，其中有两个是相同的，要求评价人员挑选出其中不同于其他两样品的检查方法称为三点检验法。

用途：此法适用于鉴别两个样品之间的细微差异，如品质控制或仿制产品，也可适用于挑选和培训评价人员或者测试评价人员的能力。

步骤：向评价人员提供一组三个已经编码的样品，编号是随机三位数，每次不相同，其中两个样品是相同的，一个是不同的，这两种样品可能的组合是 ABB、BAA、AAB、BBA、ABA、BAB。实验中，每组出现的概率也应相等，当评价人员人数不足 6 的倍数时，可舍去多余样品组，或向每个鉴评员提供六组样品做重复检验。

结果分析：按三点检验法要求统计回答正确的问答表数，查表 2-4 得出两个样品间有无差异。

（2）类别检验法　类别检验法是指对两个以上的样品进行评价，判断出哪个样品好，哪个样品差，以及它们之间的差异太小和差异方向等，通过试验从而得出样品间差异的排序以及大小，或者得出样品应属的类别或等级。选择什么方法解释数据，将取决于试验的目的以及样品的数量。

经常使用的检验方法有：分类检验法、排序检验法、评估检验法、评分检验法、分等检验法、成对比较检验法等。

(3) 描述性检验法　描述性检验法要求评价人员判定出一个或多个样品的某些特征或对某特定特征进行描述和分析。通过检验可得出样品各个特性的强度或样品全部感官特征。

它要求评价产品的所有的感官特性，如外观、嗅闻的气味特征、口中的风味特征（味觉、嗅觉及口腔的冷、热、收敛等知觉和余味）及组织特性和几何特征。组织特征即质地，包括机械特征性——硬度、凝聚度、黏度、黏着度和弹性五个基本特性及破碎度、固体食物咀嚼度、半固体食物胶度三个从属特性；几何特性即产品颗粒、形态特性及方向特性，有平滑感、层次感、丝状感、粗粒感等，以及油、水含量感（如油感、湿润感）等。因此要求评价人员除具备人体感和食品品质特性和次序的能力外，还要熟悉描述食品品质特性的专有名词的定义及其在食品中的实质含义，具备总体印象或总体风味强度和总体差异分析能力。

常用的方法有简单描述检验法、定量描述检验法及感官剖面检验法。

① 简单描述检验法　要求评价人员对构成样品特征的各个指标进行定性描述，尽量完整地描述出样品品质结果的方法称为简单描述检验法。

简单描述一般有两种形式：一种是由评价人员用任意词汇对每个样品的特征进行描述，这种形式往往会使评价人员不知所措，所以应尽量由非常了解产品特性或受过专门训练的评价员来回答；另一种形式是首先提供指标检查法，使评价人员能根据指标检查表进行评价。

外观：一般、深、苍白、暗状、油斑、白斑、褪色、斑纹、波动（色泽有变化）、有杂色。

组织：一般、黏性、油腻、厚重、薄弱、易碎、断面粗糙、裂缝、不规则、粉状感、有孔、油脂析出、有线散现象。

结果分析：评价人员完成鉴评后，由鉴评小组统计这些结果。

根据每一描述性词汇的使用频数得出评价结果，最好对评价结果进行公开讨论。

② 定量描述检验法及感官剖面检验法　要求评价人员尽量完整地对形成样品感官特征的各个指标强度进行鉴评的检验方法。这种鉴评是用以前由简单描述检验法所确定的词汇，描述样品整个感官印象的定量分析法。这种方法可单独或结合使用于鉴评气味、风味、外观和质地。此方法对质量控制、质量分析、确定产品之间差异的性质、新产品研制、产品品质的改良等最为有效，并且可以提供与仪器检测数据对比的感官数据，提供产品特征的持久记录。

通常，在正式小组成立之前，需要一个熟悉情况的阶段，以了解类似产品，建立描述的最好方法和同意评价识别的目标，同时，确定参比样品（纯化合物或具有独特性质的天然产品）和规定描述特性的词汇。具体进行时，还可根据目的的不同设计出不同的检测记录形式。此方法的检测内容通常包括以下几项。

特征性的鉴定：即用叙述词汇或相关的术语规定感觉到的特性特征。

感觉顺序的确定：即记录系列和感觉到各种特征所出现的顺序。

强度评价：每种特征特性的强度（质量和持续时间）可由鉴评小组或独立工作的评价人员测定。特性特征强度可由多种标度来评估。

余味和滞留度的测定：样品被吞下（或吐出）后，出现的与原来不同的特性特征称为余味。样品已经被吞下（或吐出）后，继续感觉到的特性特征称为滞留度。在一些情况下，可要求检查员鉴别余味并测定其强度，或者测定滞留度的强度和持续时间。

综合印象的评估：是对产品的总体评估，考虑到特性特征的适应性、强度、相一致的背景特征的混合等，综合印象通常在一个三点标度上评估：1 表示低、2 表示中、3 表示高。在一致的方法中，鉴别小组赞同一个综合印象。在独立方法中，每个评价员分别评估综合印象，然后计算其平均值。

强度变化的评估：有时，可能要求以曲线（有坐标）形式表现从接触样品刺激到脱离样品刺激时感觉强度的变化（如食品中的甜、苦等）。

检验的结果可根据要求以表格或图的形式报告，也可利用各特性特征的评价结果做样品间适宜的差异分析（如评分法解析）。

↘ 实训　啤酒的感官检测

【实训要点】

1. 按照检测要点进行感官检测。
2. 掌握实验方法。
3. 掌握感官检测的工作过程。

【材料用具】

从市场上购买几种不同价格不同品牌的淡色啤酒；品酒杯。

【工作过程】

1. 实验方法

评酒的顺序一般是一看、二嗅、三尝、四综合、五评语。

看——评色泽观察酒的色泽，有无失光、浑浊，有无悬浮物和沉淀等。

嗅——评香气酒杯放在鼻孔下方 7cm 距离，轻嗅气味，共分两次进行。

尝——评口味喝一小口，在口腔中做舌面运动，然后吐出。

体——评酒体风格即酒体。是感官对酒的色、香、味的综合评价，是感觉器官的综合感受，代表了酒在色香味方面的全面品质。

2. 实验原理

啤酒的感官质量主要从以下 6 个方面判别。

① 色泽　淡色啤酒的酒液呈浅黄色，也有微带绿色的。

② 透明度　啤酒在规定的保质期内，必须能保持洁净透明的特点，无小颗粒和悬浮物，不应有任何浑浊或沉淀现象发生。

③ 泡沫　是啤酒的重要特征之一，啤酒也是唯一以泡沫体作为主要质量指标的酒精类饮料。

④ 风味和酒体　一般日常生活中常见的淡色啤酒应具有较显著的酒花香和麦芽清香以及细微的酒花苦味，入口苦味爽快而不长久，酒体爽而不淡，柔和适口。

⑤ 二氧化碳含量　具有饱和充足的二氧化碳，能赋予啤酒一定的杀口力，给人以合适的刺激感。

⑥ 饮用温度　啤酒的饮用温度很重要。在适宜的温度下，酒液中很多有益成分的作用就能协调互补，给人一种舒适爽快的感觉。啤酒宜在较低的温度下饮用，一般以 12℃ 左右为好。

思考 1：为什么品尝啤酒酒温要低一些？

3. 实验过程及结果

（1）色泽鉴别

① 良质啤酒以淡色啤酒为例，酒液浅黄色或微带绿色，不呈暗色，有醒目光泽，清亮透明，无小颗粒、悬浮物和沉淀物。

② 次质啤酒色淡黄或稍深些，透明，有光泽，有少许悬浮物或沉淀物。

③ 劣质啤酒色泽暗而无光或失光，有明显悬浮或沉淀，有可见小颗粒，严重者酒体浑浊。

思考 2：对品酒杯有什么要求？

（2）泡沫鉴别

① 良质啤酒注入杯中立即有泡沫窜起，起泡力强，泡沫厚实且盖满酒面，沫体洁白细腻，沫高占杯子的 1/2～2/3，同时见到细小如珠的气泡自杯底连续上升，经久不失，泡沫挂杯持久，在 4min 以上。

② 次质啤酒倒入杯中的泡沫升起较高较快，色较洁白，挂杯时间持续 2min 以上。

③ 劣质啤酒倒入杯中，稍有泡沫且消散很快，有的根本不起泡沫；起泡者泡沫粗黄，不挂杯，似一杯冷茶水状。

（3）香气鉴别

① 良质啤酒有明显的酒花香气和麦芽清香，无生酒花味、无老化味、无酵母味，也无其他异味。

② 次质啤酒有酒花香气但不显著，也没有明显的怪异气味。

③ 劣质啤酒无酒花香气，有怪异气味。

（4）啤酒口味的感官鉴别

① 良质啤酒口味纯正，酒香明显，无任何异杂滋味。酒质清冽，酒体协调柔和，杀口力强，苦味细腻、微弱、清爽而愉快，无后苦，有再饮欲。

② 次质啤酒口味纯正，无明显的异味，但香味平淡、微弱，酒体尚属协调，具有一定杀口力。

③ 劣质啤酒味不正，淡而无味，或有明显的异杂味、怪味，如酸味、馊味、铁腥味、苦涩味、老熟味等，也有的甜味过于浓重，更有甚者苦涩得难以入口。

【思考题】

1. 食品感官检测有哪几种方法？

2. 进行食品感官检测时，对周边的环境有什么要求？

【知识小结】

本项目重点应该掌握一般感官检测方法，尤其是在生产企业进行产品感官检测的方法和要点。

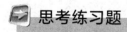 思考练习题

一、填空题

1. 食品的感官检测是以人的（　　　　）为基础，通过感官评价食品的各种属性后，再经概率统计分析而获得客观的检测结果的一种（　　　）。

2. 做一般的感官灵敏度测试时常用的方法，主要有（　　）、（　　）和（　　）。

3. 对于某些感官特性而言，有时两个刺激产生相同的感觉效果，我们称之为

（　　　　）。

4. 感官评价中的四种活动指的是（　　　　）、（　　　　）、（　　　　）、（　　　　）。

5. 感官评价常用的三类方法分别是（　　　　）、（　　　　）、（　　　　）。

6. 基本感觉分为（　　　）、（　　　）、（　　　）、（　　　）、（　　　）。

7. 基本味觉分为（　　　）、（　　　）、（　　　）、（　　　）。

8. 量化（数字化）感官体验的最常用方法有（　　　）、（　　　）、（　　　）。

9. 感官评价是用于唤起（　　　）、（　　　）和（　　　），通过视觉、嗅觉、味觉和听觉而感知到食品及其物质的特征或性质的一种科学方法。

10. 感官检测是建立在多种理论综合的基础上的，主要与社会学、（　　　）和（　　　）密不可分。

11. 感官检测必须做好三方面的控制，即（　　　）、（　　　）、（　　　）。

12. 视觉主要是对食品的（　　　）、（　　　）、（　　　）、（　　　）进行评价。

13. 筛选区别检验评价人员时，一般采用（　　　）、（　　　）、（　　　）和（　　　）对其进行感官能力的测试。

14. 感官检测中常用的标度法有三种，即（　　　）、（　　　）、（　　　）。

15. 感官检测分为（　　　）型感官检验和（　　　）型感官检验。

16. 食品的感官检测是以人的（　　　）为基础，通过感官评价食品的各种属性后，再经概率统计分析而获得客观的检测结果的一种（　　　）。

17. 常用的感官检测方法分为三类，有（　　　）检验法、（　　　）检验法和（　　　）检验法。

18. 食品质量安全是指质量状况对食用者健康、安全的保证程度，它包括食品的（　　　）、（　　　）、（　　　）、标签等多项内容。

19. 现代感官检测包括两方面的内容，即（　　　）和（　　　）。

20. 食品感官检测是在食品理化分析的基础上（　　　）、（　　　）、（　　　）集的知识发展起来的一门科学。

21. 环境条件对食品感官检测的结果有很大影响，主要体现在两方面：（　　　）和（　　　）。

22. 食品感官检测中的差别试验，其结果存在两种风险：（　　　）和（　　　）。

23. 分析型感官检测是利用（　　　）测定（　　　）。

21. 嗜好型感官检测是通过（　　　）来测定人们的（　　　）。

22. 当有些食品不能直接感官检测时，需要借助载体，在选择样品和载体混合时，应避免二者间的（　　　）或（　　　）作用。

23. 分析或描述试验可分为（　　　）和（　　　）。

24. 影响阈值（味觉）的因素很多，例如：（　　　）、（　　　）、（　　　）、（　　　）等。

25. 食品的脆性和弹性分别与人类感觉中的（　　　）和（　　　）有关。

26. 成对比较检验法又叫（　　　）；三点检验法又叫（　　　）。

27. 口中的风味特性，包括（　　　）和（　　　）及口腔的冷、热、收敛等知觉和余味。

28. 对某人的味觉敏感度进行测定时，酸、甜、苦、咸四种基本味道所对应的是（　　　）、

（　　　）、（　　　）、（　　　）四种味感物质。

29. 触觉检查主要用于检查产品表面的（　　　）、光滑度、（　　　）、硬、柔性、弹性、塑性、热、冷、潮湿等感觉。

30. 成对比较检验法或两点检验法，分为两种形式：（　　　）和（　　　）。

31. 感官检测顺序中首先由（　　　）判断物体的外观，确定物体的外形、（　　　）。

32. 食品感官检测的三个必备要素是（　　　）、（　　　）和样品的制备。

33. 影响味觉的因素有（　　　）、介质、（　　　）、年龄和性别。

34. 感官检验室最基本的部分是（　　　）、（　　　）。

二、选择题

1. 通过评价人员的嗅觉、视觉、味觉、听觉和触觉而引起反应的一种科学方法，称为（　　　）。

(1) 食品品尝分析　　(2) 食品生化分析　　(3) 食品感官分析　　(4) 食品理化分析

2. （　　　）方法是食品检测技术中最基础、最基本、最重要的分析方法。

(1) 感官检测　　　　(2) 化学分析法　　　(3) 仪器分析法　　　(4) 酶分析法

3. 先提供给评价人员一个对照样品，接着提供两个样品，其中一个与对照样品相同或相似，这种感官检测是（　　　）。

(1) 排序检验法　　　(2) 二-三点检验法　(3) 五中取二检验法　(4) 三点检验法

4. 汤在感官检测时的最佳呈送温度是（　　　）。

(1) 15℃　　　　　　(2) 室温　　　　　　(3) 60～65℃　　　　(4) 68℃

5. 四种呈味物质是（　　　）。

(1) 柠檬酸、蔗糖、氯化钠、咖啡碱　　　(2) 柠檬酸、蔗糖、咖啡碱、辣粉
(3) 柠檬酸、蔗糖、氯化钠、谷氨酸钠　　(4) 蔗糖、咖啡碱、氯化钠、辣粉

6. 食品感官检测活动依次是（　　　）。

(1) 测量、唤起、分析、最后是对结果的解释
(2) 唤起、测量、分析、最后是对结果的解释
(3) 分析、唤起、测量、最后是对结果的解释
(4) 测量、分析、唤起、最后是对结果的解释

7. 三点检验是差别检验中最常用的方法。检验中同时提供（　　　）。

(1) 3个编码样品　　(2) 4个编码样品　　(3) 5个编码样品　　(4) 6个编码样品

8. 舌头的不同部位对不同味觉的敏感度不同，舌尖对（　　　）敏感，舌根部对（　　　）敏感。

(1) 甜味、苦味　　　(2) 甜味、咸味　　　(3) 酸味、苦味　　　(4) 咸味、苦味

9. 食品感官检测是通过评价人员嗅觉、视觉、味觉、听觉和（　　　）。

(1) 触觉进行的理化检验方法　　　　(2) 仪器进行的理化检验方法
(3) 质构仪进行的理化检验方法　　　(4) 工具进行的理化检验方法

10. 提供给评价人员五个以随机顺序排列的样品，其中两个是同一类型，另三个是另一种类型，进行感官检验，这种方法是（　　　）。

(1) 五中取二检验法　(2) 排序检验法　　　(3) 二-三点检验法　(4) 三点检验法

11. 人舌头的感觉是在（　　　）温度时最敏感。

(1) 11～15℃　　　　(2) 15～30℃　　　　(3) 15～25℃　　　　(4) 20～30℃

三、判断题

1. （   ）从刺激味感受器到出现味觉，一般需 2.0～5.5ms，其中咸味的感觉最快，苦味的感觉最慢。所以，一般苦味总是在最后才有感觉。

2. （   ）感官检测人员中代表性最广泛的一类是消费者型。

3. （   ）食品感官检测三个必备要素：外部环境条件、参与试验的鉴评人员和样品的制备是试验得以顺利进行并获得理想结果的三个必备要素。

4. （   ）舌尖处对甜味敏感，舌前部两侧对酸味敏感，舌后侧对咸味敏感，舌根对苦味敏感。

5. （   ）食品的感官检测人员检验前可以是用有气味的化妆品。

6. （   ）食品的味道可以通过味觉检验检查出来。

7. （   ）通过白酒的味觉检验可以判断白酒的口味、滋味和气味。

8. （   ）数量最少，而且不容易培养，如品酒师、品茶师，这类属于专家型。

四、简答题

1. 简述感觉的概念。

2. 简述感觉的基本规律。

3. 感官检验中人作为仪器有哪些特点？

4. 食品的感官因素有哪几个？

5. 简述描述性试验的组成。

6. 执行一个项目的感官检验，必须完成哪七个任务？

7. 感官检验要做好哪三个方面的控制？

8. 食品感官检验中常用的试验方法有哪六种？

9. 感官检验中要求感官评价人员做到哪几点？

10. 感觉有哪五个基本特征？

11. 影响感官判断的因素有哪些？

12. 简述感官的相互作用。

13. 简述样品的编号原则。

14. 通常把感官检测人员分为哪五类？

15. 简述感官检测的意义。

16. 在食品的感官检测中，对评价员有哪些要求？

17. 简述定量描述试验的检验内容。

第三章 物理检测

知识目标

1. 了解物理检测法的基本内容和常用方法；掌握相关仪器的使用方法。
2. 熟练地进行食品样品的物理参数的测定。

技能目标

1. 能够测定食品的相对密度、折射率、黏度、压力等。
2. 能够熟练使用折光仪、旋光仪、压力计等。

知识导入

物理检测法是根据食品的一些物理性质及常数，如密度、相对密度、折射率、旋光度等与食品的组成成分及其含量之间的关系进行检测的方法。相对密度、折射率和旋光度与物质的熔点和沸点一样，也是物理特性。由于这些物理特性的测定比较便捷，故它们是食品生产中常用的工艺控制指标，也是防止假冒伪劣食品进入市场的监控手段。通过测定液态食品的这些特性可以指导生产过程、保证产品质量以及鉴别食品组成、确定食品浓度、判断食品纯净程度及品质，是生产管理和市场管理不可缺少的方便而快捷的检测手段。

第一节 相对密度法

一、密度计法

1. 仪器

密度计是根据阿基米德原理制成的，其种类很多，但结构和形式基本相同，都是由玻璃外壳制成，如图 3-1 所示。它由三部分组成，头部呈球形或圆锥形，里面灌有铅珠、水银或其他重金属，使其能立于溶液中。中部是胖肚空腔，内有空气故能浮起。尾部是一细长管，内附有刻度标记，刻度是利用各种不同密度的液体标度的。食品工业常用的密度计按其标示的方法不同，分为普通密度计、锤度计、乳稠计、波美计和酒精计等。

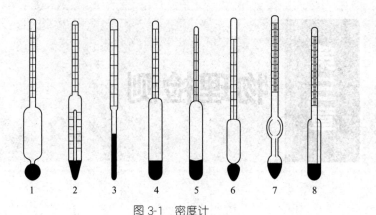

图 3-1　密度计

1,2—糖锤度计；3,4—波美计；5—酒精计；6—乳稠计；7,8—普通密度计

（1）普通密度计　直接以 20℃时的相对密度值为刻度。一套密度计通常由几支组成，每支的刻度范围不同。刻度值小于 1 的（0.700～1.000）称为轻表，用于测量比水轻的液体；刻度值大于 1 的（1.000～2.000）称为重表，用来测量比水重的液体。

（2）锤度计　专用于测定糖液浓度的密度计。它是以蔗糖溶液中蔗糖的质量分数为刻度的，以符号°Bx 表示。其标示方法是以 20℃为标准温度，在蒸馏水中为 0°Bx，在 1%纯蔗糖溶液中为 1°Bx（即 100g 蔗糖溶液中含 1g 蔗糖），以此类推。锤度计的刻度范围有多种，常用的有：0～6°Bx、5～11°Bx、10～16°Bx、15～21°Bx 等。

若测定温度不在标准温度（20℃），应进行温度校正。当测定温度高于 20℃时，因糖液体积膨胀导致相对密度减小，即锤度降低，故应加上相应的温度校正值（见附表 1），反之，则应减去相应的温度校正值。

（3）乳稠计　专用于测定牛乳相对密度的密度计，测量相对密度的范围为 1.015～1.045。它是将相对密度减去 1.000 后再乘以 1000 作为刻度，以"°"表示，其刻度范围为 15°～45°。使用时把测得的读数按上述关系可换算为相对密度值。乳稠计按其标度方法不同分为两种：一种是按 20°/4°标定的；另一种是按 15°/15°标定的。两者的关系是：后者读数是前者读数加 2，即使用乳稠计时，若测定温度不是标准温度，应将读数校正为标准温度下的读数。对于 20°/4°乳稠计，在 10～25℃ 范围内，温度每升高 1℃，乳稠计读数平均下降 0.2°；即相当于相对密度值平均减小 0.0002。故当乳温高于标准温度 20℃时，每升高 1℃应在得出的乳稠计读数上加 0.2°；乳温低于 20℃时，每降低 1℃应减去 0.2°。

（4）波美计　以波美度（以°Be 表示）来表示液体浓度大小。按标度方法的不同分为多种类型，常用的波美计的刻度方法是以 20℃为标准，在蒸馏水中为 0°Be；在 15%氯化钠溶液中为 15°Be。波美计分为轻表和重表两种，分别用于测定相对密度小于 1 的和相对密度大于 1 的液体。波美度与相对密度之间存在下列关系。

轻表：
$$1°Be = \frac{145}{d_{20}^{20}} - 145 \tag{3-1}$$

重表：
$$1°Be = 145 - \frac{145}{d_{20}^{20}} \tag{3-2}$$

2. 测定方法

测定时，将被测溶液置于适当的量筒中充分摇匀，缓缓放入预先洗净擦干的密度计，待其静止后，再轻轻按下少许，然后待其自然上升。由于液体的密度不同，密度计将沉入不同的深度，根据密度计沉入液体的深度，读取与液平面相交处的刻度读数，同时测量样液温度，如不是20℃，加以校正，即得该液体的相对密度。

3. 注意事项

① 该法操作简便迅速，但准确性较差，需要样液量多，且不适用于极易挥发的样液。

② 操作时应注意密度计不得接触量筒的壁和底部，待测液中不得有气泡。

③ 读数时视线应与液面保持在同一水平。

二、相对密度法

相对密度是物质重要的物理常数之一。相对密度是指某一温度下物质的质量与同体积某一温度下水的质量之比，用符号 d 表示。工业上为方便起见，常用物质在20℃时的质量与同体积4℃水的质量之比来表示物质的相对密度。

正常情况下，各种液体食品的相对密度都在一定范围内。例如牛奶（全脂）为1.028～1.032（20℃/20℃）。当液体食品出现掺杂、脱脂、浓度改变等变化时，相对密度均可发生变化。因此，测定相对密度可初步判断食品是否正常以及纯净程度。

对于果汁、番茄制品等液态食品，测定相对密度并通过换算或查专用经验表格可以确定可溶性固形物或总固形物的含量。

蔗糖的相对密度随溶液浓度的增加而增大，原麦汁的相对密度随浸出物浓度的增加而增大。而酒的相对密度却随酒精度的提高而减小。通过试验已制定了溶液浓度与相对密度的对照表，只要测得它们的相对密度就可以由专用的表格上查出其对应的浓度。

相对密度测定简单快速，是食品生产过程中经常采用的工艺控制指标，生产部门常用于监测原料、成品、半成品的质量。相对密度法测定对成分无损，测定过的样品，可做其他项目的分析。但是相对密度只能反映物质的一种物理性质，要准确评价食品质量，必须在测量相对密度的同时配合其他理化分析，才能做出正确判断。因此在食品相对密度正常时，对食品质量无肯定意义。

1. 密度瓶法

（1）测定原理　在一定温度下，同一密度瓶分别称取等体积的样品溶液和蒸馏水的质量，两者之比即为该样品溶液的相对密度。

（2）仪器　密度瓶是测定液体相对密度的专用精密仪器，是容积固定的玻璃称量瓶，其种类和规格有多种。常用的有带温度计的精密密度瓶和带毛细管的普通密度瓶，如图3-2和图3-3所示。容积有20mL、30mL、50mL、100mL 4种规格，常用的是25mL和50mL两种。

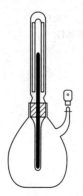

图 3-2　带温度计的精密密度瓶

图 3-3　带毛细管的普通密度瓶

（3）测定方法　先把密度瓶洗干净，再依次用乙醇、乙醚洗涤，烘干并冷却后，精密称重。装满样液后盖上盖，瓶置 20℃水浴内浸 0.5h。等内容物的温度达到 20℃后保持 20min，用滤纸吸去支管标线上的多余样液，盖上侧管帽后取出。用滤纸把瓶外擦干，置天平室内0.5h 后称重。将样液倾出，洗净密度瓶，装入煮沸 0.5h 并冷却到 20℃以下的蒸馏水，按上法操作。测出同体积 20℃蒸馏水的质量。

2. 相对密度天平法

按图 3-4 装好韦氏相对密度天平，挂钩处挂上砝码，调节升降旋钮至适宜高度，旋转调零钮至两针吻合。取下砝码，挂上玻锤，在玻璃圆筒内加水至 4/5 处，使玻锤沉于玻璃圆筒内，调节水温至 20℃（由玻锤内温度计指示温度），试放四种游码，使主横梁上两指针吻合，读数为 P_1。然后将玻锤取出擦干，加待测试样于干净圆筒内，使玻锤浸入至以前相同的深度，保持试样温度在 20℃，试放四种游码，至横梁上两针吻合，记录读数为 P_2。玻锤放入圆筒内时，勿使碰及圆筒四周及底部。按下式计算试样的密度及相对密度。

$$\rho_{20} = \frac{P_2}{P_1}\rho_0 \tag{3-3}$$

$$d = \frac{P_2}{P_1} \tag{3-4}$$

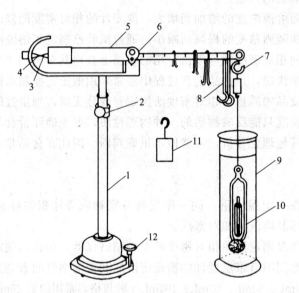

图 3-4　韦氏相对密度天平

1—支架；2—支柱紧定螺钉；3,4—指针；5—横梁；6—刀口；7—钩环；
8—骑码；9—玻璃筒；10—浮锤；11—砝码；12—水平调节螺钉

式中　ρ_{20}——试样在 20℃时的密度，g/mL；

P_1——浮锤浸入水中时游码的读数，g；

P_2——浮锤浸入试样中时游码的读数，g；

ρ_0——20℃时蒸馏水的密度，g/mL；

d——试样的相对密度。

↘ 实训 3-1　测定啤酒的相对密度(密度瓶法)

【实训要点】

1. 熟悉分析天平、恒重等操作。

2. 食品相对密度的工作过程。

【仪器材料】

分析天平、密度瓶、啤酒。

【工作过程】

取洁净、干燥、准确称量的密度瓶，装满试样后，置 20℃ 水浴中浸 0.5h，使内容物的温度达到 20℃，盖上瓶盖，并用细滤纸条吸去支管标线以上的试样，盖好小帽后取出，用滤纸将密度瓶外擦干，置天平室内 0.5h，称量。再将试样倾出，洗净密度瓶，装满水，方法同上再称量。

> 思考 1：为什么要用滤纸条吸去支管标线以上的试样？　　思考 2：为什么要盖好小帽后再取出？

【图示过程】 啤酒相对密度的测定

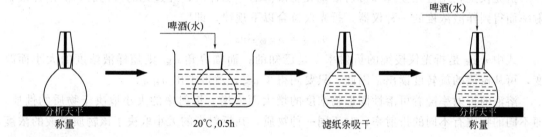

【结果处理】

1. 实验数据

实验次数	密度瓶的质量/g	密度瓶+水的质量/g	密度瓶+液体试样的质量/g
1			
2			

2. 计算结果

$$d = \frac{m_2 - m_0}{m_1 - m_0} \tag{3-5}$$

式中　d——试样在 20℃时的相对密度；

m_0——密度瓶的质量，g；

m_1——密度瓶加水的质量，g；

m_2——密度瓶加液体试样的质量，g。

【友情提示】

1. 本法适用于测定各种液体食品的相对密度，特别适合于样品量较少的场合，对挥发性样品也适用，结果准确，但操作较繁琐。

2. 测定较黏稠样液时，宜使用具有毛细管的密度瓶。

3. 水及样品必须装满密度瓶，瓶内不得有气泡。

4. 拿取已达恒温的密度瓶时，不得用手直接接触密度瓶球部，以免液体受热流出。应戴隔热手套取拿瓶颈或用工具夹取。

5. 天平室温度不得高于 20℃，以免液体膨胀流出。

6. 水浴中的水必须清洁无油污，防止瓶外壁被污染。

【思考题】

1. 为什么加入密度瓶的液体试样温度低于 20℃？

2. 使用附温密度瓶应注意的事项？

第二节　折光法

通过测量物质的折射率来鉴别物质的组成，确定物质的纯度、浓度及判断物质品质的分析方法称为折光法。

一、折射率与样液浓度的关系

折光仪是利用进光棱镜和折射棱镜夹着薄薄的一层样液，经过光的折射后，测出样液折射率而得到样液浓度的一种仪器。折光仪符合以下规律，即

$$n_{样液} = n_{棱镜} \sin\alpha_{临}$$

式中 $n_{棱镜}$ 是折光仪棱镜的折射率，是已知的；而临界角 $\alpha_{临}$ 则随样液浓度的大小而改变，可从棱镜的旋转度读出，因此，只要测得了 $\alpha_{临}$，就可求出 $n_{样液}$。

溶液的折射率随着可溶性固形物浓度的增大而递增。折射率的大小取决于物质的性质，即不同的物质有不同的折射率；对于同一种物质，其折射率的大小取决于该物质溶液的浓度大小。

折光仪是利用临界角原理测定物质折射率的仪器。比较先进的是数字折光仪和自动温度补偿性手提折光仪。数字折光仪是采用光传感器进行自动浓度测量，并同内置的微信息处理器对温度误差进行自动校正，测量准确度高达±0.2%；自动温度补偿性手提折光仪则是通过内置的机构进行温度补偿。我国食品工业中最常用的是阿贝折光仪、手提式折光仪，测定结果需进行温度校正。大多数的折光仪是直接读取折射率，不必由临界角间接计算出来。除了折射率的刻度尺外，通常还有一个直接表示出折射率相当可溶性固形物百分数的刻度尺，使用很方便。

二、折光仪原理

阿贝折光仪的结构如图 3-5 和图 3-6 所示，其光学系统由观测系统和读数系统两部分组成。

观测系统：光线由反光镜反射，经进光棱镜、折射棱镜及其间的样液薄层折射后射出，再经色散补偿器消除由折射棱镜及被测样品所产生的色散，然后由物镜将明暗分界线成像于分划板上，经目镜放大后成像于观测者眼中。

读数系统：光线由小反光镜反射，经毛玻璃射到刻度盘上，经转向棱晶及物镜将刻度成像于分划板上，通过目镜放大后成像于观测者眼中。

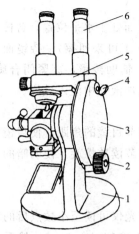

图 3-5 阿贝折光仪
1—反光镜；2—进光棱镜；3—折射棱镜；
4—色散补偿器；5—支架；6—读数镜筒

未调节右边旋钮前在右边目镜看到的图像此时颜色是散的

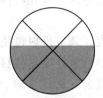
调节右边旋钮直到出现有明显的分界线为止

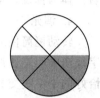
调节左边旋钮使分界线经过交叉点为止并在左边目镜中读数

图 3-6 阿贝折光仪的视场

三、折光仪操作

1. 仪器安装

将阿贝折光仪安放在光亮处，但应避免阳光直接照射，以免液体试样受热迅速蒸发。用超级恒温槽将恒温水通入棱镜夹套内，检查棱镜上温度计的读数是否符合要求（一般选用 20.0℃±0.1℃或 25.0℃±0.1℃）。

2. 校正

折光计在每次使用前，要用纯水进行校正。先打开两棱镜，用水洗净拭干。滴 1～2 滴蒸馏水于进光棱镜中央，闭合并锁紧后，调节反光镜，使两镜筒内视野最亮。由目镜观察，转动棱镜旋钮，使视野出现明暗两部分；转动色散补偿器，使视野中只有黑白两色；转动棱镜旋钮，使明暗分界线刚好在十字线交叉点上。从读数镜筒中读取折射率。

20℃时纯水的折射率为 1.33299，或可溶性固形物为 0%。若校正时温度不是 20℃，应查出该温度下水的折射率值再进行校正（见表 3-1）。若示值不符，可先把示值旋至纯水折射率值处，然后调节分界线调节旋钮，使明暗分界线在十字线中心。校正完毕后，在以后的测定过程中调节旋钮不允许再动。

表 3-1　纯水在 10～30℃ 时的折射率

温度/℃	纯水折射率	温度/℃	纯水折射率	温度/℃	纯水折射率
10	1.33371	17	1.33324	24	1.33263
11	1.33363	18	1.33316	25	1.33253
12	1.33359	19	1.33307	26	1.33242
13	1.33353	20	1.33299	27	1.33231
14	1.33346	21	1.33290	28	1.33221
15	1.33339	22	1.33281	29	1.33208
16	1.33332	23	1.33272	30	1.33196

3. 加样

旋开测量棱镜和辅助棱镜的闭合旋钮，使辅助棱镜的磨砂斜面处于水平位置，若棱镜表面不清洁，可滴加少量丙酮，用擦镜纸顺着单一方向轻擦镜面（不可来回擦）。待镜面洗净干燥后，用滴管滴加数滴试样于辅助棱镜的毛镜面上，迅速合上辅助棱镜，旋紧闭合旋钮。若液体易挥发，动作要迅速，或先将两棱镜闭合，然后用滴管从加液孔中注入试样。

4. 调光

转动镜筒使之垂直，调节反射镜使入射光进入棱镜，同时调节目镜的焦距，使目镜中十字线清晰明亮。调节消色散补偿器使目镜中彩色光带消失。再调节读数螺旋，使明暗的界面恰好同十字线交叉处重合（见图 3-6）。

5. 读数

从读数望远镜中读出刻度盘上的折射率数值。常用的阿贝折光仪可读至小数点后的第四位，为了使读数准确，一般应将试样重复测量三次，每次相差不能超过 0.0002，然后取平均值。测定样液的温度。

6. 仪器用后清洗

打开棱镜，用蒸馏水、乙醇或乙醚擦洗棱镜表面及其他各部件。

▼ 实训 3-2　饮料固形物含量的检测

【实训要点】

1. 学习测定物质折射率的方法。

2. 正确掌握阿贝折光仪的使用。

3. 熟悉测定饮料折射率的工作过程。

【仪器材料】

阿贝折光仪、饮料。

【工作过程】

> 思考：如何使视野中除黑白两色外，无其他颜色。

1. 校正

将折射棱镜的抛光面加 1~2 滴溴化萘，再贴上标准试样的抛光面，当读数视场指示于标准值之上时，观察望远镜内明暗分界线是否在十字线中间，若有偏差，则用螺丝刀微量旋转调节螺钉，使分界线像位移至十字线中心。校正完毕，在以后的测定过程中不允许随意再动此部位。阿贝折光计对于低刻度值部分可在一定温度下用蒸馏水校准。对于高刻度值部分通常是用特制的具有一定折射率的标准玻璃块来校准。

2. 将折射棱镜表面擦干，用滴管滴样液 1~2 滴于进光棱镜的磨砂面上，将进光棱镜闭合，调整反射镜，使光线射入棱镜中。

3. 旋转棱镜旋钮，使视野形成明暗两部分。

4. 旋转补偿器旋钮，使视野中除黑白两色外，无其他颜色。

5. 转动棱镜旋钮，使明暗分界线在十字线交叉点上，由读数镜筒内读取读数。

【友情提示】

1. 折光棱镜为软质玻璃，注意防止刮花。

2. 阿贝折光仪也可在反射光中使用，此时尤适用于颜色较深的样品溶液测定。可通过调整反光镜，使光线从折射棱镜的侧孔进入。

3. 样品测定通常规定在 20℃ 时测定，如测定温度不是 20℃，可按实际的测定温度，查温度校正表进行校正。若室温在 10℃ 以下或 30℃ 以上时，一般不宜查表校正，可在棱镜周围通以恒温水流，使试样达到规定温度后再测定。

【思考题】

1. 折射率受哪些因素影响？

2. 阿贝折光仪的工作原理是什么？

【相关知识】

手提式折光仪简介

手提式折光仪由一个棱镜、一个盖板及一个观测镜筒组成，结构如图 3-7 所示。其光学原理与阿贝折光仪相同。该仪器操作简单，便于携带，常用于生产现场检验。

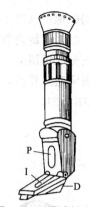

图 3-7 手提式折光仪
I—棱镜盖板；P—折光棱镜；D—进光窗

第三节 旋光法

许多食品具有旋光性，如糖类物质中的蔗糖、葡萄糖、果糖等。大多数的氨基酸和羟基酸（如乳酸、苹果酸、酒石酸等）也都具有旋光性。

具有旋光性的还原糖类在溶解之后，其旋光度起初迅速变化，然后逐渐变得较缓慢，最后达到一个常数不再改变，这个现象称变旋光作用。这是由于糖存在两种异构体，即 α 型和 β 型，它们的比旋光度不同。这两种环形结构及中间的开链结构在构成一个平衡体系的过程中，即显示出变旋光作用。故在用旋光法测定含葡萄糖或其他还原性糖类（如蜂蜜和结晶葡萄糖）的溶液时，为了得到恒定的旋光度，应把配制的样液放置过夜，再行读数；若需马上读数，可把中性糖液（pH7）加热至沸，或加入几滴氨水或加入 Na_2CO_3 干粉到石蕊试纸刚显碱性。在碱性溶液中，变旋光作用可迅速达到平衡，但微碱性溶液中果糖易分解，故不可放置过久，温度也不宜过高。

大多数的氨基酸、羟基酸（如乳酸、苹果酸、酒石酸等）都具有旋光性。谷氨酸 $[\alpha]_D^{20}=+32.00°$，谷氨酸钠 $[\alpha]_D^{20}=+25.16°$，苹果酸 $[\alpha]_D^{20}=-3.07°$，酒石酸 $[\alpha]_D^{20}=+14.03°$。氨基酸的比旋光度随溶剂的 pH 变化而变化。

在食品检测中，旋光法主要用于糖品、味精、氨基酸的分析以及谷类食品中淀粉的测定，其准确性和重现性都较好。

一、操作方法

1. 配制试样溶液

准确称取适量（准确至小数点后四位）试样于小烧杯中，加少量水溶解，放置片刻后，将溶液转入 100mL 容量瓶中，置于 20℃±0.5℃ 的恒温水浴中恒温 20min，用 20℃±0.5℃ 的蒸馏水稀释至刻度，备用。

2. 旋光仪零点的校正

（1）将旋光仪的电源接通，开启仪器的电源开关，约 10min 后待钠光灯正常发光，开始进行零点校正。

（2）取一支长度适宜（一般为 2dm）的旋光管，洗净后注满 20℃±0.5℃ 的溶剂，旋紧两端的螺帽（以不漏为准），把旋光管内的气泡排至旋光管的凸出部分，擦干管外。

（3）将旋光管放入镜筒内，调节目镜使视场明亮清晰，然后轻缓地转动刻度盘转动手轮至三分视场消失（见图 3-8），记下刻度盘读数，准确至 0.05°。再旋转刻度盘转动手轮，使视场明暗分界后，再缓缓旋至三分视场消失。如此重复操作记录三次，取平均值作为零点（见图 3-9）。

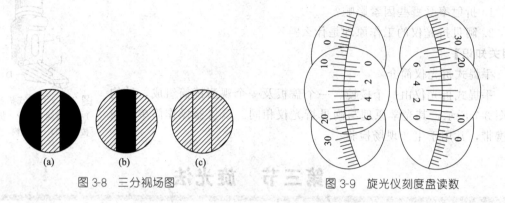

图 3-8 三分视场图　　　　图 3-9 旋光仪刻度盘读数

二、读数方法

旋光仪的读数系统包括刻度盘及放大镜。仪器采用双游标读数，以消除刻度盘偏心差。刻度盘和检偏镜连在一起，由调节手轮控制，一起转动。检偏镜旋转的角度可以在刻度盘上读出。刻度盘分 360 格，每格 1°，游标分 20 格，等于刻度盘 19 格，用游标读数可以读到 0.05°。旋光度的整数读数从刻度盘上可直接读出，小数点后的读数从游标读数盘中读出，读数方式为游标的刻度线与刻度盘线对齐的数值。图 3-9 中的读数为 $\alpha = +$（9.00° + 0.05° × 6）= 9.30°。

三、试样测定

将旋光管中的溶剂倾出，用试样溶液润洗旋光管，然后注满 20℃ ± 0.5℃ 的试样溶液，旋紧两端的螺帽，将气泡赶至旋光管的凸出部分，擦干管外的试液。重复上述步骤操作。

根据下式计算试样的比旋光度：

$$[\alpha]_\lambda^t = \frac{\alpha}{Lc} \tag{3-6}$$

$$c = \frac{\alpha}{[\alpha]_\lambda^t L} \tag{3-7}$$

式中　　$[\alpha]_\lambda^t$——试样的比旋光度，（°）；

L——旋光管的长度，dm；

c——每 100mL 溶液含旋光性物质的质量，g/100mL；

α——试样的旋光度，（°）。

也可根据测定的旋光度，计算试样的纯度或溶液的浓度。

四、注意事项

1. 不论是校正仪器零点还是测定试样，旋转刻度盘时必须极其缓慢，否则就观察不到视场亮度的变化，通常零点校正的绝对值在 1° 以内。

2. 如不知试样的旋光性时，应先确定其旋光性方向后，再进行测定。此外，试液必须清晰透明，如出现浑浊或悬浮物时，必须处理成清液后测定。

3. 仪器应放在空气流通和温度适宜的地方，以免光学部件、偏振片受潮发霉而使性能衰退。

4. 钠光灯管使用时间不宜超过 4h，长时间使用应用电风扇吹风或关熄 10～15min，待冷却后再使用。

▼ 实训 3-3　味精纯度的检测

【实训要点】

1. 正确掌握旋光仪的使用。

2. 测定味精纯度的工作过程。

【仪器材料】

仪器：旋光仪。

试剂：6mol/L 盐酸。

检测样品：味精。

【工作过程】

1. 样品制备

称取 10.000g 味精于小烧杯中，加 40～50mL 水，再加 6mol/L 盐酸溶液 32mL，溶解后移入 100mL 容量瓶中，加水至刻度，摇匀待用。

2. 仪器使用

① 打开旋光仪的电源，稳定 5～10min。

② 检查是否放入滤光片，取待用的旋光管装满蒸馏水，如有气泡，须赶入凸颈内。用软布擦干两端护片上的水。旋光管的螺母不宜过紧，以免产生应力，影响读数。旋光管每次所放的位置和方向应一致。

③ 打开示数开关，调零位手轮，使旋光示值为零。

④ 关闭示数开关，取出旋光管，换上待测样品，按相同位置和方向放入样品室，盖好。

⑤ 打开示数开关，示数盘自动转出样品的旋光度，红字为左旋（－），黑字为右旋（＋）。

⑥ 逐次掀下复测按钮，重复读数几次，取其平均值。

3. 空白对照

不加样品，按上述步骤测空白溶液的旋光度。

【结果计算】

味精的纯度：

$$w = \frac{(\alpha - \alpha_0) \times 100}{32Lm \times \dfrac{147.13}{187.13}} \times 100\% \tag{3-8}$$

式中　w——味精中谷氨酸钠的质量分数，%；

　　　α——试样的旋光度，(°)；

　　　α_0——空白溶液的旋光度，(°)；

32——L-谷氨酸钠的比旋光度（20℃）；

147.13——L-谷氨酸的摩尔质量；

187.13——谷氨酸单钠·H_2O 的摩尔质量；

L——旋光管的长度，dm；

m——样品的质量，g。

【友情提示】

1. 温度对旋光度有很大影响，如测定时样品溶液的温度不是 20℃，应进行校正。

2. 淀粉中除了蛋白质对测定结果有影响外，其他可溶性糖及糊精均有影响，用此法测定淀粉含量时应充分注意。

3. 蔗糖样品中若蔗糖是唯一光学活性物质，用一次旋光法可得到满意的分析结果；若样品中含有较多的其他光学活性物质，如葡萄糖（+52.5°）、果糖（-92.5°）等，则应采用二次旋光法。

【思考题】

1. 影响旋光率的因素有哪些？

2. 旋光物质的左旋和右旋是如何划分的？

第四节　黏度法

黏度指液体的黏稠程度，它是液体在外力作用下发生流动时，液体分子间所产生的内摩擦力。黏度大小是判断液态食品的一个重要物理常数，如啤酒黏度的检测、淀粉黏度的检测等。

一、黏度的定义

黏度是液体的内摩擦力，是一层液体对另一层液体做相对运动时的阻力。或者说，当流体在外力作用下做层流运动时，相邻两层流体分子之间存在内摩擦力而阻滞流体的流动，这种特性称为流体的黏滞性。衡量黏滞性大小的物理常数称为黏度。黏度随流体的不同而不同，随温度的变化而变化，不注明温度条件的黏度是没有意义的。

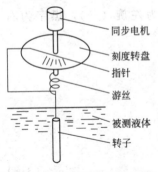

图 3-10　旋转黏度计结构示意

二、实验原理

旋转黏度计上的同步电机以稳定的速度带动刻度盘旋转，再通过游丝和转轴带动转子转动。当转子未受到液体的阻力，游丝、指针与刻度盘同速转动时，指针在刻度盘上指出的刻度为"0"；如果转子受到液体的黏滞阻力，则游丝产生扭力矩，与黏滞阻力抗衡直至达到平衡，这时与游丝相连的指针在刻度圆盘上指示一定的读数，根据这一读数，结合所用的转子号数及转速对照换算系数表，计算出被测样品的动力黏度（见图 3-10）。

三、黏度的种类

黏度通常分为动力黏度（曾称绝对黏度）、运动黏度和条件黏度等。

1. 动力黏度

动力黏度是指当两个面积为 $1m^2$、垂直距离为 $1m$ 的相邻液层，以 $1m/s$ 的速度做相对运动时所产生的内摩擦力，常用 η 表示。当内摩擦力为 $1N$ 时，则该液体的黏度为 1，其法定计量单位为 $Pa \cdot s$。曾用单位有 P（泊）和 cP（厘泊），它们的相互关系是：$1Pa \cdot s = 10P = 1000cP$，在温度 t 时的动力黏度用 η_t 表示。水在 20℃ 时的动力黏度是 1.002×10^{-3} $Pa \cdot s$。

2. 运动黏度

某流体的动力黏度与该流体在同一温度下的密度之比称为该流体的运动黏度。

法定计量单位是 m^2/s，曾用单位有 St（斯托克斯）和 cSt（厘斯），它们的关系是：$1m^2/s = 10^4 St = 10^6 cSt$。水在 20℃ 时的运动黏度是 $1.0038 \times 10^{-6} m^2/s$。

3. 条件黏度

条件黏度是在规定温度下，在特定的黏度计中，一定量液体流出的时间（s）；或者是此流出时间与在同一仪器中规定温度下的另一种标准液体（通常是水）流出的时间之比。根据所用仪器和条件的不同，条件黏度通常有下列几种。

① 恩氏黏度　试样在规定温度下从恩氏黏度计中流出 200mL 所需的时间与 20℃ 时从同一黏度计中流出 200mL 水所需的时间之比，用符号 E_t 表示。

② 赛氏黏度　试样在规定温度下，从赛氏黏度计中流出 60mL 所需的时间（s）。

③ 雷氏黏度　试样在规定温度下，从雷氏黏度计中流出 50mL 所需的时间（s）。

以条件性的实验数值来表示的黏度，可以相对地衡量液体的流动性，这些数值不具有任何的物理意义，只是一个公称值。

4. 动力黏度检验法

液态食品的动力黏度通常使用各种类型的旋转黏度计进行检测。

（1）旋转黏度计测定法　指针式旋转黏度计的工作原理是用同步电机以一定速度旋转，带动刻度盘随之旋转，通过游丝和转轴带动转子旋转。若转子未受到阻力，则游丝与圆盘同速旋转。若转子受到黏滞阻力，则游丝产生力矩与黏滞阻力抗衡，直到平衡。此时，与游丝相连的指针在刻度圆盘上指示出一数值，根据这一数值，结合转子号数及转速即可算出被测液体的动力黏度。

① 动力黏度测定装置

旋转黏度计：如图 3-11 所示。

超级恒温槽：温度波动范围小于 $\pm0.5℃$。

容器：直径不小于 70mm，高度不低于 110mm 的容器或烧杯。

② 操作方法

a. 先估计被测试样的黏度范围，然后根据仪器的量程表选择合适的转子和转速，使读数在刻度盘的 20%～80% 范围内。

b. 把保护架装在仪器上，将选好的转子旋入连接螺杆。旋转升降旋钮，将仪器缓慢放下，转子逐渐浸入被测试样中至转子标线处。

c. 将试样恒温在所测温度，并保持恒温。

d. 调整仪器水平，拨至所选转速，放下指针控制杆，开启电源，待转速稳定后，按下指针控制杆，观察指针在读数窗口时，关闭电源（若指针不在读数窗口，则再打开电源，使指针在读数窗口），读取读数。重复测定两次，取其均值。

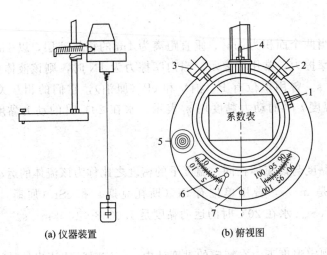

(a) 仪器装置　　　　(b) 俯视图

图 3-11　旋转黏度计结构示意

1—电源开关；2—旋钮 A；3—旋钮 B；4—指针控制杆；5—水准器；6—指针；7—刻度线

e. 测定完毕后，拆下转子和保护架，用无铅汽油洗净转子和保护架，并放入仪器箱中。

③ 结果计算：

$$\eta = KS \tag{3-9}$$

式中　η——样品的动力黏度，mPa·s；

　　　K——转换系数；

　　　S——圆盘中指针所指读数。

④ 说明

a. 装卸转子时应小心操作，将连接螺杆微微抬起进行操作，不要用力过大，不要使转子横向受力，以免转子弯曲。

b. 不得在未按下指针控制杆时开动电机，不能在电机运转时变换转速。

c. 每次使用完毕应及时拆下转子并清洗干净，但不得在仪器上清洗转子。清洁后的转子妥善安放于转子架中。

新一代的 DV 系列旋转黏度计，具有很方便的转速选择与调节，数字显示黏度、温度、转子编号等参数的功能。

（2）落球黏度计测定法（黏度计法）　　落球黏度计的测定原理是在一充满液态样品的柱中，将一适宜相对密度的球体从液态柱体上线落至底线，测定球体下落时间（s）。根据被测定溶液的相对密度、球体的相对密度和球体的体积，即可计算出溶液的黏度，此法常用于啤酒等液态食品黏度的测定。

① 仪器　Hoppler 黏度计、恒温水浴（20℃±0.01℃）、计时器。

② 测定步骤

a. 将 Hoppler 黏度计与恒温水浴连接，调节水浴温度，使黏度计水夹套流出的水温准确控制在 20℃±0.01℃。

b. 用吸管将预先调温至 20℃的被测样品注入柱体管内至边缘，不应存有气泡。

c. 调节黏度计的水平仪至水平位置。

d. 根据试液的相对密度，采用适宜相对密度的球体放入被测试液中。

e. 关上柱体的盖子，当球体落至柱体上线时，用计时器开始计时，直至球体落至柱体下线时为止，准确记录下落时间（s）。

f. 将黏度计玻璃柱体倒转，再一次按上述方法测定落球时间。

③ 按以上步骤重复测定，求出平均值。按下式计算：

$$\eta = (\rho_0 - \rho)10^{-3}tk \tag{3-10}$$

式中 η——动力黏度，Pa·s；

t——球体下落时间，s；

ρ_0——球体密度，kg/m^3；

ρ——试液密度，kg/m^3；

k——球体系数，m^3/s^2。

5. 运动黏度检验法

运动黏度通常用毛细管黏度计进行测定，在食品检验中，常用于啤酒等液态食品黏度的测定，也用于啤酒生产过程中麦汁黏度的测定。

(1) 运动黏度检验法（毛细管黏度计法） 在一定温度下，当液体在直立的毛细管中，以完全湿润管壁的状态流动时，其运动黏度与流动时间成正比。测定时，用已知运动黏度的液体（常用20℃时的蒸馏水为标准液体）作标准，测量其从毛细管黏度计流出的时间，再测量试样自同一黏度计流出的时间，则可计算出试样的黏度。

$$\frac{\upsilon_{样}}{\upsilon_{标}} = \frac{\tau_{样}}{\tau_{标}} \tag{3-11}$$

式中 $\upsilon_{标}$——标准液体在一定温度下的运动黏度；

$\upsilon_{样}$——样品在一定温度下的运动黏度；

$\tau_{标}$——标准液体在某一毛细管黏度计中的流出时间；

$\tau_{样}$——样品在某一毛细管黏度计中的流出时间。

标准液体的运动黏度是已知的，故对某一毛细管黏度计来说是一个常数，由此可知，在测定某一试液的运动黏度时，只需测定毛细管黏度计的黏度计常数，再测出在指定温度下试液的流出时间，即可计算出试样的运动黏度值。

(2) 仪器 运动黏度测定装置主要由以下几部分组成。

① 毛细管黏度计（平氏黏度计） 毛细管黏度计一组共有13支，毛细管内径分别为0.4mm、0.6mm、0.8mm、1.0mm、1.2mm、1.5mm、2.0mm、2.5mm、3.0mm、3.5mm、4.0mm、5.0mm、6.0mm。

选用原则：选用其中一支，使试样流出时间在120~480s内。在0℃及更低温度测定高黏度试样时，流出时间可增加至900s。

② 恒温浴 容积不小于2L，高度不小于180mm。带有自动控温仪及自动搅拌器，并有透明壁或观察孔。

③ 温度计 测定运动黏度专用温度计，分度值为0.1℃。

④ 恒温浴液 根据测定所需的规定温度不同，选用适当的恒温液体。常用的恒温液体见表3-2。

表3-2 不同温度下使用的恒温液体

温度/℃	恒温浴液用的液体
50~100	透明矿物油、甘油或25%硝酸铵水溶液（溶液的表面浮一层矿物油）
20~50	水

续表

温度/℃	恒温浴液用的液体
0~20	水与冰的混合物，或乙醇与干冰（固体二氧化碳）的混合物
−50~0	乙醇与干冰的混合物（可用无铅汽油代替乙醇）

（3）操作方法

① 取一支适当内径的毛细管黏度计，用轻质汽油或石油醚洗涤。如果黏度计沾有污垢，则用铬酸洗液、自来水、蒸馏水及乙醇依次洗净，然后使之干燥。

② 将橡皮管移至管身的管口，使黏度计直立于恒温浴中，使其管身下部浸入浴液。在黏度计旁边放一支温度计，使其水银泡与毛细管的中心在同一水平线上。恒温浴内温度调至20℃，在此温度保持10min以上。

③ 用洗耳球将标准试样吸至标线 a 以上少许（勿使出现气泡），停止抽吸，使液体自由流下，注意观察液面。当液面至标线 a，启动秒表；液面流至标线 b，按停秒表。记下由 a 至 b 的时间。重复测定4次，各次流动时间与其算术平均值的差数不得超过算术平均值的0.5%，取不少于三次的流动时间的算术平均值作为标准试样的流出时间。

④ 倾出黏度计中的标准试样，洗净并使黏度计干燥，用同一黏度计按上述同样的操作测量并记录试样的流出时间。

（4）结果计算　根据下式计算试样的运动黏度：　　　$v=kt$　　　　　　　(3-12)

式中　k——黏度计常数；

　　　v——样品的运动黏度；

　　　t——样品在毛细管黏度计中的流出时间。

（5）提示

① 试样中含有水或机械杂质时，在测定前应经过脱水处理，并过滤除去机械杂质。

② 由于黏度随温度的变化而变化，所以测定前试液和毛细管黏度计应恒温至所测温度。

③ 试液中有气泡会影响装液体积，也会改变液体与毛细管壁的摩擦力。提起样品时，速度不能过快。

▼ 实训 3-4　淀粉黏度的检测

【实训要点】

1. 学习旋转黏度计测定的原理。

2. 正确掌握旋转黏度计的使用。

3. 了解仪器维护的基本知识。

【仪器材料】

仪器：旋转黏度计。

样品：淀粉。

【工作过程】

1. 调节仪器水平

调整仪器的水平调节螺丝，使仪器处于水平状态。根据检测容器的高低，转动仪器升降夹头旋钮，使仪器升降至合适的高度，然后用六角螺纹扳头紧固升降夹头。

2. 安装转子

估算被测样液的黏度范围，结合量程表选择合适的转子，并小心安装上仪器的连接螺杆。

3. 测定样品

把样品倾入直径不小于 70mm 的烧杯或试筒（仪器自备），使转子尽量置于容器中心部位并浸入样液，直至液面达到转子的标志刻度为止。选择合适的转速，接通电源开始检测。

4. 读取黏度数据

待转子在样液中转动一定时间，指针趋于稳定时，压下操作杆，同时中断电源，使指针停留在刻度盘，读取刻度盘中指针所指示的数值。当读数过高或过低时，可通过调整测定转速或转子型号，使刻度读数值落在 30～90 刻度量程为好。

【结果计算】

黏度结果计算：

$$\eta = KS \tag{3-13}$$

式中　η——样品的动力黏度，mPa·s；

　　　K——黏度转换系数；

　　　S——圆盘中指针所指读数。

黏度转换系数表及量程表如表 3-3 和表 3-4 所示。

表 3-3　黏度转换系数

转子代号 \ 转速/（r/min）	60	30	12	6
0	0.1	0.2	0.5	1
1	1	2	5	10
2	5	10	25	50
3	20	40	100	200
4	100	200	500	1000

表 3-4　量程表

最大量程/mPa·s　转子代号 \ 转速/（r/min）	60	30	12	6
0	10	20	50	100
1	100	200	500	1000
2	500	1000	2500	5000
3	2000	4000	10000	20000

【友情提示】

1. 安装转子时可用左手固定连接螺杆，避免刻度指针大幅度左右摆动，同时用右手慢慢将转子旋入连接螺杆，注意不要使转子横向受力，以免转子弯曲。

2. 需选用仪器配备的测试筒检测样品，可按以下操作：安装转子后，用套筒固定螺丝把固定套筒装于黏度计刻度盘下方，把一定量样品倒入测试筒，然后将装有样品的测试筒垂直向上套入固定套筒，通过螺丝使之与固定套筒相连接，即可进行黏度测定。

3. 黏度测定量程、系数、转子及转速的选择可按下列方法进行：可先估计被测液体的黏度范围，然后根据量程表选择适当的转子和转速。如不纯估算被测液体的黏度，应假定为较高的黏度，试用由小到大的转子和由慢到快的转速，原则是高黏度的液体选用小转子和慢速度，低黏度的液体选用大转子和快转速。

4. 黏度测定时应保证液体的均匀性，测定前转子应有足够长的时间浸入被测液体，使其与被测液体温度一致，可获得较精确的数值。

5. 装上"0"号转子后不得在无液体的情况下"旋转"，以免损坏轴尖。

6. 每次使用完毕应及时清洗转子（注意不得在仪器上进行转子清洗），清洁后转子要妥善安放于转子架中。

7. 不得随意拆动调整仪器的零件，不要自行加注润滑油。

【思考题】

1. 实验操作中应该注意哪些事项？

2. 如何维护黏度计？

【补充知识】

1. 液态食品色度、浊度的测定

液态食品如饮料、矿泉水、啤酒、果酒等都有其相应的色度、浊度、透明度等感官指标，色度、浊度、透明度是液体的物理特性，对某些食品来说，这些物理特性往往是决定其产品质量的关键所在。

（1）色度的测定　色度是液态食品一个重要的质量指标，测定啤酒的色度，通常采用EBC 比色法。

① 原理　EBC 以有色玻璃系列确定了比色标准，其色度为 2～27 单位。比色范围以淡黄色麦芽汁和啤酒为下限；以深色麦芽汁和啤酒，以及焦糖为上限。将试样置 25mm 比色皿中，在一固定强度光源的反射光照射下，与一组标准有色玻璃相比较，以在 25mm 比色皿装试样时颜色相当的标准有色玻璃确定试样的色度。

② 仪器　比色计由下列几部分组成。

a. 色标盘：由 4 组 9 块有色玻璃组成，称为 EBC 色标盘。共分 27 个 EBC 单位，从 2 到 10，每差半个 EBC 单位有一块有色玻璃，从 10 到 27，每差一个 EBC 单位有一块有色玻璃。

b. 光学比色皿：有 5mm、10mm、25mm、40mm 4 种规格。

c. 比色器：可以放置色标盘和装试样的比色皿。

d. 光源：发光强度 $343～377cd/m^2$。通过反射率大于 95% 的白色反射面反射，用于照明的比色器灯泡在使用 100h 后必须更换。

③ 操作方法

a. 样品处理

方法一：取预先在冰箱中冷至 10～15℃ 的啤酒 500～700mL 于清洁、干燥的 1000mL 搪瓷杯中，以细流注入同样体积的另一搪瓷杯中，注入时两搪瓷杯之间距离为 20～30cm，反复注流 50 次（一个反复为一次），以充分除去酒中二氧化碳，静置。

方法二：取预先在冰箱中冷至 $10\sim15℃$ 的啤酒，启盖后经快速滤纸过滤至锥形瓶中，稍加振摇，静置，以充分除去酒中的二氧化碳。

b. 样品保存 除气后的啤酒，用表面玻璃盖住，其温度应保持在 $15\sim20℃$ 备用。啤酒除气操作时的室温应不超过 25℃。

c. 色度测定淡色啤酒或麦芽汁可使用 25mm 或 40mm 比色皿比色，其色度一般在 $10\sim20$EBC 单位。深色啤酒或麦芽汁可使用 5mm 或 10mm 的比色皿比色，或适当稀释后使其色度在 $20\sim27$ 单位，然后比色。其结果均应按 25mm 比色皿及稀释倍数换算。

④ 结果计算

$$色度＝E\times10 \tag{3-14}$$

⑤ 提示

a. 色标应定期用哈同溶液（Hartonssolution）进行检验。方法如下：将 0.100g 重铬酸钾（$K_2Cr_2O_7$）和 3.500g 钠硝普盐 $[Na_2Fe(CN)_5NO\cdot2H_2O]$ 溶于蒸馏水中（不得含有任何有机物），置于容量瓶中，定容至 1L。使用的玻璃器皿必须经铬酸处理，不得含有任何有机物。此溶液应放置暗处，存放 24h 后才能使用。这样可以保持一个月不变。

此溶液使用 40mm 比色皿比色，其标准读数为 15EBC 单位。个别结果可能稍高或稍低于此值，其测定值可根据它与标准读数的差别（％）进行调整，本检验应每周进行一次。

b. EBC 单位与美国 ASBC 单位的换算关系如下：

$$EBC 单位＝2.65ASBC 单位-1.2 \tag{3-15}$$
$$ASBC 单位＝0.375EBC 单位＋0.46 \tag{3-16}$$

（2）浊度的测定

① 原理 国家标准规定，啤酒浊度使用 EBC 浊度计来测定，它是利用光学原理来测定啤酒由于老化或受冷而引起浑浊的一种方法。

测量指示盘均按 EBCFormazin 浊度单位进行刻度，可直接测出样品的浑浊度。

② 仪器 EBC 浊度计。

③ 操作方法 取已制备好的酒样倒入标准杯中，用 EBC 浊度计进行测定，直接读出样品的浑浊度，所得结果应表示至一位小数。平行试验测定值之差不得超过 0.2EBC。

2. 气体压力测定法

在某些瓶装或罐装食品中，容器内气体的分压常常是产品的重要质量指标。如罐头生产中，要求罐头具有一定的真空度，即罐内气体分压与罐外气压差应小于零，为负压。这是罐头产品必须具备的一个质量指标，而且对于不同罐型、不同的内容物、不同的工艺条件，要求达到的真空度不同。瓶装含气饮料，如碳酸饮料、啤酒等，其 CO_2 含量是产品的一个重要的理化指标，啤酒的泡沫是啤酒中 CO_2 含量的一个表现，这类检测通常采用简单的测定仪器来检测。

（1）罐头真空度的测定 测定罐头真空度通常用罐头真空表。它是一种下端带有针尖的圆盘状表，表面上刻有真空度数字，静止时指针指向零，表示没有真空存在，表的基部是一带有尖锐针头的空心管，空心管与表身连接部分有金属保护套，下面一段由厚橡皮座包裹。判定时将表基座的橡皮座平面紧贴于罐盖表面，用力向下加压，使橡皮座内针尖刺入盖内，罐内分压与大气压差使表内隔膜移动，从而连带表面针头转动，即可读出真空度。表基部的橡皮座起到密封作用，防止外界空气侵入。

（2）碳酸饮料中 CO_2 的测定 将碳酸饮料样品瓶（罐）用测压器上的针头刺入盖 40s 旋

开排气阀，待指针回复零位后，关闭排气阀，将样品瓶（罐）往复剧烈振摇 40s，待压力稳定后记下压力表读数。旋开排气阀，随即打开瓶盖（罐盖），用温度计测量容器内饮料的温度，根据测得的压力和温度，查碳酸气吸收系数表，即可得到 CO_2 的含气量的体积倍数。

（3）啤酒泡沫特性的测定 泡沫是啤酒的重要特征之一，啤酒也是唯一以泡沫作为主要质量指标的酒类。

① 原理 在同一温度及固定条件下，使用同一构造的器具，测定啤酒泡沫消失的时间，以 s 表示。

②仪器

秒表；无色透明玻璃杯，预先彻底清洗其表面油污，干燥后再使用。试验前，将杯取出置于试验台上放置 10min。

③方法

a. 泡沫的形态检验：将玻璃杯置于铁架台底座上，固定铁环于距杯口 3cm 处。将原瓶（罐）啤酒置于 15℃ 水浴中，保持至等温后起盖，立即置瓶（罐）口于铁环上，沿杯中心线，以均匀流速将啤酒注入杯中，直至泡沫高度与杯口相齐时止。同时按秒表计时，观察泡沫升起的情况，记录泡沫的形态（包括色泽和粗细）。检验时严禁有空气流动现象，测定前样品应避免振摇。

b. 持泡性的检验：记录泡沫从初始至消失的时间，以 s 表示。所得结果取整数。观察泡沫挂杯的情况。

3. 固态食品的比体积及膨胀率的测定

固态食品如固体饮料、乳粉、面包、饼干、冰淇淋等，其表现的体积与质量之间的关系，即比体积是其很重要的一项物理指标。

比体积是指单位质量的固态食品所具有的体积（mL/100g）。还有与此相关的类似指标，如固体饮料的颗粒度（%）、饼干的块数（块/kg）、冰淇淋的膨胀率（%）等。这些指标都将直接影响产品的感官质量，也是其生产工艺过程质量控制的重要参数。

乳粉的比体积反映其颗粒的密度，也影响其溶解度。比体积过小，密度大，体积达不到要求；而比体积过大，密度小，质量达不到要求，严重影响其外观质量。面包比体积过小，内部组织不均匀，风味不好；比体积过大，体积膨胀过分，内部组织粗糙、面包质量减少。冰淇淋的膨胀率是在生产过程中的冷冻阶段形成的。混合物料在强烈搅拌下迅速冷却，水分成为微细的冰结晶，而大量混入的空气以极微小的气泡均匀布于物料中，使之体积大增，从而赋予冰淇淋良好的组织状态及口感。

（1）固体食品比体积及颗粒度测定

① 比体积测定 称取颗粒食品 100g±0.1g，倒入 250mL 量筒中，轻轻摇平后记下固体颗粒的体积（mL），即为固体食品的比体积。

② 颗粒度测定 称取颗粒食品 100g±0.1g 于 40 目标准筛上，圆周运动 50 次，将未过筛的样称量。按下式计算：

$$w = \frac{m_1}{m_0} \times 100\% \tag{3-17}$$

式中 w——颗粒度，%；

m_1——未过筛被测样品的质量，g；

m_0——被测样品的总质量，g。

（2）面包比体积测定　面包比体积测定方法如下。

① 将待测面包称量（精确至0.1g）。

② 取一个500mL的烧杯，用小颗粒干燥的填充剂填满，摇实，用直尺刮平。将填充剂倒入量筒，量出体积V_1。

③ 取称量后的面包块，放入烧杯内，加入填充剂，填满、轻轻摇实，用直尺刮平。取出面包，将填充剂倒入量筒量出体积V_2。从两次体积差即可得面包体积。

两次测定数值，允许误差不超过0.1，取其平均数为测定结果。

④ 按下式计算：

$$V = \frac{V_2 - V_1}{m} \tag{3-18}$$

式中　V——面包的比体积，mL/g；

　　　V_1——烧杯内填充物的体积，mL；

　　　V_2——放入面包后烧杯内填充物的体积，mL；

　　　m——面包的质量，g。

面包的比体积指标为≥3.2～3.4mL/g。

（3）冰淇淋膨胀率的测定　利用乙醚试剂消泡的原理，将一定体积的冰淇淋试样解冻后消泡，测出冰淇淋中所包含的空气的体积，从而计算出冰淇淋的膨胀率。

① 准确量取体积为50cm³的冰淇淋样品，放入插在250mL的容量瓶内的玻璃漏斗中，缓慢加入200mL 40～50℃的蒸馏水，将冰淇淋全部移入容量瓶中，在温水中保温，待泡沫消除后冷却。

② 用吸管吸取2mL乙醚注入容量瓶中，去除溶液中的泡沫，然后以滴定管滴加蒸馏水于容量瓶中直至刻度为止，记录滴加蒸馏水的体积（mL）（加入乙醚体积和从滴定管滴加的蒸馏水的体积之和，相当于50cm³冰淇淋中的空气量）。

③ 按下式计算：

$$X = \frac{V + V_2}{V - (V_1 + V_2)} \tag{3-19}$$

式中　X——样品膨胀率；

　　　V——取样器的体积，mL；

　　　V_1——加入乙醚的体积，mL；

　　　V_2——加入蒸馏水的体积，mL。

冰淇淋膨胀率指标应为85%～95%。

【本章小结】

这个项目重点应该掌握密度计、折光仪、旋光仪、黏度计的使用，针对不同产品的特点，使用这些方法时注意样品的状态。

思考练习题

一、填空题

1. 液体食品相对密度的测定方法主要有（　　　）、密度计法、（　　　）等。

2. 气体压力检测法主要应用于真空度的检测、（　　　）和（　　　）。

3. 波美计是测定溶液中（　　　）的密度计，以（　　　）来表示液体密度的大小。

4. 食品工业中常用的折光仪有（　　　　）和（　　　　）。

5. 饮料用水的色度测定通常采用（　　）法；饮用水浊度的测定通常采用（　　）法。

6. 通过测定液态食品的相对密度，可以检验液态食品的（　　　　　　）、浓度及判断液态食品的（　　　　）。

7. 糖锤度计刻度的标度方法是：温度以 20℃ 为标准，在蒸馏水中为（　　　　），在 1% 蔗糖溶液中为（　　　　）。

8. 运动黏度检测法测定原理是：测定由样品溶液通过一定规格的（　　　　）所需的（　　　　），然后求得样品溶液的黏度。

9. 25℃ 时 20℃/4℃ 乳稠计读数为 29.8°，换算为 20℃ 牛乳相对密度为（　　　　）；16℃ 时 20℃/4℃ 乳稠计读数为 30°，换算为 20℃ 牛乳相对密度为（　　　　）。

10. 糖锤计在蒸馏水中为（　　　　）°Bx，读数为 35°Bx 时蔗糖的质量浓度为（　　　　）。

11. 纯蔗糖溶液的折射率随浓度升高而（　　　　），蔗糖中固形物含量越高，折射率也越（　　　　）。

二、选择题

1. 液体的相对密度指在 20℃ 时液体的质量与同体积的水在 4℃ 时的质量之比，通常表示符号为（　　　　）。

(1) m_4^{20}　　　　　　(2) m_{20}^4　　　　　　(3) d_{20}^4　　　　　　(4) d_4^{20}

2. 水的表色是指（　　　　）。

(1) 在除去水中悬浮物时产生的颜色　　　　(2) 在没有除去水中悬浮物时产生的颜色

(3) 水中悬浮物产生的颜色　　　　　　　　(4) 不是水中悬浮物产生的颜色

3. （　　　　）可测定饮料中蔗糖含量、谷类食品中淀粉含量等。

(1) 黏度法　　　　　(2) 密度法　　　　　(3) 旋光法　　　　　(4) 折光法

4. 运动黏度是在相同温度下液体的动力黏度与其密度的比值，单位为（　　　　）。

(1) m^2/s　　　　　(2) s^2/m　　　　　(3) n^2/s　　　　　(4) s^2/n

5. （　　　　）方法可测定果汁、番茄制品、蜂蜜、糖浆等食品的固形物含量，以及牛乳中乳糖含量等。

(1) 密度法　　　　　(2) 折光法　　　　　(3) 黏度法　　　　　(4) 旋光法

6. 测定糖液浓度应选用（　　　　）。

(1) 波美计　　　　　(2) 糖锤度计　　　　(3) 酒精计　　　　　(4) 酸度计

7. 旋光活性物质使偏振光振动平面旋转的角度叫做"旋光度"，表示符号是（　　　　）。

(1) α　　　　　　(2) β　　　　　　(3) γ　　　　　　(4) δ

8. 水的真色是由（　　　　）。

(1) 水中悬浮性物质引起的　　　　　　　　(2) 水中溶解性和悬浮性物质引起的

(3) 水中盐类物质引起的　　　　　　　　　(4) 水中溶解性物质引起的

9. （　　　　）方法可测定糖液的浓度、酒中酒精含量以及检验牛乳是否掺水及脱脂等。

(1) 折光法　　　　　(2) 旋光法　　　　　(3) 密度法　　　　　(4) 黏度法

10. 应用旋光仪测量旋光性物质的旋光度以确定其含量的分析方法叫（　　　　）。

(1) 比重计法　　　　(2) 折光法　　　　　(3) 旋光法　　　　　(4) 容量法

11. 用普通密度计测出的是（　　　　）。

(1) 相对密度　　　　(2) 质量分数　　　　(3) 糖液浓度　　　　(4) 酒精浓度

12. 乳稠计的读数为 20 时，相当于（   ）。

(1) 相对密度为 20   (2) 相对密度为 20％

(3) 相对密度为 1.020   (4) 相对密度为 0.20

13. 应用旋光仪测量旋光性物质的旋光度以确定其含量的分析方法叫（   ）。

(1) 比重计法   (2) 折光法   (3) 旋光法   (4) 容量法

14. 用普通密度计测出的是（   ）。

(1) 相对密度   (2) 质量分数   (3) 糖液浓度   (4) 酒精浓度

15. 比重天平是利用（   ）制成的测定液体相对密度的特种天平。

(1) 阿基米德原理   (2) 杠杆原理   (3) 稀释定理   (4) 万有引力

16. 23℃时测量食品的含糖量，在糖锤计上读数为 24.12°Bx，23℃时温度校正值为 0.04，则校正后糖锤度为（   ）。

(1) 24.08   (2) 24.16   (3) 24.08°Bx   (4) 24.16°Bx

17. 光的折射现象产生的原因是由于（   ）。

(1) 光在各种介质中行进方式不同造成的

(2) 光是直线传播的

(3) 两种介质不同造成的

(4) 光在各种介质中行进的速度不同造成的

18. 3°Bx 表示（   ）。

(1) 相对密度为 3％   (2) 质量分数为 3％

(3) 体积分数为 3％   (4) 物质的量为 3mol/L

19. 测定液体食品中酒精的含量，测得 4 次的数据分别如下：20.34％、21.36％、20.98％、20.01％，则此数据（   ）。（$Q_a = 0.5$）

(1) 20.34％应该溢出   (2) 21.36％应该溢出

(3) 20.98％应该溢出   (4) 20.01％应该溢出

(5) 都应保留

20. 对于同一物质的溶液来说，其折射率大小与其浓度成（   ）。

(1) 正比

(2) 反比

(3) 没有关系

(4) 有关系，但不是简单的正比或反比的关系

21. 要测定牛乳产品的相对密度，可以选用（   ）。

(1) 普通密度计   (2) 酒精计   (3) 乳稠计   (4) 波美计

三、判断题

1. （   ）光线在空气中的行进速度与在某种物质中的行进速度的比值，称为这种物质的相对折射率，简称折射率。

2. （   ）密度瓶法适用于测定各种液态食品的相对密度，对样品量较少的也适用，对挥发性样品也适用。

3. （   ）通常在测定折射率时，都是以空气作为对比标准的，即光线在空气中的行进速度与在某种物质中的行进速度的比值，称为这种物质的相对折射率，简称折射率。

4. （   ）密度计法是物体在液体中所受到的浮力等于物体在液体中所排开的液体的

重量。

5. （　　　　）物理检验法包括密度法、折射率法、色谱分析法和质谱分析法等。

6. （　　　　）相对黏度是在一定温度时液体的动力黏度与另一液体的动力黏度之比。相对黏度定义中用以比较的液体通常是水或适当的液体。

7. （　　　　）比旋光法可以测定谷类食品中淀粉的含量。

8. （　　　　）测量筒中液体的相对密度时待测溶液要注满量筒。

9. （　　　　）把酒精计插入蒸馏水中读数为零。

10. （　　　　）可以通过测定液体食品的相对密度来检验食品的纯度或浓度。

11. （　　　　）用普通密度计测试溶液的相对密度，必须进行温度校正。

12. （　　　　）密度是指物质在一定温度下单位体积的质量。

13. （　　　　）测定出液体食品的相对密度以后，通过查表可求出该食品的固形物的含量。

第四章 食品中营养成分的检测（一）

知识目标

1. 学习、掌握食品中的水分、灰分、酸类物质、脂肪、碳水化合物、蛋白质和氨基酸等营养成分的测定方法。

2. 要求学生在学习时，要注意各种检测方法的原理及操作规范。

技能目标

1. 掌握检测的能力。

2. 掌握检测数据处理的能力。

本章导入

食品的营养成分包含水分、灰分、酸类物质、脂肪、碳水化合物、蛋白质和氨基酸等基本组成成分，是食品中固有的成分。这些成分的高低往往是确定食品品质的关键指标。

第一节　水分的检测

水分是食品的重要组成部分，其含量的多少直接影响食品的感官性状、结构等，所以控制水分的含量，对于维持食品中其他组分的平衡关系，保持食品的稳定性，都有着十分重要的作用。根据水在食品中存在的状态把水划分为以下三类。

1. 自由水

自由水是以溶液状态存在的水分，它保持着水本身的物理性质，在被截留的区域内可以自由流动。自由水在低温下容易结冰，可作为胶体的分散剂和盐的溶剂。

2. 亲和水

亲和水可存在于细胞壁或原生质中，是强极性基团单分子外的几个水分子层所包含的水，以及与非水组分中的弱极性基团以氢键结合的水。它向外蒸发的能力较弱，与自由水相比，蒸发时需要吸收较多的能量。

3. 结合水

结合水又称束缚水，是食品中与非水组分结合最牢固的水，结合水的冰点为－40℃，它与非水组分之间配价键的结合力比亲和水与非水组分间的结合力大得多，很难用蒸发的方法排除出去。

食品中水分检测的方法很多，通常可分为直接法和间接法两大类。利用水分本身的物理性质和化学性质测定水分的方法称直接法，如干燥法、蒸馏法和卡尔·费休法；而利用食品的相对密度、折射率、电导率、介电常数等物理性质测定水分的方法称间接法，间接测定法不需要除去样品中的水分。这里主要介绍常用的几种直接测定法。

一、直接干燥法

1. 原理

利用食品中水分的物理性质，在 101.3kPa（1atm）、温度 101～105℃下采用挥发方法测定样品中干燥减失的质量，包括吸湿水、部分结晶水和该条件下能挥发的物质，再通过干燥前后的称量数值计算出水分的含量。

2. 适用的范围

直接干燥法适用于在 101～105℃下，不含或含其他挥发性物质甚微的谷物及其制品、水产品、豆制品、乳制品、肉制品及卤菜制品等食品中水分的测定，不适用于水分含量小于 0.5g/100g 的样品。

3. 试剂与仪器

① 盐酸（优级纯）溶液：6mol/L。量取 100mL 盐酸，加水稀释到 200mL。

② 氢氧化钠（优级纯）溶液：6mol/L。取 24g 氢氧化钠加水溶解并稀释至 100mL。

③ 海砂：用水洗去泥土的海砂或河砂，先用盐酸（6mol/L）煮沸 0.5h，用水洗至中性，用氢氧化钠溶液（6mol/L）煮沸 0.5h，用水洗至中性，经 105℃干燥备用。

④ 扁形铝制或玻璃制称量瓶。

⑤ 电热恒温干燥箱。

⑥ 干燥器：内附有效干燥剂。

⑦ 分析天平：感量为 0.1mg。

4. 样品的制备及测定

由于食品种类繁多，存在状态不同，样品制备的方法也不同。

（1）固体试样　取洁净铝制或玻璃制的扁形称量瓶，置于 101～105℃干燥箱中，瓶盖斜支于称量瓶边，加热 1.0h，取出盖好，置干燥器内冷却 0.5h，称量，并重复干燥至前后两次质量差不超过 2mg，即为恒重。将混合均匀的试样迅速磨细至颗粒小于 2mm，不易研磨的样品应尽可能切碎，称取 2～10g 试样（精确至 0.0001g），放入此称量瓶中，试样厚度不超过 5mm，如为疏松试样，厚度不超过 10mm，加盖，精密称量后，置 101～105℃干燥箱中，瓶盖斜支于称量瓶边，干燥 2～4h 后，盖好取出，放入干燥器内冷却 0.5h 后称量。然后再放入 101～105℃干燥箱中干燥 1h 左右，取出，放入干燥器内冷却 0.5h 后再称量。并重复以上操作至前后两次质量差不超过 2mg，即为恒重（注：两次恒重值在最后计算中，取最后一次的称量值）。

（2）半固体或液体试样　取洁净的称量瓶，内加 10g 海砂及一根小玻棒，置于 101～105℃干燥箱中，干燥 1.0h 后取出，放入干燥器内冷却 0.5h 后称量，并重复干燥至恒重。然后称取 5～10g 试样（精确至 0.0001g），置于蒸发皿中，用小玻棒搅匀放在沸水浴上蒸干，并随时搅拌，擦去皿底的水滴，置 101～105℃干燥箱中干燥 4h 后盖好取出，放入干燥器内冷却 0.5h 后称量。以下按（1）自"然后再放入 101～105℃干燥箱中干燥 1h 左右……"起依法操作。

5. 结果计算

$$X = \frac{m_1 - m_2}{m_1 - m_3} \times 100 \qquad (4\text{-}1)$$

式中　X——样品中水分含量，g/100g；

m_1——铝盒或称量瓶（加海砂、玻棒）及样品的质量，g；

m_2——铝盒或称量瓶（加海砂、玻棒）及干燥后样品的质量，g；

m_3——铝盒或称量瓶（加海砂、玻棒）的质量，g。

二、减压干燥法

1. 原理

利用食品中水分的物理性质，在达到 40～53kPa 压力后加热至 60℃±5℃，采用减压烘干方法去除试样中的水分，再通过烘干前后的称量数值计算出水分的含量。

2. 使用范围

此法使用于在 100℃ 以上加热易分解、变质或不易除去结合水的食品，如淀粉制品、豆制品、罐头食品、糖浆、蜂蜜、蔬菜、水果、味精、油脂等。不适用于水分含量小于 0.5g/100g 的样品。

3. 仪器

减压干燥设备，如图 4-1 所示。

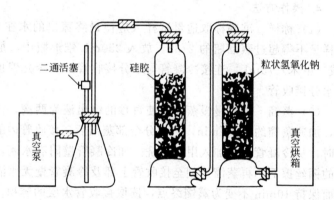

图 4-1　减压干燥设备工作流程示意

4. 样品的测定

取已恒重的称量瓶称取 2～10g（精确至 0.0001g）试样，放入真空干燥箱内，将真空干燥箱连接真空泵，抽出真空干燥箱内空气（所需压力一般为 40～53kPa），并同时加热至所需温度 60℃±5℃。关闭真空泵上的活塞，停止抽气，使真空干燥箱内保持一定的温度和压力，经 4h 后，打开活塞，使空气经干燥装置缓缓通入至真空干燥箱内，待压力恢复正常后再打开。取出称量瓶，放入干燥器中 0.5h 后称量，并重复以上操作至前后两次质量差不超过 2mg，即为恒重。

5. 结果计算

本方法水分含量的计算与直接干燥法相同。在重复性条件下获得的两次独立测定结果的绝对差值不得超过算术平均值的 10%。

6. 提示

减压干燥时，自干燥箱内部压力降至规定真空度时起计算干燥时间，一般每次烘干时间2h，但有的样品需5h。恒重一般以减量不超过0.5mg为标准，但对受热后易分解的样品则可以不超过1~3mg的减量值为恒重标准。

三、蒸馏法

1. 原理

利用食品中水分的物理化学性质，使用水分测定仪将食品中的水分与甲苯或二甲苯共同蒸出，根据接收的水的体积计算出试样中水分的含量。

2. 适用范围

本法适用于测定含较多挥发性物质的食品，如干果、油脂、香料等。特别是香料，蒸馏法是唯一、公认的水分测定法。不适用于水分含量小于1g/100g的样品。

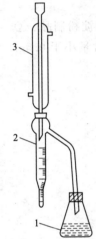

图 4-2 蒸馏式水分测定仪

1—250mL 锥形瓶；2—水分接收管（有刻度）；3—冷凝管

3. 仪器与试剂

① 水分测定仪　水分接收管容量5mL，最小刻度值0.1mL，容量误差小于0.1mL。如图4-2所示。

② 天平　感量为0.1mg。

③ 甲苯或二甲苯（化学纯）　取甲苯或二甲苯，先以水饱和后，分去水层，进行蒸馏，收集馏出液备用。

4. 操作方法

（1）称样　准确称取适量试样（应使最终蒸出的水在2~5mL，但最多取样量不得超过蒸馏瓶的2/3），放入250mL锥形瓶中，加入新蒸馏的甲苯（或二甲苯）75mL，连接冷凝管与水分接收管，从冷凝管顶端注入甲苯，装满水分接收管。

（2）蒸馏　加热慢慢蒸馏，使每秒的馏出液为两滴，待大部分水分蒸出后，加速蒸馏约4滴/min，当水分全部蒸出后，接收管内的水分体积不再增加时，从冷凝管顶端加入甲苯冲洗。如冷凝管壁附有水滴，可用附有小橡皮头的铜丝擦下，再蒸馏片刻至接收管上部及冷凝管壁无水滴附着，接收管水平面保持10min不变为蒸馏终点，读取接收管水层的容积。

5. 按下式计算水分含量：

$$X = \frac{V}{m} \times 100 \qquad (4-2)$$

式中　X——样品中的水分含量，mL/100g（或按水在20℃时密度0.998g/mL，20g/mL计算质量分数）；

V——接收管内水分的体积，mL；

m——样品的质量，g。

以重复性条件下获得的两次独立测定结果的算术平均值表示，结果保留三位有效数字。在重复性条件下获得的两次独立测定结果的绝对差值不得超过算术平均值的10%。

6. 提示

（1）对于一些含有糖分，可分解释放出水分的样品，如某些脱水蔬菜（洋葱、大蒜）等，宜选用低沸点的苯作溶剂，但蒸馏时间将延长。对热不稳定的样品，一般不用二甲苯。

(2) 以下原因可能使结果产生误差：样品中水分没有完全蒸馏出来；水分附着在冷凝管壁及接收管的内壁；水分溶解在有机溶剂中；馏出液生成了乳浊液；馏出了水溶性的组分。

(3) 馏出液若为乳浊液，应待其澄清后再读数。加入少量的戊醇、异丁醇可防止出现乳浊液。

(4) 由于蒸馏装置与大气相通，冷凝管较短，有部分溶剂因冷凝不完全而挥发，易引起燃烧，应注意控制蒸馏速度，避免使用明火，注意安全。

四、卡尔·费休法

卡尔·费休法是一种快速又准确的水分测定法，是在 1935 年由卡尔·费休提出的测定水分的容量方法，属于碘量法。目前，此法已被广泛应用于多个领域。

1. 原理

根据碘能与水和二氧化硫发生化学反应，在有吡啶和甲醇共存时，1mol 碘只与 1mol 水作用，反应式如下：

$$C_5H_5N \cdot I_2 + C_5H_5N \cdot SO_2 + C_5H_5N + H_2O + CH_3OH \longrightarrow 2C_5H_5N \cdot HI + C_5H_6N[SO_4CH_3]$$

卡尔·费休水分测定法又分为库仑法和容量法。库仑法测定的碘是通过化学反应产生的，只要电解液中存在水，所产生的碘会和水以 1∶1 的关系按照化学反应式进行反应。当所有的水都参与了化学反应，过量的碘会在电极的阳极区域形成，反应终止。容量法测定的碘是作为滴定剂加入的，滴定剂中碘的浓度是已知的，根据消耗滴定剂的体积，计算消耗碘的量，从而计量出被测物质水的含量。

2. 适用范围

卡尔·费休法广泛应用于各种液体、固体及一些气体样品中水分含量的测定，均能得到满意的结果，在很多场合，此法也常被作为水分，特别是痕量水分的标准分析方法，用以校正其他检测方法，已应用于：砂糖、人造奶油、巧克力、糖蜜、茶叶、炼乳及香料等食品中的水分测定，其结果的准确度优于其他直接干燥法。卡尔·费休容量法适用于水分含量大于 1.0×10^{-3} g/100g 的样品，卡尔·费休库仑法适用于水分含量大于 1.0×10^{-5} g/100g 的样品。

3. 仪器与试剂

① 卡尔·费休水分测定仪　主要部件包括反应瓶、自动注入滴定管、磁力搅拌器、氮气瓶以及适用于永停法测定终点的电位测定装置等。

② 天平　感量为 0.1mg。

③ 卡尔·费休试剂。

④ 无水甲醇（CH_4O）：优级纯。

4. 测定方法

(1) 卡尔-费休试剂的标定（容量法）　在反应瓶中加一定体积（浸没铂电极）的甲醇，在搅拌下用卡尔·费休试剂滴定至终点。加入 10mg 水（精确至 0.0001g），滴定至终点并记录卡尔·费休试剂的用量。卡尔·费休试剂的滴定度按下式计算：

$$T = \frac{m}{V} \tag{4-3}$$

式中　T——卡尔·费休试剂的滴定度，mg/mL；

　　　m——水的质量，mg；

V——滴定水消耗的卡尔·费休试剂的用量，mL。

（2）试样前处理　可粉碎的固体试样要尽量粉碎，使之均匀。不易粉碎的试样可切碎。

（3）试样中水分的测定　于反应瓶中加一定体积的甲醇或卡尔·费休测定仪中规定的溶剂浸没铂电极，在搅拌下用卡尔·费休试剂滴定至终点。迅速将易溶于上述溶剂的试样直接加入滴定杯中；对于不易溶解的试样，应采用对滴定杯进行加热或加入已测水分的其他溶剂辅助溶解后用卡尔·费休试剂滴定至终点。建议采用库仑法测定试样中的含水量应大于$10\mu g$，容量法应大于$100\mu g$。对于某些需要较长时间滴定的试样，需要扣除其漂移量。

（4）漂移量的测定　在滴定杯中加入与测定样品一致的溶剂，并滴定至终点，放置不少于10min后再滴定至终点，两次滴定之间单位时间内的体积变化即为漂移量（D）。

5. 结果分析

固体试样中水分的含量按式（4-4），液体试样中水分的含量按式（4-5）进行计算。

$$X = \frac{(V_1 - Dt)T}{m} \times 100 \qquad (4\text{-}4)$$

$$X = \frac{(V_1 - Dt)T}{V_2\rho} \times 100 \qquad (4\text{-}5)$$

式中　X——试样中水分的含量，g/100g；

　　　V_1——滴定样品时消耗卡尔·费休试剂的体积，mL；

　　　T——卡尔·费休试剂的滴定度，g/mL；

　　　m——样品质量，g；

　　　V_2——取液体样品体积，mL；

　　　D——漂移量，mL/min；

　　　t——滴定时所消耗的时间，min；

　　　ρ——液体样品的密度，g/mL。

数据处理：水分含量$\geqslant 1$g/100g时，计算结果保留三位有效数字；水分含量< 1g/100g时，计算结果保留两位有效数字。在重复性条件下获得的两次独立测定结果的绝对差值不得超过算术平均值的10%。

6. 提示

（1）卡尔·费休滴定法中所用的玻璃器皿必须干燥，外界的空气绝不允许进到反应室中。

（2）样品宜用粉碎机处理，固体样品细度以40目为宜，不要用研磨机以防水分损失，另外粉碎样品中还要保证其含水量的均匀性。

（3）永停滴定法也叫指示电极电流滴定法，滴定至微安表指针偏转至一定刻度并保持1min不变，即为终点。

五、A_w测定仪法

食品中的水分具有不同的存在状态，而各种水分的测定方法只能定量地测定食品中水分的总含量，为了更好地说明食品中的水分状态，更好地阐明水分含量与食品保藏性能的关系，引入了水分活度这个概念。根据平衡热力学定律，水分活度可定义为：溶液中水的逸度与纯水逸度之比，水分活度也可近似地表示为溶液中的水蒸气分压与纯水蒸气压之比。

水分含量与水分活度是两种不同的概念。水分含量是指食品中水的总含量，常以质量分数表示；而水分活度则表示食品中水分存在的状态，即反映水分与食品的结合程度或游离程度，结合程度越高，则水分活度值越低；结合程度越低，则水分活度越高。

水分活度值对食品的色、香、味、质构以及食品的稳定性都有着重要影响。各种微生物的生命活动及各种化学、生物化学变化都要求一定的水分活度值，因此，控制食品的水分活度，可提高产品质量并延长其保存期。例如：在水果软糖中添加琼脂、主食面包中添加乳化剂、糕点生产中添加甘油等不仅调整了食品水分的活度，而且也改善了食品的质构、口感及延长保质期。所以在食品检测中水分活度的测定是一个重要的项目。

1. 原理

在密封、恒温的康威氏皿中，试样中的自由水与水分活度较高和较低的标准饱和溶液相互扩散，达到平衡后，根据试样质量的变化量，求得样品的水分活度。

2. 使用范围

食品水分活度的范围为 0.60～0.90。

3. 仪器及试剂

① A_w 测定仪。

② 恒温培养箱。

③ 饱和氯化钡溶液等。

4. 测定

（1）仪器校正　在室温 18～25℃，湿度 50%～80% 的条件下，用饱和盐溶液校正水分活度仪。

（2）样品测定　称取约 1g（精确至 0.01g）试样，迅速放入样品皿中，封闭测量仓，在温度 20～25℃、相对湿度 50%～80% 的条件下测定。每间隔 5min 记录水分活度仪的响应值。当相邻两次响应值之差小于 0.005 时，即为测定值。仪器充分平衡后，同一样品重复测定三次。

5. 结果计算

当符合允许差所规定的要求时，取两次平行测定的算术平均值作为结果。计算结果保留三位有效数字。在重复性条件下获得的三次独立测定结果与算术平均值的相对偏差不超过 5%。

6. 提示

（1）取样时，对于果蔬类样品试样迅速捣碎或按比例取汤汁与固形物，肉和鱼等样品需适当切细。

（2）测量头为贵重的精密器件，在测定时，必须轻拿轻放，切勿使表头直接接触样品和水；若不小心接触了液体，需蒸发干燥进行校准后才能使用。

六、扩散法

1. 原理

样品在康威氏微量扩散器皿的密封和恒温条件下，分别在 A_w 值较高和较低的标准饱和溶液中扩散平衡后，根据样品质量的增加（在 A_w 较高标准溶液中平衡）和减少（在 A_w 较低标准溶液中平衡）的增减量为纵坐标，各个标准试剂的水分活度为横坐标，计算样品的 A_w 值。

2. 仪器及试剂

① 康威氏微量扩散皿。

② 小铝皿或玻璃皿：直径 35mm、深度 10mm 的圆形皿，盛装样品用。

③ 分析天平：感量为 0.0001g。

④ 主要试剂：标准水分活度试剂见表 4-1。

表 4-1　标准水分活度试剂

序号	过饱和盐溶液的种类	试剂名称	试剂的质量 X（加入热水[①]200mL[②]/g）≥	水分活度
1	溴化锂饱和溶液	溴化锂	500	0.064
2	氯化锂饱和溶液	氯化锂	220	0.113
3	氯化镁饱和溶液	氯化镁	150	0.328
4	碳酸钾饱和溶液	碳酸钾	300	0.432
5	硝酸镁饱和溶液	硝酸镁	200	0.529
6	溴化钠饱和溶液	溴化钠	260	0.576
7	氯化钴饱和溶液	氯化钴	160	0.649
8	氯化锶饱和溶液	氯化锶	200	0.709
9	硝酸钠饱和溶液	硝酸钠	260	0.743
10	氯化钠饱和溶液	氯化钠	100	0.753
11	溴化钾饱和溶液	溴化钾	200	0.809
12	硫酸铵饱和溶液	硫酸铵	210	0.810
13	氯化钾饱和溶液	氯化钾	100	0.843
14	硝酸锶饱和溶液	硝酸锶	240	0.851
15	氯化钡饱和溶液	氯化钡	100	0.902
16	硝酸钾饱和溶液	硝酸钾	120	0.936
17	硫酸钾饱和溶液	硫酸钾	35	0.973

① 易于溶解的温度为宜。

② 冷却至形成固液两相的饱和溶液，贮于棕色试剂瓶中，常温下放置一周后使用。

3. 试样的制备

（1）粉末状固体、颗粒状固体及糊状　样品取有代表性样品至少 20.0g，混匀，置于密闭的玻璃容器内。

（2）块状样品　取可食部分的代表性样品至少 200g。在室温 18～25℃，湿度 50％～80％ 的条件下，迅速切成约小于 3mm×3mm×3mm 的小块，不得使用组织捣碎机，混匀后置于密闭的玻璃容器内。

4. 分析测定

（1）预处理　将盛有试样的密闭容器、康威氏皿及称量皿置于恒温培养箱内，于 25℃±1℃ 条件下恒温 30min。取出后立即使用及测定。

（2）预测定　分别取 12.0mL 溴化锂饱和溶液、氯化镁饱和溶液、氯化钴饱和溶液、硫酸钾饱和溶液，放入 4 只康威氏皿的外室，用经恒温的称量皿，迅速称取与标准饱和盐溶液相等份数的同一试样约 1.5g，于已知质量的称量皿中（精确至 0.0001g），放入盛有标准饱和盐溶液的康威氏皿的内室。沿康威氏皿上口平行移动，盖好涂有凡士林的磨砂玻璃片，放入 25℃±1℃ 的恒温培养箱内，恒温 24h。取出盛有试样的称量皿，加盖，立即称量（精确至 0.0001g）。

（3）预测定结果

$$X = \frac{m_1 - m}{m - m_0} \qquad (4\text{-}6)$$

式中　X——试样质量的增减量，g/g；

　　　m_1——25℃扩散平衡后，试样和称量皿的质量，g；

　　　m——25℃扩散平衡前，试样和称量皿的质量，g；

　　　m_0——称量皿的质量，g。

（4）绘制二维直线图　以所选饱和盐溶液（25℃）的水分活度数值为横坐标，对应标准饱和盐溶液的试样的质量增减数值为纵坐标，绘制二维直线图。取横坐标截距值，即为该样品的水分活度预测值。

（5）试样的测定　依据预测定结果，分别选用水分活度数值大于和小于试样预测结果数值的饱和盐溶液各 4 种，各取 12.0mL，注入康威氏皿的外室。按预测定中"迅速称取与标准饱和盐溶液相等份数的同一试样约 1.5g……加盖，立即称量（精确至 0.0001g）"操作。

5. 结果计算

取横坐标截距值，即为该样品的水分活度值。当符合允许差所规定的要求时，取三次平行测定的算术平均值作为结果。计算结果保留三位有效数字。在重复性条件下获得的三次独立测定结果与算术平均值的相对偏差不超过 10%。

▶ 实训 4-1　乳粉中水分的检测

【实训要点】

1. 掌握直接干燥检测食品水分的方法。

2. 熟悉烘箱、分析天平、恒重等操作。

3. 了解影响检测准确性的因素。

【仪器材料】

① 电热恒温干燥箱。

② 有盖扁形铝制或玻璃制称量瓶：内径 60～70mm，高度小于 35mm。

③ 分析天平：感量为 0.1mg。

④ 干燥器：内附有效干燥剂。

样品：奶粉。

【工作过程】

1. 器皿恒重

（1）将洁净的铝盒或扁形称量瓶，置于干燥箱，控制温度 101～105℃；盒盖斜支在盒边，加热 0.5～1h。

（2）取出，盖好，置于干燥器内冷却 0.5h，精密称量。

（3）重复（1）、（2）步，干燥至恒重，记录质量 m_3。

2. 样品制备　　思考1：铝盒或称量瓶置于干燥箱中，盒盖盖上可否？盒盖有何用途？

称取 2～10g（精确至 0.0001g）奶粉，放入称量瓶中，样品厚度约为 5mm，加盖，记录质量 m_1。

3. 样品检测

思考 2：为什么经加热干燥的称量瓶要迅速放到干燥器内？

（1）置于干燥箱中，控制箱内温度在 101～105℃，干燥 2～4h 后，盖好取出，放入干燥器内冷却 0.5h，称量。

（2）再放入干燥箱中，保持 101～105℃下干燥 1h 左右，取出，放入干燥器内冷却 0.5h 后，再称量。直至前后两次质量差不超过 2mg，记录质量 m_2。

【图示过程】

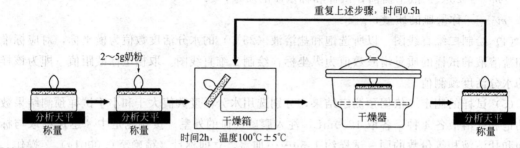

【结果处理】

1. 数据记录

称量瓶质量/g	烘干前样品和称量瓶的质量/g	烘干后样品和称量瓶的质量/g			
		1	2	3	恒重值

2. 结果计算

$$X = \frac{m_1 - m_2}{m_1 - m_3} \times 100 \tag{4-7}$$

式中　X——样品中水分含量，g/100g；

　　m_1——铝盒或称量瓶及样品的质量，g；

　　m_2——铝盒或称量瓶及干燥后样品的质量，g；

　　m_3——铝盒或称量瓶的质量 g。

3. 数据处理

水分含量≥1g/100g 时，计算结果保留三位有效数字；水分含量＜1g/100g 时，结果保留两位有效数字。在重复性条件下获得的两次独立测定结果的绝对差值不得超过算术平均值的 5%。

【友情提示】

1. 本法适用于在 101～105℃下，不含或含其他挥发性物质甚微且对热稳定的食品。

2. 经加热干燥的称量瓶要迅速放到干燥器中冷却。干燥器中一般采用硅胶作为干燥剂，当其颜色由蓝色减退或变成红色时，应及时更换。变色的硅胶于 135℃下烘干 2～3h 后，可再重新使用。

3. 直接干燥法的最低检出限量为 0.002g，当取样量为 2g 时，每百克样品的水分含量检出限为 0.5g，方法相对误差≤5%。

【思考题】

1. 在下列情况下，水分测定的结果是偏高还是偏低？

①样品粉碎不充分；②样品中含较多挥发性成分；③脂肪的氧化；④样品吸湿性较强；⑤发生美拉德反应；⑥样品表面结了硬皮；⑦装有样品的干燥器未封好；⑧干燥器中硅胶已受潮失效。

2. 干燥器有何作用？怎样正确地使用和维护干燥器？

3. 为什么要冷却后再称量？

▶ 实训4-2　干燥蔬菜中水分活度的检测

【实训要点】

1. 掌握康威氏微量扩散皿的使用。

2. 掌握坐标内插法的计算方法。

> 思考1：在磨口处涂一层凡士林的作用？

【仪器试剂】

① 康威氏微量扩散皿。

② 天平：感量为0.0001g和0.1g。

③ 称量皿：ϕ35mm、高10mm。

> 思考2：为什么要预测定？

④ 恒温培养箱。

⑤ 电热恒温鼓风干燥机。

⑥ 水果、蔬菜等食品。

⑦ 凡士林。

⑧ 溴化锂饱和溶液、氯化镁饱和溶液、氯化钴饱和溶液、硫酸钾饱和溶液。

【工作过程】

1. 预处理

将盛有试样的密闭器、康威氏皿及称量皿置于恒温培养箱内，于25℃±1℃条件下恒温30min，取出后立即使用及测定。

2. 预测定

分别取12.0mL溴化锂饱和溶液、氯化镁饱和溶液、氯化钴饱和溶液、硫酸钾饱和溶液于4只康威氏皿的外室，用经恒温的称量皿，迅速称取与标准饱和盐溶液相等份数的同一试样约1.5g，于已知质量的称量皿中（精确至0.0001g），放入盛有标准饱和盐溶液的康威氏皿的内室。沿康威氏皿上口平行移动盖好涂有凡士林的磨砂玻璃片，放入25℃±1℃的恒温培养箱内。恒温24h。取出盛有试样的称量皿，加盖，立即称量（精确至0.0001g）。

3. 预测定结果

$$X = \frac{m_1 - m}{m - m_0} \tag{4-8}$$

式中　X——试样质量的增减量，g/g；

m_1——25℃扩散平衡后，试样和称量皿的质量，g；

m——25℃扩散平衡前，试样和称量皿的质量，g；

m_0——称量皿的质量，g。

4. 样品称取

在预先恒重且精确称量的铝皿或玻璃皿中，精确称取1.50g均匀样品并迅速放入康威氏皿内室中。

5. 饱和标准试剂的装注

在康威氏皿外室预先放入饱和标准试剂 12.0mL（或用标准的上述各式盐 5.0g，加入少许蒸馏水湿润）。通常选择 2~4 种标准饱和试剂，每只铝皿装一种，其中各有 1~2 份的标准饱和试剂 A_w 值大于和小于试样的 A_w 值。

6. 测定及称量

接着在康威氏皿磨口边缘均匀涂上真空脂或凡士林，样品放入后，迅速加盖密封，并移至 25℃±0.5℃ 的恒温箱中放置 2h±0.5h（绝大多数样品可在 2h 后测得 A_w）。取出铝皿或玻璃皿，用分析天平迅速称量。再次平衡 0.5h 后，称量（精确至 0.0001g），直至恒重。分别计算各样品的质量增减数。

【图示过程】 预测定过程

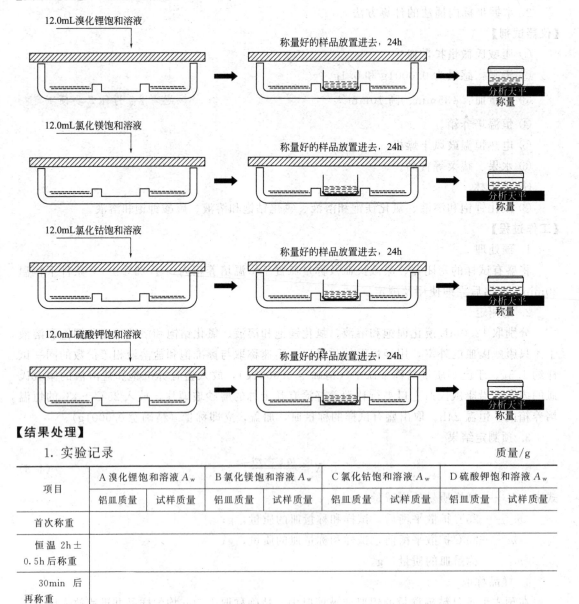

【结果处理】

1. 实验记录

质量/g

项目	A 溴化锂饱和溶液 A_w		B 氯化镁饱和溶液 A_w		C 氯化钴饱和溶液 A_w		D 硫酸钾饱和溶液 A_w	
	铝皿质量	试样质量	铝皿质量	试样质量	铝皿质量	试样质量	铝皿质量	试样质量
首次称重								
恒温 2h± 0.5h 后称重								
30min 后再称重								

续表

项目	A 溴化锂饱和溶液 A_w		B 氯化镁饱和溶液 A_w		C 氯化钴饱和溶液 A_w		D 硫酸钾饱和溶液 A_w	
	铝皿质量	试样质量	铝皿质量	试样质量	铝皿质量	试样质量	铝皿质量	试样质量
恒重后质量								
每克试样质量增量或减量								

2. A_w 值测定图绘制及计算

以 A、B、C、D 4 种标准饱和盐溶液在 25℃时的 A_w 值为横坐标，被测试样的增减质量数（mg）为纵坐标作图。取横坐标截距值，即为该样品的水分活度值。当符合允许差所规定的要求时，取三次平行测定的算术平均值作为结果。计算结果保留三位有效数字。在重复性条件下获得的三次独立测定结果与算术平均值的相对偏差不超过 10%。

【友情提示】

1. 在样品测定时需做预测定，并作平行试验，其测定值的平行误差不得超过 0.02g。

2. 取样时应迅速，各份样品都要在同一条件下精确称量；精确度必须符合要求，否则会造成测定误差。

3. 对试样的 A_w 值范围预先有一估计，以便正确地选择标准饱和盐溶液。

4. 康威氏微量扩散皿应有良好的密封性。

5. 对米饭类、油脂类、油浸烟熏鱼类食品需要 1～4d 才能测定时，应先测定 2h 后的样品质量，然后间隔一定时间称量，再作图求出。因此，需加入样品量 0.2% 的山梨酸防腐，并以山梨酸的水溶液作空白。

6. 样品中含有水溶性挥发物时，不可能准确测定其水分活度。

【思考题】

比较 A_w 测定仪法与扩散法测定水分时，各有何优缺点？

第二节 灰分的检测

食品中除含有大分子的有机物质外，还含有较丰富的无机成分，当食品在高温灼烧灰化时将发生一系列的变化，其中的有机成分经燃烧、分解而挥发逸散，无机成分则以无机盐或氧化物形式残留下来。这些残留物称为灰分。灰分是反映食品中无机成分总量的一项指标。

食品的组成不同，灼烧条件不同，残留物有所不同。例如，存在于食品中的含氯、铅、碘等易挥发元素因挥发而散失，磷、硫等可以含氧酸形式挥发散失，使结果偏低；另一方面，在灰分中，金属元素可能以氧化物的形式存在，这些金属氧化物也可以吸收有机物分解而产生的二氧化碳而形成碳酸盐，又使无机成分增多了，因此，通常把食品灼烧残留物称为粗灰分。

灰分检测内容包括总灰分、水溶性灰分、水不溶性灰分、酸不溶性灰分等。水溶性灰分反映的是可溶性的钾、钠、钙、镁等的含量，水不溶性灰分反映的是污染泥沙和铁、铝等氧化物及碱土金属的碱式磷酸盐的含量。酸不溶性灰分反映的是污染泥沙和食品组织中存在的微量硅的含量。

检测灰分具有十分重要的意义。不同的食品，因原料及加工方法不同，检测灰分的条件不同，其灰分含量也不相同，一旦这些条件确定以后，某种食品中灰分的含量常在一定范围内。若超过正常范围，则说明食品生产中使用了不符合卫生标准要求的原料或食品添加剂，或在食品的加工、贮运过程中受到了污染。灰分是某些食品重要的控制指标，也是食品常规检验的项目之一。

一、总灰分的检测

1. 原理

食品经灼烧后所残留的无机物质称为灰分。灰分数值系用灼烧、称重后计算得出。

2. 仪器与试剂

① 高温炉：温度≥600℃。

② 坩埚钳；带盖坩埚（石英坩埚或瓷坩埚）；

③ 天平：感量为 0.1mg。

④ 干燥器（内有干燥剂）。

⑤ 电热板。

⑥ 水浴锅。

⑦ 乙酸镁溶液（80g/L）：称取 8.0g 乙酸镁，加水溶解并定容至 100mL，混匀。

⑧ 乙酸镁溶液（240g/L）：称取 24.0g 乙酸镁，加水溶解并定容至 100mL，混匀。

3. 检测条件的选择

(1) 灰化容器　检测灰分通常以坩埚作为灰化容器，坩埚分素烧瓷坩埚、铂坩埚、石英坩埚等多种。其中最常用的是素烧瓷坩埚。它具有耐高温、耐酸、价格低廉等优点，但耐碱性能较差，当灰化碱性食品（如水果、蔬菜、豆类等）时，瓷坩埚内壁的釉层会部分溶解，反复使用多次后，往往难以得到恒重。铂坩埚具有耐高温，能抗碱金属碳酸盐及氟化物及氟化氢的腐蚀，导热性能好，吸湿性小等优点，但价格昂贵，故使用时应特别注意其性能和使用规则。

(2) 取样量　检测灰分时，取样量的多少应根据试样的种类和性状来决定，原则上是灰分大于 10g/100g 的试样称取 2～3g（精确至 0.0001g）；灰分小于 10g/100g 的试样称取 3～10g（精确至 0.0001g）。食品的灰分与其他成分相比，含量较少，所以取样时应考虑称量误差，通常奶粉、麦乳精、大豆粉、调味料、鱼类及海产品等取 3～5g；蔬菜及其制品、砂糖及其制品、淀粉及其制品、蜂蜜、奶油等取 5～10g；水果及其制品取 20g；油脂取 50g。

(3) 灰化温度　灰化温度的高低对灰分测定结果影响很大，由于各种食品中无机成分的组成、性质及含量各不相同，灰化温度也应有所不同，一般在 525～600℃范围内。灰化温度过高，将会引起钾、钠、氯等元素的挥发损失，而且磷酸盐、硅酸盐类也会熔融，将炭粒包藏起来，使炭粒无法氧化。灰化温度过低，则灰化速度慢、时间长，不易灰化完全，也不利于除去过剩的碱（碱性食品）吸收二氧化碳。因此，必须根据食品的种类、性状及各方面因素，选择合适的灰化温度，在保证灰化完全的前提下，尽可能减少无机成分的挥发损失和缩短灰化时间。此外，加热速度也不可太快，以防急剧灰化时爆燃，灼烧物的局部产生大量气体而使微粒飞失。

(4) 灰化时间　一般以灼烧至灰分呈现白色或浅灰色，无炭粒存在并达到恒重为止。灰化至达到恒重的时间因试样不同而异，一般需 2～5h。通常根据经验灰化一定时间后，观察一次残灰的颜色，以确定第一次取出的时间，取出后冷却、称重，再放入高温炉中灼烧，直至达到恒重。对于有些样品，即使灰化完全，残灰也不一定呈白色或浅灰色，如：铁含量较高的食品，残灰呈褐色；锰、铜含量高的食品，残灰呈蓝棕色。

（5）加速灰化的方法　对于难灰化的样品，可用以下方法来加速灰化。

① 样品经初步灼烧后，取出冷却，从灰化容器边缘慢慢加入（不可直接洒在残灰上，以防残灰飞扬）少量去离子水，使水溶性盐类溶解，被包住的炭粒暴露出来，在水浴上蒸发至干，置于 120～130℃烘箱中充分干燥，再灼烧至恒重。

② 加入硝酸、过氧化氢、碳酸铵。经初步灼烧后，取出坩埚，冷却，加入几滴硝酸或过氧化氢，利用其氧化作用，加速炭粒灰化。在样品中加入碳酸铵可起疏松作用，有利于灼烧时分解的气体逸出，使灰分呈现疏松状态，促进灰化进行。这些试剂灼烧后完全分解为气体逸出，不增加灰分的质量。

③ 加入乙酸镁、硝酸镁。这些含镁化合物可与磷酸结合，避免其他磷酸盐在高温下熔融，并在灰分中起疏松剂作用，避免灰分被包裹，加速灰化，此法应同时做试剂空白试验。

4. 测定方法

（1）坩埚的灼烧　取大小适宜的石英坩埚（瓷坩埚），用盐酸（1＋4）煮 1～2h，洗净晾干后，用氯化铁与蓝墨水的混合液在坩埚外壁及盖上写上编号，置高温炉中，在 550℃±25℃下灼烧 0.5h，冷却至 200℃左右，取出，放入干燥器中冷却 30min，准确称量。重复灼烧至前后两次称量相差不超过 0.5mg 为恒重。

（2）称样　灰分大于 10g/100g 的试样称取 2～3g（精确至 0.0001g）；灰分小于 10g/100g 的试样称取 3～10g（精确至 0.0001g）。

（3）样品预处理

① 一般食品：液体和半固体试样应先在沸水浴上蒸干。固体或蒸干后的试样，先在电热板上以小火加热，使试样充分炭化至无烟，然后置于高温炉中，在 550℃±25℃灼烧 4h。冷却至 200℃左右，取出，放入干燥器中冷却 30min，称量前如发现灼烧残渣有炭粒时，应向试样中滴入少许水湿润，使结块松散，蒸干水分再次灼烧至无炭粒即表示灰化完全，方可称量。重复灼烧至前后两次称量相差不超过 0.5mg 为恒重。按式（4-10）计算。

② 含磷量较高的豆类及其制品、肉禽制品、蛋制品、水产品、乳及乳制品：称取试样后，加入 1.00mL 乙酸镁溶液或 3.00mL 乙酸镁溶液，使试样完全润湿。放置 10min 后，在水浴上将水分蒸干，以下步骤按① 自"先在电热板上以小火加热……"起操作。按式（4-10）计算。

③ 吸取 3 份与②相同浓度和体积的乙酸镁溶液，做 3 次试剂空白试验。当 3 次试验结果的标准偏差小于 0.003g 时，取算术平均值作为空白值。若标准偏差超过 0.003g 时，应重新做空白值试验。

（4）测量

灰化炭化后，把坩埚移入已达到规定温度的高温炉口处稍停片刻，再慢慢移入炉膛内，坩埚盖斜倚在坩埚口，关闭炉门，灼烧一定时间（视样品种类、性状而异）至灰中无炭粒存在。打开炉门，将坩埚移至炉口处冷却至 200℃左右，移入干燥器中冷却至室温，准确称重，再灼烧，冷却，称重，直至达到恒重。

5. 结果计算

$$X_1 = \frac{m_1 - m_2}{m_3 - m_2} \times 100 \qquad (4\text{-}9)$$

$$X_2 = \frac{(m_1 - m_2) - m_0}{m_3 - m_2} \times 100 \tag{4-10}$$

式中 X_1——测定时未加乙酸镁溶液试样中灰分的含量，g/100g；

X_2——测定时加入乙酸镁溶液试样中灰分的含量，g/100g；

m_0——氧化镁（乙酸镁灼烧后的生成物）的质量，g；

m_1——坩埚和灰分的质量，g；

m_2——坩埚的质量，g；

m_3——坩埚和试样的质量，g。

6. 数据处理

试样中灰分含量≥10g/100g 时，保留三位有效数字；试样中灰分含量＜10g/100g 时，保留两位有效数字。在重复性条件下获得的两次独立测定结果的绝对差值不得超过算术平均值的 5%。

7. 提示

（1）样品炭化时要注意热源强度，防止产生大量泡沫溢出坩埚。

（2）把坩埚放入高温炉或从炉中取出时，要放在炉口停留片刻，使坩埚预热或冷却，防止因温度剧变而使坩埚破裂。

（3）灼烧后的坩埚应冷却到200℃以下，再移入干燥器中，否则因热的对流作用，易造成残灰飞散，且冷却速度慢，冷却使干燥器内形成较大真空，盖子不易打开。

（4）从干燥器内取出坩埚时，因内部形成真空，开盖恢复正常时，应注意使空气缓缓流入，以防残灰飞散。

（5）灰化后所得残渣可留作 Ca、P、Fe 等成分的分析。

（6）用过的坩埚经初步洗刷后，可用盐酸浸泡 10～20min，再用水冲刷洗净。

二、水溶性灰分和水不溶性灰分的检测

向测定总灰分所得残留物中加入 25mL 去离子水，盖上表面皿，加热至沸，用无灰滤纸过滤，用 25mL 热的去离子水多次洗涤坩埚、滤纸及残渣，将残渣连同滤纸移回原坩埚中，在水浴上蒸发至干涸，放入干燥箱中干燥后再进行灼烧，冷却，称重，直至恒重。按下式计算水溶性灰分和水不溶性灰分的含量：

$$水不溶性灰分 = \frac{m_4 - m_1}{m_3 - m_2} \times 100 \tag{4-11}$$

式中 m_4——不溶性灰分和坩埚的质量，g；其余符号同总灰分的计算。

$$水溶性灰分（\%）= 总灰分（\%）- 水不溶性灰分（\%）$$

三、酸不溶性灰分的测定

向总灰分或水不溶性灰分中加入 25mL 浓度为 0.1mol/L 盐酸，以下操作同水不溶性灰分的测定，按下式计算酸不溶性灰分的含量：

$$酸不溶性灰分 = \frac{m_5 - m_1}{m_3 - m_2} \times 100 \tag{4-12}$$

式中 m_5——酸不溶性灰分和坩埚的质量，g；其余符号同总灰分的计算。

↘ 实训 4-3　面粉中总灰分的检测

【实训要点】

　　1. 高温灼烧检测食品中灰分的基本操作技术和测定条件的选择。

　　2. 学会使用高温炉操作。

【仪器材料】

　　① 高温炉：温度≥600℃。

　　② 坩埚钳；带盖坩埚（石英坩埚或瓷坩埚）。

　　③ 天平：感量为 0.1mg。

　　④ 干燥器（内有干燥剂）。

　　⑤ 电炉。

　　样品：面粉。

【工作过程】

　　1. 坩埚准备

　　坩埚的灼烧：取大小适宜的石英坩埚或瓷坩埚置高温炉中，在 550℃±25℃ 下灼烧 0.5h，冷却至 200℃ 左右，取出，放入干燥器中冷却 30min，准确称量。重复灼烧至前后两次称量相差不超过 0.5mg 为恒重。

　　2. 样品称量

　　试样称取 2～3g（精确至 0.0001g）。

> 思考 1：为什么要先炭化？

　　3. 样品炭化

> 思考 2：如何确定灰化温度？

　　将样品放置在电炉上，以小火加热进行炭化，直至无烟。

　　4. 样品灰化

　　炭化后的样品，置于高温炉中，在 550℃±25℃ 灼烧 4h。冷却至 200℃ 左右，取出，放入干燥器中冷却 30min，称量前如发现灼烧残渣有炭粒时，应向试样中滴入少许水湿润，使结块松散，蒸干水分再次灼烧至无炭粒即表示灰化完全，方可称量。重复灼烧至前后两次称量相差不超过 0.5mg 为恒重。

【图示过程】

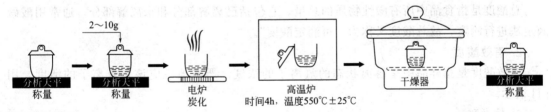

分析天平　称量　　分析天平　称量　　电炉　炭化　　高温炉　时间4h，温度550℃±25℃　　干燥器　　分析天平　称量

【结果处理】

　　1. 数据记录

空坩埚质量 （m_2）/g	样品和坩埚质量 （m_1）/g	残灰和坩埚质量（m_3）/g			
		1	2	3	恒重值

2. 结果计算

$$X_1 = \frac{m_1 - m_2}{m_3 - m_2} \times 100 \tag{4-13}$$

式中　X_1——测定时未加乙酸镁溶液试样中灰分的含量，g/100g；

　　　m_1——坩埚和灰分的质量，g；

　　　m_2——坩埚的质量，g；

　　　m_3——坩埚和试样的质量，g。

3. 数据处理

试样中灰分含量<10g/100g时，保留两位有效数字。在重复性条件下获得的两次独立测定结果的绝对差值不得超过算术平均值的5%。

【思考题】

1. 为什么灰化前要进行炭化处理？

2. 样品经长时间灼烧后，灰分中仍有炭粒的原因是什么？如何处理？

第三节　食品中酸类物质的检测

食品中的酸味成分，主要是溶解于水的一些有机酸和无机酸。在果蔬及其制品中，以苹果酸、柠檬酸、酒石酸、琥珀酸和乙酸为主；在肉、鱼类食品中，则以乳酸为主；此外还有一些无机酸，如盐酸、磷酸等。这些酸味物质有的是天然成分，像葡萄中的酒石酸；有的是人为加入的，如配制型饮料中加入的柠檬酸等，这些都是食品重要的呈味物质，对食品的风味有着较大的影响，并在维持人体的酸碱平衡方面起着重要的作用。同时，它影响食品的稳定性和质量品质。通过食品中酸度的检验，可以了解食品的成熟度，不同生长时期的水果、蔬菜，其酸度均不同。在食品的加工、储存、运输过程中，可了解食品的变化情况，确定其质量品质。

一、食品酸度的表示方法

1. 总酸度

总酸度是指食品中所有酸性物质的总量。它包括已离解部分和未离解部分，通常用酸碱滴定法进行测定，故总酸度又称为"可滴定酸度"。

2. 有效酸度

有效酸度是指样品中呈游离状态的氢离子的浓度。严格地说应该是氢离子的活度，用pH表示。

3. 挥发酸

挥发酸是指食品中易挥发的有机酸，如甲酸、乙酸及丁酸等，通过水蒸气蒸馏法分离，再用碱标准溶液滴定来测定。

4. 牛乳酸度

(1) 外表酸度　又称固有酸度，是指刚挤出来的新鲜牛乳本身所具有的酸度，是由磷酸、酪蛋白、白蛋白、柠檬酸和CO_2等引起的。外表酸度在新鲜牛乳中占0.15%～0.18%（以乳酸计）。

(2) 真实酸度　也叫发酵酸度，是指牛乳在放置过程中，在乳酸菌作用下乳糖发酵产生了乳酸而升高的那部分酸度。若牛乳中含酸量超过 0.15％～0.20％，即表明有乳酸存在，习惯上将含酸量在 0.20％以上的牛乳列为不新鲜牛乳。

二、总酸度的检测

1. 原理

食品中的有机酸用碱标准溶液滴定时，被中和生成盐类。用酚酞作指示剂，滴至溶液呈淡红色，30s 不褪色为终点。根据消耗碱标准溶液的浓度和体积，计算出样品中的总酸含量。

2. 试剂

① 1％酚酞指示液：称取酚酞 1g，溶解于 60mL 95％乙醇中，定容至 100mL。

② 0.1mol/L NaOH 标准溶液：称取 NaOH（分析纯）120g 于 250mL 烧杯中，加入蒸馏水至 100mL，振摇使其溶解，冷却后置于塑料瓶中，密封、澄清后取上清液 5.6mL，加新煮沸冷却的蒸馏水至 1000mL，摇匀，再进行标定。

③ 0.01mol/L NaOH 标准溶液：量取 100mL 0.1mol/L NaOH 标准溶液稀释到 1000mL，当天使用。

④ 0.05mol/L NaOH 标准溶液：量取 100mL 0.1mol/L NaOH 标准溶液稀释到 200mL，当天使用。

3. 仪器

① 组织捣碎机。

② 水浴锅。

③ 研钵。

④ 冷凝管。

4. 样品处理

（1）液体样品　不含二氧化碳的样品：充分混合均匀，置于密闭玻璃容器中。含二氧化碳的样品：至少取 200g 样品于 500mL 烧杯中，置于电炉上，边搅拌边加热至微沸腾。保持 2min，称量，用煮沸过的水补充至煮沸前的质量，置于密闭玻璃容器中。

（2）固体样品　取有代表性的样品 200g，置于研钵或组织捣碎机中，加入与样品等量的煮沸的水，用研钵研碎或组织捣碎机捣碎，混合后置于密闭玻璃容器中。

（3）固、液体样品　按固、液体比例至少取 200g，用研钵研碎或组织捣碎机捣碎，混合后置于密闭玻璃容器中。

5. 试液制备

（1）总酸含量小于或等于 4g/kg 的试样　用快速滤纸过滤，收集滤液，用于测定。

（2）总酸含量大于 4g/kg 的试样　称取 10～50g 试样（精确至 0.001g），置于 100mL 烧杯中，用约 80℃煮沸过的水将烧杯中的内容物转移到 250mL 容量瓶中（总体积约 150mL），置于沸水浴中煮沸 30min，摇动 2～3 次，让样品中的有机酸全部溶解出来。取出，冷却至室温，用煮沸过的水定容至 250mL。用快速滤纸过滤，收集滤液，用于测定。

6. 滴定

取滤液 50.00mL，加入酚酞指示剂 3～4 滴，用 0.1mol/L NaOH 标准溶液滴至微红色 1min 不褪色为终点。同时做空白实验。

7. 结果计算

$$X = \frac{c(V_1 - V_2)KF}{m} \times 100 \qquad (4\text{-}14)$$

式中　X——总酸度，g/100g 或 g/100mL；

　　　　c——NaOH 标准溶液的浓度，mol/L；

　　　　V_1——滴定消耗 NaOH 标准溶液的体积，mL；

　　　　V_2——空白实验消耗 NaOH 标准溶液的体积，mL；

　　　　m——样品的质量，g；

　　　　F——样品稀释倍数；

　　　　K——换算为主要酸（样品中含量最高的酸）的系数，即 1mmol NaOH 相当于主要酸的质量（g），苹果酸 0.067；柠檬酸 0.064；柠檬酸（带一分子水）0.070；乙酸 0.060；酒石酸 0.75；乳酸 0.090。

8. 提示

① 因为 CO_2 溶于水中成为酸性的 H_2CO_3 形式，影响滴定终点时酚酞颜色的变化，所以样品浸渍、稀释用的蒸馏水中不能含有 CO_2。驱除 CO_2 的方法是：将蒸馏水在使用前煮沸 15min，并迅速冷却备用。

② 样品中 CO_2 对测定有干扰，故对含有 CO_2 饮料、酒类等样品，在测定之前须除去 CO_2。

③ 食品中的有机酸均为弱酸，用强碱滴定时滴定产物为强碱弱酸盐，滴定终点偏碱性，故选用酚酞指示剂。

④ 对于颜色较深的食品，因它使终点颜色变化不明显，可通过加水稀释，用活性炭脱色等方法。

三、乳及乳制品酸度的检测

（一）乳粉中酸度的检测（基准法）

1. 原理

中和 100mL 干物质为 12% 的复原乳至 pH 为 8.3 所消耗的 0.1mol/L 氢氧化钠的体积，经计算确定其酸度。

2. 试剂和仪器

① 氢氧化钠标准溶液：0.1000mol/L。

② 氮气。

③ 分析天平：感量为 1mg。

④ 滴定管：分刻度为 0.1mL，可准确至 0.05mL。

⑤ pH 酸度计：带玻璃电极和适当的参比电极。

⑥ 磁力搅拌器。

3. 步骤

（1）试样的制备　将样品全部移入到约 2 倍于样品体积的洁净、干燥容器中（带密封盖），立即盖紧容器，反复旋转振荡，使样品彻底混合。在此操作过程中，应尽量避免样品暴露在空气中。

（2）测定　称取 4g 样品（精确到 0.01g）于锥形瓶中，用量筒量取 96mL 约 20℃ 的水，使样品复原，搅拌，然后静置 20min。用滴定管向锥形瓶中滴加氢氧化钠溶液，直到 pH 达到 8.3。滴定过程中，始终用磁力搅拌器进行搅拌，同时向锥形瓶中吹氮气，防止溶液吸收空气中的二氧化碳。整个滴定过程应在 1min 内完成。记录所用氢氧化钠溶液的体积（mL）（精确至 0.05mL），代入式（4-15）计算。

（二）乳及其他乳制品中酸度的检测

1. 原理

以酚酞为指示液，用 0.1000mol/L 氢氧化钠标准溶液滴定 100g 试样至终点所消耗的氢氧化钠溶液体积，经计算确定试样的酸度。

2. 试剂和仪器

① 中性乙醇-乙醚混合液：取等体积的乙醇、乙醚混合后加 3 滴酚酞指示液，以氢氧化钠溶液滴至微红色。

② 氢氧化钠标准溶液：0.1000mol/L。

③ 1%酚酞指示液。

④ 分析天平：感量为 1mg。

⑤ 电位滴定仪。

⑥ 滴定管：分刻度为 0.1mL。

⑦ 水浴锅。

3. 步骤

（1）巴氏杀菌乳、灭菌乳、生乳、发酵乳　称取 10g（精确到 0.001g）已混匀的试样，置于 150mL 锥形瓶中，加 20mL 新煮沸冷却至室温的水，混匀，用氢氧化钠标准溶液电位滴定至 pH8.3 为终点；或于溶解混匀后的试样中加入 2.0mL 酚酞指示液，混匀后用氢氧化钠标准溶液滴定至微红色，并在 30s 内不褪色，记录消耗的氢氧化钠标准滴定溶液的体积（以 mL 计），代入式（4-15）中进行计算。

（2）奶油　称取 10g（精确到 0.001g）已混匀的试样，加 30mL 中性乙醇-乙醚混合液，混匀，以下同（1）操作。

（3）干酪素　称取 5g（精确到 0.001g）经研磨混匀的试样于锥形瓶中，加入 50mL 水，于室温下（18~20℃）放置 4~5h，或在水浴锅中加热到 45℃，并在此温度下保持 30min，再加 50mL 水，混匀后，通过干燥的滤纸过滤。吸取滤液 50mL 于锥形瓶中，用氢氧化钠标准溶液电位滴定至 pH8.3 为终点，或于上述 50mL 滤液中加入 2.0mL 酚酞指示液，混匀后用氢氧化钠标准溶液滴定至微红色，并在 30s 内不褪色，将消耗的氢氧化钠标准溶液的体积（以 mL 计）代入式（4-16）进行计算。

（4）炼乳　称取 10g（精确到 0.001g）已混匀的试样，置于 250mL 锥形瓶中，加 60mL 新煮沸冷却至室温的水溶解，混匀，以下按（1）操作。

4. 结果

试样中的酸度数值以（°T）表示，按下式计算：

$$X_1 = \frac{c_1 V_1 \times 12}{m_1(1-w) \times 0.1} \tag{4-15}$$

式中　X_1——试样的酸度，°T；

c_1——氢氧化钠标准溶液的浓度，mol/L；

V_1——滴定消耗氢氧化钠标准溶液的体积，mL；

m_1——试样的质量，g；

w——试样中水分的质量分数，g/100g；

0.1——酸度理论定义氢氧化钠的浓度，mol/L。

以重复性条件下获得的两次独立测定结果的算术平均值表示，结果保留三位有效数字。

$$X_3 = \frac{c_3 V_3 \times 100 \times 2}{m_3 \times 0.1} \tag{4-16}$$

式中　X_3——试样的酸度，°T；

c_3——氢氧化钠标准溶液的浓度，mol/L；

V_3——滴定消耗氢氧化钠标准溶液的体积，mL；

m_3——试样的质量，g；

0.1——酸度理论定义氢氧化钠的浓度，mol/L；

2——试样的稀释倍数。

以重复性条件下获得的两次独立测定结果的算术平均值表示，结果保留三位有效数字。

四、有效酸度的检测

有效酸度是指被测溶液中的氢离子浓度，即溶液中氢离子的活度。有效酸度的大小可以说明食品中的酸水解程度，测定的方法常用酸度计。

1. 原理

以玻璃电极为指示电极，甘汞电极为参比电极组成原电池，它们在溶液中产生一个电动势，其大小与溶液中的氢离子浓度有直接关系：$E = E_a - 0.0591pH$，即每相差一个 pH 单位就产生 59.1mV 的电极电位，故可在酸度计表头上读出样品溶液的 pH。

2. 仪器与试剂

① pH4.01 标准缓冲溶液（20℃）。

② pH6.86 标准缓冲溶液（20℃）。

③ pH9.18 标准缓冲溶液（20℃）。

④ 酸度计（pH 计）。

3. 操作方法

(1) 样品处理　果蔬类样品榨汁后，取汁液直接测定；鱼、肉等固体类样品捣碎后用无 CO_2 的蒸馏水（按 1∶10 加水）浸泡、过滤，取滤液进行测定。

(2) 酸度计的校正　开启酸度计电源，预热 30min，连接玻璃电极和甘汞电极，在读数开关放开的情况下调零。选择与被测样品溶液的 pH 相接近的 pH 标准缓冲溶液，调节酸度计温度补偿旋钮，将两个电极都浸入缓冲溶液中，按下读数开关，调节定位旋钮使 pH 指针指在 pH 标准缓冲溶液的 pH 上，放开读数开关，指针回零，重复操作两次（一点定位法）。

(3) 测定　用无二氧化碳的蒸馏水冲洗电极，用滤纸吸干，再用待测样液冲洗电极，将两个电极插入待测样液中，按下读数开关，稳定 1min 后，酸度计指针所指的 pH 即为待测样液的 pH。放开读数开关，清洗电极。

4. 提示

(1) 配制缓冲溶液时，操作要细心，只有保证缓冲溶液精确配制，才能确保仪器的测量精度。配制 pH9.18 缓冲溶液时，一定要用煮沸过再冷却的蒸馏水来稀释，以除去水中的

CO_2。另外 pH9.18 缓冲溶液最好现配现用，久置后其 pH 会发生变化。

（2）复合电极端部严禁沾污，如电极沾污，可用清洁脱脂棉轻擦或稀盐酸清洗，在校正过程中，每次插入溶液前，电极都要清洗干净，并将电极上的水分用干净的滤纸吸干，以免造成已配制的缓冲溶液的浓度发生变化。

（3）复合电极使用后应置于 3mol/L 的 KCl 溶液中保存或干放，以保证电极性能良好，延长电极的使用寿命。

五、挥发酸的检测

食品中的挥发酸，主要是指乙酸和痕量的甲酸、丁酸等一些低碳链的直链脂肪酸，不包括可用水蒸气蒸馏的乳酸、琥珀酸、山梨酸以及 CO_2 和 SO_2 等。当生产中使用不合格的果蔬原料，或违反正常的工艺操作，如在装罐前将果蔬半成品放置过久，由于糖的发酵挥发酸增加，使食品的品质下降。因此挥发酸的含量是某些食品的一项质量控制指标。挥发酸的测定方法有直接法和间接法，直接法是通过水蒸气蒸馏或溶剂萃取把挥发酸分离出来，然后用碱标准溶液滴定；间接法是将挥发酸蒸发除去后，用碱标准溶液滴定不挥发酸，然后从总酸度中减去不挥发酸，即得挥发酸的含量。直接法操作方便，较常用，适用于挥发酸含量高的样品。若样品挥发酸含量较低，或蒸馏液有损失或被污染，宜用间接法测定。

1. 原理

样品经处理后加适量磷酸使结合态挥发酸游离出来，用水蒸气蒸馏分离出总挥发酸，经冷凝、收集后，以酚酞作指示剂，用氢氧化钠标准溶液滴定至微红色，30s 不褪色为终点，根据消耗氢氧化钠标准溶液的体积，计算样品中挥发酸的含量。

2. 仪器与试剂

① 水蒸气蒸馏装置。

② 电磁搅拌器。

③ 1%酚酞指示液。

④ 10%磷酸溶液：称取磷酸 10g，用少量无二氧化碳的蒸馏水溶解，并稀释到 100mL。

⑤ 0.1mol/L NaOH 标准溶液。

3. 样品处理

（1）一般果蔬及饮料　可直接取样。

（2）含 CO_2 的饮料、发酵酒类　需排除 CO_2。方法是取 80～100mL（g）样品于锥形瓶中，在用电磁搅拌器连续搅拌的同时，于低真空下抽气 2～4min，以除去 CO_2。

（3）固体样品（如干鲜果蔬及其制品）及冷冻、黏稠等制品　先取可食部分加入定量水（冷冻制品需先解冻），用高速组织捣碎机捣成浆状，再称取处理样品 10g，加无 CO_2 蒸馏水溶解并稀释至 25mL。

4. 测定

（1）样品蒸馏　取 25mL 经上述处理的样品移入蒸馏瓶中，加入 25mL 无 CO_2 蒸馏水和 1mL 100g/L H_3PO_4 溶液，如图 1-3 连接水蒸气蒸馏装置，加热蒸馏至馏出液约 300mL 为止。于相同条件下做空白试验。

（2）滴定　将馏出液加热至 60～65℃（不可超过），加入 3 滴酚酞指示剂，用 0.1mol/L NaOH 标准溶液滴定到溶液呈微红色 30s 不褪色即为终点。

5. 计算

$$挥发酸含量（以乙酸计）= \frac{(V_1 - V_2)\ c \times 0.06}{m} \times 100 \qquad (4\text{-}17)$$

式中　c——NaOH 标准溶液的浓度，mol/L；

　　V_1——滴定消耗 NaOH 标准溶液的体积，mL；

　　V_2——空白实验消耗 NaOH 标准溶液的体积，mL；

　　m——样品的质量，g；

　0.06——乙酸的毫摩尔质量，g/mmol。

6. 提示

蒸馏前，蒸汽发生瓶内的水必须预先煮沸 10min，以除去二氧化碳。

▶ 实训 4-4　乳粉酸度的检测（常规法）

【实训要点】

1. 检测乳粉酸度的方法。

2. 掌握滴定分析法的操作和正确判断滴定终点。

3. 通过对实验的分析，了解影响测定准确性的因素。

【仪器试剂】

① 分析天平：感量为 1mg。

② 滴定管：分刻度 0.1mL，可准确至 0.05mL。

③ 氢氧化钠标准溶液：0.1000mol/L。

④ 参比溶液：将 3g 七水硫酸钴（$CoSO_4 \cdot 7H_2O$）溶解于水中，并定容至 100mL。

⑤ 酚酞指示液：称取 0.5g 酚酞，溶于 75mL 体积分数为 95% 的乙醇中，并加入 20mL 水，然后滴加氢氧化钠溶液至微粉色，再加水定容至 100mL。

【工作过程】

> 思考 1：为什么要避免样品暴露在空气中？

1. 样品制备

将样品全部移入到约 2 倍于样品体积的洁净、干燥容器中（带密封盖），立即盖紧容器，反复旋转振荡，使样品彻底混合。在此操作过程中，应尽量避免样品暴露在空气中。

2. 样品测定

> 思考 2：为什么控制滴定时间？

（1）称取 4g 样品（精确到 0.01g）于锥形瓶中。

（2）用量筒量取 96mL 约 20℃的水，使样品复原，搅拌，然后静置 20min。

（3）向其中的一只锥形瓶中加入 2.0mL 参比溶液，轻轻转动使之混合，得到标准颜色。

（4）向第二只锥形瓶中加入 2.0mL 酚酞指示液，轻轻转动，使之混合。用滴定管向第二只锥形瓶中滴加氢氧化钠溶液，边滴加边转动烧瓶，直到颜色与标准溶液的颜色相似，且 5s 内不消退，整个滴定过程应在 45s 内完成。记录所用氢氧化钠溶液的体积，精确至 0.05mL。

【图示过程】

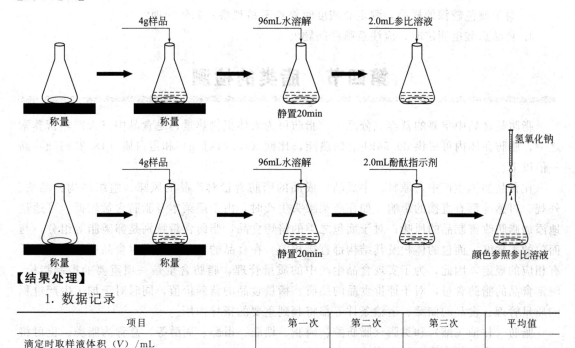

【结果处理】

1. 数据记录

项目	第一次	第二次	第三次	平均值
滴定时取样液体积（V）/mL				
滴定样品消耗标准 NaOH 溶液体积（V_1）/mL				

2. 计算公式

$$X_1 = \frac{c_1 V_1 \times 12}{m_1(1-w) \times 0.1} \tag{4-18}$$

式中　X_1——试样的酸度，°T；

$\quad\quad c_1$——氢氧化钠标准溶液的浓度，mol/L；

$\quad\quad V_1$——滴定时所用氢氧化钠溶液的体积，mL；

$\quad\quad m_1$——称取样品的质量，g；

$\quad\quad w$——试样中水分的质量分数，g/100g；

$\quad\quad 12$——12g 乳粉相当 100mL 复原乳（脱脂乳粉应为 9，脱脂乳清粉应为 7）；

$\quad\quad 0.1$——酸度理论定义氢氧化钠的浓度，mol/L。

3. 数据处理

以重复性条件下获得的两次独立测定结果的算术平均值表示，结果保留三位有效数字。

【友情提示】

1. 参比溶液可用于整个测定过程，但时间不得超过 2h。

2. 若以乳酸含量表示样品的酸度，那么样品的乳酸含量（g/100g）＝$T \times 0.009$。T 为样品的滴定酸度（0.009 为乳酸的换算系数，即 1mL 0.1mol/L 的氢氧化钠标准溶液相当于 0.009g 乳酸）。

3. 食品中的酸为多种有机弱酸的混合物，用强碱滴定测其含量时，滴定突跃不明显其滴定终点偏碱，一般在 pH8.2 左右，故可选用酚酞作终点指示剂。

【思考题】

1. 标准溶液滴定食品总酸，为何要用酚酞作指示剂？

2. 实验结果若以 mol/L 表示食品总酸浓度，应如何计算？

3. 对于颜色较深的样品，测定总酸度时终点不易观察，如何处理？

4. 食品总酸度测定时，应注意哪些问题？

第四节　脂类的检测

脂肪是食品中重要的营养成分之一。脂肪可为人体提供热量，是食品中三大产热营养素之一，脂肪在体内可提供 39.54kJ/g 的热能，比糖（18.41kJ/g）和蛋白质（18.20kJ/g）高一倍以上。

在食品加工生产中，原料、半成品、成品的脂肪含量对产品的风味、组织结构、品质、外观、口感等都有直接的影响。如在蔬菜罐头生产时，由于蔬菜本身脂肪含量较低，可适量地添加脂肪改善制品的风味；对于面包之类的焙烤食品，脂肪含量特别是卵磷脂等组分，与面包的柔软度、面包的体积及其结构都直接相关。在食品的加工生产中对食品中的脂肪含量有相应的规定，因此，为了实现食品生产中的质量管理，脂肪含量是一项重要的控制指标。测定食品的脂肪含量，对于评价食品的品质、衡量食品的营养价值，同时对于加工生产过程的质量管理、食品的储藏、运输条件等都将起到重要的指导作用。

脂肪（甘油三酯）和类脂（脂肪酸、磷脂、糖脂、甾醇、固醇等）总称为脂类。也可将脂类分为单脂、复合脂和衍生脂。

单脂是由脂肪酸与醇结合而成的酯，如脂肪、蜡。脂肪是脂肪酸与甘油结合而成的酯——甘油三酯。蜡是脂肪酸与高级醇结合而成的酯，如三十烷基棕榈酸酯、十六烷基棕榈酸酯、维生素 A 酯、维生素 D 酯。

复合脂中除脂肪酸与醇结合形成的酯外，同时还含有其他基团，如磷脂、胺磷脂、脑苷脂类、鞘脂类。磷脂、胺磷脂含有脂肪酸甘油酯、磷酸和含氮的基团。例如卵磷脂、磷脂酰丝氨酸、磷脂乙酰胺、磷脂酰肌醇。脑苷脂类含有脂肪酸、碳水化合物和部分含氮化合物。例如半乳糖脑苷脂类和葡萄糖脑苷脂类。鞘脂类含有脂肪酸、部分氮和磷酰基的化合物，例如鞘磷脂。

衍生脂是由中性脂类或合成脂类衍生而来的物质，这些物质具有脂类的一般特性。例如脂肪酸、长链醇、甾醇、脂溶性维生素和碳水化合物。

脂类不溶于水，易溶于有机溶剂。测定脂类大多采用有机溶剂萃取法。

检测脂肪含量的方法有多种，食品的种类不同，则检测方法有所不同。常用一般食品检测脂肪的方法有：索氏提取法、酸水解法、三氯甲烷（氯仿）-甲醇提取法、罗兹-哥特里法、巴布科克法、皂化法、折光仪法。还有低分辨率 NMR 法、X 射线吸收法、介电常数测定法、红外光谱分析法、超声波法、比色分析法、密度测定法等。以下分别介绍索氏提取法、酸水解法、三氯甲烷-甲醇提取法、罗兹-哥特里法、巴布科克法。

一、索氏提取法

1. 原理

试样用无水乙醚或石油醚等溶剂提取后，蒸去溶剂所得的物质即为粗脂肪。因为除了甘油三酯外，还有固醇、有机酸和色素等物质。提取法所测得的脂肪为游离脂肪。

2. 仪器与试剂

① 索氏提取器。

② 电热恒温水浴。

③ 电热恒温鼓风干燥箱。

④ 无水乙醚或石油醚（分析纯）。

⑤ 海砂：直径 0.65～0.85mm，二氧化硅含量不低于 99％。

3. 样品处理

（1）固体样品　取有代表性样品至少 200g，用研钵捣碎、研细、混合均匀，置于密闭玻璃容器内。对于不易捣碎、研细的样品剪碎，置于密闭玻璃容器内。

（2）粉状样品　取有代表性样品至少 200g（如粉粒较大，用研钵捣碎、研细、混合均匀），置于密闭玻璃容器内。

（3）糊状样品　取有代表性样品至少 200g，置于密闭玻璃容器内。

（4）固、液体样品　按固、液体比例，取有代表性样品至少 200g，用组织粉碎机粉碎，混合均匀，置于密闭玻璃容器内。

（5）去除不可食部分　取具有代表性样品 200g，用绞肉机至少绞两次，混合均匀，置于密闭玻璃容器内。

4. 索氏提取器的清洗

将索氏提取器各部位充分洗涤并用蒸馏水润洗后烘干。脂肪烧瓶在 103℃±2℃ 的烘箱内干燥至恒重（前后两次称量差不超过 0.002g）。

5. 称样、干燥

（1）用洁净的称量皿称取样品 5g，精确至 0.001g。

（2）含水量在 40％ 以上的样品，加入适量海砂，置沸水浴上蒸发水分，用小玻棒不断搅拌。含水量在 40％ 以下的样品，加入适量海砂搅拌均匀即可。

（3）将上述加有海砂的样品全部转入滤纸筒内，用蘸有乙醚的脱脂棉擦净所用器皿，并将棉花也放入滤纸筒内。

（4）将盛有试样的滤纸筒放到烘箱中，在温度 103℃±2℃ 下，烘干 2h。西式糕点在 90℃±2℃ 下烘干 2h。

6. 提取

将装有试样的滤纸筒置于索氏提取器的抽提管中，提取管与干燥至恒重的脂肪接收瓶连接，并接在冷凝管上，由冷凝管上端加入无水乙醚或石油醚到接收瓶容积的 2/3 处，通冷凝水。在 50～80℃（夏天约控制在 65℃，冬天控制在 80℃）的恒温水浴上加热（控制每 6～8min 循环一次）。使乙醚或石油醚不断回流，抽提样品中的脂肪，一般抽提 6～8h，抽提完毕（可用滴在滤纸上乙醚或石油醚挥发后无油迹来观察）。

7. 回收溶剂烘干称重

取出滤纸筒，用抽提器回收乙醚或石油醚，当乙醚在提取管内即将虹吸时，立即取下提取管，将其下口放到盛乙醚的试剂瓶口中，使之倾斜，使液面超过虹吸管，乙醚即经虹吸管流入瓶内。按同法继续回收乙醚，待接收瓶内剩乙醚 1～2mL 时，取下接收瓶，在水浴上蒸干乙醚，置于 103℃±2℃ 烘箱中烘到恒重。继续干燥 30min 后冷却称量，反复干燥至恒重（前后两次称量差不超过 0.002g）。

8. 计算

样品中粗脂肪质量分数由下式计算。

$$w = \frac{m_2 - m_1}{m} \times 100\% \qquad (4\text{-}19)$$

式中　w——样品中粗脂肪的质量分数，%；

　　　m——样品的质量，g；

　　　m_1——脂肪烧瓶的质量，g；

　　　m_2——脂肪和脂肪烧瓶的质量，g。

9. 提示

（1）水分含量高的样品（为鱼类样品）必须脱水。因水分含量高，乙醚难以渗入组织中，抽提时间延长，抽提后水分含量高则烘干时间增长，脂肪易氧化。

（2）乙醚约可饱和 2% 的水分，含水的乙醚将会同时抽提出糖分等非脂类成分，所以使用的乙醚必须是无水乙醚。

（3）抽提用的乙醚或石油醚不得含有过氧化物。过氧化物会导致脂肪氧化，烘干时也易引起爆炸。

（4）滤纸筒的高度应低于抽提管的虹吸管高度。

（5）在挥发乙醚时，切忌用明火加热，应该用电热套、电水浴等，烘前应驱干全部残余的乙醚，因乙醚稍有残留，放入烘箱内，有发生爆炸的危险。

二、酸水解法

某些食品，其所含脂肪结合或包藏于组织内部，如面粉及其焙烤制品，由于乙醚不能充分渗入样品颗粒内部，或由于脂类与蛋白质或碳水化合物形成结合脂，用索氏抽提法不能将其中的脂类完全提取出来，这时用酸水解法效果就比较好。即在强酸、加热的条件下，使蛋白质和碳水化合物水解，使脂类游离出来，然后再用有机溶剂提取。

1. 原理

试样经酸水解后，用乙醚提取，除去溶剂即得总脂肪含量。酸水解法测得游离及结合脂肪的总量。

2. 仪器与试剂

① 100mL 具塞刻度量筒。

② 盐酸。

③ 乙醇（体积分数 95%）。

④ 乙醚（无过氧化物）。

⑤ 石油醚（30～60℃）。

3. 样品处理

（1）固体样品　精确称取约 2.0g 样品于 50mL 大试管中，加 8mL 水，混匀后再加 10mL 盐酸。

（2）液体样品　精确称取 10.0g 样品于 50mL 大试管中，加入 10mL 盐酸。

4. 水解

将试管放入 70～80℃ 水浴中，每隔 5～10min 搅拌一次，至脂肪游离完全为止，需 40～50min。

5. 提取

取出试管加入 10mL 乙醇，混合，冷却后将混合物移入 100mL 具塞量筒中。用 25mL

乙醚分次洗涤试管，一并倒入具塞量筒中，加塞振摇 1min，小心开塞放出气体，再塞好，静置 12～15min。小心开塞，用乙醚-石油醚等量混合液冲洗塞及筒口附着的脂肪。静置 10～20min，待上部液体清晰，吸出上清液于已恒重的锥形瓶内，再加 5mL 乙醚于具塞量筒内，振摇，静置后，仍将上层乙醚吸出，放入原锥形瓶内。

6. 回收溶剂、烘干、称重

将锥形瓶于水浴上蒸干后，置于 100℃±5℃烘箱中干燥 2h，取出放入干燥器内冷却 30min 后称重，反复以上操作直至恒重。

7. 计算

见式（4-19）。

8. 提示

（1）固体样品必须充分磨细，液体样品必须充分混匀，以便充分水解。

（2）水解时应防止水分大量损失，使酸浓度升高。

（3）水解后加入乙醇可使蛋白质沉淀，降低表面张力，促进脂肪球聚合，还可以使碳水化合物、有机酸等溶解。后面用乙醚提取脂肪时，由于乙醇可溶于乙醚，所以需要加入石油醚，以降低乙醇在乙醚中的溶解度，使乙醇溶解物残留在水层，使分层清晰。

（4）挥发干溶剂后，残留物中如有黑色焦油状杂质，是分解物与水混入所致，将使测定值增大，造成误差，可用等量乙醚及石油醚溶解后过滤，再次进行挥发干溶剂的操作。

（5）在重复性条件下获得的两次独立测定结果的绝对差值不得超过算术平均值的 10%。

三、三氯甲烷-甲醇提取法

三氯甲烷-甲醇提取法简称 CM 法。对于干燥试样，可在试样中加入一定量的水，使组织膨润后再提取。

1. 原理

将试样分散于三氯甲烷-甲醇混合液中，在水温中微沸，所有脂类都留存于三氯甲烷溶剂中，而全部非脂成分存在于甲醇溶剂中。经过滤除去非脂成分，回收溶剂，残留的脂类用石油醚提取，蒸馏除去石油醚后定量分析。

2. 仪器

① 提取装置。

② 具塞离心管。

③ 离心机：3000r/min。

④ 布氏漏斗：11G-3，过滤板直径 40mm，容量 60～100mL。

⑤ 具塞锥形瓶：200mL。

⑥ 恒温水浴锅。

3. 试剂

① 三氯甲烷-甲醇混合液：将三氯甲烷（97%以上）与甲醇（96%以上）按 2∶1 混合。

② 石油醚。

③ 无水硫酸钠：优级纯，在 120～135℃下干燥 1～2h，保存于聚乙烯瓶中。

4. 操作方法

准确称取样品约 5g 置于具塞瓶内（高水分食品可加适量硅藻土使其分散），加入三氯甲烷-甲醇混合液 60mL（若是干燥食品可加入 2~3mL 水）。连接提取装置于 65℃ 水浴锅中加热，从微沸开始计时提取 1h。取下锥形瓶用玻璃过滤器过滤，用另一具塞锥形瓶收集溶液。用三氯甲烷-甲醇混合液洗涤烧瓶、滤器及滤器中的试样残渣，洗涤液并入滤液中，把烧瓶置于 65~70℃ 水浴锅中蒸发回收溶剂，至烧瓶内物料呈浓稠态（不能使其干涸），冷却后加入 25mL 石油醚溶解内容物，再加入无水硫酸钠 15g，立即加塞振荡 1min，将醚层移入具塞离心管中离心 5min，用移液管迅速吸取离心管中澄清的醚层 10mL，移至已恒重的称量瓶内，蒸发去除石油醚后，于 100~105℃ 烘箱中烘到恒重，用分析天平称量。

5. 计算

$$w = \frac{(m_2 - m_1) \times 2.5}{m} \times 100\% \tag{4-20}$$

式中　w——脂类质量分数，%；

m_2——称量瓶和脂类的质量，g；

m_1——称量瓶的质量，g；

m——样品的质量，g；

2.5——从 25mL 石油醚中取 10mL 进行干燥，故乘以系数 2.5。

6. 提示

（1）高水分食品可在具塞锥形瓶内加入适量的硅藻土使其分散；干燥食品需加一定量的水，使组织膨胀。

（2）提取结束后，用玻璃过滤器过滤，用溶剂洗涤烧瓶，每次 5mL，洗三次，然后用 30mL 溶剂洗涤试样残渣。

（3）回收溶剂时，残留物需含有适量的水，不能干涸，否则脂类难以溶解石油醚，使测定结果偏低。

（4）无水硫酸钠必须在石油醚之后加入，以免影响石油醚对脂肪的溶解。

四、乳及乳制品脂肪的检测（罗兹-哥特里法）

适用于巴氏杀菌乳、灭菌乳、生乳、发酵乳、调制乳、乳粉、炼乳、奶油、稀奶油、干酪和婴幼儿配方食品中脂肪的测定。

1. 原理

用乙醚和石油醚抽提样品的碱水解液，通过蒸馏或蒸发去除溶剂，测定溶于溶剂中的抽提物的质量。

2. 试剂

① 淀粉酶：酶活力≥1.5U/mg。

② 氨水（NH_4OH）：质量分数约 25%（可使用比此浓度更高的氨水）。

③ 乙醇（C_2H_5OH）：体积分数至少为 95%。

④ 乙醚（$C_4H_{10}O$）：不含过氧化物，不含抗氧化剂，并满足试验的要求。

⑤ 石油醚（$C_nH_{2n+2}O$）：沸程 30~60℃。

⑥ 混合溶剂：等体积混合乙醚和石油醚，使用前制备。

⑦ 碘溶液（I_2）：约 0.1mol/L。

⑧ 刚果红溶液（$C_{32}H_{22}N_6Na_2O_6S_2$）：将 1g 刚果红溶于水中，稀释至 100mL。

注：可选择性地使用。刚果红溶液可使溶剂和水相界面清晰，也可使用其他能使水相染

色而不影响测定结果的溶液。

⑨ 盐酸（6mol/L）：量取 50mL 盐酸（12mol/L），缓慢倒入 40mL 水中，定容至 100mL，混匀。

3. 仪器

① 分析天平：感量为 0.1mg。

② 离心机：可用于放置抽脂瓶或管，转速为 500～600r/min，可在抽脂瓶外端产生 80～90g 的重力场。

③ 烘箱。

④ 水浴锅。

⑤ 抽脂瓶：抽脂瓶应带有软木塞或其他不影响溶剂使用的瓶塞（如硅胶或聚四氟乙烯）。软木塞应先浸于乙醚中，后放入 60℃ 或 60℃ 以上的水中保持至少 15min，冷却后使用。不用时需浸泡在水中，浸泡用水每天更换一次。

4. 准备

（1）用于收集脂肪的容器（脂肪收集瓶）的准备　于干燥的脂肪收集瓶中加入几粒沸石，放入烘箱中干燥 1h。使脂肪收集瓶冷却至室温，称量，精确至 0.1mg。（脂肪收集瓶可根据实际需要自行选择。）

（2）空白试验与样品检测同时进行，使用相同步骤和相同试剂，但用 10mL 水代替试样。

5. 测定

（1）巴氏杀菌乳、灭菌乳、生乳、发酵乳、调制乳　称取充分混匀的试样 10g（精确至 0.0001g）于抽脂瓶中。

① 加入 2.0mL 氨水，充分混合后立即将抽脂瓶放入 65℃±5℃ 的水浴中，加热 15～20min，不时取出振荡。取出后，冷却至室温。静置 30s 后可进行下一步骤。

② 加入 10mL 乙醇，缓和但彻底地进行混合，避免液体太接近瓶颈。如果需要，可加入两滴刚果红溶液。

③ 加入 25mL 乙醚，塞上瓶塞，将抽脂瓶保持在水平位置，小球的延伸部分朝上夹到摇混器上，按约 100 次/min 振荡 1min，也可采用手动振摇方式。但均应注意避免形成持久乳化液。抽脂瓶冷却后小心地打开塞子，用少量的混合溶剂冲洗塞子和瓶颈，使冲洗液流入抽脂瓶。

④ 加入 25mL 石油醚，塞上重新润湿的塞子，按③所述，轻轻振荡 30s。

⑤ 将加塞的抽脂瓶放入离心机中，在 500～600r/min 下离心 5min。否则将抽脂瓶静置至少 30min，直到上层液澄清，并明显与水相分离。

⑥ 小心地打开瓶塞，用少量的混合溶剂冲洗塞子和瓶颈内壁，使冲洗液流入抽脂瓶。如果两相界面低于小球与瓶身相接处，则沿瓶壁边缘慢慢地加入水，使液面高于小球和瓶身相接处（见实训 4-6 中图示过程），以便于倾倒。

⑦ 将上层液尽可能地倒入已准备好的加入沸石的脂肪收集瓶中，避免倒出水层。

⑧ 用少量混合溶剂冲洗瓶颈外部，冲洗液收集在脂肪收集瓶中。要防止溶剂溅到抽脂瓶的外面。

⑨ 向抽脂瓶中加入 5mL 乙醇，用乙醇冲洗瓶颈内壁，按②所述进行混合。重复③～⑧操作，再进行第二次抽提，但只用 15mL 乙醚和 15mL 石油醚。

⑩ 重复②~⑧操作，再进行第三次抽提，但只用 15mL 乙醚和 15mL 石油醚。

注：如果产品中脂肪的质量分数低于 5%，可只进行两次抽提。

⑪ 合并所有提取液，既可采用蒸馏的方法除去脂肪收集瓶中的溶剂，也可于沸水浴上蒸发至干来除掉溶剂。蒸馏前用少量混合溶剂冲洗瓶颈内部。

⑫ 将脂肪收集瓶放入 102℃±2℃ 的烘箱中加热 1h，取出脂肪收集瓶，冷却至室温，称量，精确至 0.1mg。

⑬ 重复⑫操作，直到脂肪收集瓶两次连续称量差值不超过 0.5mg，记录脂肪收集瓶和抽提物的最低质量。

⑭ 为验证抽提物是否全部溶解，向脂肪收集瓶中加入 25mL 石油醚，微热，振摇，直到脂肪全部溶解。如果抽提物全部溶于石油醚中，则含抽提物的脂肪收集瓶的最终质量和最初质量之差，即为脂肪含量。

⑮ 若抽提物未全部溶于石油醚中，或怀疑抽提物是否全部为脂肪，则用热的石油醚洗提。小心地倒出石油醚，不要倒出任何不溶物，重复此操作 3 次以上，再用石油醚冲洗脂肪收集瓶口的内部。最后，用混合溶剂冲洗脂肪收集瓶口的外部，避免溶液溅到瓶的外壁。将脂肪收集瓶放入 102℃±2℃ 的烘箱中，加热 1h，按⑫和⑬所述操作。

⑯ 取⑬中测得的质量和⑮测得的质量之差作为脂肪的质量。

(2) 乳粉和乳基婴幼儿食品　称取混匀后的试样，高脂乳粉、全脂乳粉、全脂加糖乳粉和乳基婴幼儿食品约 1g（精确至 0.0001g），脱脂乳粉、乳清粉、酪乳粉约 1.5g（精确至 0.0001g）。

① 不含淀粉样品：加入 10mL 65℃±5℃ 的水，将试样洗入抽脂瓶的小球中，充分混合，直到试样完全分散，放入流动水中冷却。

② 含淀粉样品：将试样放入抽脂瓶中，加入约 0.1g 的淀粉酶和一小磁性搅拌棒，混合均匀后，加入 8~10mL 45℃ 的蒸馏水，注意液面不要太高。盖上瓶塞于搅拌状态下，置 65℃ 水浴中 2h，每隔 10min 混摇一次。为检验淀粉是否水解完全，可加入两滴约 0.1mol/L 的碘溶液，如无蓝色出现说明水解完全，否则将抽脂瓶重新置于水浴中，直至无蓝色产生。冷却抽脂瓶。

以下操作同①~⑯。

(3) 炼乳　脱脂炼乳、全脂炼乳和部分脱脂炼乳称取为 3~5g、高脂炼乳称取约 1.5g（精确至 0.0001g），用 10mL 蒸馏水，分次洗入抽脂瓶小球中，充分混合均匀。

以下操作同 (1)。

(4) 奶油、稀奶油　先将奶油试样放入温水浴中溶解并混合均匀后，称取试样约 0.5g 样品（精确至 0.0001g），稀奶油称取 1g 于抽脂瓶中，加入 8~10mL 45℃ 的蒸馏水。加 2mL 氨水充分混匀。以下操作同 (1)。

(5) 干酪

称取约 2g 研碎的试样（精确至 0.0001g）于抽脂瓶中，加 10mL 盐酸，混匀，加塞，于沸水中加热 20~30min。以下操作同 (1)。

6. 分析结果

样品中脂肪含量按下式计算：

$$X = \frac{(m_1 - m_2) - (m_3 - m_4)}{m} \times 100 \tag{4-21}$$

式中　X——样品中脂肪含量，g/100g；

　　m——样品的质量，g；

　　m_1——步骤（1）⑬中测得的脂肪收集瓶和抽提物的质量，g；

　　m_2——脂肪收集瓶的质量或在有不溶物存在下，步骤（1）⑯中测得的脂肪收集瓶和不溶物的质量，g；

　　m_3——空白试验中脂肪收集瓶和步骤（1）⑭中测得的抽提物的质量，g；

　　m_4——空白试验中脂肪收集瓶的质量或在有不溶物存在时，步骤（1）⑯中测得的脂肪收集瓶和不溶物的质量，g。

7. 数据处理

以重复性条件下获得的两次独立测定结果的算术平均值表示，结果保留三位有效数字。

在重复性条件下获得的两次独立测定结果之差应符合：脂肪含量≥15%，≤0.3g/100g；脂肪含量5%～15%，≤0.2g/100g；脂肪含量≤5%，≤0.1g/100g。

8. 提示

（1）空白试验检测试剂：要进行空白试验，以消除环境及温度对检测结果的影响。进行空白试验时在脂肪收集瓶中放入1g新鲜的无水奶油。必要时，于每100mL溶剂中加入1g无水奶油后重新蒸馏，重新蒸馏后必须尽快使用。

（2）空白试验与样品检测同时进行：对于存在非挥发性物质的试剂，可用与样品检测同时进行的空白试验值进行校正。抽脂瓶与天平室之间的温差可对抽提物的质量产生影响。在理想的条件下（试剂空白值低，天平室温度相同，脂肪收集瓶充分冷却），该值通常小于0.5mg。在常规测定中，可忽略不计。

如果全部试剂空白残余物大于0.5mg，则分别蒸馏100mL乙醚和石油醚，测定溶剂残余物的含量。用空的抽脂瓶测得的量和每种溶剂的残余物的含量都不应超过0.5mg。否则应更换不合格的试剂或对试剂进行提纯。

（3）乙醚中过氧化物的检测：取一只玻璃小量筒，用乙醚冲洗，然后加入10mL乙醚，再加入1mL新制备的100g/L的碘化钾溶剂，振荡，静置1min，两相中均不得有黄色。也可使用其他适当的方法检测过氧化物。在不加抗氧化剂的情况下，为长久保证乙醚中无过氧化物，使用前三天按下法处理：将锌箔削成长条，长度至少为乙醚瓶的一半，每升乙醚用80cm²锌箔。使用前，将锌片完全浸入每升中含有10g五水硫酸铜和2mL质量分数为98%的硫酸中1min，用水轻轻彻底地冲洗锌片，将湿的镀铜锌片放入乙醚瓶中即可。也可以使用其他方法，但不得影响检测结果。

五、乳及乳制品脂肪的检测（巴布科克法）

适用于巴氏杀菌乳、灭菌乳、生乳中脂肪的测定。

1. 原理

在乳中加入硫酸破坏乳胶质性和覆盖在脂肪球上的蛋白质外膜，离心分离脂肪后测量其体积。

2. 试剂和仪器

① 硫酸（H_2SO_4）：分析纯，密度为1.84g/mL。

② 异戊醇（$C_5H_{12}O$）：分析纯。

③ 乳脂离心机。

④ 巴布科克乳脂瓶。

⑤ 牛乳吸管。

3. 分析步骤

（1）用牛乳吸管吸取均匀的牛乳 17.6mL，注入巴布科克氏乳脂瓶中（注意吸管应提起，不能塞住乳脂瓶口）。

（2）量取硫酸 17.5mL，沿瓶颈缓慢流入瓶内，手持瓶颈回旋摇动 2～3min，使硫酸与牛乳充分混合，至溶液呈均匀棕黑色，不可有块粒存在。

（3）将乳脂瓶放入离心机中，以 1000r/min 的转速离心 5min。

（4）取出，加入 80℃ 的热水，使瓶内液体至瓶颈基部，再离心 2min 取出，继续加入80℃热水至液面接近 2～5 刻度处，再离心 1min。

（5）取出，置于 55～60℃ 水浴中 5min（水浴的水面必须高于乳脂瓶中的脂肪层），取出后立即读取脂肪层最高点与最低点的刻度，二者之差即为样品含脂肪的体积。

4. 实验结果计算

样品名称	编号	上刻度	下刻度	结果/%	平均值

5. 提示

（1）每组按编号取两个乳脂瓶进行测定。放入离心机时，必须对称放置。

（2）硫酸的浓度和用量必须严格按照规定，沿瓶壁慢慢加入，回旋摇动，使之与样品充分混合，否则易使脂肪层产生黑色块粒。

（3）平行试验误差不应过大，若脂肪层有黑色块，不能用平均值表示结果。

六、其他方法简介

脂肪测定除了以上介绍的方法外，还有皂化法、三氯甲烷冷浸法、伊尼霍夫碱法等化学方法，物理方法有阿贝折光仪法、牛乳脂肪快速测定仪器法和红外光谱分析法，下面分别简单介绍其检测原理。

1. 皂化法

脂肪在 KOH 乙醇溶液中被皂化为钾肥皂（钾肥皂比钠肥皂更易溶解于水，故用 KOH，不用 NaOH）。钾肥皂再被 HCl 酸化为脂肪酸，剩余的 KOH 被中和。

游离脂肪酸再用石油醚萃取。吸取一定量的萃取液蒸去石油醚后，以中性乙醇溶解脂肪酸，用 KOH 标准溶液进行滴定。根据 KOH 溶液的消耗量，及加石油醚萃取时，溶解于酒精层未被萃取出的残留脂肪酸的系数（称为 Colffon 系数），即可算出脂肪含量。

2. 三氯甲烷冷浸法

将样品用三氯甲烷在常温下浸提，将浸出物称重，计算脂肪含量。本法适用于蛋与蛋制品中脂肪的测定。

3. 伊尼霍夫碱法

在碱性溶液中，牛乳中的酪蛋白钙盐转变为可溶性钠盐，再以醇混合液使脂肪球游离，测出其容积，即表示脂肪含量。本法适用于鲜乳脂肪的测定。用盖勃乳脂瓶进行操作。

4. 阿贝折光仪法

选择在室温下容易溶解脂肪并具有较高沸点和高折射率的溶剂，溶解脂肪后的混合液，其折射率要比溶剂的折射率低，其降低值与所溶解的脂肪含量成正比，从而可计算出脂肪含量。

5. 牛乳脂肪快速测定仪器法

此法是用螯合剂破坏牛乳中悬浮的酪蛋白胶束，使悬浮物中只有脂肪球，用均质机将脂肪球打碎，并调整均匀（2μm 以下），再经稀释达到应用朗伯-比耳定律测定的浓度范围，因而可以和通常的光吸收分析一样测定脂肪的浓度。这种仪器带有配套的稀释剂。如丹麦的MTM 型乳脂快速测定仪，测定范围为 0%～13%，测定速度快，每小时可检测 80～100 个样品。

6. 牛乳红外光谱分析法

此法可以同时检测出牛乳中的脂肪、蛋白质、乳糖和水分的含量。方法是将牛乳样品加热到 40℃，由均质泵吸入，在样品池中恒温均化，使牛乳中的各成分均匀一致。由于脂肪、蛋白质、乳糖和水分在红外光谱区域中各自有独特的吸收波长，因此，当红外线光束通过不同的滤光片和样品溶液时被选择性地吸收，通过电子转换及参比值和样品值的对比，直接显示出牛乳中的脂肪、蛋白质、乳糖和水分的百分含量，还可通过电脑显示并打印出检测结果。

七、几种方法的比较

索氏提取法是测定脂肪的经典方法，是测定多种食品中脂类含量的有代表性的方法，但结果往往偏低，适用于脂类含量较高，且主要含游离态脂类，而结合态脂类含量较少的食品。

酸水解法对于一些容易吸潮、结块、难以烘干的食品，效果较好。其适用于各类食品中总脂肪含量的测定，但对含磷脂较多的一类食品，如鱼类、贝类、蛋及其制品以及含糖量较高的食品不适用。酸水解法测定的是食品中的总脂肪，包括游离态脂肪和结合态脂肪。

三氯甲烷-甲醇提取法适用于提取结合态脂类，特别是磷脂含量高的样品，如鱼、贝类、肉、禽、蛋及其制品，大豆及其制品（除发酵大豆制品外）等。对于水分含量高的样品，效果更佳。

牛乳红外光谱法最值得向现代企业推荐，可以同时测定出牛乳中的脂肪、蛋白质、乳糖和水分的百分含量。

仪器检测法简便、快速、重现性好，但仅适用于特定样品。仪器检测法一般要求制作仪器检测信号与样品脂肪量（由标准溶剂萃取法获得）的相关标准曲线。

↘ 实训 4-5　肉制品中粗脂肪的检测

【实训要点】

1. 学习索氏提取法检测脂肪的方法。

2. 掌握索氏提取法基本操作要点及影响因素。

【仪器试剂】

1. 仪器

① 索氏提取器。

② 电热恒温鼓风干燥箱。

③ 称量皿：铝质或玻璃质，直径 60～65mm，高 25～30mm。

④ 分析天平：感量为 0.1mg。

⑤ 干燥器：内附有效干燥剂。

⑥ 绞肉机：篦孔径不超过 4mm。

⑦ 恒温水浴箱。

⑧ 滤纸筒。

2. 试剂

① 无水乙醚（不含过氧化物）。

② 石油醚（沸程 30～60℃）。

③ 海砂：直径 0.65～0.85mm，二氧化硅含量不低于 99％。

【工作过程】

1. 器皿恒重

将索氏提取器各部位充分洗涤并用蒸馏水润洗后烘干。脂肪烧瓶在 （103±2）℃ 的烘箱内干燥至恒重（前后两次称量差不超过 0.002g）。

2. 样品处理

> 思考 1：为什么要控制提取温度？

取去除不可食部分、具有代表性的样品 200g，用绞肉机至少绞两次，混合均匀，置于密闭玻璃容器内。称取试样 5g（精确至 0.001g），适量加海砂，充分拌匀。

3. 样品提取

> 思考 2：为什么要控制提取后干燥的时间？

（1）将干燥后盛有试样的滤纸筒，放入索氏提取器的抽提筒内，连接已干燥至恒重的脂肪烧瓶，由抽提器冷凝管上端加入乙醚或石油醚至瓶内容积的 2/3 处。通入冷凝水，将烧瓶浸在水浴中加热，用一小团脱脂棉轻轻塞入冷凝管上口。

（2）抽提温度的控制　水浴温度应控制在使提取液每 6～8min 回流一次为宜。

（3）抽提时间的控制

抽提时间视试样中粗脂肪含量而定，一般样品提取 6～12h。提取结束时，用毛玻璃板接取一滴提取液，如无油斑则表明提取完毕。

4. 回收溶剂

提取完毕，取下脂肪烧瓶，回收乙醚或石油醚。待烧瓶内乙醚仅剩下 1～2mL 时，在水浴上蒸尽残留的溶剂，于 103℃±2℃ 下干燥 1h，置于干燥器中冷却至室温后称量。继续干燥 30min 后冷却称量，反复干燥至恒重（前后两次称量差不超过 0.002g）。

【图示过程】

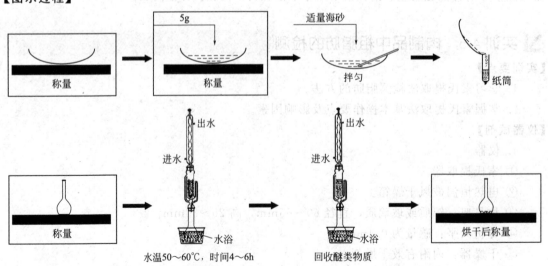

【结果计算】

1. 数据记录

样品的质量（m）/g	脂肪烧瓶的质量（m_1）/g	脂肪和脂肪烧瓶的质量（m_2）/g			
		第一次	第二次	第三次	恒重值

2. 计算公式

样品中粗脂肪质量分数由下式计算：

$$w = \frac{m_2 - m_1}{m} \times 100\% \tag{4-22}$$

式中　w——样品中粗脂肪的质量分数，%；

m——样品的质量，g；

m_1——脂肪烧瓶的质量，g；

m_2——脂肪和脂肪烧瓶的质量，g。

【友情提示】

1. 抽提剂乙醚是易燃、易爆物质，应注意通风且不能有火源。

2. 样品的高度不能超过虹吸管，否则上部脂肪不能提净而造成误差。

3. 样品和醚浸出物在烘箱中干燥时，时间不能过长，以防止极不饱和的脂肪酸受热氧化而增加质量。

4. 脂肪烧瓶在烘箱中干燥时，瓶口侧放，以利于空气流通。放入时先不要关上烘箱门，于90℃以下鼓风干燥10～20min，驱尽残余溶剂后再将烘箱门关紧，升至所需温度。

5. 乙醚若放置时间过长，会产生过氧化物。过氧化物不稳定，当蒸馏或干燥时会发生爆炸，故使用前应严格检查，并除去过氧化物。

（1）检查方法　取5mL乙醚于试管中，加KI（100g/L）溶液1mL，充分振动1min。静置分层。若有过氧化物则放出游离碘，水层呈黄色（或加4滴5g/L淀粉指示剂显蓝色），则该乙醚需处理后使用。

（2）去除过氧化物的方法　将乙醚倒入蒸馏瓶中加一段无锈铁丝或铝丝，收集重蒸馏乙醚。

6. 反复加热可能会因脂类氧化而增重，质量增加时，以增重前的质量为恒重。

【思考题】

1. 潮湿的样品是否可采用乙醚直接提取？

2. 使用乙醚作为提取剂时，应注意什么问题？

▼ 实训4-6　乳粉中脂肪含量的检测

【实训要点】

1. 学习乳及乳制品中检测脂肪的方法。

2. 掌握乳及乳制品检测基本操作要点及影响因素。

【仪器试剂】

1. 仪器

① 分析天平：感量为 0.1mg。

② 离心机：可用于放置抽脂瓶或管，转速为 $500\sim600r/min$，可在抽脂瓶外端产生 $80\sim90g$ 的重力场。

③ 烘箱。

④ 水浴锅。

⑤ 抽脂瓶：抽脂瓶应带有软木塞或其他不影响溶剂使用的瓶塞（如硅胶或聚四氟乙烯）。

2. 试剂

① 氨水（NH_4OH）：质量分数约 25%。

② 乙醇（C_2H_5OH）：体积分数至少为 95%。

③ 乙醚（$C_4H_{10}O$）：不含过氧化物，不含抗氧化剂，并满足试验的要求。

④ 石油醚（$C_nH_{2n+2}O$）：沸程 $30\sim60℃$。

⑤ 混合溶剂：等体积混合乙醚和石油醚，使用前制备。

⑥ 碘溶液（I_2）：约 0.1mol/L。

⑦ 刚果红溶液（$C_{32}H_{22}N_6Na_2O_6S_2$）：将 1g 刚果红溶于水中，稀释至 100mL。

【工作过程】

1. 准备工作　　　　　思考 1：加入乙醚后，为什么振荡时要用力适当？

（1）软木塞应先浸于乙醚中，后放入 60℃ 或 60℃ 以上的水中保持至少 15min，冷却后使用。不用时需浸泡在水中，浸泡用水每天更换一次。

（2）在干燥的脂肪收集瓶（用于脂肪收集的容器）中加入几粒沸石，放入烘箱中干燥 1h。使脂肪收集瓶冷却至室温，称量，精确至 0.1mg。

2. 检测过程　　　　　思考 2：为什么在⑦中加水要沿着瓶壁缓缓加入？

① 称取充分混匀试样 1.0g（精确至 0.0001g）于抽脂瓶中，加水 10mL。

② 加入 2.0mL 氨水，充分混合后立即将抽脂瓶放入 $65℃\pm5℃$ 的水浴中，加热 $15\sim20min$，不时取出振荡。取出后，冷却至室温。静置 30s 后可进行下一步骤。

③ 加入 10mL 乙醇，缓和但彻底地进行混合，避免液体太接近瓶颈。如果需要，可加入两滴刚果红溶液。

④ 加入 25mL 乙醚，塞上瓶塞，将抽脂瓶保持在水平位置，小球的延伸部分朝上夹到摇混器上，按约 100 次/min 振荡 1min，也可采用手动振摇方式。但均应注意避免形成持久乳化液。抽脂瓶冷却后小心地打开塞子，用少量的混合溶剂冲洗塞子和瓶颈，使冲洗液流入抽脂瓶。

⑤ 加入 25mL 石油醚，塞上重新润湿的塞子，按④所述，轻轻振荡 30s。

⑥ 将加塞的抽脂瓶放入离心机中，在 $500\sim600r/min$ 下离心 5min。否则将抽脂瓶静置至少 30min，直到上层液澄清，并明显与水相分离。

⑦ 小心地打开瓶塞，用少量的混合溶剂冲洗塞子和瓶颈内壁，使冲洗液流入抽脂瓶。如果两相界面低于小球与瓶身相接处，则沿瓶壁边缘慢慢地加入水，使液面高于小球和瓶身相接处，以便于倾倒。

⑧ 将上层液尽可能地倒入已准备好的加入沸石的脂肪收集瓶中，避免倒出水层。

⑨ 用少量混合溶剂冲洗瓶颈外部，冲洗液收集在脂肪收集瓶中。要防止溶剂溅到抽脂瓶的外面。

⑩ 向抽脂瓶中加入 5mL 乙醇，用乙醇冲洗瓶颈内壁，按③所述进行混合。重复④～⑧操作，再进行第二次抽提，但只用 15mL 乙醚和 15mL 石油醚。

⑪ 重复④～⑧操作，再进行第三次抽提，需用 15mL 乙醚和 15mL 石油醚（注：如果产品中脂肪的质量分数低于 5%，可只进行两次抽提）。

⑫ 合并所有提取液，既可采用蒸馏的方法除去脂肪收集瓶中的溶剂（也可于沸水浴上蒸发至干来除掉溶剂）。蒸馏前用少量混合溶剂冲洗瓶颈内部。

⑬ 将脂肪收集瓶放入 102℃±2℃ 的烘箱中加热 1h，取出脂肪收集瓶，冷却至室温，称量，精确至 0.1mg。

⑭ 重复⑬操作，直到脂肪收集瓶两次连续称量差值不超过 0.5mg，记录脂肪收集瓶和抽提物的最低质量。

⑮ 为验证抽提物是否全部溶解，向脂肪收集瓶中加 25mL 石油醚，微热，振摇，直到脂肪全部溶解。如果抽提物全部溶于石油醚中，则含抽提物的脂肪收集瓶的最终质量和最初质量之差，即为脂肪含量。

⑯ 若抽提物未全部溶于石油醚中，或怀疑抽提物是否全部为脂肪，则用热的石油醚洗提。小心地倒出石油醚，不要倒出任何不溶物，重复此操作 3 次以上，再用石油醚冲洗脂肪收集瓶口的内部。最后，用混合溶剂冲洗脂肪收集瓶口的外部，避免溶液溅到瓶的外壁。将脂肪收集瓶放入 102℃±2℃ 的烘箱中，加热 1h，按⑬和⑭所述操作。

⑰ 取⑭中测得的质量和⑯中测得的质量之差作为脂肪的质量。

⑱ 空白试验与样品检测同时进行，使用相同步骤和相同试剂，使用 10mL 水代替试样。

【图示过程】

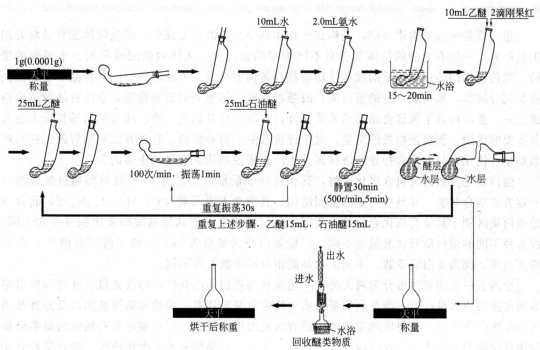

【结果分析】

1. 样品中脂肪含量按下式计算

$$X = \frac{(m_1 - m_2) - (m_3 - m_4)}{m} \times 100 \qquad (4\text{-}23)$$

式中 X——样品中脂肪含量，g/100g；

m——样品的质量，g；

m_1——步骤⑬中测得的脂肪收集瓶和抽提物的质量，g；

m_2——脂肪收集瓶的质量或在有不溶物存在下，步骤⑯中测得的脂肪收集瓶和不溶物的质量，g；

m_3——空白试验中脂肪收集瓶和步骤⑭中测得的抽提物的质量，g；

m_4——空白试验中脂肪收集瓶的质量或在有不溶物存在时，步骤⑯中测得的脂肪收集瓶和不溶物的质量，g。

2. 数据处理

以重复性条件下获得的两次独立测定结果的算术平均值表示，结果保留三位有效数字。

在重复性条件下获得的两次独立测定结果之差应符合：脂肪含量≥15%，≤0.3g/100g；脂肪含量5%～15%，≤0.2g/100g；脂肪含量≤5%，≤0.1g/100g。

【思考题】

1. 加氨水的目的是什么？
2. 为什么加完氨水后还要水浴？
3. 脂肪收集瓶增重的原因是什么？

第五节 蛋白质的检测

蛋白质是生命的物质基础，是构成生物体细胞组织的重要成分，是生物体发育及修补组织的原料，一切有生命的活体都含有不同类型的蛋白质。人体内的酸碱平衡、水平衡的维持、遗传信息的传递、物质的代谢及转运都与蛋白质有关。人及动物只能从食品中得到蛋白质及其分解物，来构成自身的蛋白质，故蛋白质是人体重要的营养物质，也是食品的重要组成之一。蛋白质除了保证食品的营养价值外，在决定食品的色、香、味及结构等特征上也起着重要的作用。测定蛋白质的含量，对于评价食品的营养价值、合理开发食品资源、提高产品质量、优化食品配方、指导经济核算及生产过程控制均具有极其重要的意义。

蛋白质是复杂的有机含氮化合物，其相对分子量很大。它由20种氨基酸通过酰胺键以一定方式结合起来，并具有一定的空间结构，其所含主要元素为C、H、O、N、S，而含N是蛋白质区别于其他有机化合物的主要标志。不同的蛋白质其氨基酸构成比例及方式不同，故各种不同的蛋白质其含氮量也不同。一般蛋白含氮量为16%，即1份氮素相当于6.25份蛋白质，此为蛋白质系数，不同类食品的蛋白质系数有所不同。

检测蛋白质的方法可分为两大类：一类是利用蛋白质的共性，即含氮量、肽键和折射率等测定蛋白质含量；另一类是利用蛋白质中特定氨基酸残基、酸性和碱性基团以及芳香基团等测定蛋白质含量。蛋白质测定最常用的方法是凯氏定氮法，它是测定总有机氮的最准确和操作较简便的方法之一，在国内外应用普遍。此外，双缩脲分光光度比色法、染料结合分光光度比色法、酚试剂法等也常用于蛋白质含量的测定，由于方法简便快速，多用于生产单位质量控制分析。近年来，国外采用红外检测仪对蛋白质进行快速定量分析。

蛋白质可以被酶、酸或碱水解，其水解的中间产物为䏡、胨、肽等，最终产物为氨基酸。氨基酸是构成蛋白质的基本物质，虽然从各种天然源中分离得到的氨基酸已达 175 种以上，但是构成蛋白质的氨基酸主要是其中的 20 种。随着营养知识的普及，食物蛋白质中必需氨基酸含量的高低和氨基酸的构成，越来越引起人们的高度重视。为提高蛋白质的生物效价，而进行氨基酸互补及强化的理论，对食品加工工艺的改革，对保健食品的合理开发和配膳，都具有积极的指导作用。故氨基酸的分离、鉴定和定量测定也就具有重要的意义。

　　氨基酸不是单纯的一种物质，用氨基酸分析仪可直接测定出 17 种氨基酸，此方法是 GB/T 5009.124—2003 中规定的方法，但仪器价格昂贵，不能普遍使用。对于食品来说，有时有很多种氨基酸可以同时存在于一种食品中，所以需要测定总的氨基酸量，它们不能以氨基酸百分率来表示，只能以氨基酸中所含的氮（氨基酸态氮）的百分率表示。测定方法主要有双指示剂甲醛滴定法、电位滴定法和茚三酮比色法等。

一、食品中蛋白质的检测

　　根据 GB 5009.5—2010，食品中蛋白质的测定第一法是凯氏定氮法，国标中第二法是分光光度法，前两种方法适用于各种食品中蛋白质的测定，第三法是燃烧法，适用于蛋白质含量在 10g/100g 以上的糖食、豆类、奶粉、米粉、蛋白质粉等固体试样的筛选测定。

　　凯氏定氮法是蛋白质测定最常用的方法，分常量法、微量法、改良凯氏定氮法、自动定氮仪法、半微量法等多种方法。

　　1. 原理

　　样品与浓硫酸和催化剂一同加热消化，使蛋白质分解，其中碳和氢被氧化为二氧化碳和水逸出，而样品中的有机氮转化为氨与硫酸结合成硫酸铵。然后加碱蒸馏，使氨蒸出，用硼酸吸收后再以标准盐酸或硫酸溶液滴定。根据标准酸消耗的量可计算出蛋白质的含量。

　　2. 试剂

　　① 硫酸铜（$CuSO_4 \cdot 5H_2O$）。

　　② 硫酸钾（K_2SO_4）。

　　③ 硫酸（H_2SO_4 密度为 1.84g/mL）。

　　④ 硼酸溶液（20g/L）：称取 20g 硼酸，加水溶解后并稀释至 1000mL。

　　⑤ 氢氧化钠溶液（400g/L）：称取 40g 氢氧化钠加水溶解后，放冷，并稀释至 100mL。

　　⑥ 硫酸标准滴定溶液（0.0500mol/L）或盐酸标准滴定溶液（0.0100mol/L）。

　　⑦ 甲基红乙醇溶液（1g/L）：称取 0.1g 甲基红，溶于 95% 乙醇，用 95% 乙醇稀释至 100mL。

　　⑧ 亚甲基蓝乙醇溶液（1g/L）：称取 0.1g 亚甲基蓝，溶于 95% 乙醇，用 95% 乙醇稀释至 100mL。

　　⑨ 溴甲酚绿乙醇溶液（1g/L）：称取 0.1g 溴甲酚绿，溶于 95% 乙醇，用 95% 乙醇稀释至 100mL。

　　⑩ 混合指示液：2 份甲基红乙醇溶液与 1 份亚甲基蓝乙醇溶液临用时混合。也可用 1 份甲基红乙醇溶液与 5 份溴甲酚绿乙醇溶液临用时混合。

　　3. 仪器

　　① 分析天平：感量为 1mg。

　　② 定氮蒸馏装置。

③ 自动凯氏定氮仪。

4. 步骤

（1）样品处理　准确称取均匀的样品 0.2～2g（精确至 0.001g），小心移入干燥的凯氏烧瓶中（勿黏附在瓶壁上）。加入 0.2g 硫酸铜、6g 硫酸钾及 20mL 浓硫酸，小心摇匀后，于瓶口置一小漏斗，瓶颈以 45°角倾斜置于有石棉网的电炉上（见实训 4-7 中图示过程），在通风橱内加热消化（若无通风橱可于瓶口倒插入一口径适宜的干燥管，用胶管与水力真空管相连接，利用水力抽除消化过程中所产生的烟气）。先以小火缓慢加热，待内容物完全炭化、泡沫消失后，加大火力消化至溶液呈蓝绿色并澄清透明。取下漏斗，继续加热 0.5h，冷却至室温。小心加入 20mL 水，移入 100mL 容量瓶中，并用少量水洗凯氏烧瓶，洗液并入容量瓶中，再加水至刻度，混匀备用。同时做试剂空白试验。

（2）蒸馏与吸收

① 装好蒸馏装置，向水蒸气发生器内加入蒸馏水至约 2/3 处，加玻璃珠数粒，加甲基红乙醇溶液数滴及数毫升硫酸，以保持水呈酸性，加热煮沸水蒸气发生器内的水，塞紧瓶口。

② 将冷凝管下端插入吸收瓶液面下（瓶内预先装有 10.0mL 硼酸溶液及混合指示剂 2 滴）。准确吸取 10mL 样品处理液，由小漏斗注入反应室，并以 10mL 水洗涤小烧杯，使之流入反应室内，塞紧玻璃塞。将 10mL 400g/L 氢氧化钠溶液倒入小玻璃杯，提起玻塞使其缓缓流入反应室内，立即将玻塞盖紧，并加水于小玻杯以防漏气。溶液应呈蓝褐色。夹紧螺旋夹，开始蒸馏。

③ 蒸馏 10min 后移动蒸馏液接收瓶，液面离开冷凝管下端，再蒸馏 1min。

④ 用少量水冲洗冷凝管下端外部，取下蒸馏液接收瓶。此硼酸吸收液为待滴定液。

（3）滴定　用 0.0500mol/L 硫酸或 0.0100mol/L 盐酸标准溶液滴定接收瓶内的硼酸吸收液，滴定至由蓝色变为微红色即为终点，记录消耗体积。同时作试剂空白。至颜色由紫红色变成灰色为终点（2 份甲基红乙醇溶液与 1 份亚甲基蓝乙醇溶液混合指示剂）。或至颜色由酒红色变成绿色（1 份甲基红乙醇溶液与 5 份溴甲酚绿乙醇溶液混合指示剂）为终点。同时做一试剂空白（除不加样品，从消化开始操作完全相同）。

5. 结果表述

计算公式：

$$X = \frac{(V_1 - V_2)c \times 0.0140}{m \times \dfrac{V_3}{100}} \times F \times 100 \tag{4-24}$$

式中　X——试样中蛋白质的含量，g/100g；

　　　V_1——滴定消耗硫酸或盐酸标准滴定溶液的体积，mL；

　　　V_2——试剂空白消耗硫酸或盐酸标准滴定溶液的体积，mL；

　　　V_3——吸取消化液的体积，mL；

　　　c——硫酸或盐酸标准滴定溶液的浓度，mol/L；

0.0140——1.0mL 硫酸 $[c(\frac{1}{2}H_2SO_4) = 1.000\text{mol/L}]$ 或盐酸 $[c(\text{HCl}) = 1.000\text{mol/}$
　　　　L]标准滴定溶液相当的氮的质量，g；

　　　m——试样的质量，g；

　　　F——氮换算为蛋白质的系数。一般食物为 6.25；纯乳与纯乳制品为 6.38；面粉为

5.70；玉米、高粱为 6.24；花生为 5.46；大米为 5.95；大豆及其粗加工制品为 5.71；大豆蛋白制品为 6.25；肉与肉制品为 6.25；大麦、小米、燕麦、裸麦为 5.83；芝麻、向日葵为 5.30；复合配方食品为 6.25。

以重复性条件下获得的两次独立测定结果的算术平均值表示，蛋白质含量≥1g/100g 时，结果保留三位有效数字；蛋白质含量＜1g/100g 时，结果保留两位有效数字。

6. 注意事项

① 对于半固体样品取 2～5g，或吸取溶液样品 10～25mL，进行测定。

② 加入硫酸钾的目的是提高溶液的沸点而加快有机物的分解；加入硫酸铜，不仅可起到催化剂的作用，而且可以指示消化终点，以及下一步蒸馏时作为碱性反应的指示剂。

③ 消化过程应注意转动凯氏烧瓶，利用冷凝酸液将附在瓶壁上的炭粒冲下，以促进消化完全。若样品含脂肪或糖较多时，应注意产生大量泡沫，可加少量辛醇或液体石蜡，或硅消泡剂，防止其溢出瓶外，并注意适当控制热源强度。

④ 若样品消化液不易澄清透明，可将凯氏烧瓶冷却，加入 2～3mL 300g/L 过氧化氢后再加热。

⑤ 消化时间一般约 4h 即可，消化时间过长会引起氨的损失。一般消化至透明后，继续消化 30min 即可，但当含有特别难以氨化的氮化合物的样品，如含赖氨酸或组氨酸时，消化时间需适当延长，因为这两种氨基酸中的氮在短时间内不易消化完全，往往导致总氮量偏低。有机物如分解完全，分解液呈蓝色或浅绿色。但含铁量多时，呈较深绿色。

⑥ 蒸馏过程中应注意接头处无松漏现象，蒸馏完毕，先将蒸馏出口离开液面，继续蒸馏 1min，将附着在尖端的吸收液完全洗入吸收瓶内，再将吸收瓶移开，最后关闭电源，绝不能先关闭电源，否则吸收液将发生倒吸。

⑦ 硼酸吸收液的温度不应超过 40℃，否则氨吸收减弱，造成损失，可置于冷水浴中。

⑧ 混合指示剂在碱性溶液中呈绿色，在中性溶液中呈灰色，在酸性溶液中呈红色。

⑨ 定氮蒸馏装置蒸馏结束后，应将反应室洗涤干净。方法是：首先夹紧簧夹，断绝蒸汽，使蒸馏瓶内的溶液吸入回流管中。松开弹簧夹，从漏斗加入蒸馏水 40～50mL，再通蒸汽加热回流，将蒸馏瓶洗涤干净备用。

⑩ 每个样品测定时应作平行试验。其测定值的平行误差不得超过 0.02g。

二、食品中蛋白质的其他测定方法——分光光度法

1. 原理

食品中的蛋白质在催化加热条件下被分解，分解产生的氨与硫酸结合生成硫酸铵，在 pH4.8 的乙酸钠-乙酸缓冲溶液中与乙酰丙酮和甲醛反应生成黄色的 3,5-二乙酰-2,6-二甲基-1,4-二氢吡啶化合物。在波长 400nm 下测定吸光度值，与标准系列比较定量，结果乘以换算系数，即为蛋白质含量。

2. 试剂

① 氢氧化钠溶液（300g/L）：称取 30g 氢氧化钠加水溶解后，放冷，并稀释至 100mL。

② 对硝基苯酚指示剂溶液（1g/L）：称取 0.1g 对硝基苯酚指示剂，溶于 20mL 95％乙醇中，加水稀释至 100mL。

③ 乙酸溶液（1mol/L）：量取 5.8mL 乙酸（优级纯），加水稀释至 100mL。

④ 乙酸钠溶液（1mol/L）：称取 41g 无水乙酸钠或 68g 乙酸钠，加水溶解后并稀释至 500mL。

⑤ 乙酸钠-乙酸缓冲溶液：量取 60mL 乙酸钠溶液与 40mL 乙酸溶液混合，该溶液 pH 为 4.8。

⑥ 显色剂：15mL 甲醛（37%）与 7.8mL 乙酰丙酮混合，加水稀释至 100mL，剧烈振摇混匀（室温下放置稳定 3d）。

⑦ 氨氮标准储备溶液（以氮计）（1.0g/L）：称取 105℃ 干燥 2h 的硫酸铵 0.4720g，加水溶解后移入 100mL 容量瓶中，并稀释至刻度，混匀，此溶液每毫升相当于 1.0mg 氮。

⑧ 氨氮标准使用溶液（0.1g/L）：用移液管吸取 10.00mL 氨氮标准储备液于 100mL 容量瓶内，加水定容至刻度，混匀，此溶液每毫升相当于 0.1mg 氮。

3. 仪器

① 分光光度计。

② 电热恒温水浴锅：100℃±0.5℃。

③ 10mL 具塞玻璃比色管。

④ 分析天平：感量为 1mg。

4. 步骤

（1）试样消解　称取经粉碎混匀过 40 目筛的固体试样 0.1～0.5g（精确至 0.001g）、半固体试样 0.2～1g（精确至 0.001g）或液体试样 1～5g（精确至 0.001g），移入干燥的 100mL 或 250mL 定氮瓶中，加入 0.1g 硫酸铜、1g 硫酸钾及 5mL 硫酸（密度为 1.84g/mL），摇匀后于瓶口放一小漏斗，将定氮瓶以 45°角斜支于有小孔的石棉网上。缓慢加热，待内容物全部炭化，泡沫完全停止后，加强火力，并保持瓶内液体微沸，至液体呈蓝绿色澄清透明后，再继续加热 0.5h。取下放冷，慢慢加入 20mL 水，放冷后移入 50mL 或 100mL 容量瓶中，并用少量水洗定氮瓶，洗液并入容量瓶中，再加水至刻度，混匀备用。按同一方法做试剂空白试验。

（2）试样溶液的制备　吸取 2.00～5.00mL 试样或试剂空白消化液于 50mL 或 100mL 容量瓶内，加 1～2 滴对硝基苯酚指示剂溶液，摇匀后滴加氢氧化钠溶液中和至黄色，再滴加乙酸溶液至溶液无色，用水稀释至刻度，混匀。

（3）标准曲线的绘制　吸取 0.00mL、0.05mL、0.10mL、0.20mL、0.40mL、0.60mL、0.80mL 和 1.00mL 氨氮标准使用溶液（相当于 0.00μg、5.00μg、10.0μg、20.0μg、40.0μg、60.0μg、80.0μg 和 100.0μg 氮），分别置 10mL 比色管中。加 4.0mL 乙酸钠-乙酸缓冲溶液（pH4.8）及 4.0mL 显色剂，加水稀释至刻度，混匀。置于 100℃ 水浴中加热 15min。取出用水冷却至室温后，移入 1cm 比色杯内，以零管为参比，于波长 400nm 处测量吸光度值，根据各点吸光度值绘制标准曲线或计算线性回归方程。

（4）试样测定　吸取 0.50～2.00mL（约相当于氮<100μg）试样溶液和同量的试剂空白溶液，分别置于 10mL 比色管中，以下按标准曲线的绘制（3）中，自"加 4.0mL 乙酸钠-乙酸缓酸溶液（pH4.8）及 4.0mL 显色剂……"起操作。试样吸光度值与标准曲线比较定量或代入线性回归方程求出含量。

5. 结果的表述

试样中蛋白质的含量按下式进行计算：

$$X = \frac{c - c_0}{m \times \dfrac{V_2}{V_1} \times \dfrac{V_4 \times 1000 \times 1000}{V_3}} \times 100F \qquad (4\text{-}25)$$

式中　X——样中蛋白质的含量，g/100g；

c——试样测定液中氮的含量，μg；

c_0——试剂空白测定液中氮的含量，μg；

V_1——试样消化液定容体积，mL；

V_2——制备试样溶液的消化液体积，mL；

V_3——试样溶液总体积，mL；

V_4——测定用试样溶液的体积，mL；

m——试样质量，g；

F——氮换算为蛋白质的系数。一般食物为 6.25；纯乳与纯乳制品为 6.38；面粉为 5.70；玉米、高粱为 6.24；花生为 5.46；大米为 5.95；大豆及其粗加工制品 为 5.71；大豆蛋白制品为 6.25；肉与肉制品为 6.25；大麦、小米、燕麦、裸 麦为 5.83；芝麻、向日葵为 5.30；复合配方食品为 6.25。

数据处理：以重复性条件下获得的两次独立测定结果的算术平均值表示，蛋白质含量 ≥ 1g/100g 时，结果保留三位有效数字；蛋白质含量 < 1g/100g 时，结果保留两位有效数字。在重复性条件下获得的两次独立测定结果的绝对差值不得超过算术平均值的 10%。

三、食品中氨基酸的其他检测方法——自动分析仪测定法

蛋白质是一类含氮的高分子化合物，经水解或酶解可由大分子变成小的蛋白质成分，如水解后的产物经胨、肽等最后成为氨基酸，氨基酸是构成蛋白质最基本的物质。参加蛋白质合成的氨基酸共有 20 多种，其中有 8 种（赖氨酸、色氨酸、苯丙氨酸、亮氨酸、异亮氨酸、苏氨酸、蛋氨酸和缬氨酸）人体自身不能合成，必须由食物中供给，否则人体就不能维持正常代谢的进行，称为必需氨基酸。

氨基酸含量一直是许多调味品和保健食品的质量指标之一。鉴于食品中氨基酸的组成十分复杂，在一般的常规检验中多测定食品中的氨基酸总量，因它们不能以氨基酸百分率来表示，只能以氨基酸中所含的氮（氨基酸态氮）的百分率表示，故称为氨基酸态氮的总量。当然，如果食品中只含有一种氨基酸，如味精中的谷氨酸，可以从其含氮量计算出其氨基酸的含量。通常氨基酸态氮测定采用甲醛值法来完成，也可以采取比色法，还可以通过薄层色谱法、气相色谱法、液相色谱法对氨基酸进行测定、分离和鉴别。近年来世界上已出现多种氨基酸分析仪，这使得快速鉴定和定量氨基酸的理想成为现实。

甲醛值法测定氨基酸态氮原理是因氨基酸具有羧基（酸性基团—COOH）和氨基（碱性基团—NH_2）两性基团，根据氨基酸的这两性作用，加入甲醛后，与氨基起反应而被固定，使羧基游离出来显示出酸性，再用氢氧化钠标准溶液滴定羧基，依据溶液中酸度计指示的 pH 判断和控制滴定终点，间接求出氨基态氮的含量。

1. 原理

食品中的蛋白质经盐酸水解成为游离氨基酸，经氨基酸分析仪的离子交换柱分离后，与茚三酮溶液产生颜色反应，再通过分光光度计比色测定氨基酸含量。一份水解液可同时测定天冬氨酸、苏氨酸、丝氨酸、谷氨酸、脯氨酸、甘氨酸、丙氨酸、缬氨酸、蛋氨酸、异亮氨酸、亮氨酸、酪氨酸、苯丙氨酸、组氨酸、赖氨酸和精氨酸共 16 种氨基酸。本方法不适用

于蛋白质含量低的水果、蔬菜、饮料和淀粉类食物的测定。

2. 仪器

① 真空泵。

② 恒温干燥箱。

③ 水解管：耐压螺盖玻璃管或硬质玻璃管，体积 20~30mL。用去离子水冲洗干净并烘干。

④ 真空干燥器（温度可调节）。

⑤ 氨基酸自动分析仪。

3. 试剂

（1）6mol/L 盐酸：浓盐酸与水 1∶1 混合而成。

（2）苯酚：需重蒸馏。

（3）混合氨基酸标准液：0.0025mol/L。

（4）pH2.2 的柠檬酸钠缓冲液：称取 19.6g 柠檬酸钠（$Na_3C_6H_5O_7 \cdot 2H_2O$）和 16.5mL 浓盐酸，加水稀释到 1000mL，用浓盐酸或 500g/L 的氢氧化钠溶液调节 pH 至 2.2。

（5）pH3.3 的柠檬酸钠缓冲液：称取 19.6g 柠檬酸钠和 12mL 浓盐酸，加水稀释到 1000mL，用浓盐酸或 500g/L 的氢氧化钠溶液调节至 pH 至 3.3。

（6）pH4.0 的柠檬酸钠缓冲液：称取 19.6g 柠檬酸钠和 9mL 浓盐酸，加水稀释到 1000mL，用浓盐酸或 500g/L 的氢氧化钠溶液调节 pH 至 4.0。

（7）pH6.4 的柠檬酸钠缓冲液：称取 19.6g 柠檬酸钠和 46.8g 氯化钠（优级纯），加水稀释到 1000mL，用浓盐酸或 500g/L 的氢氧化钠溶液调节 pH 至 6.4。

（8）pH5.2 的乙酸锂溶液：称取氢氧化锂（$LiOH \cdot H_2O$）168g，加入冰乙酸（优级纯）279mL，加水稀释到 1000mL，用浓盐酸或 500g/L 的氢氧化钠调节 pH 至 5.2。

（9）茚三酮溶液：取 150mL 二甲基亚砜（C_2H_6OS）和乙酸锂溶液 50mL，加入 4g 水合茚三酮（$C_9H_4O_3 \cdot H_2O$）和 0.12g 还原茚三酮（$C_{18}H_{10}O_6 \cdot 2H_2O$），搅拌至完全溶解。

（10）高纯氮气：纯度 99.99%。

（11）冷冻剂：市售食盐、冰，按 1+3 混合。

4. 操作步骤

（1）样品处理　样品采集后用匀浆机打成匀浆（或者将样品尽量粉碎），于低温冰箱中冷冻保存，检测用时将其解冻后使用。

（2）称样　准确称取一定量均匀性好的试样，如奶粉等，精确到 0.0001g（使试样蛋白质含量在 10~20mg 范围内）；均匀性差的样品如鲜肉等，为减少误差可适当增大称样量，检测前再稀释。将称好的试样放入水解管中。

（3）水解　在水解管内加入 6mol/L 盐酸 10~15mL（视试样蛋白质含量而定），含水量高的样品（如牛奶）可加入等体积的浓盐酸，加入新蒸馏的苯酚 3~4 滴，再将水解管放入冷冻剂中冷冻 3~5min，再接到真空泵的抽气管上，抽真空（接近 0Pa），然后充入高纯氮气；再抽真空充氮气，重复三次后，在充氮气状态下封口或拧紧螺丝盖将已封口的水解管放在 110℃±1℃ 的恒温干燥箱内，水解 22h 后，取出冷却。

打开水解管，将水解液过滤后，用去离子水多次冲洗水解管，将水解液全部转移到 50mL 容量瓶内，用去离子水定容。吸取滤液 1mL 于 5mL 容量瓶内，用真空干燥器在 40~

50℃干燥，残留物用1～2mL水溶解，再干燥，反复进行两次，最后蒸干，用1mL pH2.2的缓冲液溶解，供仪器测定用。

（4）测定 准确吸取0.200mL混合氨基酸标准液，用pH2.2的缓冲液稀释到5mL，此标准稀释液浓度为5.00nmol/50μL，作为上机测定用的氨基酸标准液，用氨基酸自动分析仪以外标法测定试样测定液的氨基酸含量。

5. 结果计算

$$X = \frac{c \times \frac{1}{50} FVM}{m \times 10^9} \times 100 \tag{4-26}$$

式中 X——试样氨基酸的含量，g/100g；

c——试样测定液中氨基酸含量，nmol/50μL；

F——试样稀释倍数；

V——水解后试样定容体积，mL；

M——氨基酸的相对分子质量；

m——试样质量，g；

1/50——折算成每毫升试样测定的氨基酸含量，μmol/L；

10^9——将试样含量由纳克（ng）折算成克（g）的系数。

16种氨基酸相对分子质量：天冬氨酸133.1；苏氨酸119.1；丝氨酸105.1；谷氨酸147.1；脯氨酸115.1；甘氨酸75.1；丙氨酸89.1；缬氨酸117.2；蛋氨酸149.2；异亮氨酸131.2；亮氨酸131.2；酪氨酸181.2；苯丙氨酸165.2；组氨酸155.2；赖氨酸146.2；精氨酸174.2。

数据处理：试样氨基酸含量在1.00g/100g以下，保留两位有效数字；含量在1.00g/100g以上，保留三位有效数字。

6. 其他

测定条件（以Beckman-6300型氨基酸自动分析仪为例）：

缓冲液流量，20mL/h；

茚三酮流量，10mL/h；

柱温，50℃、60℃和70℃；

色谱柱，20cm；

分析时间，42min。

同实验室平行测定或连续两次测定结果相对偏差绝对值≤12%。

实训4-7 乳粉中蛋白质的检测

【实训要点】

1. 掌握微量凯氏定氮装置的安装使用。
2. 掌握湿法消化处理样品的操作技术。
3. 掌握微量凯氏定氮法检测蛋白质技术。

【仪器与试剂】

1. 仪器

① 分析天平：感量为1mg。

② 蒸馏装置。

③ 自动凯氏定氮仪。

2. 试剂

① 硫酸铜（$CuSO_4 \cdot 5H_2O$）。

② 硫酸钾（K_2SO_4）。

③ 硫酸（H_2SO_4 密度为 1.84g/mL）。

④ 硼酸溶液（20g/L）：称取 20g 硼酸，加水溶解后并稀释至 1000mL。

⑤ 氢氧化钠溶液（400g/L）：称取 40g 氢氧化钠加水溶解后，放冷，并稀释至 100mL。

⑥ 硫酸标准滴定溶液（0.0500mol/L）或盐酸标准滴定溶液（0.0100mol/L）。

⑦ 甲基红乙醇溶液（1g/L）：称取 0.1g 甲基红，溶于 95％乙醇，并用 95％乙醇稀释至 100mL。

⑧ 亚甲基蓝乙醇溶液（1g/L）：称取 0.1g 亚甲基蓝，溶于 95％乙醇，并用 95％乙醇稀释至 100mL。

⑨ 溴甲酚绿乙醇溶液（1g/L）：称取 0.1g 溴甲酚绿，溶于 95％乙醇，并用 95％乙醇稀释至 100mL。

⑩ 混合指示液：2 份甲基红乙醇溶液与 1 份亚甲基蓝乙醇溶液临用时混合。也可用 1 份甲基红乙醇溶液与 5 份溴甲酚绿乙醇溶液临用时混合。

【工作过程】

1. 样品处理　　　　　　　　　　思考 1：加硫酸、硫酸铜、硫酸钾的作用各是什么？

准确称取均匀的样品 0.2～2g（精确至 0.001g），小心移入干燥的凯氏烧瓶中（勿黏附在瓶壁上）。加入 0.2g 硫酸铜、6g 硫酸钾及 20mL 浓硫酸，小心摇匀后，于瓶口置一小漏斗，瓶颈以 45°角倾斜置于有石棉网的电炉上，在通风橱内加热消化（若无通风橱，可于瓶口倒插入一口径适宜的干燥管，用胶管与水力真空管相连接，利用水力抽除消化过程中产生的烟气）。先以小火缓慢加热，待内容物完全炭化、泡沫消失后，加大火力消化至溶液呈蓝绿色并澄清透明。取下漏斗，继续加热 0.5h，冷却至室温。小心加入 20mL 水，移入100mL 容量瓶中，并用少量水洗凯氏烧瓶，洗液并入容量瓶中，再加水至刻度，混匀备用。同时做试剂空白试验。

2. 蒸馏与吸收　　　　　　　　　　思考 2：凯氏烧瓶口为什么要加小漏斗？

（1）装好蒸馏装置，向水蒸气发生器内加入蒸馏水至约 2/3 处，加玻璃珠数粒，加甲基红乙醇溶液数滴及数毫升硫酸，以保持水呈酸性，加热煮沸水蒸气发生器内的水，塞紧瓶口。

（2）将冷凝管下端插入吸收瓶液面下（瓶内预先装有 10.0mL 硼酸溶液及混合指示剂 2滴），准确吸取 10mL 样品处理液，由小漏斗注入反应室，并以 10mL 水洗涤小烧杯，使之流入反应室内，塞紧玻璃塞。将 10mL 400g/L 氢氧化钠溶液倒入小玻璃杯，提起玻塞使其缓缓流入反应室内，立即将玻塞盖紧，并加水于小玻璃杯，以防漏气。溶液应呈蓝褐色。夹紧螺旋夹，开始蒸馏。

（3）蒸馏 10min 后移动蒸馏液接收瓶，液面离开冷凝管下端，再蒸馏 1min。

（4）用少量水冲洗冷凝管下端外部，取下蒸馏液接收瓶。此硼酸吸收液为待滴定液。

3. 滴定

用 0.0500mol/L 硫酸或 0.0100mol/L 盐酸标准溶液滴定接收瓶中的硼酸吸收液，滴定至由蓝色变为微红色即为终点，记录消耗的体积。同时作试剂空白，至颜色由紫红色变成灰色为终点（2 份甲基红乙醇溶液与 1 份亚甲基蓝乙醇溶液混合指示剂），或至颜色由酒红色变成绿色（1 份甲基红乙醇溶液与 5 份溴甲酚绿乙醇溶液混合指示剂）为终点。同时做一试剂空白（除不加样品，从消化开始操作完全相同）。

【图示过程】

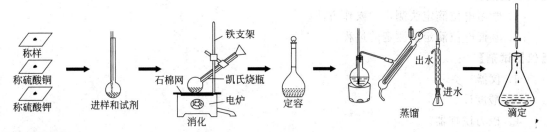

【结果处理】

1. 数据记录

项目	第一次	第二次	第三次
样品消化液的体积/mL			
空白滴定消耗盐酸（硫酸）标准溶液的体积/mL			
样品滴定消耗盐酸（硫酸）标准溶液的体积/mL			
消耗盐酸（硫酸）标准溶液的体积平均值/mL			

2. 计算公式

$$X = \frac{(V_1 - V_2)c \times 0.0140}{m \times \frac{V_3}{100}} \times F \times 100 \tag{4-27}$$

式中　X——试样中蛋白质的含量，g/100g；

　　　V_1——试液消耗硫酸或盐酸标准滴定液的体积，mL；

　　　V_2——试剂空白消耗硫酸或盐酸标准滴定液的体积，mL；

　　　V_3——吸取消化液的体积，mL；

　　　c——硫酸或盐酸标准滴定溶液的浓度，mol/L；

　0.0140——1.0mL 硫酸 $[c(\frac{1}{2}H_2SO_4) = 1.000\text{mol/L}]$ 或盐酸 $[c(HCl) = 1.000\text{mol/}$

　　　　L]标准滴定溶液相当的氮的质量，g；

　　　m——试样的质量，g；

　　　F——氮换算为蛋白质的系数，纯乳与纯乳制品为 6.38。

3. 数据处理

以重复性条件下获得的两次独立测定结果的算术平均值表示，蛋白质含量≥1g/100g时，结果保留三位有效数字；蛋白质含量＜1g/100g 时，结果保留两位有效数字。

【思考题】

1. 蒸馏时为什么要加入氢氧化钠溶液？加入量对测定结果有何影响？

2. 若在蒸馏过程中发现水变成黄色，能否补加硫酸？

3. 实验操作过程中，影响检测准确性的因素有哪些？

实训 4-8 酱油中氨基酸态氮的检测

【实训要点】

1. 学习电位滴定法测定的操作方法。

2. 掌握电位滴定法测定的过程。

【仪器试剂】

1. 仪器

① 酸度计。

② 磁力搅拌器。

③ 10mL 微量滴定管。

2. 试剂

① 甲醛（36%）：应不含有聚合物。

② 氢氧化钠标准滴定溶液 $[c\,(NaOH)=0.050mol/L]$。

【工作过程】

1. 仪器的使用步骤

> 思考：加入甲醛的作用是什么？

（1）检查酸度计的接线是否完好。接通电源，按下背面的电源开关，预热 30min 后方可使用。

（2）取下复合电极上的电极套，注意不要将电极套中的饱和 KCl 溶液撒出或倒掉。用蒸馏水冲洗电极头部，用滤纸吸干残留水分。

（3）定位　在测量之前，首先对 pH 计进行校准，采用两点定位校准法，具体的步骤如下：

① 打开电源开关，按"pH/mV"按钮，使仪器进入 pH 测量状态。

② 用温度计测量被测溶液的温度，读数，例如 25℃。按"温度"旋钮至测量值 25℃，然后按"确认"键，回到 pH 测量状态。

③ 调节斜率旋钮至最大值。

④ 打开电极套管，用蒸馏水冲洗电极头部，用吸水纸仔细将电极头部吸干，将复合电极放入 pH 为 6.86 的标准缓冲溶液，使溶液淹没电极头部的玻璃球，轻轻摇匀，待读数稳定后，按"定位"键，使显示值为该溶液 25℃时标准 pH6.86，然后按"确认"键，回到 pH 测量状态。

⑤ 将电极取出，洗净、吸干，放入 pH 为 9.18 的标准缓冲溶液中，摇匀，待读数稳定后，按"斜率"键，使显示值为该溶液 25℃时标准 pH9.18，按"确认"键，回到 pH 测量状态。

⑥ 取出电极，洗净、吸干。重复校正，直到两标准溶液的测量值与标准 pH 基本相符为止。

注：在当日使用中只要仪器旋钮无变动，则可不必重复标定。

（4）校正过程结束后，进入测量状态。用蒸馏水清洗电极，将复合电极放入盛有待测溶液的烧杯中，轻轻摇动，待读数稳定后，记录读数。

2. 吸取 5.0mL 试样，置于 100mL 容量瓶中，加水至刻度。

3. 混匀后吸取 20.0mL，置于 200mL 烧杯中，加 60mL 水，开动磁力搅拌器，用氢氧化钠标准溶液 $[c(NaOH) = 0.050mol/L]$ 滴定至酸度计指示 pH8.2，记下消耗氢氧化钠标准滴定溶液（0.050mol/L）的体积，可计算总酸含量。

4. 加入 10.0mL 甲醛溶液，混匀。再用氢氧化钠标准滴定溶液（0.050mol/L）继续滴定至 pH9.2，记下消耗氢氧化钠标准滴定溶液（0.050mol/L）的体积。

5. 同时取 80mL 水，先用氢氧化钠溶液（0.050mol/L）调节至 pH 为 8.2，再加入 10.0mL 甲醛溶液，用氢氧化钠标准滴定溶液（0.050mol/L）滴定至 pH9.2，同时做试剂空白试验。

【图示过程】

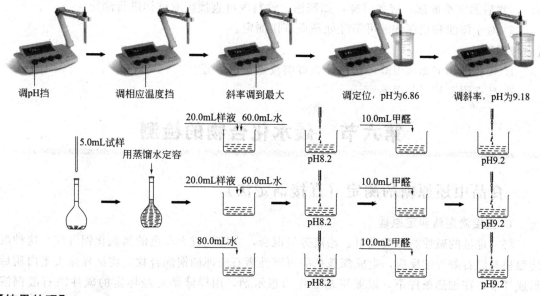

【结果处理】

1. 数据记录

项目	第一次（空白）	第二次	第三次	平均值
滴定至 pH8.2 消耗 NaOH 的体积/mL				
滴定至 pH9.2 消耗 NaOH 的体积/mL				

2. 试样中氨基酸态氮的含量按下式进行计算：

$$X = \frac{(V_2 - V_1)c \times 0.014}{m \times \dfrac{20}{100}} \times 100 \tag{4-28}$$

式中　X——试样中氨基酸态氮的含量，g/100mL；

　　　V_1——测定试样稀释液加入甲醛后消耗氢氧化钠标准滴定溶液的体积，mL；

　　　V_2——试剂空白试验加入甲醛后消耗氢氧化钠标准滴定溶液的体积，mL；

　　　m——测定用样品溶液相当于样品的质量，g；

　　　c——氢氧化钠标准滴定溶液的浓度，mol/L；

　0.014——与 1.00mL 氢氧化钠标准滴定溶液 $[c(NaOH) = 1.000mol/L]$ 相当的氮的

质量，g。

3. 数据处理

计算结果保留两位有效数字。

【友情提示】

1. 本方法准确快速，可适用于各类食品中氨基酸态氮含量的测定。

2. 36％甲醛试剂应避光存放，不含有聚合物（无沉淀）。

3. 目前世界上已出现多种氨基酸分析仪，可快速鉴定氨基酸的种类和含量，如利用近红外线反射分析仪，输入各种氨基酸的软件，通过计算机进行自动检测计算，可测定出各类氨基酸含量。

4. 固体样品应先进行粉碎，准确称样后用水萃取（萃取可在 50℃ 水浴中进行 0.5h 即可），然后测定萃取液；液体试样，如酱油、饮料等可直接吸取试样进行测定。

5. 对于浑浊和色深样液可不经处理而直接测定。

【思考题】

1. 检测中为何加入甲醛？选用什么玻璃仪器量取甲醛？

2. 什么因素易引起误差？

第六节　碳水化合物的检测

一、食品中还原糖的测定（直接滴定法）

1. 直接滴定法测定原理

将一定量的碱性酒石酸铜甲、乙液等量混合，立即生成天蓝色的氢氧化铜沉淀，这种沉淀很快与酒石酸钾钠反应，生成深蓝色的可溶性酒石酸钾钠铜配合物。将试样除去蛋白质后形成样液，在加热条件下，以亚甲基蓝作为指示剂，用样液滴定经标定的碱性酒石酸铜溶液，样液中的还原糖与酒石酸钾钠铜反应，生成红色的氧化亚铜沉淀，待二价铜全部被还原后，稍过量的还原糖把亚甲基蓝还原，溶液由蓝色变为无色，即为滴定终点。根据样液消耗量可计算出还原糖的含量。

2. 试剂

① 碱性酒石酸铜甲液：称取 15g 硫酸铜（$CuSO_4 \cdot 5H_2O$）及 0.05g 亚甲基蓝，溶于水中并稀释至 1000mL。

② 碱性酒石酸铜乙液：称取 50g 酒石酸钾钠及 75g 氢氧化钠，溶于水中，再加入 4g 亚铁氰化钾，完全溶解后，再用水稀释至 1000mL，储存于橡胶塞玻璃瓶内。

③ 乙酸锌溶液：称取 21.9g 乙酸锌，加 3mL 冰乙酸，加水溶解并稀释至 100mL。

④ 亚铁氰化钾溶液（106g/L）：称取 10.6g 亚铁氰化钾，加水溶解并稀释至 100mL。

⑤ 盐酸（1+1）：量取 50mL 盐酸，加水稀释至 100mL。

⑥ 葡萄糖标准液：准确称取 1.000X g（X≤5）经过 98～100℃ 干燥 2h 的纯净葡萄糖，加水溶解后加入 5mL 盐酸（防止微生物生长），并用水稀释至 1000mL，此溶液每毫升相当于 1.0mg 葡萄糖。

3. 仪器

① 可调式电炉（800W，带石棉网）。

② 25mL 的碱式滴定管。

③ 铁架台。

④ 锥形瓶、烧杯等。

4. 样品处理

① 一般食品：称取粉碎后的固体试样 2.5～5g 或混匀后的液体试样 5～25g（精确至 0.001g），置于 250mL 容量瓶中，加 50mL 水，慢慢加入 5mL 乙酸锌溶液及 5mL 亚铁氰化钾溶液，加水至刻度，摇匀，静置 30min，用干燥滤纸过滤，弃去初滤液，收集滤液备用。

② 酒精性饮料：称取约 100g 混匀后的试样，精确至 0.01g，置于蒸发皿中，用氢氧化钠溶液（40g/L）中和至中性，在水浴上蒸发至原体积 1/4 后（注：如果蒸发时间过长，应注意保持溶液 pH 为中性），移入 250mL 容量瓶中。加 50mL 水，混匀。以下按一般食品自"慢慢加入 5mL 乙酸锌溶液"起依法操作。

③ 含大量淀粉的食品：称取 10～20g 粉碎或混匀后的试样，精确至 0.001g，置于 250mL 容量瓶中，加 200mL 水，在 45℃ 水浴中加热 1h，并时时振摇（此步骤是使还原糖溶于水中，切忌温度过高，因为淀粉在高温下可糊化、水解，影响检测结果），冷却后加水至刻度，混匀，静置、沉淀。吸取 200mL 上清液于另一 250mL 容量瓶中，以下按一般食品自"慢慢加入 5mL 乙酸锌溶液"起依法操作。

④ 碳酸类饮料：称取 100g 混合后的试样，精确至 0.01g，试样置于蒸发皿中，在水浴上微热搅拌除去二氧化碳后，移入 250mL 容量瓶中，并用水洗涤蒸发皿，洗液并入容量瓶中，再加水至刻度，混匀后，备用。

5. 标定碱性酒石酸铜溶液（斐林试剂）

准确吸取 5.0mL 碱性酒石酸铜甲液和 5.0mL 碱性酒石酸铜乙液，置于 150mL 锥形瓶中，加水 10mL，加入玻璃珠 3 粒，从滴定管滴加约 9mL 葡萄糖或其他还原糖标准溶液，控制在 2min 内加热至沸腾，保持溶液沸腾状态，趁热以 1 滴/2s 的速度继续滴加葡萄糖或其他还原糖标准溶液，直至溶液蓝色刚好褪去为终点，记录消耗葡萄糖或其他还原糖标准溶液的总体积，同时平行操作 3 次，取其平均值，计算按下式计算每 10mL（甲、乙液各5mL）碱性酒石酸铜溶液相当于葡萄糖的质量或其他还原糖的质量（mg）。

$$m_1 = \rho V \tag{4-29}$$

式中　m_1——10mL 碱性酒石酸铜溶液相当于葡萄糖的质量，mg；

　　　　ρ——葡萄糖或其他还原糖标准溶液的浓度 mg/mL（1mL 还原糖标准溶液相当于还原糖的质量，mg）；

　　　　V——标定时消耗葡萄糖或其他还原糖标准溶液的总体积，mL。

6. 试样溶液预测

吸取 5.0mL 碱性酒石酸铜甲液和 5.0mL 碱性酒石酸铜乙液，置于 150mL 锥形瓶中，加水 10mL。加入玻璃珠 3 粒，控制在 2min 内加热至沸，保持沸腾以先快后慢的速度，从滴定管中加试样溶液，并保持溶液沸腾状态，待溶液蓝色变浅时，以 1 滴/2s 的速度滴定，直至溶液蓝色刚好褪去为终点，记录试样溶液消耗的体积。

7. 试样溶液测定

吸取 5.0mL 碱性酒石酸铜甲液和 5.0mL 碱性酒石酸铜乙液，置于 150mL 锥形瓶中，加水 10mL，加入玻璃珠 3 粒，从滴定管滴加比预测时样品溶液消耗总体积少 1mL 的样品溶液至锥形瓶中，加热使其在 2min 内沸腾，保持沸腾，以每 1 滴/2s 的速度继续滴加样液，直至蓝色刚好褪去为终点,记录消耗样品溶液的总体积,同法平行操作3份,得出平均消耗体积。

8. 结果计算

$$X = \frac{m_1}{m \times \dfrac{V}{250} \times 1000} \times 100 \qquad (4\text{-}30)$$

式中 X——试样中还原糖的含量(以某种还原糖计),g/100g;

m_1——碱性酒石酸铜溶液(甲、乙液各半)相当于某种还原糖的质量(由标定时求出),mg;

m——试样质量,g;

V——测定时平均消耗试样溶液体积,mL。

当浓度过低时试样中还原糖的含量(以某种还原糖计)按下式进行计算:

$$X = \frac{m_2}{m \times \dfrac{10}{250} \times 1000} \times 100 \qquad (4\text{-}31)$$

式中 X——试样中还原糖的含量(以某种还原糖计),g/100g;

m——试样质量,g;

m_2——标定时体积与加入样品后消耗的还原糖标准溶液体积之差相当于某种还原糖的质量,mg。

数据处理:还原糖含量≥10g/100g时计算结果保留三位有效数字;还原糖含量<10g/100g时,计算结果保留两位有效数字。

9. 提示

(1)本方法为GB/T 5009.7—2008标准中第一法是直接滴定法,第二法为高锰酸钾滴定法。当称样量为5.0g时,检出限分别为0.25g/100g、0.5g/100g。第一法适用于各类食品中还原糖的测定,是目前最常用的测定还原糖的方法,它具有试剂用量少,操作简单、快速,滴定终点明显等特点。但对深色的试样(如酱油、深色果汁等),因色素干扰使终点难以判断,从而影响其准确性。

(2)斐林试剂甲液和乙液应分别贮存,用时才混合,否则酒石酸钾钠铜配合物长期在碱性条件下会慢慢分解析出氧化亚铜沉淀,使试剂有效浓度降低。

(3)滴定过程必须在沸腾条件下进行,溶液应保持蓝色,其原因:一是可以加快还原糖与Cu^{2+}的反应速率;二是亚甲基蓝的变色反应是可逆的,还原型的亚甲基蓝遇空气中的氧气时会再被氧化为氧化型;此外,氧化亚铜也极不稳定,易被空气中的氧所氧化。保持反应液沸腾可防止空气进入,避免亚甲基蓝和氧化亚铜被氧化而增加耗糖量。

(4)乙酸锌及亚铁氰化钾作为蛋白质沉淀剂,可去除蛋白质、鞣质、树脂等,使它们形成沉淀,经过滤除去。如果钙离子过多时,易与葡萄糖、果糖生成配合物,使滴定速度缓慢,从而使结果偏低,可向样品中加入草酸粉,与钙结合,形成沉淀并过滤,防止杂质的干扰。

(5)滴定时不能随意摇动锥形瓶,更不能把锥形瓶从热源上取下来滴定,以防止空气进入反应溶液中。

(6)为消除氧化亚铜沉淀对滴定终点观察的干扰,在碱性酒石酸铜乙液中加入少量亚铁氰化钾,使之与Cu_2O生成可溶性的无色配合物,而不再析出红色沉淀,其反应如下:

$$Cu_2O + K_4Fe(CN)_6 + H_2O \longrightarrow K_2Cu_2Fe(CN)_6 + 2KOH$$

(7)此实验要在碱性条件下进行,是由于若在酸性条件下,还原糖会形成酯(不具有氧化性或氧化性不强的含氧酸如乙酸）、有机酸（如被硝酸氧化），样液中的二糖及多糖与淀粉会水解成还原糖，影响检验结果。

（8）当试样液中还原糖浓度过高时，应适当稀释后再进行正式测定，使每次滴定消耗样液的体积控制在与标定碱性酒石酸铜溶液时所消耗的还原糖标准溶液的体积相近，约10mL，结果按式（4-24）计算。当浓度过低时则采取直接加入10mL样品液，免去加水10mL，再用还原糖标准溶液滴定至终点，记录消耗的体积与标定时消耗的还原糖标准溶液之差相当于10mL样液中所含还原糖的量，结果按式（4-31）计算。

（9）本法是根据一定量的碱性酒石酸铜溶液（Cu^{2+}量一定）消耗的样液来计算样液中还原糖的含量，反应体系中Cu^{2+}的含量是定量的基础，所以在样品处理时，不能用铜盐作为澄清剂，以免样液中引入Cu^{2+}，得到错误的结果。

二、食品中还原糖的测定（高锰酸钾滴定法）

高锰酸钾滴定法是国家标准分析方法中的第二法，适用于各类食品中还原糖的测定，有色样液也不受限制，且本方法的准确度高，重现性好，准确度和重现性都优于直接滴定法。但操作复杂、费时，需使用特制的高锰酸钾法糖类检索表。下面介绍高锰酸钾滴定法测定食品中还原糖含量的检测条件及操作步骤。

1. 高锰酸钾滴定法原理

试样经除去蛋白质后，其中的还原糖与过量的碱性酒石酸铜溶液反应，还原糖使二价铜还原为氧化亚铜，经过滤得到氧化亚铜，加入过量的酸性硫酸铁溶液使其氧化溶解，而三价铁被定量地还原成亚铁盐，再用高锰酸钾标准溶液滴定所产生的亚铁盐。根据高锰酸钾标准溶液的消耗量计算得氧化亚铜的量，从检索表中查出与氧化亚铜量相当的还原糖量，即可计算出样品中还原糖含量。

2. 试剂

① 碱性酒石酸铜甲液：称取34.639g硫酸铜（$CuSO_4 \cdot 5H_2O$），加适量的水溶解，加入0.5mL硫酸加水稀释至500mL，用精制石棉过滤。

② 碱性酒石酸铜乙液：称取173g酒石酸钾钠和50g氢氧化钠，加适量的水溶解并稀释到500mL，用精制石棉过滤，贮存在橡皮塞玻璃瓶中。

③ 精制石棉：取石棉，先用3mol/L盐酸浸泡2～3h，用水洗净，再用40%氢氧化钠浸泡2～3h，倾去溶液，再用碱性酒石酸铜乙液浸泡数小时，用水洗净，再以3mol/L盐酸浸泡数小时，用水洗至不呈酸性。加水振荡，使之成为微细的浆状软纤维，用水浸泡并贮存在玻璃瓶中，即可用于填充古氏坩埚。

④ 0.1000mol/L高锰酸钾标准溶液。

⑤ 40g/L氢氧化钠溶液。

⑥ 50g/L硫酸铁溶液：称50g硫酸铁，加入200mL水溶解后，慢慢加入100mL硫酸，冷却后加水稀释至1000mL。

⑦ 3mol/L盐酸溶液：量取30mL盐酸，加水稀释至120mL。

3. 仪器

① 25mL古氏坩埚或G_4垂融坩埚。

② 真空泵或水力真空管。

4. 样品处理

（1）一般食品　称取粉碎后的固体试样2.5～5g或混匀后的液体试样25～50g，精确至

0.001g，置于250mL容量瓶中，加50mL水，摇匀后加10mL碱性酒石酸铜甲液及4mL氢氧化钠溶液（40g/L），加水至刻度，混匀。静置30min，用干燥滤纸过滤，弃去初滤液，取续滤液备用。

（2）酒精性饮料　称取约100g混匀后的试样，精确至0.01g，置于蒸发皿中，用氢氧化钠溶液（40g/L）中和至中性，在水浴上蒸至原体积的1/4，移入250mL容量瓶中，加50mL水，混匀，加10mL碱性酒石酸铜甲液及4mL氢氧化钠溶液（40g/L），加水至刻度，混匀，静置30min，用干燥滤纸过滤，弃去初滤液，取续滤液备用。

（3）含大量淀粉的食品　称取10～20g粉碎或混匀后的试样，精确至0.001g，置于250mL容量瓶中，加200mL水，在45℃水浴中加热1h，并时时振摇。冷后加水至刻度，混匀，静置。吸取200mL上清液置于另一250mL容量瓶中，加入10mL碱性酒石酸铜甲液及4mL氢氧化钠溶液（40g/L），加水至刻度，混匀。静置30min，用干燥滤纸过滤，弃去初滤液，取续滤液备用。

（4）碳酸类饮料　称取约100g混匀后的试样，精确至0.01g，试样置于蒸发皿中，在水浴上除去二氧化碳后，移入250mL容量瓶中，并用水洗涤蒸发皿，洗液并入容量瓶中，再加水至刻度，混匀后，备用。

5. 测定

吸取50.00mL处理后的试样溶液于400mL烧杯中，加入碱性酒石酸铜甲、乙液各25mL，于烧杯上盖一表面皿，置电炉上加热，使其在4min内沸腾，再准确沸腾2min，趁热用铺好石棉的古氏坩埚或G_4垂融坩埚抽滤，并用60℃热水洗涤烧杯及沉淀，至洗液不呈碱性反应为止。将古氏坩埚或垂融坩埚放回原400mL烧杯中，加25mL硫酸铁溶液及25mL水，用玻璃棒搅拌使氧化亚铜完全溶解，以高锰酸钾标准溶液（0.1000mol/L）滴定至微红色为终点。记录高锰酸钾标准溶液的消耗量。

同时吸取50mL水代替样液，按上述方法做试剂空白试验。记录空白试验消耗高锰酸钾溶液的量。

6. 结果计算

试样中还原糖质量相当于氧化亚铜的质量，按下式进行计算。

$$X = (V - V_0)c \times 71.54 \tag{4-32}$$

式中　X——试样中还原糖质量相当于氧化亚铜的质量，mg；

　　　V——测定试样液消耗高锰酸钾标准滴定溶液的体积，mL；

　　　V_0——试剂空白消耗高锰酸钾标准滴定溶液的体积，mL；

　　　c——高锰酸钾标准溶液的实际浓度，mol/L；

　71.54——1mL高锰酸钾标准溶液 $\left[c\left(\frac{1}{5}KMnO_4 \right) = 1.000mol/L \right]$ 相当于氧化亚铜的

　　　　　质量，mg。

根据式中计算所得的氧化亚铜质量，查附表2氧化亚铜质量相当于葡萄糖、果糖、乳糖、转化糖的质量表，再计算试样中还原糖的含量，按下式进行计算。

$$X = \frac{m_1}{m_4 \times \frac{V}{250} \times 1000} \times 100 \tag{4-33}$$

式中　X——试样中还原糖的含量，g/100g；

　　　m_1——查表得还原糖的质量，mg；

m_4——试样质量（或体积），g 或 mL；

　V——测定用试样溶液的体积，mL；

　250——试样处理后的总体积，mL。

7. 说明

（1）还原糖能在碱性溶液中将两价铜离子还原为棕红色的氧化亚铜沉淀，而糖本身被氧化为相应的羧酸，这是还原糖定量测定的基础。

（2）氧化亚铜沉淀的量与还原糖的量成正比，计算氧化亚铜沉淀方法很多，高锰酸钾滴定法是其中之一。当样品中的还原糖与 Cu^{2+} 作用后，生成定量的氧化亚铜沉淀，收集、清洗沉淀，将其置于硫酸中，加入硫酸铁与氧化亚铜作用，硫酸铁还原成硫酸亚铁，用高锰酸钾标准溶液滴定生成的硫酸亚铁，终点为粉红色。根据消耗的高锰酸钾的量可计算氧化亚铜质量，再根据附表 2 可计算出样品中还原糖的量。

（3）试样处理时应除去蛋白质、脂肪、乙醇、二氧化碳、纤维素、淀粉等。

（4）还原糖与碱性酒石酸铜试剂作用，必须加热至沸腾下进行，因此加热至沸时间及保持沸腾时间需要严格控制，并保持一致。

（5）煮沸后溶液应保持蓝色，使碱性酒石酸铜过量，使还原糖完全反应。如不显蓝色，说明样液糖浓度过高，应调整样液中糖的浓度，或减少样液取用体积或重新操作，而不能增加碱性酒石酸铜甲、乙液的用量。

（6）在古氏坩埚中铺好精制石棉，必须密实，以免使氧化亚铜沉淀损失。

（7）高锰酸钾法测定食品中的还原糖测定结果准确性较好，但操作繁琐费时，并在抽滤过程中应注意防止氧化亚铜沉淀暴露于空气中而氧化，应将沉淀始终保持在液面下，严格掌握反应条件。

三、食品中淀粉的检测

淀粉是一种多糖，是植物性食品的重要组成成分，也是人体热量的主要来源。淀粉可逐步水解为短链淀粉、糊精、麦芽糖、葡萄糖，可通过测定葡萄糖含量，计算淀粉含量。因此，淀粉测定常用的方法有酸水解法、酶水解法、旋光法、酸化酒精沉淀法。酶法适用于淀粉含量较高的样品测定，具有操作简单、应用广泛、选择性较好及准确性高的特点。酸水解法适用于淀粉含量较高，而其他能被水解为还原糖的多糖含量较少的样品，对含有半纤维素高的食品如食物壳皮、高粱等，不宜采用此方法。该法操作简单、应用广泛，但选择性和准确性不如酶法。旋光法适用于淀粉含量较高，而可溶性糖类含量较少的样品如粉、米粉等，此法重现性好，操作简便。下面介绍酸水解法检测淀粉含量。

1. 原理

样品经乙醚除去脂肪，乙醇除去可溶性糖类物质后，在酸性条件下把淀粉水解成葡萄糖，按照还原糖测定方法求出还原糖含量，再折算为淀粉的含量。

2. 仪器

① 水浴锅。

② 高速组织捣碎机：1200r/min。

③ 回流装置并附 250mL 锥形瓶。

3. 试剂

① 乙醚。

② 乙醇（85%）。

③ 盐酸（1+1）。

④ 氢氧化钠溶液（400g/L）。

⑤ 氢氧化钠溶液（100g/L）。

⑥ 乙酸铅溶液（200g/L）。

⑦ 硫酸钠溶液（100g/L）。

⑧ 甲基红指示剂。

⑨ 其余试剂同还原糖测定——直接滴定法。

4. 操作方法

（1）试样处理

① 粮食、豆类、糕点、饼干等较干燥易磨碎的样品：称取 2.00～5.00g（含淀粉 0.5g 左右）磨碎过 40 目筛的样品，置于放有慢速滤纸的漏斗中，用 50mL 乙醚分五次洗去样品中的脂肪，弃去乙醚，再用 150mL 乙醇（85%）分数次洗涤残渣，以除去可溶性糖类。滤干乙醇溶液，以 100mL 水洗涤漏斗中的残渣，并全部转移至 250mL 锥形瓶中，加入 30mL 盐酸（1+1），接好冷凝管，置沸水浴中回流 2h。回流完毕后，立即冷却。待试样水解液冷却后，加入 2 滴甲基红指示液，先以氢氧化钠溶液（400g/L）调至黄色，再以盐酸（1+1）校正至水解液刚变红色。若水解液颜色较深，可用精密 pH 试纸测试，使试样水解液的 pH 约为 7。然后加 20mL 乙酸铅溶液（200g/L），摇匀，放置 10min。再加 20mL 硫酸钠溶液（100g/L），以除去过多的铅。摇匀后将全部溶液及残渣转入 500mL 容量瓶中，用水洗涤锥形瓶，洗净合并于容量瓶中，加水稀释至刻度。过滤，弃去初滤液 20mL，续滤液供测定用。

② 其他样品：按 1：1 加水在组织捣碎机中捣成匀浆（蔬菜、水果需先洗净、晾干、取可食部分）。称取相当于原样质量 2.5～5g 的匀浆（精确至 0.001g）于 250mL 锥形瓶中，以下操作按上述①自"再用 150mL 乙醇（85%）分数次洗涤残渣"起依法操作。

（2）测定　按还原糖测定（直接滴定法）进行操作，同时量取 50mL 水及与试样处理时相同量的盐酸溶液，按同一方法做试剂空白试验。

5. 结果计算

试样中淀粉的含量按下式进行计算：

$$X = \frac{(A_1 - A_2) \times 0.9}{m \times \frac{V}{500} \times 1000} \times 100 \tag{4-34}$$

式中　X——试样中淀粉的含量，g/100g;

A_1——测定用试样水解液中还原糖的质量，mg;

A_2——试剂空白试验中还原糖的质量，mg;

0.9——还原糖（以葡萄糖计）换算成淀粉的换算系数;

m——称取试样的质量，g;

500——试样液总体积，mL;

V——测定用试样水解液的体积，mL。

计算结果表示到小数点后一位。

6. 提示

（1）回流装置的冷凝管应较长，以保证水解过程中盐酸不会挥发，保持一定的浓度。

（2）样品中脂肪含量较少时，可省去乙醚溶解和洗去脂肪的操作。乙醚也可用石油醚代替。若样品为液体，则采用分液漏斗振摇后，静置分层，去除乙醚层。

（3）淀粉的水解反应：$(C_6H_{10}O_5)_n + nH_2O \longrightarrow n(C_6H_{12}O_6)$

（4）把葡萄糖含量折算为淀粉含量的换算系数为 $162n/180n = 0.9$。

四、食品中纤维素的检测

纤维素是由葡萄糖组成的大分子多糖。不溶于水及一般有机溶剂，是植物性食品的主要成分之一，广泛存在于各种植物体内，其含量随食品种类的不同而异，尤其在谷类、豆类、水果、蔬菜中含量较高。纤维素是人类膳食中不可缺少的重要物质之一，在维持人体健康、预防疾病方面有着独特的作用，故在食品生产和食品开发中，常需要测定纤维素的含量，对于食品品质管理和营养价值的评定都具有重要意义。其中应用最广泛的是粗纤维的测定。

"粗纤维"是指对人体不起营养作用的一种非营养成分。随着科学技术的发展和对这种"非营养素"认识的提高，"粗纤维"一词渐渐被"膳食纤维"所代替，而赋予更丰富更广泛的内容。"膳食纤维"比"粗纤维"更能客观、准确地反映食物的可利用率。

食品中纤维素的测定方法，最早、应用最广泛的是粗纤维测定法，但现在认为存在一定的局限性，在国标 GB/T 5009.88—2008 食品中膳食纤维的测定中提供了两种新的测定方法：一是食品中总膳食纤维、不溶性膳食纤维、可溶性膳食纤维的测定；二是不溶性膳食纤维的测定。其中膳食纤维是指植物的可食部分不能被人体小肠消化吸收，对人体有健康意义，聚合度≥3 的碳水化合物和木质素，包括纤维素、半纤维素、果胶、菊粉等。大致分为两类，即可溶性膳食纤维（SDF）和不溶性膳食纤维（IDF）。

食品中总膳食纤维、可溶性和不溶性膳食纤维的测定。其中总膳食纤维（TDF）是指不能被 α-淀粉酶、蛋白酶和葡萄糖苷酶酶解消化的碳水化合物聚合物，包括纤维素、半纤维素、木质素、果胶、部分回生淀粉、果聚糖及美拉德反应产物等；一些小分子（聚合度为3～12）的可溶性膳食纤维，如低聚果糖、低聚半乳糖、多聚葡萄糖、抗性麦芽糊精和抗性淀粉等，由于能部分或全部溶解在乙醇溶液中，本方法不能够准确测量。

下面介绍不溶性膳食纤维素（中性洗涤性纤维）的测定：本法适用于谷物及其制品、饲料、果蔬等样品，对于蛋白质、淀粉含量高的样品，易形成大量泡沫，黏度大，过滤困难，使此法应用受到限制。本法设备简单、操作容易、准确度高、重现性好。所测结果包括食品中全部的纤维素、半纤维素、木质素，最接近于食品中膳食纤维的真实含量，但不包括水溶性非消化性多糖，这是此法的最大缺点。

1. 原理

样品经热的中性洗涤剂浸煮，并经热水充分漂洗后，可除去样品中游离淀粉、蛋白质、矿物质，然后在淀粉酶作用下去除结合态淀粉，再用蒸馏水、丙酮洗涤，以除去残存的脂肪、色素等，将残渣烘干，即为中性洗涤纤维（不溶性膳食纤维）。

2. 仪器

① 烘箱：110～130℃。

② 烘箱：37℃±2℃。

③ 纤维测定仪。若没有纤维测定仪，可用下列部件组成。

④ 电热板：带控温装置。

⑤ 高型无嘴烧杯：600mL。

⑥ 坩埚式耐热玻璃滤器：容量 60mL，孔径 40～60μm。

⑦ 回流冷凝装置。

⑧ 抽滤装置：由抽滤瓶、抽滤垫及水泵组成。

3. 试剂

① 中性洗涤剂溶液

a. 将 18.61g EDTA 二钠盐和 6.81g 四硼酸钠（$Na_2B_4O_7 \cdot 10H_2O$）置于烧杯中，用 250mL 蒸馏水加热溶解。

b. 称取 30g 月桂基硫酸钠（十二烷基硫酸钠）和 10mL 乙二醇乙醚（乙氧基乙醇），溶于 200mL 热水中，合并于 a. 液中。

c. 称取 4.56g 无水磷酸氢二钠溶于 150mL 热水，并入 a. 液中。

d. 用磷酸调节混合液至 pH6.9～7.1，最后加水至 1000mL，此液使用期间如有沉淀生成，需在使用前加热到 60℃，使沉淀溶解。

② 磷酸盐缓冲液：由 38.7mL 磷酸氢二钠溶液（0.1mol/L）和 61.3mL 磷酸二氢钠溶液（0.1mol/L）混合而成，pH 为 7。

③ α-淀粉酶溶液（25g/L）：称取 2.5mg α-淀粉酶，溶于 100mL、pH7.0 的磷酸盐缓冲溶液中，离心、过滤，滤过的酶液备用。

④ α-淀粉酶溶液：取 0.1mol/L 磷酸氢二钠溶液和 0.1mol/L 磷酸二氢钠溶液各 500mL，混匀，配成 pH 为 5.8～5.9 的磷酸盐缓冲液。称取 12.5mg α-淀粉酶，用上述缓冲溶液溶解并定容到 250mL。

⑤ 耐热玻璃棉：耐热 130℃，耐热并不易折断。

⑥ 丙酮。

⑦ 无水亚硫酸钠。

⑧ 十氢化萘。

⑨ 甲苯。

⑩ 石油醚（沸程 30～60℃）。

4. 试样的处理

(1) 粮食：试样用水洗 3 次，置 60℃烘箱中烘去表面水分，磨粉，过 20～30 目筛，储于塑料瓶内，放一小包樟脑精，盖紧瓶塞保存，备用。

(2) 蔬菜及其他植物性食品：取其可食部分，用水冲洗 3 次后，用纱布吸去水滴，切碎，取混合均匀的样品于 60℃烘干，称量并计算水分含量，磨粉；过 20～30 目筛，备用。或鲜试样用纱布吸取水滴，打碎、混合均匀后备用。

5. 测定

(1) 精确称取 0.500～1.000g 样品，放入 300mL 锥形瓶中，如果样品中脂肪含量超过 10%，需先去除脂肪，按每克样品用 20mL 石油醚，提取 3 次。

(2) 依次向锥形瓶中加入 100mL 中性洗涤剂、2mL 十氢化萘和 0.5g 无水亚硫酸钠，加热锥形瓶，使之在 5～20min 内沸腾，从微沸开始计时，准确微沸 1h。

(3) 把洁净的耐热玻璃过滤器（内铺 1～3g 玻璃棉）在 110℃烘箱内干燥 4h，放入干燥器内冷却至室温，称量得 m_1。

(4) 将煮沸后试样趁热全部移入过滤器，用水泵抽滤，用 500mL 热水（90～100℃）分 3～5 次洗涤烧杯及滤器，抽滤至干。洗净滤器下部的液体和泡沫，塞上橡皮塞。

（5）于滤器中加入 5mLα-淀粉酶溶液，抽滤，以置换残渣中的水，然后塞住玻璃过滤器的底部，加 20mL 淀粉酶液和几滴甲苯（防腐），上盖表面皿，置过滤器于 37℃±2℃ 培养箱中保温 1h。取出过滤器，取下底部的塞子，抽滤，并用不少于 500mL 热水分次洗去酶液，最后用 25mL 丙酮洗涤，抽干滤器。

（6）置滤器于 110℃ 烘箱中干燥 4h，取出，置于干燥器中冷却至室温，称量，得 m_2（准确至小数点后四位）。

6. 结果计算

$$w = \frac{m_2 - m_1}{m} \times 100\% \tag{4-35}$$

式中　　w——试样中不溶性膳食纤维的含量，%；

　　　　m_2——滤器加玻璃棉及试样中纤维的质量，g；

　　　　m_1——滤器加玻璃棉的质量，g；

　　　　m——样品的质量，g。

数据处理：计算结果保留到小数点后两位。

7. 提示

（1）中性洗涤纤维相当于植物细胞壁，它包括了样品中全部的纤维素、半纤维素、木质素、角质，因为这些成分是膳食纤维中不溶于水的部分，故又称为"不溶性膳食纤维"。由于食品中可溶性膳食纤维（来源于水果的果胶、某些豆类种子中的豆胶、海藻的藻胶、某些植物的黏性物质等可溶于水，称为水溶性膳食纤维）含量较少，所以中性洗涤纤维接近于食品中膳食纤维的真实含量。

（2）本法适用于谷物及其制品、饲料、果蔬等样品，对于蛋白质、淀粉含量高的样品，易形成大量泡沫，黏度大，过滤困难，使此法应用受到限制。本法设备简单、操作容易、准确度高、重现性好。

（3）样品粒度对分析结果影响较大，颗粒过粗时结果偏高，而过细时又易造成滤板孔眼堵塞，使过滤无法进行。一般采用 20～30 目为宜，过滤困难时，可加入助剂。

（4）十氢化萘是作为消泡剂，也可用正辛醇，但测定结果精密度不及十氢化萘。

（5）测定结果中包含灰分，可灰化后扣除。

⬇ 实训 4-9　乳粉中还原糖和蔗糖的检测

【实训要点】

1. 掌握直接滴定法测定食品中还原糖的方法。

2. 进一步掌握分析天平、样品预处理、酸碱滴定等操作。

3. 掌握测定乳粉中还原糖、蔗糖的工作过程。

【仪器试剂】

1. 仪器

① 可调式电炉（800W，带石棉网）。

② 50mL 的碱式滴定管。

③ 铁架台。

④ 锥形瓶、烧杯等。

2. 试剂

① 乙酸铅溶液（200g/L）：称取 200g 乙酸铅，溶于水并稀释至 1000mL。

② 草酸钾-磷酸氢二钠溶液：称取草酸钾 30g、磷酸氢二钠 70g，溶于水并稀释至 1000mL。

③ 盐酸（1+1）。

④ 氢氧化钠溶液（300g/L）：称取 300g 氢氧化钠，溶于水并稀释至 1000mL。

⑤ 斐林甲液：称取 34.639g 硫酸铜，溶于水中，加入 0.5mL 浓硫酸，加水至 500mL。

⑥ 斐林乙液：称取 173g 酒石酸钾钠及 50g 氢氧化钠溶解于水中，稀释至 500mL，静置两天后过滤。

⑦ 酚酞溶液（5g/L）：称取 0.5g 酚酞溶于 100mL 体积分数为 95％的乙醇中。

⑧ 亚甲基蓝溶液（10g/L）：称取 1g 亚甲基蓝于 100mL 水中。

【工作过程】

1. 斐林试剂的标定

> 思考 1：滴定时为什么要始终保持呈沸腾状态？

（1）用乳糖标定

① 称取预先在 94℃±2℃烘箱中干燥 2h 的乳糖标样约 0.75g（精确到 0.1mg），用水溶解并定容至 250mL。将此乳糖溶液注入一个 50mL 滴定管中，待滴定。

② 预滴定：吸取 10mL 斐林试剂（甲、乙液各 5mL）于 250mL 锥形瓶中。加入 20mL 蒸馏水，放入几粒玻璃珠，从滴定管中放出 15mL 样液于锥形瓶中，置于电炉上加热，使其在 2min 内沸腾，保持沸腾状态 15s，加入 3 滴亚甲基蓝溶液，继续滴入至溶液蓝色完全褪尽为止，读取所用样液的体积。

③ 精确滴定：另取 10mL 斐林试剂（甲、乙液各 5mL）于 250mL 锥形瓶中，再加入 20mL 蒸馏水，放入几粒玻璃珠，加入比预滴定量少 0.5~1.0mL 的样液，置于电炉上，使其在 2min 内沸腾，维持沸腾状态 2min，加入 3 滴亚甲基蓝溶液，以每滴/2s 的速度徐徐滴入，溶液蓝色完全褪尽即为终点，记录消耗的体积。

④ 按下式计算斐林试液的乳糖校正值（f_1）：

$$A_1 = \frac{V_1 m_1 \times 1000}{250} = 4 V_1 m_1 \tag{4-36}$$

$$f_1 = \frac{4 V_1 m_1}{AL_1} \tag{4-37}$$

式中　A_1——实测乳糖数，mg；

$\quad\quad V_1$——滴定时消耗乳糖溶液的体积，mL；

$\quad\quad m_1$——称取乳糖的质量，g；

$\quad\quad f_1$——斐林试液的乳糖校正值；

$\quad\quad AL_1$——由乳糖液滴定的体积（以 mL 计）查表 4-2 所得的乳糖数，mg。

表 4-2　乳糖及转化糖因数表（10mL 斐林试液）

滴定量/mL	乳糖/mg	转化糖/mg	滴定量/mL	乳糖/mg	转化糖/mg
15	68.3	50.5	33	67.8	51.7
16	68.2	50.6	34	67.9	51.7
17	68.2	50.7	35	67.9	51.8
18	68.1	50.8	36	67.9	51.8

续表

滴定量/mL	乳糖/mg	转化糖/mg	滴定量/mL	乳糖/mg	转化糖/mg
19	68.1	50.8	37	67.9	51.9
20	68.0	50.9	38	67.9	51.9
21	68.0	51.0	39	67.9	52.0
22	68.0	51.0	40	67.9	52.0
23	67.9	51.1	41	68.0	52.1
24	67.9	51.2	42	68.0	52.1
25	67.9	51.2	43	68.0	52.2
26	67.9	51.3	44	68.0	52.2
27	67.8	51.4	45	68.1	52.3
28	67.8	51.4	46	68.1	52.3
29	67.8	51.5	47	68.2	52.4
30	67.8	51.5	48	68.2	52.4
31	67.8	51.6	49	68.2	52.5
32	67.8	51.6	50	68.3	52.5

注："因数"系指与滴定量相对应的数目，可自表 4-2 中查得。若蔗糖含量与乳糖含量的比超过 3∶1 时，则在滴定量中加表 4-3 中的校正值后计算。

表 4-3　乳糖滴定量校正值

滴定终点时所用的糖液量/mL	用 10mL 斐林试液、蔗糖及乳糖量的比	
	3∶1	6∶1
15	0.15	0.30
20	0.25	0.50
25	0.30	0.60
30	0.35	0.70
35	0.40	0.80
40	0.45	0.90
45	0.50	0.95
50	0.55	1.05

（2）用蔗糖标定

① 称取在 105℃±2℃烘箱中干燥 2h 的蔗糖约 0.2g（精确到 0.1mg），用 50mL 水溶解并洗入 100mL 容量瓶中，加水 10mL，再加入 10mL 盐酸，置于 75℃水浴锅中，时时摇动，使溶液温度在 67.0～69.5℃，保温 5min，冷却后，加 2 滴酚酞溶液，用氢氧化钠溶液调至微粉色，用水定容至刻度。再按乳糖的②和③操作。

② 按下式计算斐林试液的蔗糖校正值（f_2）：

$$A_2 = \frac{V_2 m_2 \times 1000}{100 \times 0.95} = 10.5263 V_2 m_2 \tag{4-38}$$

$$f_2 = \frac{10.5263 V_2 m_2}{AL_2} \tag{4-39}$$

式中　A_2——实测转化糖数，mg；

V_2——滴定时消耗蔗糖溶液的体积，mL；

m_2——称取蔗糖的质量，g；

0.95——果糖分子质量和葡萄糖分子质量之和与蔗糖分子质量的比值；

f_2——斐林试液的蔗糖校正值；

AL_2——由蔗糖溶液滴定的体积（以 mL 计）查表 4-2 所得的转化糖数，mg。

2. 试样处理（乳糖测定）

（1）称取婴儿食品或脱脂粉 2g，全脂加糖粉或全脂粉 2.5g，乳清粉 1g，精确到 0.1mg，用 100mL 水分数次溶解并洗入 250mL 容量瓶中。

（2）徐徐加入 4mL 乙酸铅溶液、4mL 草酸钾-磷酸氢二钠溶液，并振荡容量瓶，用水稀释至刻度。静置数分钟，用干燥滤纸过滤，弃去最初 25mL 滤液后，所得滤液作滴定用。

3. 滴定　　　　　　　　思考 2：为什么要乙酸铅和草酸钾-磷酸氢二钠溶液处理样品？

预滴定：操作（1）中②。

精确滴定：操作（1）中③。

4. 样液的转化与滴定（蔗糖的测定）

取 50mL 样液于 100mL 容量瓶中，加入 5mL 盐酸（H1），在水温 68～70℃的水浴中加热 15min 冷却，用 20％的氢氧化钠调至中性后，定容，再预滴定和精确滴定。

【图示过程】

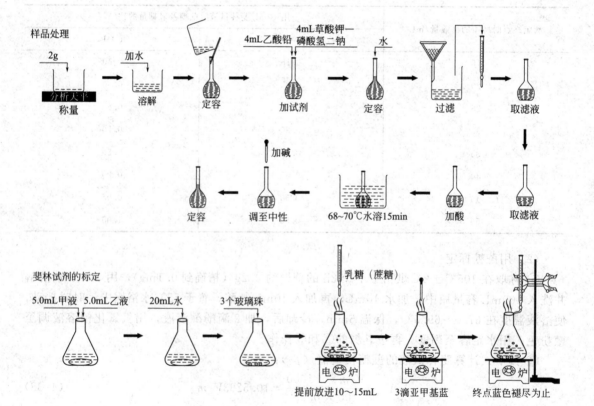

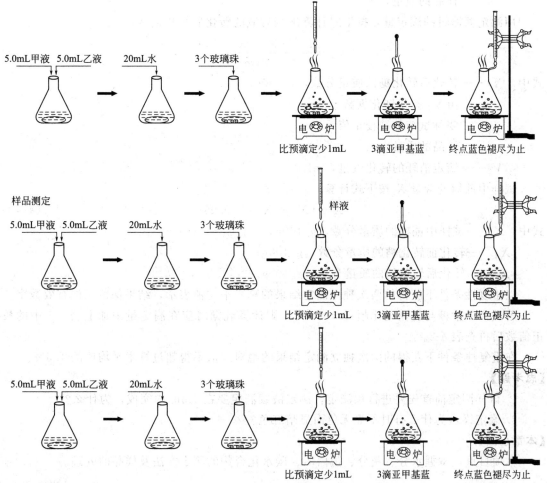

【结果分析】

乳糖试样中乳糖的含量 X 按下式计算：

$$X = \frac{F_1 f_1 \times 0.25 \times 100}{V_1 m}$$

（4-40）

式中 X——试样中乳糖的质量分数，g/100g；

F_1——由消耗样液的体积查表 4-2 所得乳糖数，mg；

f_1——斐林试液乳糖校正值；

V_1——滴定消耗滤液量，mL；

m——试样的质量，g。

以重复性条件下获得的两次独立测定结果的算术平均值表示，结果保留三位有效数字。

蔗糖利用测定乳糖时的滴定量，按下式计算出相对应的转化前转化糖数 X_1。

$$X_1 = \frac{F_2 f_2 \times 0.25 \times 100}{V_1 m}$$

（4-41）

式中 X_1——转化前转化糖的质量分数，g/100g；

F_2——由测定乳糖时消耗样液的体积查表 4-2 所得转化糖数，mg；

f_2——斐林试液蔗糖校正值；

V_1——滴定消耗滤液量，mL；

m——样品的质量，g。

用测定蔗糖时的滴定量，按下式计算出相对应的转化后转化糖 X_2。

$$X_2 = \frac{F_3 f_2 \times 0.50 \times 100}{V_2 m} \tag{4-42}$$

式中　X_2——转化后转化糖的质量分数，g/100g；

　　　F_3——由 V_2 查得转化糖数，mg；

　　　f_2——斐林试液蔗糖校正值；

　　　m——样品的质量，g；

　　　V_2——滴定消耗的转化液量，mL。

试样中蔗糖的含量 X 按下式计算：

$$X = (X_2 - X_1) \times 0.95 \tag{4-43}$$

式中　X——试样中蔗糖的质量分数，g/100g；

　　　X_1——转化前转化糖的质量分数，g/100g；

　　　X_2——转化后转化糖的质量分数，g/100g。

以重复性条件下获得的两次独立测定结果的算术平均值表示，结果保留三位有效数字。

若试样中蔗糖与乳糖之比超过 3∶1 时，则计算乳糖时应在滴定量中加上表 4-3 中的校正值数后再查表 4-2。

在重复性条件下获得的两次独立测定结果的绝对差值不得超过算术平均值的 1.5%。

【思考题】

1. 试样测定前首先要进行预滴定，测定液续滴定要在 1min 内完成，为什么？

2. 滴定终点为什么有时不显无色而显暗红色？

【本章小结】

本项目重点掌握水分、灰分、蛋白质、碳水化合物的测定方法及样品的处理。

思考练习题

一、填空题

1. 水分测定中样品性质不同，预处理各不相同，固态样品必须（　　　　），浓稠态（　　　　），液态（　　　　）。

2. 干燥法测定水分的原理是（　　　　）。可能引起误差的因素有（　　　　）。

3. 卡尔·费休法测水分的原理是（　　　　）。适用范围（　　　　）及注意事项是（　　　　）。

4. 测灰分前，样品必须预处理，果汁、牛乳等液体样品应（　　　　），果蔬等含水量较多的样品应（　　　　），谷物、豆类等固体样品应（　　　　），富含脂肪样品应（　　　　），富含糖样品应（　　　　）。加速灰化的方法有（　　　　）。

5. 采用自动电位（pH 计）来测定总酸度，食醋终点控制在 pH=（　　　　），计算时用（　　　　）计；啤酒终点控制在 pH=（　　　　），计算时用（　　　　）计；牛奶终点控制在 pH=（　　　　），计算时用（　　　　）计；酱油终点控制在 pH=（　　　　），计算时用（　　　　）计。

6. 索氏抽提、乙醚抽提测定脂肪时，要求样品（　　　　），若含多量糖及糖精，则需（　　　　），乙醚需（　　　　），加热装置采用（　　　　）。

7. 抽提脂肪常用（　　　）、（　　　）、（　　　）作为溶剂，其中（　　　）适合无水分样品；（　　　）适合微量水分；（　　　）适合结合脂肪的提取。

8. 食品中脂肪的测定有很多方法，索氏抽提法、酸水解法适合（　　　）；巴布科克法适合（　　　）；三氯甲烷-甲醇提取法适合（　　　）。

9. 可溶性糖提取，若（　　　）的样品，宜采用乙醇溶液提取，乙醇最终浓度应在（　　　）%范围，提取可加热回流，温度控制在（　　　）℃，不宜超过（　　　）℃。作为糖液澄清剂物质，必须具备（　　　），中性 Pb(Ac)$_2$ 适宜于（　　　），多余 Pb 可采用（　　　）除铅剂。

10. 还原糖采用直接滴定法测定时，锥形瓶中加（　　　），在（　　　）条件下以（　　　）为指示剂，移液管中加（　　　），滴定终点从（　　　）色到（　　　）色。

11. 测还原糖时，高锰酸钾滴定法与直接滴定法比较，适用于（　　　），方法的（　　　）都优于直接滴定法，缺点是（　　　）。

12. 凯氏定氮法中，以（　　　）为（　　　）水，氯化剂，加 K$_2$SO$_4$ 液（　　　），加 CuSO$_4$（　　　），加 NaOH 蒸馏，使（　　　），然后用（　　　）吸收，以（　　　）滴定。凯氏定氮测定结果为（　　　）。

13. 在直接滴定法测定还原糖时，滴定必须在（　　　）的条件下进行，以加快还原糖与 Ca^{2+} 的反应速率；防止空气进入，避免（　　　）被氧化而增加耗糖量。

14. 在挥发酸测定过程中，样品经适当处理后，加（　　　）的目的是为了使结合态挥发酸游离出来。

15. 水分的测定方法有多种，可以总结为两大类：（　　　）和（　　　）。

16. 食品中的总糖通常是指具有还原性的（　　　）、果糖、乳糖、麦芽糖等和在测定条件下能水解为还原性单糖的（　　　）总量。

17. 在测定水分的过程中，需用到干燥器，干燥器内一般用（　　　）作为干燥剂，如果该物质吸潮后会使干燥效能降低，其颜色变化：（　　　），说明其已失去吸水作用，需更换，可以在 135℃ 左右烘 2～3h，使其再生后再使用。

二、选择题

1. 减压干燥装置中，真空泵和真空烘箱之间连接装有硅胶、氢氧化钠干燥，其目的是（　　　）。

(1) 用氢氧化钠吸收酸性气体，用硅胶吸收水分

(2) 用硅胶吸收酸性气体，用氢氧化钠吸收水分

(3) 可确定干燥情况

(4) 可使干燥箱快速冷却

2. 灰分是标示（　　　）一项指标。

(1) 无机成分总量　　　　　　　　　　（2) 有机成分

(3) 污染的泥沙和铁、铝等氧化物的总量　（4) 污染泥沙的总量

3. 蛋白质测定蒸馏过程中，接收瓶内的液体是（　　　）。

(1) 硼酸　　　　　（2) 硝酸　　　　　（3) 氢氧化钠　　　　　（4) 盐酸

4. 取样量的大小以灼烧后得到的灰分量为（　　　）来决定。

(1) 10～100mg　　　（2) 0.01～0.1mg　　　（3) 1～10g　　　（4) 1～10mg

5. 样品灰化完全后，灰分应呈（　　　）。

(1) 灰白色　　　　　　(2) 白色带黑色炭粒　(3) 黑色　　　　　　(4) 白色

6. 下面不属于食品中类脂质的是（　　　）。

(1) 糖脂　　　　　　　(2) 固醇　　　　　　(3) 脂肪　　　　　　(4) 磷脂

7. 灰化完毕后（　　　），用预热后的坩埚钳取出坩埚，放入干燥器中冷却。

(1) 立即打开炉门

(2) 立即打开炉门，待炉温降到 200℃ 左右

(3) 待炉温降到 200℃ 左右，打开炉门

(4) 待炉温降到 300℃ 左右，打开炉门

8. 炭化时，含糖多的样品易于膨胀起泡，可加入几滴（　　　）。

(1) 植物油　　　　　　(2) 辛醇　　　　　　(3) 乙酸镁　　　　　(4) 过氧乙酸

9. 采用（　　　）加速灰化的方法，必须作空白试验。

(1) 滴加双氧水　　　　(2) 加入碳铵　　　　(3) 乙酸镁　　　　　(4) 乙醇

10. 无灰滤纸是指（　　　）。

(1) 灰化后毫无灰分的定量滤纸　　　　(2) 灰化后其灰分小于 0.1mg

(3) 灰化后其灰分在 1~3mg 之间　　　(4) 灰化后毫无痕迹的滤纸

11. 常压干法灰化的温度一般是（　　　）。

(1) 100~150℃　(2) 500~600℃　(3) 200~300℃　(4) 700~800℃

12. 哪类样品在干燥之前，应加入精制海砂（　　　）。

(1) 固体样品　　　　　(2) 液体样品　　　　(3) 浓稠态样品　　　(4) 气态样品

13. 常压干燥法一般使用的温度是（　　　）。

(1) 95~105℃　(2) 120~130℃　(3) 500~600℃　(4) 300~400℃

14. 确定常压干燥法的时间的方法是（　　　）。

(1) 干燥到恒重　　　　　　　　　　(2) 规定干燥一定时间

(3) 95~105℃ 干燥 3~4h　　　　　(4) 95~105℃ 干燥约 1h

15. 水分测定中干燥到恒重的标准是（　　　）。

(1) 1~3mg　　(2) 1~3g　　(3) 1~3μg　　(4) 1~3g

16. 采用二次干燥法测定食品中的水分样品是（　　　）。

(1) 含水量大于 16% 的样品　　　(2) 含水量在 14%~16% 的样品

(3) 含水量小于 14% 的样品　　　(4) 含水量小于 2% 的样品

17. 下列样品中可用常压干燥的样品是（　　　）；应用减压干燥的样品是（　　　）；应用蒸馏法测定水分的样品是（　　　）。

(1) 饲料　　　　　　　(2) 香料　　　　　　(3) 味精　　　　　　(4) 麦乳精

(5) 八角　　　　　　　(6) 柑橘　　　　　　(7) 面粉

18. 样品烘干后，正确的操作是（　　　）。

(1) 从烘箱内取出，放在室内冷却后称重

(2) 从烘箱内取出，放在干燥器内冷却后称重

(3) 在烘箱内自然冷却后称重

(4) 在冰箱内自然冷却后称重

19. 蒸馏法测定水分时常用的有机溶剂是（　　　）。

(1) 甲苯、二甲苯　　　　　　　　　(2) 乙醚、石油醚

（3）氯仿、乙醇　　　　　　　　　　　　（4）四氯化碳、乙醚

20. 测定食品样品水分活度值的方法是（　　　　）。

（1）常压干燥法　　　　　　　　　　　　（2）卡尔·费休滴定法

（3）溶剂萃取＋卡尔·费休滴定法　　　　　（4）减压干燥法

21. 可直接将样品放入烘箱中进行常压干燥的样品是（　　　　）。

（1）乳粉　　　　　　（2）果汁　　　　　　（3）糖浆　　　　　　（4）酱油

22. 除了用干燥法测定液态食品水分含量外，还可用的间接测定法是（　　　　）。

（1）卡尔·费休法　　（2）蒸馏法　　　　　（3）比重法　　　　　（4）折光法

23. 对食品灰分叙述正确的是（　　　　）。

（1）灰分中无机物含量与原样品无机物含量相同

（2）灰分是指样品经高温灼烧后的残留物

（3）灰分是指食品中含有的无机成分

（4）灰分是指样品经高温灼烧完全后的残留物

24. 耐碱性好的灰化容器是（　　　　）。

（1）瓷坩埚　　　　　（2）蒸发皿　　　　　（3）石英坩埚　　　　（4）铂坩埚

25. 正确判断灰化完全的方法是（　　　　）。

（1）一定要灰化至白色或浅灰色

（2）一定要高温炉温度达到 $500 \sim 600℃$ 时计算时间 5h

（3）应根据样品的组成，性状观察残灰的颜色

（4）加入助灰剂使其达到白灰色为止

26. 富含脂肪的食品在测定灰分前应先除去脂肪的目的是（　　　　）。

（1）防止炭化时发生燃烧　　　　　　　　　（2）防止炭化不完全

（3）防止脂肪包裹炭粒　　　　　　　　　　（4）防止脂肪挥发

27. 固体食品应粉碎后再进行炭化的目的是（　　　　）。

（1）使炭化过程更易进行、更完全　　　　　（2）使炭化过程中易于搅拌

（3）使炭化时燃烧完全　　　　　　　　　　（4）使炭化时容易观察

28. 对水分含量较多的食品，测定其灰分含量应进行的预处理是（　　　　）。

（1）稀释　　　　　　（2）加助化剂　　　　（3）干燥　　　　　　（4）浓缩

29. 干燥器内常放入的干燥剂是（　　　　）。

（1）硅胶　　　　　　　　　　　　　　　　（2）助化剂

（3）碱石灰　　　　　　　　　　　　　　　（4）无水 Cu_2SO_4

30. 炭化高糖食品时，加入的消泡剂是（　　　　）。

（1）辛醇　　　　　　（2）双氧水　　　　　（3）硝酸镁　　　　　（4）硫酸

31. 索氏提取法常用的溶剂有（　　　　）。

（1）乙醚　　　　　　　　　　　　　　　　（2）石油醚

（3）乙醇　　　　　　　　　　　　　　　　（4）三氯甲烷-甲醇

32. 测定花生仁中脂肪含量的常规分析方法是（　　　　），测定牛奶中脂肪含量的常规方法是（　　　　）。

（1）索氏提取法　　　　　　　　　　　　　（2）酸性乙醚提取法

（3）碱性乙醚提取法　　　　　　　　　　　（4）巴布科克法

33. 用乙醚提取脂肪时，所用的加热方法是（　　　　）。

(1) 电炉加热　　　　(2) 水浴加热　　　　(3) 油浴加热　　　　(4) 电热套加热

34. 用乙醚作提取剂时，（　　　　）。

(1) 允许样品含少量水　　　　　　　　　　(2) 样品应干燥

(3) 浓稠状样品加海砂　　　　　　　　　　(4) 应除去过氧化物

35. 索氏提取法测定脂肪时，抽提时间是（　　　　）。

(1) 虹吸 20 次　　　　　　　　　　　　　(2) 虹吸产生后 2h

(3) 抽提 6h　　　　　　　　　　　　　　 (4) 用滤纸检查抽提完全为止

36. （　　　　）测定是糖类定量的基础。

(1) 还原糖　　　　(2) 非还原糖　　　　(3) 葡萄糖　　　　(4) 淀粉

37. 直接滴定法在滴定过程中（　　　　）。

(1) 边加热边振摇　　　　　　　　　　　　(2) 加热沸腾后取下滴定

(3) 加热保持沸腾，无需振摇　　　　　　　(4) 无需加热沸腾即可滴定

38. 直接滴定法在测定还原糖含量时用（　　　　）作指示剂。

(1) 亚铁氰化钾　　(2) Cu^{2+} 的颜色　　(3) 硼酸　　　　(4) 亚甲基蓝

39. K_2SO_4 在定氮法中消化过程的作用是（　　　　）。

(1) 催化　　　　(2) 显色　　　　(3) 氧化　　　　(4) 提高温度

40. 凯氏定氮法碱化蒸馏后，用（　　　　）作吸收液。

(1) 硼酸溶液　　(2) NaOH 溶液　　(3) 萘氏试纸　　(4) 蒸馏水

41. 为了澄清牛乳提取其中的糖分，可选用（　　　　）作澄清剂。

(1) 中性乙酸铅　　　　　　　　　　　　　(2) 乙酸锌和亚铁氰化钾

(3) 硫酸铜和氢氧化钠　　　　　　　　　　(4) 碳酸钠

42. 用铅盐作澄清剂后，应除去过量的铅盐，因为（　　　　）。

(1) 铅盐是重金属，有毒，会污染食品　　　(2) 铅盐使糖液颜色变深

(3) 铅盐与还原糖造成铅糖，使糖含量降低　(4) 铅影响测定结果

43. （　　　　）是唯一公认的测定香料中水分含量的标准。

(1) 直接干燥法　　　　　　　　　　　　　(2) 减压干燥法

(3) 蒸馏法　　　　　　　　　　　　　　　(4) 卡尔·费休法

44. 以下样品中，（　　　　）适用于常压干燥法，（　　　　）适用于减压干燥法。

(1) 巧克力　　　　(2) 蜜枣　　　　(3) 大米　　　　(4) 饼干

(5) 饲料　　　　(6) 蜜糖

45. 称样数量，一般控制在其干燥后的残留物质量在（　　　　）。

(1) 10～15g　　　(2) 5～10g　　　(3) 1.5～3g　　　(4) 1.5g 以下

46. 在减压干燥时，可选用（　　　　）称量皿，它的规格以样品置于其中平铺后厚度不超过皿高的（　　　　）。

(1) 玻璃　　　　(2) 铝质　　　　(3) 1/5　　　　(4) 1/3

47. 在蒸馏法中，可加入（　　　　）防止乳浊现象。

(1) 苯　　　　(2) 二甲苯　　　　(3) 戊醇　　　　(4) 异丁醇

48. 斐林甲液、乙液（　　　　）。

(1) 分别贮存，临用时混合　　　　　　　　(2) 可混合贮存，临用时稀释

（3）分别贮存，临用时稀释后混合使用　　　（4）分别贮存，临用时稀释

49. 在标定斐林试液和测定样品还原糖浓度时，都应进行预滴定，其目的是（　　）。

（1）为了提高正式滴定的准确度

（2）是正式滴定的平行实验，滴定的结果用于平均值的计算

（3）为了方便终点的观察

（4）控制反应条件

50. 样品水分含量达 17％ 以上时，样品难以粉碎，且粉碎时水分损失较大，测量样品水分应采用先在（　　）下干燥 3～4h，然后粉碎再测定水分。

（1）30℃　　　　　（2）50℃　　　　　（3）80℃　　　　　（4）100℃

51. 标准规定，水分检测要求在重复性条件下获得的两次独立测定结果的绝对差值不得超过算术平均值的（　　）。

（1）8％　　　　　（2）5％　　　　　（3）3％　　　　　（4）2％

52. 测定淀粉中灰分时，将洗净坩埚置于灰化炉内，在 600℃±25℃ 下加热（　　），并在干燥器内冷却至室温，然后称重。

（1）20min　　　　（2）30min　　　　（3）45min　　　　（4）10min

53. 需要烘干的沉淀用（　　）过滤。

（1）定性滤纸　　　（2）定量滤纸　　　（3）玻璃砂芯漏斗　　　（4）分液漏斗

54. 高锰酸钾滴定法测定还原糖时，所用的澄清剂是（　　）。

（1）硫酸铜和亚铁氰化钾　　　　　　　　（2）硫酸锌和硫酸铜

（3）硫酸铜和氢氧化钠　　　　　　　　　（4）乙酸锌和亚铁氰化钾

55. 下列哪种物质不适合于用直接干燥法？（　　）

（1）糖浆　　　　　（2）面粉　　　　　（3）面包　　　　　（4）大豆

56. 用高温炉灰化样品时，下面操作不正确的是（　　）。

（1）用坩埚盛装样品

（2）将坩埚与样品在电炉上小心炭化后放入

（3）将坩埚与坩埚盖同时放入灰化

（4）关闭电源后，开启炉门，降温至室温时取出

57. 糖果水分的测定一般采用（　　）。

（1）常压干燥法　　（2）减压干燥法　　（3）蒸馏法　　　　（4）红外线法

58. 实验室中干燥剂二氯化钴变色硅胶失效后，呈现（　　）。

（1）红色　　　　　（2）蓝色　　　　　（3）黄色　　　　　（4）黑色

59. 过滤大颗粒晶体沉淀应选用（　　）。

（1）快速滤纸　　　　　　　　　　　　　（2）中速滤纸

（3）慢速滤纸　　　　　　　　　　　　　（4）P4 玻璃砂芯坩埚

60. 斐林试剂直接滴定法测定还原糖含量时，使终点灵敏所加的指示剂为（　　）。

（1）中性红　　　　（2）溴酚蓝　　　　（3）酚酞　　　　　（4）亚甲基蓝

61. 蛋白质测定消化结束时，凯氏烧瓶内的液体应呈（　　）。

（1）透明蓝绿色　　（2）黑色　　　　　（3）褐色　　　　　（4）微红色

62. 糖类提取剂的另一类常见的是（　　）。

（1）无水乙醇　　　　　　　　　　　　　（2）70％～75％乙醇溶液

（3）90％乙醇溶液　　　　　　　　　　（4）50％乙醇溶液

三、判断题

1. （　　）减压干燥法适用于不易除去结合水的食品。

2. （　　）卡尔·费休法不仅可测样品中的自由水，而且可以测定结合水。

3. （　　）酸不溶性灰分反映的是污染的泥沙和食品中原有微量氧化硅的含量。

4. （　　）挥发酸不包括可用水蒸气蒸馏的乳酸、CO_2、SO_2等。

5. （　　）索氏提取法测得的只是游离态脂肪。

6. （　　）高锰酸钾滴定法测还原糖时不受样品颜色的限制，但需用特制的高锰酸钾法糖类检索表。

7. （　　）蔗糖的测定可通过分别测定水解前后样品溶液中还原糖含量之差值乘上一个换算系数进行。

8. （　　）双缩脲法测定蛋白质简单、快速，但灵敏度低。

9. （　　）甲醛滴定法测氨基酸时有铵存在，会使结果偏高。

10. （　　）索氏抽提法测食品中脂肪含量，使用无水乙醚，就能获得准确的结果。

11. （　　）提取粗脂肪时，温度不能高于55℃，主要是为了防止脂肪的氧化以及乙醚的聚合作用。

12. （　　）灰分是指样品经过550℃高温灼烧以后的无机残渣。

13. （　　）测定还原糖时，将斐林甲移入斐林乙中，可减小测定误差。

14. （　　）有效酸度是指样品中呈游离状态的氢离子的浓度，准确地说应该是活度。

15. （　　）脂溶性维生素有维生素A、维生素D、维生素E、维生素K等。

16. （　　）总酸度的测定时用标准碱液滴定时，被中和生成盐类。用酚酞作指示剂，当滴定至终点pH8.2，溶液显淡红色，要求3s不褪色才认为是滴定终点。

17. （　　）红外线干燥法适用于水分含量较低的干菜等干制品中水分含量的测定。

18. （　　）直接法测定挥发酸，适用于各类饮料、果蔬及其制品中总挥发酸含量的测定。

19. （　　）挥发酸是指易挥发的有机酸，如乙酸、乳酸、甲酸及丁酸等。

20. （　　）常用的糖类提取剂有水、乙醚和乙醇水溶液。

21. （　　）利用水分本身的物理化学性质来测定水分含量的方法，如化学干燥法、蒸馏法、比重法和卡尔·费休法，都属于直接法。

22. （　　）在直接干燥法测定食品水分时，对于水分含量较低的固态、浓稠态食品，将称样质量控制在3～5g，而对于果汁、牛乳等液态食品，通常每份样量控制在15～20g为宜。

23. （　　）灰分可分为水溶性灰分、酸溶性灰分与酸不溶性灰分。

24. （　　）高锰酸钾滴定法适用于各类食品中还原糖的测定，对有色样液也不受限制。

25. （　　）可以用索氏抽取器提取固体物质。

26. （　　）还原糖的测定实验，滴定时应保持微沸状态。

食品中营养成分的检测(二)

知识目标

1. 掌握水溶性维生素和脂溶性维生素的测定方法。
2. 掌握有益微量元素的测定方法。

能力目标

1. 掌握维生素 C、维生素 A、维生素 D、维生素 E 的测定。
2. 掌握锌、铁、碘等的测定。

知识导入

食品中维生素的含量主要取决于食品的品种及该食品的加工工艺与贮存条件。许多维生素对光、热、氧、pH 敏感。测定食品中维生素的含量,在评价食品的营养价值,开发利用富含维生素的食品资源,指导人们合理调整膳食结构,防止维生素缺乏症,研究维生素在食品加工、贮存等过程中的稳定性,指导人们制定合理的工艺及贮存条件,监督维生素强化食品的强化剂量,防止因摄入过多而引起维生素中毒等方面,具有十分重要的意义和作用。

食品中的矿物质元素是指除去碳、氢、氧、氮四种元素以外的存在于食品中的其他元素。除少量矿物元素(S、P)参与有机物的组成外,大多数以无机盐形式存在。各种食品中或多或少都含有矿物元素,约有 50 余种,可分为金属、非金属两类。从营养学的角度,可分为必需元素、非必需元素和有害元素三类。从人体需要量多少的角度,可分为常量元素、微量元素两类。微量元素在人体内含量甚微,总量不足体重的万分之五,在体内含量虽然微乎其微,但却能起到重要的生理作用。现在普遍认为人体必需的微量元素有铁、锌、锰、镍、钴、钼、硒、铬、碘、氟、锡、硅、钒 13 种。常量元素是指每日膳食需要量在 100mg 以上,如钙、磷、镁、钾、钠、硫、氯等。如果某种元素供应不足,就会发生该元素缺乏症,但某种微量元素摄入过多,也会发生中毒。

第一节　维生素的检测

维生素是维持机体正常生理功能及细胞内特异代谢反应所必需的一类微量低分子天然有机化合物,是调节人体各种新陈代谢过程必不可少的重要营养素。人体如从膳食中摄入维生素的量不足或者机体由于某种原因吸收或合成发生障碍时，就会引起各种维生素缺乏症。近几年已经查明仅有少数几种维生素可以在体内合成，大多数维生素都必须由食物供给，因此，维生素作为强化剂已在食品工业的某些产品中开始使用。

按照维生素的溶解性能，习惯上将其分为两大类：脂溶性维生素和水溶性维生素。前者不溶于水而溶于脂肪及有机溶剂（如苯、乙醚及氯仿等）中，包括维生素 A、维生素 D、维生素 E、维生素 K。它们在食物中与脂类共存，摄入后存在于脂肪组织中，主要储存于肝脏，不能从尿中排出，大剂量摄入时可能引起中毒；后者溶于水，包括 B 族维生素（维生素 B_1、维生素 B_2、维生素 PP、维生素 B_6、叶酸、维生素 B_{12}、泛酸、生物素等）和维生素 C。其共同特点是一般只存在于植物性食品中，满足组织需要后都能从机体排出。

有些化合物，其活性类似维生素，曾被列入维生素类，通常称之为"类维生素"，如生物类黄酮、辅酶 Q、肌醇、硫辛酸、对氨基苯甲酸、乳清酸和牛磺酸等。

维生素的检测方法有生物鉴定法、微生物法、化学法和仪器法。其中化学分析法和仪器分析法是维生素测定的常用方法。化学分析法中的比色法、滴定法，具有简便、快速、不需特殊食品等优点，正为广大基层实验室所普遍采用。仪器分析法中的紫外分光光度、荧光法是多种维生素标准分析方法，具有灵敏、快速、选择性好等优点。不同的检测方法所适用的食品种类有所区别，在选择检测方法时应予以注意。

这里主要介绍食品中比较常见的几种维生素的检测方法。

一、维生素 A 的检测（三氯化锑比色法）

维生素 A 又称视黄醇（其醛衍生物视黄醛）或抗干眼病因子，是一个具有脂环的不饱和一元醇，包括动物性食物来源的维生素 A_1、维生素 A_2 两种，是一类具有视黄醇生物活性的物质。维生素 A_1 多存在于哺乳动物及咸水鱼的肝脏中，而维生素 A_2 常存于淡水鱼的肝脏中。由于维生素 A_2 的活性比较低，所以通常所说的维生素 A 是指维生素 A_1。

维生素 A 在分类中属于脂溶性维生素，植物来源的 β-胡萝卜素及其他类胡萝卜素可在人体内合成维生素 A，β-胡萝卜素的转换效率最高。维生素 A 是构成视觉细胞中感受弱光的视紫红质的组成成分，视紫红质是由视蛋白和 11-顺-视黄醛组成，与暗视觉有关。人体缺乏维生素 A，影响暗适应能力，如儿童发育不良、皮肤干燥、干眼病、夜盲症等。维生素 A 过量摄入，可引起中毒。维生素 A 急性中毒症状包括嗜睡、头痛、呕吐、视乳头水肿等。慢性维生素 A 过多可表现为皮肤干燥、粗糙、脱发、唇干裂、皮肤瘙痒或低热等。

1. 三氯化锑比色法检测原理

根据维生素 A 在三氯甲烷溶液中与三氯化锑相互作用，产生蓝色可溶性配合物，在 620nm 波长处有最大吸收峰，其吸光度与维生素 A 的含量在一定的范围内成正比，故可比色测定。

本法适用于维生素 A 含量较高的各种样品（高于 $5 \sim 10 \mu g/g$），对低含量样品，因受其他脂溶性物质的干扰，不易比色测定。该法的主要缺点是生成的蓝色配合物的稳定性差。比色测定必须在 6s 内完成，否则蓝色会迅速消退，将造成极大误差。

2. 试剂

① 无水硫酸钠（不吸附维生素 A）。

② 乙酸酐。

③ 乙醚（不含过氧化物）。

④ 无水乙醇（不得含有醛类物质）。

⑤ 三氯甲烷（应不含分解物，否则会破坏维生素 A）。

检查方法：三氯甲烷不稳定，放置后易受空气中氧的作用，生成氯化氢和光气。检查时可取少量三氯甲烷置试管中加水少许后振摇，使氯化氢溶到水层。加入几滴硝酸银溶液，如有白色沉淀即说明三氯甲烷中有分解产物。

处理方法：试剂应先测验是否含有分解产物，如有，则应于分液漏斗中加水洗数次，加无水硫酸钠或氯化钙使之脱水，然后蒸馏。

⑥ 三氯化锑-三氯甲烷溶液（250g/L）：用三氯甲烷配制三氯化锑溶液，储于棕色瓶中（注意勿使吸收水分）。

⑦ 氢氧化钾溶液（1+1）。

⑧ 维生素 A 或视黄醇乙酸酯标准液：取脱醛乙醇溶解维生素 A 标品（纯度 85% 的视黄醇或纯度 90% 的视黄醇乙酸酯），使其浓度约为 1mg/mL 视黄醇。临用前以紫外分光光度法标定其浓度。

⑨ 酚酞指示剂（10g/L）：用 95% 乙醇配制。

3. 仪器

① 实验室常用仪器。

② 分光光度计。

③ 回流冷凝装置。

4. 操作步骤

（1）试样处理　根据试样性质，可采用皂化法或研磨法。

① 皂化法　适用于维生素 A 含量不高的试样，可减少脂溶性物质的干扰，但全部试验过程费时，且易导致维生素 A 损失。

a. 皂化：根据试样中维生素 A 含量的不同，准确称取 0.5~5g 试样于锥形瓶中，加入 10mL 氢氧化钾（1+1）及 20~40mL 乙醇，于电热板上回流 30min 至皂化完全为止。

b. 提取：将皂化瓶内混合物移至分液漏斗中，以 30mL 水洗皂化瓶，洗液并入分液漏斗。如有渣子，可用脱脂棉漏斗滤入分液漏斗内。用 50mL 乙醚分两次洗皂化瓶，洗液并入分液漏斗中。振摇并放气，静置分层后，水层放入第二个分液漏斗内。皂化瓶再用约 30mL 乙醚分两次冲洗，洗液倾入第二个分液漏斗中。振摇后，静置分层，水层放入锥形瓶中，醚层与第一个分液漏斗合并。重复至水液中无维生素 A 为止（醚层不再呈蓝色）。

c. 洗涤：用约 30mL 水加入第一个分液漏斗中，轻轻振摇，静置片刻后，放去水层。加 15~20mL 0.5mol/L 氢氧化钾溶液于分液漏斗中，轻轻振摇后，弃去下层碱液，除去醚溶性酸皂。继续用水洗涤，每次用水约 30mL，直至洗涤液与酚酞指示剂呈无色为止（大约 3 次）。醚层液静置 10~20min，小心放出析出的水。

d. 浓缩：将醚层液经过无水硫酸钠滤入锥形瓶中，再用约 25mL 乙醚冲洗分液漏斗和硫酸钠两次，洗液并入锥形瓶内。置水浴上蒸馏，回收乙醚。待瓶中剩约 5mL 乙醚时取下，用减压抽气法至干，立即加入一定量的三氯甲烷使溶液中维生素 A 含量在适宜浓度范围内。

② 研磨法　适用于每克试样维生素 A 含量大于 5~10μg 试样的测定，如肝的分析。步骤简单，省时，结果准确。

a. 研磨：精确称 2~5g 试样，放入盛有 3~5 倍试样质量的无水硫酸钠研钵中，研磨至试样中水分完全被吸收，并均质化。

b. 提取：小心地将全部均质化试样移入带盖的锥形瓶内，准确加入 50~100mL 乙醚。

紧压盖子，用力振摇 2min，使试样中维生素 A 溶于乙醚中。使其自行澄清（大约需 1～2h），或离心澄清（因乙醚易挥发，气温高时应在冷水浴中操作。装乙醚的试剂瓶也应事先放入冷水浴中）。

c. 浓缩：取澄清的乙醚提取液 2～5mL，放入比色管中，在 70～80℃水浴上抽气蒸干。立即加入 1mL 三氯甲烷溶解残渣。

(2) 测定

① 标准曲线的制备　准确取一定量的维生素 A 标准溶液于 4～5 个容量瓶中，以三氯甲烷配制标准系列。再取相同数量的比色管依次取 1mL 三氯甲烷和标准系列使用液 1mL，各管加入乙酸酐 1 滴，制成标准比色列。于 620nm 波长处，以三氯甲烷调节吸光度至零点，将其标准比色列按顺序移入光路前，迅速加入 9mL 三氯化锑-三氯甲烷溶液。于 6s 内测定吸光度，以吸光度为纵坐标，维生素 A 含量为横坐标绘制标准曲线图。

② 试样测定

于一比色管中加入 10mL 三氯甲烷，加入 1 滴乙酸酐为空白液。另一比色管中加入 1mL 三氯甲烷，其余比色管中分别加入 1mL 试样溶液及 1 滴乙酸酐。其余步骤同标准曲线的制备。

5. 结果计算

按下式计算：

$$X = \frac{c}{m} \times V \times \frac{100}{1000} \tag{5-1}$$

式中　X——试样中维生素 A 的含量，mg/100g（如按国际单位，1 国际单位＝0.3μg 维生素 A）；

　　　c——由标准曲线上查得试样中维生素 A 的含量，μg/mL；

　　　m——试样质量，g；

　　　V——提取后加三氯甲烷定量的体积，mL；

　　　100——以每百克试样计。

数据处理：计算结果保留三位有效数字。

6. 提示

(1) 维生素 A 见光易分解，整个实验应在暗处进行，防止阳光照射，或采用棕色玻璃避光。

(2) 三氯化锑腐蚀性强，不能沾在手上，三氯化锑遇水生成白色沉淀，因此用过的仪器要先用稀 HCl 浸泡后再清洗。

(3) 如果样品中含有 β-胡萝卜素（如奶粉、禽蛋等食品）干扰测定，可将浓缩蒸干的样品用正己烷溶解，以氧化铝为吸附剂，以丙酮-己烷混合液为洗脱液进行柱色谱分离。

(4) 所用氯仿中不应含有水分，因三氯化锑遇水会出现沉淀，干扰比色沉淀。故在每 1mL 氯仿中应加入乙酸酐 1 滴，以保证脱水。

二、乳品中维生素 A、维生素 D、维生素 E 的检测

维生素 E 是一种脂溶性维生素，又称生育酚，是最主要的抗氧化剂之一。溶于脂肪和乙醇等有机溶剂中，不溶于水，对热、酸稳定，对碱不稳定，对氧敏感，对热不敏感，但油炸时维生素 E 活性明显降低。生育酚能促进性激素分泌，使男子精子活力和数量增加；使女子雌性激素浓度增高，提高生育能力，预防流产，还可用于防治男性不育症、烧伤、冻伤、毛细血管出血、更年期综合征、美容等方面。近来还发现维生素 E 可抑制眼睛晶状体

内的过氧化脂反应，使梢血管扩张，改善血液循环，预防近视发生和发展。

维生素 D 是指含有抗佝偻病活性的一类物质，具有维生素 D 活性的化合物约有 10 种，其中最重要的是维生素 D_2、维生素 D_3 及其维生素 D 原。维生素 D_2 无天然存在（麦角、酵母或其他真菌中含有维生素 D_2 原——麦角固醇），维生素 D_3 只存在于某些动物性食物中。但它们都可由维生素 D 原（麦角固醇和 7-脱氢胆固醇-维生素 D_3 原，存在于人体皮肤和脂肪组织中）经紫外线照射形成。

食品中维生素 D 的含量很少，且主要存在于动物性食品中，维生素 D 的含量一般用国际单位（IU）表示，1 国际单位的维生素 D 相当于 $0.025\mu g$ 的维生素 D。几种富含维生素 D 的食品中维生素 D 的含量如下：奶油 50IU/100g，蛋黄 150～400IU/100g，鱼 40～150IU/100g，肝 10～70IU/100g，鱼肝油 800～30000IU/100g。

1. 原理

试样皂化后，经石油醚萃取，维生素 A、维生素 E 用反相色谱法分离，外标法定量；维生素 D 用正相色谱法净化后，反相色谱法分离，外标法定量。

2. 试剂

（1）α-淀粉酶：酶活力 $\geqslant 1.5$U/mg。

（2）无水硫酸钠。

（3）异丙醇：色谱纯。

（4）乙醇：色谱纯。

（5）氢氧化钾溶液：称取固体氢氧化钾 250g，加入 200mL 水中溶解。

（6）石油醚：沸程 30～60℃。

（7）甲醇：色谱纯。

（8）正己烷：色谱纯。

（9）环己烷：色谱纯。

（10）维生素 C 的乙醇溶液（15g/L）。

（11）维生素 A 标准储备液（视黄醇）（$100\mu g$/mL）：精确称取 10mg 的维生素 A 标准品，用乙醇溶解并定容于 100mL 棕色容量瓶中。

（12）维生素 E 标准储备液（生育酚）（$500\mu g$/mL）：精确称取 50mg 的维生素 E 标准品，用乙醇溶解并定容于 100mL 棕色容量瓶中。

（13）维生素 D_2 标准储备液（$100\mu g$/mL）：精确称取 10mg 的维生素 D_2 标准品，用乙醇溶解并定容于 100mL 棕色容量瓶中。

（14）维生素 D_3 标准储备液（$100\mu g$/mL）：精确称取 10mg 的维生素 D_3 标准品，用乙醇溶解并定容于 100mL 棕色容量瓶中。

注：维生素 A、维生素 D、维生素 E 标准储备液均须 -10℃ 以下避光储存。标准工作液临用前配制。标准储备溶液用前需校正。

3. 仪器

① 高效液相色谱仪，带紫外检测器。

② 旋转蒸发器。

③ 恒温磁力搅拌器：20～80℃。

④ 氮吹仪。

⑤ 离心机：转速 $\geqslant 5000$r/min。

⑥ 培养箱：60℃±2℃。

⑦ 分析天平：感量为 0.1mg。

4. 分析步骤

（1）试样处理

① 含淀粉的试样：称取混合均匀的固体试样约 5g 或液体试样约 50g（精确至 0.1mg）于 250mL 锥形瓶中，加入 1g α-淀粉酶，固体试样需用约 50mL 45～50℃的水使其溶解，混合均匀后充氮，盖上瓶塞，置于 60℃±2℃培养箱内培养 30min。

② 不含淀粉的试样：称取混合均匀的固体试样约 10g 或液体试样约 50g（精确至 0.1mg）于 250mL 锥形瓶中，固体试样需用约 50mL 45～50℃水使其溶解，混合均匀。

（2）测定维生素 D 的试样，需要同时做回收率实验。

（3）待测液的制备

① 皂化：于上述处理的试样溶液中加入约 100mL 维生素 C 的乙醇溶液，充分混匀后加 25mL 氢氧化钾水溶液混匀，放入磁力搅拌棒，充氮排出空气，盖上胶塞。1000mL 的烧杯中加入约 300mL 的水，将烧杯放在恒温磁力搅拌器上，当水温控制在 53℃±2℃时，将锥形瓶放入烧杯中，磁力搅拌皂化约 45min 后，取出立刻冷却到室温。

② 提取：用少量的水将皂化液全部转入 500mL 分液漏斗中，加入 100mL 石油醚，轻轻摇动，排气后盖好瓶塞，室温下振荡约 10min 后静置分层，将水相转入另一 500mL 分液漏斗中，按上述方法进行第二次萃取。合并醚液，用水洗至近中性。醚液通过无水硫酸钠过滤脱水，滤液收入 500mL 圆底烧瓶中，于旋转蒸发器上在 40℃±2℃充氮条件下蒸至近干（绝不允许蒸干）。残渣用石油醚转移至 10mL 容量瓶中，定容。

③ 从上述容量瓶中准确移取 2.0mL 石油醚溶液放入试管 A 中，再准确移取 7.0mL 石油醚溶液放入另一试管 B 中，将试管置于 40℃±2℃的氮吹仪中，将试管 A 和 B 中的石油醚吹干。向试管 A 中加 5.0mL 甲醇，振荡溶解残渣。向试管 B 中加 2.0mL 正己烷，振荡溶解残渣。再将试管 A 和试管 B 以不低于 5000r/min 的速度离心 10min，取出静置至室温后待测。试管 A 用来测定维生素 A、维生素 E，试管 B 用来测定维生素 D。

（4）测定维生素 A、维生素 E

① 色谱参考条件

色谱柱：C_{18}柱，250mm×4.6mm，5μm，或具同等性能的色谱柱。

流动相：甲醇。

流速：1.0mL/min。

检测波长：维生素 A 325nm；维生素 E 294nm。

柱温：35℃±1℃。

进样量：20μL。

② 维生素 A、维生素 E 标准曲线的绘制　分别准确吸取维生素 A 标准储备液 0.50mL、1.00mL、1.50mL、2.00mL、2.50mL 于 50mL 棕色容量瓶中，用乙醇定容至刻度，混匀。此标准系列工作液浓度分别为 1.00μg/mL、2.00μg/mL、3.00μg/mL、4.00μg/mL、5.00μg/mL。

分别准确吸取维生素 E 标准储备液 1.00mL、2.00mL、3.00mL、4.00mL、5.00mL 于 50mL 棕色容量瓶中，用乙醇定容至刻度，混匀。此标准系列工作液浓度分别为 10.0μg/mL、20.0μg/mL、30.0μg/mL、40.0μg/mL、50.0μg/mL。

　　分别将维生素 A、维生素 E 标准工作液注入液相色谱仪中，得到峰高（或峰面积）。以峰高（或峰面积）为纵坐标，以维生素 A、维生素 E 的标准工作液浓度为横坐标分别绘制维生素 A、维生素 E 的标准曲线。

　　③ 维生素 A、维生素 E 试样的测定　将试液 A 管注入液相色谱仪中，得到峰高（或峰面积），根据各自标准曲线得到待测溶液中维生素 A、维生素 E 的浓度。

　　（5）测定维生素 D

　　① 色谱参考条件

　　色谱柱：硅胶柱，150mm×4.6mm，或具同等性能的色谱柱。

　　流动相：环己烷与正己烷按体积比 1∶1 混合，并按体积分数 0.8％加入异丙醇。

　　流速：1mL/min。

　　波长：264nm。

　　柱温：35℃±1℃。

　　进样体积：500μL。

　　② 维生素 D 待测液的净化　取约 0.5mL 维生素 D 标准储备液于 10mL 具塞试管中，在 40℃±2℃的氮吹仪上吹干。残渣用 5mL 正己烷振荡溶解。取该溶液 50μL 注入液相色谱仪中测定，确定维生素 D 保留时间。然后将 500μL 待测液 B 管注入液相色谱仪中，根据维生素 D 标准溶液保留时间收集维生素 D 馏分于试管 C 中。将试管 C 置于 40℃±2℃条件下的氮吹仪中吹干，取出准确加入 1.0mL 甲醇，残渣振荡溶解，即为维生素 D 测定液。

　　③ 测定维生素 D 的测定液

　　参考色谱条件

　　色谱柱：C$_{18}$柱，250mm×4.6mm，5μm，或具同等性能的色谱柱。

　　流动相：甲醇。

　　流速：1mL/min。

　　检测波长：264nm。

　　柱温：35℃±1℃。

　　进样量：100μL。

　　④ 标准曲线的绘制　分别准确吸取维生素 D$_2$（或维生素 D$_3$）标准储备液 0.20mL、0.40mL、0.60mL、0.80mL、1.00mL 于 100mL 棕色容量瓶中，用乙醇定容至刻度，混匀。此标准系列工作液浓度，分别为 0.200μg/mL、0.400μg/mL、0.600μg/mL、0.800μg/mL、1.000μg/mL。

　　分别将维生素 D$_2$（或维生素 D$_3$）标准工作液注入液相色谱仪中，得到峰高（或峰面积）。以峰高（或峰面积）为纵坐标，以维生素 D$_2$（或维生素 D$_3$）标准工作液浓度为横坐标分别绘制标准曲线。

　　⑤ 测定维生素 D 试样　吸取维生素 D 测定液 C 管 100μL 注入液相色谱仪中，得到峰高（或峰面积），根据标准曲线得到维生素 D 测定液中维生素 D$_2$（或维生素 D$_3$）的浓度。

　　维生素 D 回收率测定结果记为回收率校正因子 f，代入测定结果计算公式（5-3），对维生素 D 含量测定结果进行校正。

　　5. 分析结果的表述

　　维生素 A 含量的计算：

$$X = \frac{c_s \times \dfrac{10}{2} \times 5 \times 100}{m} \tag{5-2}$$

式中　X——试样中维生素 A 的含量，$\mu g/100g$；

　　　c_s——从标准曲线得到的维生素 A 待测液的浓度，$\mu g/mL$；

　　　m——试样的质量，g。

注：$1\mu g$ 视黄醇＝3.33IU 维生素 A。

数据处理：以重复性条件下获得的两次独立测定结果的算术平均值表示，结果保留三位有效数字。

维生素 D 含量的计算：

$$X = \frac{c_s \times \dfrac{10}{7} \times 2 \times 2 \times 100}{mf} \tag{5-3}$$

式中　X——试样中维生素 D_2（或维生素 D_3）的含量，$\mu g/100g$；

　　　c_s——从标准曲线得到的维生素 D_2（或维生素 D_3）待测液的浓度，$\mu g/mL$；

　　　m——试样的质量，g；

　　　f——回收率校正因子。

注：试样中维生素 D 的含量以维生素 D_2 和维生素 D_3 的含量总和计。

数据处理：以重复性条件下获得的两次独立测定结果的算术平均值表示，结果保留三位有效数字。

维生素 E 含量：

$$X = \frac{c_s \times \dfrac{10}{2} \times 5 \times 100}{m \times 1000} \tag{5-4}$$

式中　X——试样中维生素 E（α-生育酚）的含量，$mg/100g$；

　　　c_s——从标准曲线得到的维生素 E 待测液的浓度，$\mu g/mL$；

　　　m——试样的质量，g。

以重复性条件下获得的两次独立测定结果的算术平均值表示，结果保留三位有效数字。

在重复性条件下获得的两次独立测定结果的绝对差值，维生素 A、维生素 E 不得超过算术平均值的 5%，维生素 D 不得超过算术平均值的 10%。本标准检出限：维生素 A 为 $1\mu g/100g$、维生素 E 为 $10.00\mu g/100g$、维生素 D 为 $0.20\mu g/100g$。图 5-1～图 5-4 分别为维生素 A、维生素 E、维生素 D_3、维生素 D_2 的液相色谱图。

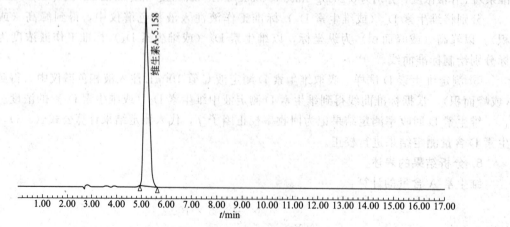

图 5-1　维生素 A 标准品液相色谱图

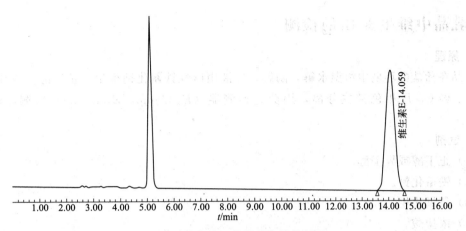

图 5-2 维生素 E 标准品液相色谱图

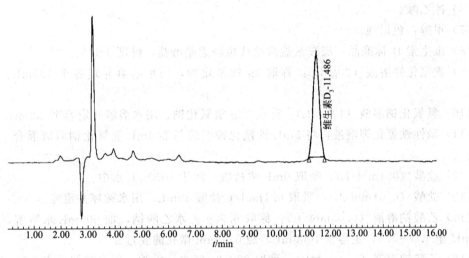

图 5-3 维生素 D₃ 标准品液相色谱图

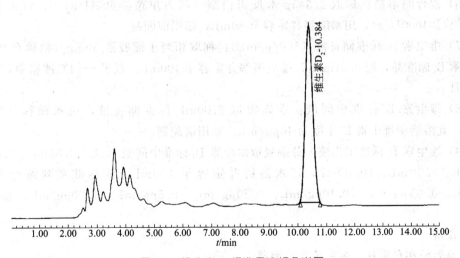

图 5-4 维生素 D₂ 标准品液相色谱图

三、乳品中维生素 B_1 的检测

1. 原理

样品在稀盐酸环境中恒温水解，酶解，样液用碱性铁氰化钾衍生，正丁醇（或异丁醇）萃取后，经 C_{18} 反相色谱柱分离，用荧光检测器（E_x 375nm，E_m 435nm）检测，外标法定量。

2. 试剂

（1）正丁醇或异丁醇。

（2）铁氰化钾。

（3）氢氧化钠。

（4）浓盐酸。

（5）三水乙酸钠。

（6）冰乙酸。

（7）甲醇：色谱纯。

（8）维生素 B_1 标准品：硫胺素盐酸盐或硫胺素硝酸盐，纯度≥99%。

（9）铁氰化钾溶液（20g/L）：称取 2g 铁氰化钾，用水溶解并定容至 100mL。临用前配制。

（10）氢氧化钠溶液（100g/L）：称取 25g 氢氧化钠，用水溶解并定容至 250mL。

（11）碱性铁氰化钾溶液：将 5mL 铁氰化钾溶液与 200mL 氢氧化钠溶液混合。临用前配制。

（12）盐酸（0.1mol/L）：吸取 9mL 浓盐酸，溶于 1000mL 水中。

（13）盐酸（0.01mol/L）：吸取 0.1mol/L 盐酸 50mL，用水稀释并定容至 500mL。

（14）乙酸钠溶液（0.05mol/L）：称取 6.80g 三水乙酸钠，加 900mL 水溶解，用冰乙酸调 pH 至 4.0～5.0，定容至 1000mL。经 0.45μm 微孔滤膜过滤。

（15）乙酸钠溶液（2.0mol/L）：称取 27.22g 三水乙酸钠，用水溶解并定容至 100mL。

（16）混合酶溶液：称取 2.345g 木瓜蛋白酶（活力单位≥600U/g）、1.175g 淀粉酶（活力单位≥4000U/g），用水溶解并定容至 50mL。临用前配制。

（17）维生素 B_1 标准储备液（500μg/mL）：称取相当于硫胺素 50mg（精确至 0.1mg）的维生素 B_1 标准品，用 0.01mol/L 盐酸溶解并定容于 100mL。置于 0～4℃冰箱中，保存期为 3 个月。

（18）维生素 B_1 标准中间液：准确吸取 2.00mL 标准储备液，用水稀释并定容至 100mL，此溶液中维生素 B_1 浓度为 10μg/mL。临用前配制。

（19）维生素 B_1 标准工作液：分别吸取维生素 B_1 标准中间液 0mL、0.50mL、1.00mL、2.00mL、5.00mL、10.00mL，用水溶解并定容至 100mL。该标准系列浓度分别为 0μg/mL、0.05μg/mL、0.10μg/mL、0.20μg/mL、0.5μg/mL、1.00μg/mL。临用前配制。

3. 仪器

① 高效液相色谱仪，带有荧光检测器。

② 高压灭菌锅。

③ 离心机：转速≥4000r/min。

④ pH 计：精度 0.01。

⑤ 组织捣碎机（转速在 0～12000r/min 可调）。

⑥ 0.45μm 微孔有机滤膜。

⑦ 分析天平：感量为 0.001g 和 0.0001g。

4. 分析步骤

（1）试样的处理

① 试液提取：称取 5～10g（精确至 0.01g）试样（如有必要，将试样放入捣碎机中捣碎；试样中含维生素 B₁ 5μg 以上）于 100mL 锥形瓶中，加 60mL 0.1mol/L 盐酸，充分摇匀，用棉花塞和牛皮纸封口，放入高压灭菌锅内，在 121℃下保持 30min，待冷却至 40℃以下后取出，轻摇数次；用 2.0mol/L 乙酸钠溶液调 pH 至 4.0 左右，加入 2.0mL（可根据酶活力不同适当调整用量）混合酶液，摇匀后，置于 37℃的培养箱中过夜；将酶解液转移至 100mL 容量瓶中，用水定容至刻度，滤纸过滤，取滤液备用。

② 试液衍生化：取上述滤液 10.00mL 于 25mL 具塞比色管中，加入 5mL 碱性铁氰化钾，充分混匀后，加 10.00mL 正丁醇（或异丁醇），强烈振荡后静置约 10min，充分分层，吸取正丁醇（或异丁醇）相（上层）于 4000～6000r/min 离心 5min，取上清液经有机微孔滤膜过滤，供进样用。另取 10.00mL 标准工作液，与试液同步进行衍生化。

注：1. 室温条件下衍生产物在 4h 内稳定。2. ①和②操作过程应在避免强光照射的环境下进行。

（2）测定

① 色谱参考条件

色谱柱：C₁₈ 反相色谱柱（粒径 5μm，250mm×4.6mm）或相当者。

流动相：0.05mol/L 乙酸钠溶液-甲醇为 65：35。

流速：1.00mL/min。

检测波长：激发波长 375nm，发射波长 435nm。

进样量：20μL。

② 标准曲线的绘制　将维生素 B₁ 标准系列工作液衍生物依次按上述推荐色谱条件上机测定，记录色谱峰面积，色谱图参见图 5-5。以峰面积为纵坐标，浓度为横坐标，绘制标准曲线。

③ 试液测定　将试液衍生物按上述推荐色谱条件进样测定，从标准曲线上查得试液相应的浓度。

5. 分析结果

试样中维生素 B₁ 的含量按下式计算：

$$X = \frac{cV \times 100}{m \times 1000} \tag{5-5}$$

式中　X——试样中维生素 B₁ 的含量（以硫胺素计），mg/100g；

　　　c——试液的进样浓度，μg/mL；

　　　V——试样定容体积，mL；

　　　m——试样质量，g。

以重复性条件下获得两次独立测定结果的算术平均值表示，结果保留三位有效数字。在重复性条件下获得的两次独立测定结果的绝对差值不得超过算术平均值的 10%。

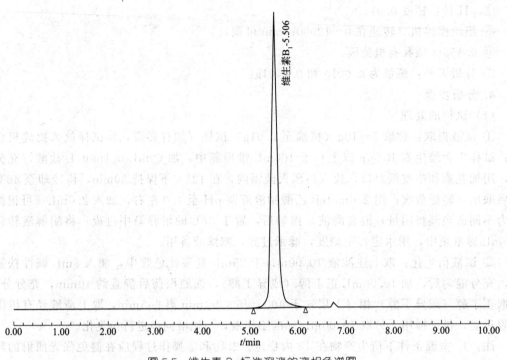

图 5-5　维生素 B₁ 标准溶液的液相色谱图

当取样量为 10.00g 时，本方法定量限为 0.05mg/100g。

四、乳品中维生素 B₂ 的检测

1. 原理

试样在稀盐酸环境中恒温水解，酶解，经 C_{18} 反相色谱柱分离，用荧光检测器（E_x462nm，E_m522nm）检测，外标法定量。

2. 试剂

(1) 盐酸。

(2) 三水乙酸钠。

(3) 冰乙酸。

(4) 甲醇：色谱纯。

(5) 维生素 B₂（核黄素）标准品：纯度≥99%。

(6) 盐酸 (1+1)：量取 100mL 盐酸缓慢倒入 100mL 水中，混匀。

(7) 盐酸 (0.1mol/L)：吸取 9mL 盐酸，溶于 1000mL 水中。

(8) 盐酸 (0.01mol/L)：吸取 0.1mol/L 盐酸 50mL，用水稀释并定容至 500mL。

(9) 乙酸钠溶液 (0.05mol/L)：称取 6.80g 三水乙酸钠，加 900mL 水溶解，用冰乙酸调 pH 至 4.0～5.0，用水定容至 1000mL。经 0.45μm 微孔滤膜过滤。

(10) 乙酸钠溶液 (2.0mol/L)：称取 27.22g 三水乙酸钠，用水溶解并定容至 100mL。

(11) 混合酶溶液：称取 2.345g 木瓜蛋白酶（活力单位≥600U/g）、1.175g 淀粉酶（活力单位≥4000U/g）和 1.000g 酸性磷酸酶（活力单位≥4000U/g），用水定容至 50mL。临用前配制。

(12) 维生素 B₂ 标准储备液 (250μg/mL)：称取 25mg（精确至 0.1mg）维生素 B₂ 标准

品，加入盐酸 2mL，超声溶解后，立即用水转移并定容至 100mL。置于棕色玻璃容器中于 0～4℃冰箱贮存，保存期为 3 个月。

（13）维生素 B_2 标准中间液：准确吸取 4.00mL 标准储备液，用水稀释并定容至 100mL，此溶液中维生素 B_2 浓度为 10μg/mL。临用前配制。

（14）维生素 B_2 标准系列工作液：分别吸取维生素 B_2 标准中间液 0.00mL、0.50mL、1.00mL、2.00mL、5.00mL、10.00mL，用水溶解并定容至 100mL。该标准系列浓度分别为 0.00μg/mL、0.05μg/mL、0.10μg/mL、0.20μg/mL、0.50μg/mL、1.00μg/mL。临用前配制。

3. 仪器

① 高效液相色谱仪，带有荧光检测器。

② 高压灭菌锅。

③ pH 计：精度为 0.01。

④ 组织捣碎机。

⑤ 0.45μm 微孔水相滤膜。

⑥ 分析天平：感量为 1mg 和 0.1mg。

4. 分析步骤

（1）试样的处理　称取 5～10g（精确至 0.01g）试样（如有必要，将试样放入捣碎机中捣碎，试样中含维生素 B_2 5μg 以上）于 100mL 锥形瓶中，加 60mL 0.1mol/L 盐酸，充分摇匀，用棉花塞和牛皮纸封口，放入高压灭菌锅内，在 121℃下保持 30min，待冷却至 40℃以下后取出，轻摇数次；用 2.0mol/L 乙酸钠溶液调 pH 至 4.0 左右，加入 2.0mL 混合酶溶液，摇匀后，置于 37℃培养箱中过夜；将酶解液转移至 100mL 容量瓶中，用水定容至刻度，用定量滤纸过滤，取滤液再经 0.45μm 滤膜过滤，取滤液备用。

注：操作过程应避免强光照射。

（2）测定

① 参考色谱条件

色谱柱：C_{18} 反相色谱柱（粒径 5μm，250mm×4.6mm）或同等性能的色谱柱。

流动相：0.05mol/L 乙酸钠溶液-甲醇为 65：35。

流速：1.0mL/min。

检测波长：激发波长 462nm，发射波长 522nm。

进样量：20μL。

② 标准曲线的绘制　将维生素 B_2 标准系列工作液依次进行色谱测定（其标准样品色谱图参见图 5-6），记录色谱峰面积。以峰面积为纵坐标，浓度为横坐标，绘制标准曲线。

③ 试液测定　将试液进行色谱测定，从标准曲线中查得试液相应的浓度。

④ 空白试验除不加试样外，按上述操作步骤进行。

5. 分析结果

试样中维生素 B_2 的含量按下式计算：

$$X = \frac{cV \times 100}{m \times 1000} \tag{5-6}$$

式中　X——试样中维生素 B_2 的含量（以核黄素计），mg/100g；

　　　c——试液的进样浓度，μg/mL；

V——试样定容体积，mL；

m——试样质量，g。

以重复性条件下获得的两次独立测定结果的算术平均值表示，结果保留三位有效数字。

在重复性条件下获得的两次独立测定结果的绝对差值不得超过算术平均值的10%。本方法定量限为：当取样量为10.00g时，0.05mg/100g。

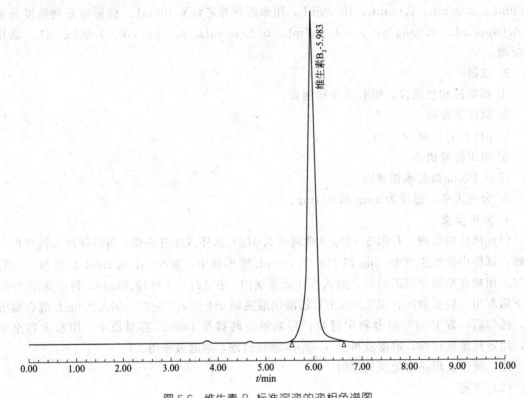

图 5-6　维生素 B_2 标准溶液的液相色谱图

五、乳品中维生素 C 的检测

维生素 C 是一种己糖醛基酸，有抗坏血病的作用，所以被人们称为抗坏血酸，主要有还原型及脱氢型两种，广泛存在于植物组织中，新鲜的水果、蔬菜，特别是枣、辣椒、苦瓜、柿子、猕猴桃、柑橘等食品中含量较多。它是氧化还原酶之一，本身易被氧化，但在有些条件下又是一种抗氧化剂。

维生素 C 具有较强的还原性，对光敏感，氧化后的产物称为脱氢抗坏血酸，仍然具有生理活性。进一步水解则生成2,3-二酮古乐糖酸，失去生理作用。在食品中，这三种形式均有存在，但主要是前两者，故许多国家的食品成分表均以抗坏血酸和脱氢抗坏血酸的总量表示。

根据维生素 C 具有的还原性质，可以测定维生素 C 的含量。常用的测定方法有2,6-二氯靛酚法、2,4-二硝基苯肼法、荧光法、高效液相色谱法及极谱法。2,6-二氯靛酚法测定还原型维生素 C，其他方法用于测定总维生素 C 的含量。

1. 原理

维生素 C（抗坏血酸）在活性炭存在下氧化成脱氢抗坏血酸，它与邻苯二胺反应生成荧光物质，用荧光分光光度计测定其荧光程度，其荧光强度与维生素 C 成正比，以此标法定量。

2. 试剂

（1）淀粉酶：酶活力 1.5U/mg，根据活力单位大小调整用量。

（2）偏磷酸-乙酸溶液 A：称取 15g 偏磷酸及 40mL 乙酸（36%）于 200mL 水中，溶解后稀释至 500mL 备用。

（3）偏磷酸-乙酸溶液 B：称取 15g 偏磷酸及 40mL 乙酸（36%）于 100mL 水中，溶解后稀释至 250mL 备用。

（4）酸性活性炭：称取粉状活性炭（化学纯，80～200 目）约 200g，加入 1L 体积分数为 10% 的盐酸中，加热至沸腾，真空过滤，取下结块于一个大烧杯中，用水清洗至滤液中无铁离子为止，在 110～120℃ 烘箱中干燥约 10h 后使用。

检验铁离子的方法：普鲁士蓝反应。将 20g/L 亚铁氰化钾与体积分数为 1% 的盐酸等量混合，将上述洗出滤液滴入，如有铁离子则产生蓝色沉淀。

（5）乙酸钠溶液：用水溶解 500g 三水乙酸钠，并稀释至 1L。

（6）硼酸-乙酸钠溶液：称取 3.0g 硼酸，用乙酸钠溶液溶解并稀释至 100mL，临用前配制。

（7）邻苯二胺溶液（400mg/L）：称取 40mg 邻苯二胺，用水溶解并稀释至 100mL，临用前配制。

（8）维生素 C 标准溶液（100μg/mL）：称取 0.050g 维生素 C 标准品，用偏磷酸-乙酸溶液 A 溶解并定容至 50mL，再准确吸取 10.0mL 该溶液用偏磷酸-乙酸溶液 A 稀释并定容至 100mL，临用前配制。

3. 仪器

（1）荧光分光光度计。

（2）分析天平：感量为 0.1mg。

（3）烘箱：温度可调。

（4）培养箱：45℃±1℃。

4. 步骤

（1）试样处理

① 含淀粉的试样：称取约 5g（精确至 0.0001g）混合均匀的固体试样或约 20g（精确至 0.0001g）液体试样（含维生素 C 约 2mg）于 150mL 锥形瓶中，加入 0.1g 淀粉酶，固体试样加入 50mL 45～50℃ 的蒸馏水，液体试样加入 30mL 45～50℃ 的蒸馏水，混合均匀后，用氮气排除瓶中空气，盖上瓶塞，置于 45℃±1℃ 培养箱内 30min，取出冷却至室温，用偏磷酸-乙酸溶液 B 转至 100mL 容量瓶中定容。

② 不含淀粉的试样：称取混合均匀的固体试样约 5g（精确至 0.0001g），用偏磷酸-乙酸溶液 A 溶解，定容至 100mL。或称取混合均匀的液体试样约 50g（精确至 0.0001g），用偏磷酸-乙酸溶液 B，定容至 100mL。

（2）待测液制备

① 将上述试样及维生素 C 标准溶液转至放有约 2g 酸性活性炭的 250mL 锥形瓶中，剧烈振荡，过滤，即为试样及标准溶液的滤液。然后准确吸取 5.0mL 试样及标准溶液的滤液分别置于 25mL 及 50mL 放有 5.0mL 硼酸-乙酸钠溶液的容量瓶中，静置 30min 后，用蒸馏水定容。以此作为试样及标准溶液的空白溶液。

② 在此 30min 后，再准确吸取 5.0mL 试样及标准溶液的滤液于另外的 25mL 及 50mL

放有 5.0mL 乙酸钠溶液和约 15mL 水的容量瓶中,用水稀释至刻度。以此作为试样溶液及标准溶液。

③ 试样待测液:分别准确吸取 2.0mL 试样溶液及试样的空白溶液于 10mL 试管中,向每支试管中准确加入 5.0mL 邻苯二胺溶液,摇匀,在避光条件下放置 60min 后待测。

④ 标准系列待测液:准确吸取上述标准溶液 0.5mL、1.0mL、1.5mL 和 2.0mL,分别置于 10mL 试管中,再用水补充至 2.0mL。同时准确吸取标准溶液的空白溶液 2.0mL 于 10mL 试管中。向每支试管中准确加入 5.0mL 邻苯二胺溶液,摇匀,在避光条件下放置 60min 后待测。

(3) 检测

① 标准曲线的绘制 将标准系列待测液立刻移入荧光分光光度计的石英杯中,于激发波长 350nm,发射波长 430nm 条件下测定其荧光值。以标准系列荧光值分别减去标准空白荧光值为纵坐标,对应的维生素 C 质量浓度为横坐标,绘制标准曲线。

② 试样待测液的检测 将试样待测液按上面方法分别测其荧光值,试样溶液荧光值减去试样空白荧光值后在标准曲线上查得对应的维生素 C 的质量浓度。

5. 结果的表述

试样中维生素 C 的含量按下式计算:

$$X = \frac{cVf}{m} \times \frac{100}{1000} \tag{5-7}$$

式中 X——试样中维生素 C 的含量,mg/100g;

V——试样的定容体积,mL;

c——由标准曲线查得的试样测定液中维生素 C 的质量浓度,$\mu g/mL$;

m——试样的质量,g;

f——试样稀释倍数。

以重复性条件下获得的两次独立测定结果的算术平均值表示,结果保留至小数点最后一位。在重复性条件下获得的两次独立测定结果的绝对差值不得超过算术平均值的 10%。

▼ 实训 5-1 苹果中维生素 C 的测定

【实训要点】

1. 掌握样品的制备。
2. 掌握分光光度计的使用。
3. 学会绘制标准曲线。
4. 学会测定维生素 C 的工作过程。

【仪器试剂】

1. 仪器

① 恒温箱:37℃±0.5℃。

② 紫外-可见分光光度计。

③ 组织捣碎机。

2. 试剂

① 4.5mol/L 硫酸:谨慎地加 250mL 硫酸(相对密度 1.84)于 700mL 水中,冷却后用水稀释至 1000mL。

② 85%硫酸：谨慎地加 900mL 硫酸（相对密度 1.84）于 100mL 水中。

③ 2,4-二硝基苯肼溶液（20g/L）：溶解 2g 2,4-二硝基苯肼于 100mL 4.5mol/L 硫酸中，过滤，不用时存于冰箱内，每次用前必须过滤。

④ 草酸溶液（20g/L）：溶解 20g 草酸（$H_2C_2O_4$）于 700mL 水中，稀释至 1000mL。

⑤ 草酸溶液（10g/L）：取 500mL 草酸溶液（20g/L），稀释至 1000mL。

⑥ 硫脲溶液（10g/L）：溶解 5g 硫脲于 500mL 草酸溶液（10g/L）中。

⑦ 硫脲溶液（20g/L）：溶解 10g 硫脲于 500mL 草酸溶液（10g/L）中。

⑧ 盐酸（1mol/L）：取 100mL 盐酸，加入水中，并稀释至 1200mL。

⑨ 抗坏血酸标准溶液：称取 100mg 纯抗坏血酸溶解于 100mL 草酸溶液（20g/L）中，此溶液每毫升相当于 1mg 抗坏血酸。

⑩ 活性炭：将 100g 活性炭加到 750mL 1mol/L 盐酸中，回流 1～2h，过滤，用水洗数次，至滤液中无 Fe^{3+} 为止，然后置于 110℃ 烘箱中烘干。

检验铁离子的方法：利用普鲁士蓝反应。将 20g/L 亚铁氰化钾与 1% 盐酸等量混合，将上述洗出滤液滴入，如有 Fe^{3+} 则产生蓝色沉淀。

【工作过程】

1. 试样制备

（1）称取 100g 鲜样及吸取 100mL 20g/L 草酸溶液，倒入捣碎机中打成匀浆，取 10～40g 匀浆（含 1～2mg 抗坏血酸），倒入 100mL 容量瓶中，用 10g/L 草酸溶液稀释至刻度，混匀。

（2）将制备的样液过滤，滤液备用。不易过滤的试样可用离心机离心后，倾出上清液，过滤，备用。

2. 氧化处理

取 25mL 上述滤液，加入 2g 活性炭，振摇 1min，过滤，弃去最初数毫升滤液，取 10mL 此氧化后的提取液，加入 10mL 20g/L 硫脲溶液，混匀，此试样为稀释液。

3. 呈色反应

（1）于 3 个试管中各加入 4mL 稀释液（经氧化处理的滤液）。一个试管作为空白，在其余试管中加入 1.0mL 20g/L 2,4-二硝基苯肼溶液，将所有试管放入 37℃±0.5℃ 恒温箱或水浴中，保温 3h。

（2）3h 后取出，除空白管外，将所有试管放入冰水中，空白管取出后使其冷到室温，然后加入 1.0mL 20g/L 2,4-二硝基苯肼溶液，在室温中放置 10～15min 后放入冰水内，其余步骤同试样。

4. 85%硫酸处理

当试管放入冰水后，向每一试管中加入 5mL 85%硫酸，滴加时间至少需要 1min，需边加边摇动试管，将试管自冰水中取出，在室温放置 30min 后比色。

5. 比色

> 思考：为什么加入 85%硫酸 30min 后进行比色？

用 1cm 比色杯，以空白液调零点，于 520nm 波长处测其吸光度值。

6. 标准曲线的绘制

（1）加 2g 活性炭于 50mL 标准溶液中，振动 1min，过滤。

（2）取 10mL 滤液放入 500mL 容量瓶中，加 5.0g 硫脲，用 10g/L 草酸溶液稀释至刻度，抗坏血酸浓度 20μg/mL。

（3）取 5mL、10mL、20mL、25mL、40mL、50mL、60mL 稀释液，分别放入 7 个 100mL 容量瓶中，用 10g/L 硫脲溶液稀释至刻度，使最后稀释液中抗坏血酸的浓度分别为 1μg/mL、2μg/mL、4μg/mL、5μg/mL、8μg/mL、10μg/mL、12μg/mL。

（4）按试样测定步骤形成脎并比色。

（5）以吸光值为纵坐标，抗坏血酸浓度（μg/mL）为横坐标绘制标准曲线。

【图示过程】

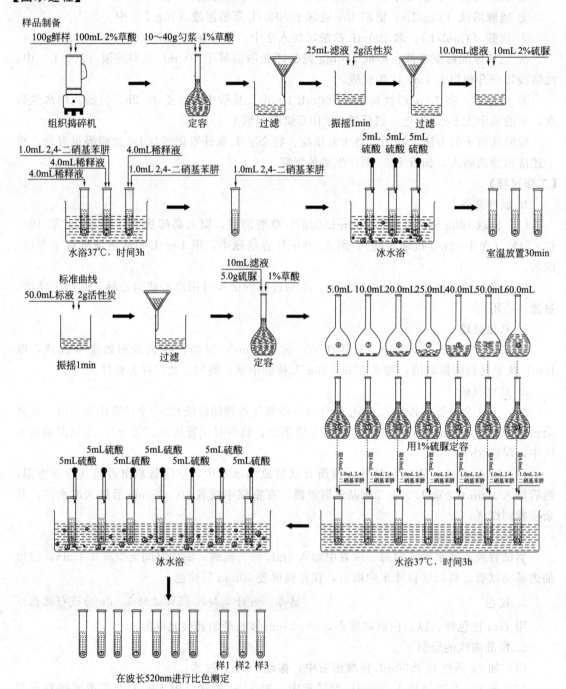

【结果处理】

1. 数据记录

项目	1μg/mL	2μg/mL	4μg/mL	5μg/mL	8μg/mL	10μg/mL	12μg/mL	样品	空白
吸光值									

2. 计算公式

$$X = \frac{cVf}{m} \times \frac{100}{1000} \tag{5-8}$$

式中 X——试样中总抗坏血酸含量，mg/100g；

    c——由标准曲线查得或由回归方程算得"试样氧化液"中总抗坏血酸的浓度，μg/mL；

    V——试样用 10g/L 草酸溶液定容的体积，mL；

    f——试样氧化处理过程中的稀释倍数；

    m——试样的质量，g。

计算结果表示到小数点后两位。在重复性条件下获得的两次独立测定结果的绝对差值不得超过算术平均值的 10%。

【友情提示】

（1）本方法测定的是样品中总抗坏血酸的含量，适用于蔬菜、水果及其制品中总抗坏血酸的测定。其他食品维生素 C 的测定也可参考此方法。

（2）本方法的测定原理：总抗坏血酸包括还原型、脱氢型和二酮古乐糖酸。试样中还原型抗坏血酸经活性炭氧化为脱氢抗坏血酸，再与 2,4-二硝基苯肼作用生成红色脎，在硫酸溶液中显色稳定，最大吸收波长为 520nm，吸光度与总抗坏血酸含量成正比，进行比色定量。

（3）干样制品制备方法：称 1~4g 干样（含 1~2mg 抗坏血酸）放入乳钵内，加入 10g/L 草酸溶液磨成匀浆，倒入 100mL 容量瓶内，用 10g/L 草酸溶液稀释至刻度，混匀。其余同鲜样。

（4）全部实验过程应避光进行操作。

（5）活性炭对抗坏血酸的氧化作用，是基于其表面吸附的氧进行界面反应，加入量过低，氧化不充分，测定结果偏低；加入量过高，对抗坏血酸有吸附作用，使测定结果也偏低。

（6）硫脲的作用在于防止抗坏血酸的继续被氧化和有助于脎的形成。

（7）对无色或已脱色样品，也可用溴液或 2,6-二氯靛酚作氧化剂。

（8）试管从冰浴中取出后，因糖类的存在造成显色不稳定，颜色会逐渐加深，30min 后影响将减少，故在加入 85% 硫酸 30min 后进行比色。

（9）测定波长一般在 495~540nm，样品杂质较多时在 540nm 较合适，但灵敏度最大吸收波长（520nm）下的降低 30%。

【思考题】

1. 为什么说本方法测定的是总维生素 C 含量？

2. 活性炭对维生素 C 有氧化作用，那么活性炭加入量过多或过少对测定结果有什么影响？

3. 样品制备时为什么用草酸进行稀释？

4. 试样制备为何要避光处理？

5. 样品比色测定时，用样品空白管做参比的目的何在？

第二节 有益微量元素的检测（金属离子）

人体中微量元素的补充主要依靠食物。而食物中的微量元素主要来自以下几个途径：①由自然条件（地质、地理、生物种类、品种等）所决定的，食物本身天然存在的微量元素；②为强化营养而添加到食品中的微量元素；③食品在加工、包装、贮存时，受到污染，引入的重金属微量元素；④随着经济的发展，各种新材料的出现，造成的新的食物污染；⑤工业"三废"（废水、废气、废渣）以及农药、化肥用量的增加，造成土壤、水源、空气等的污染，使重金属及有毒元素在动、植物体内富集，导致食物中的微量元素增加。这里重点介绍有益微量元素。

食品中的矿物元素可以构成机体组织，调节酶活性，调节细胞代谢，调节激素分泌，调节酸碱平衡，控制体内一定的渗透压，影响其他营养物质的溶解度。如果某种元素供给不足，就会发生该种元素缺乏症；如果某种微量元素摄入过多，也可发生中毒。随着科学的发展，人们认识的不断扩大，微量元素的数目还会增加。

食品中矿物质元素的测定方法常用的有滴定法、比色法、分光光度法、原子吸收分光光度法等。滴定法、比色法作为传统的测定方法虽然在被应用，但存在着操作复杂、相对偏差较大的缺陷，正在逐步被国家标准方法淘汰；分光光度法设备简单、投入较少，且基本能够达到食品检测标准的基本要求，仍将在一定时期内被广泛采用；原子吸收分光光度法具有选择性好、灵敏度高、适用范围广、可同时对多种元素测定、操作简便等优点，正在成为微量元素测定中最常用的方法。

矿物质元素在测定过程中样品的采集与处理，仪器、试剂的选择与应用，实验用水和溶液配制等因素对测定结果有较大的影响，有时直接影响测定结果的准确度和精密度。所以，对食品中矿物质元素进行测定时，一般需要满足以下要求：①测定用样品在取样和制备过程中应特别注意防止各种污染，所用设备（如电磨、绞肉机、匀浆器、打碎机等）必须是不锈钢制品，所用容器必须使用玻璃或聚乙烯制品；②实验用水为去离子水或同等纯度的水；③实验用试剂为分析纯或以上试剂，酸为优级纯；④玻璃仪器使用前须用20%的硝酸浸泡24h以上，分别用水和去离子水冲洗干净后晾干；⑤标准储备液和使用液体一应储存于聚乙烯瓶内，4℃保存；⑥在重复条件下两次测定结果的相对标准差小于10%。

一、食品中钙的测定（EDTA法）

1. 原理

钙与氨羧络合剂能定量地形成金属络合物，其稳定性较钙与指示剂所形成的络合物为强。在适当的pH范围内，以氨羧络合剂EDTA滴定，在达到化学计量点时，EDTA就从指示剂络合物中夺取钙离子，使溶液呈现游离指示剂的颜色（终点）。根据EDTA络合剂用量，可计算钙的含量。

2. 仪器

① 实验室常用玻璃仪器：高型烧杯（250mL）、微量滴定管（1mL或2mL）、碱式滴定管（50mL）、刻度吸管（0.5～1mL）、试管等。

② 电热板：1000～3000W。

3. 试剂

① 氢氧化钾溶液 (1.25mol/L)：精确称取 70.13g 氢氧化钾，用去离子水稀释至 1000mL。

② 氰化钠溶液 (10g/L)：称取 1.0g 氰化钠，用去离子水稀释至 100mL。

③ 柠檬酸钠溶液 (0.05mol/L)：称取 14.7g 柠檬酸钠 ($Na_3C_6H_5O_7 \cdot 2H_2O$)，用去离子水稀释至 1000mL。

④ 混合酸消化液：硝酸-高氯酸＝4＋1。

⑤ EDTA 溶液：准确称取 4.50g EDTA (乙二胺四乙酸二钠)，用去离子水稀释至 1000mL，贮存于聚乙烯瓶中，4℃保存。使用时稀释 10 倍即可。

⑥ 钙标准溶液：准确称取 0.1248g 碳酸钙 (纯度大于 99.99％，105～110℃烘干 2h)，加 20mL 去离子水及 3mL 0.5mol/L 盐酸溶解，移入 500mL 容量瓶中，加去离子水稀释至刻度，贮存于聚乙烯瓶中，4℃保存。此溶液每毫升相当于 100μg 钙。

⑦ 钙红指示剂：称取 0.1g 钙红指示剂，用去离子水稀释至 100mL，溶解后即可使用，贮存于冰箱中可保持一个半月以上。

4. 试样制备

鲜样 (如蔬菜、水果、鲜鱼、鲜肉等) 先用自来水冲洗干净后，要用去离子水充分洗净。制备试样过程中所用设备如电磨、绞肉机、匀浆器、打碎机等必须为不锈钢制品，所用容器必须使用玻璃或聚乙烯制品，钙测定时不得用石磨研碎。干粉类试样 (如面粉等) 取样后立即装容器密封保存，防止空气中的灰尘和水分污染。

5. 试样消化

(1) 精确称取均匀干样 0.5～1.5g (湿样 2.0～4.0g，饮料等液体试样 5.0～10.0g) 于 250mL 烧杯中，加混合酸消化液 20～30mL，上盖表面皿。置于电热板或沙浴上加热消化。如未消化好而酸液过少时，再补加几毫升混合酸消化液，继续加热消化，直至无色透明为止。加几毫升水，加热以除去多余的硝酸。待烧杯中液体接近 2～3mL 时，取下冷却。用 20g/L 氧化镧溶液洗并转移于 10mL 刻度试管中，并定容至刻度。

(2) 取与消化试样相同量的混合酸消化液，按上述操作做试剂空白试验测定。

6. 测定

(1) 标定 EDTA 浓度 吸取 0.5mL 钙标准溶液，以 EDTA 滴定，标定其 EDTA 的浓度，根据滴定结果计算出每毫升 EDTA 相当于钙的质量 (以 mg 计)，即滴定度 (T)。

(2) 试样及空白滴定 分别吸取 0.1～0.5mL (根据试样中钙的含量而定) 试样消化液及等量空白消化液于试管中，加 1 滴氰化钠溶液和 0.1mL 柠檬酸钠溶液，用滴定管加 1.5mL 1.25mol/L 氢氧化钾溶液，加 3 滴钙红指示剂，立即以稀释 10 倍后的 EDTA 溶液滴定，至指示剂由紫红色变蓝色为止。记录 EDTA 溶液的消耗量。

7. 结果计算

$$X = \frac{T(V-V_0)f \times 100}{m} \tag{5-9}$$

式中 X——试样中钙含量，mg/100g；

T——EDTA 滴定度，mg/mL；

V——滴定试样时所用 EDTA 量，mL；

V_0——滴定空白时所用 EDTA 量，mL；

f——试样稀释倍数；

m——试样质量，g。

数据处理：计算结果表示到小数点后两位。

8. 提示

（1）微量元素分析的试样制备过程中应特别注意防止各种污染。所用设备如电磨、绞肉机、匀浆器、打碎机等必须是不锈钢制品。所用容器必须使用玻璃或聚乙烯制品，钙测定的试样不得用石磨研碎。

（2）所用玻璃仪器需用硫酸-重铬酸钾洗液浸泡数小时，再用洗衣粉充分洗刷，后用水反复冲洗，最后用去离子水冲洗、烘干。

（3）钙标准溶液和 EDTA 溶液配制后应储存于聚乙烯瓶内，4℃保存。

（4）加氰化钠和柠檬酸钠的目的是除去其他离子的干扰。

二、食品中锌的测定（二硫腙比色法）

1. 原理

试样经消化后，在 pH4.0～5.5 时，锌离子与二硫腙形成紫红色配合物，溶于四氯化碳，加入硫代硫酸钠，防止铜、汞、铅、铋、银和镉等离子干扰，与标准系列比较定量。

2. 试剂

（1）乙酸钠溶液（2mol/L）：称取 68g 乙酸钠（$CH_3COONa \cdot 3H_2O$），加水溶解后稀释至 250mL。

（2）乙酸（2mol/L）：量取 10.0mL 冰乙酸，加水稀释至 85mL。

（3）乙酸-乙酸盐缓冲液：乙酸钠溶液（2mol/L）与乙酸（2mol/L）等量混合，此溶液 pH 为 4.7 左右。用二硫腙-四氯化碳溶液（0.1g/L）提取数次，每次 10mL，除去其中的锌，至四氯化碳层绿色不变为止。弃去四氯化碳层，再用四氯化碳提取乙酸-乙酸盐缓冲液中过剩的二硫腙，至四氯化碳无色，弃去四氯化碳层。

（4）氨水（1+1）。

（5）盐酸（2mol/L）：量取 10mL 盐酸，加水稀释至 60mL。

（6）盐酸（0.02mol/L）：吸取 1mL 盐酸（2mol/L），加水稀释至 100mL。

（7）盐酸羟胺溶液（200g/L）：称取 20g 盐酸羟胺，加 60mL 水，滴加氨水（1+1），调节 pH 为 4.0～5.5，以下按（3）中自"用二硫腙-四氯化碳溶液（0.1g/L）提取数次"处理。

（8）硫代硫酸钠溶液（250g/L）：用乙酸（2mol/L）调节 pH 为 4.0～5.5。以下按（3）中自"用二硫腙-四氯化碳溶液（0.1g/L）提取数次"处理。

（9）二硫腙-四氯化碳溶液（0.1g/L）。

（10）二硫腙使用液：吸取 1.0mL 二硫腙-四氯化碳溶液（0.1g/L），加四氯化碳至 10.0mL，混匀。用 1cm 比色杯，以四氯化碳调节零点，于波长 530nm 处测吸光度（A）。用式（5-10）计算出配制 100mL 二硫腙使用液（57%透光率）所需的二硫腙-四氯化碳溶液（0.10g/L）的体积（V）。

$$V = \frac{10 \times (2 - \lg 57)}{A} = \frac{2.44}{A} \tag{5-10}$$

（11）锌标准溶液：准确称取 0.1000g 锌，加 10mL 盐酸（2mol/L），溶解后移入 1000mL 容量瓶中，加水稀释至刻度。此溶液每毫升相当于 100.0μg 锌。

（12）锌标准使用液：吸取 1.0mL 锌标准溶液，置于 100mL 容量瓶中，加 1mL 盐酸（2mol/L），以水稀释至刻度，此溶液每毫升相当于 1.0μg 锌。

（13）酚红指示液（1g/L）：称取 0.1g 酚红，用乙醇溶解至 100mL。

3. 仪器

分光光度计。

4. 试样处理

（1）硝酸-高氯酸-硫酸法消化

① 粮食、粉丝、粉条、豆干制品、糕点、茶叶等及其他含水分少的固体食品：称取 5.00g 或 10.00g 的粉碎试样，置于 250～500mL 定氮瓶中，先加水少许使湿润，加数粒玻璃珠、10～15mL 硝酸-高氯酸混合液，放置片刻，小火缓缓加热，待作用缓和，放冷。沿瓶壁加入 5mL 或 10mL 硫酸，再加热，至瓶中液体开始变成棕色时，不断沿瓶壁滴加硝酸-高氯酸混合液，直至有机质分解完全。加大火力，至产生白烟，待瓶口处白烟冒净后，瓶内液体再产生白烟为消化完全，该溶液应澄明无色或微带黄色，放冷（在操作过程中应注意防止爆沸或爆炸）。加 20mL 水煮沸，除去残余的硝酸至产生白烟为止，如此处理两次，放冷。将冷后的溶液移入 50mL 或 100mL 容量瓶中，用水洗涤定氮瓶，洗液并入容量瓶中，放冷，加水至刻度，混匀。定容后的溶液每 10mL 相当于 1g 试样，相当加入硫酸量 1mL。取与消化试样相同量的硝酸-高氯酸混合液和硫酸，按同样方法做试剂空白试验。

② 蔬菜、水果类：称取 25.00g 或 50.00g 洗净打成匀浆的试样，置于 250～500mL 定氮瓶中，加数粒玻璃珠、10～15mL 硝酸-高氯酸混合液，以下按固体食品试样处理中自"放置片刻……"起依法操作，但定容后的溶液每 10mL 相当于 5g 试样，相当于加入硫酸是 1mL。

③ 酱、酱油、醋、冷饮、豆腐、腐乳、酱腌菜等：称取 10.00g 或 20.00g 试样（或吸取 10.00mL 或 20.00mL 液体试样），置于 250～500mL 定氮瓶中，加数粒玻璃珠、5～15mL 硝酸-高氯酸混合液。以下按固体食品试样处理中自"放置片刻……"起依法操作，但定容后的溶液每 10mL 相当于 2g 或 2mL 试样。

④ 含乙醇饮料或含二氧化碳饮料：吸取 10.00mL 或 20.00mL 试样，置于 250～500mL 定氮瓶中，加数粒玻璃珠，先用小火加热除去乙醇或二氧化碳，再加 5～10mL 硝酸-高氯酸混合液，混匀后，以下按固体食品试样处理中自"放置片刻……"起依法操作，但定容后的溶液每 10mL 相当于 2mL 试样。

⑤ 含糖量高的食品：称取 5.00g 或 10.0g 试样，置于 250～500mL 定氮瓶中，先加少许水使湿润，加数粒玻璃珠、5～10mL 硝酸-高氯酸混合后，摇匀。缓缓加入 5mL 或 10mL 硫酸，待作用缓和停止起泡沫后，先用小火缓缓加热（糖分易炭化），不断沿瓶壁补加硝酸-高氯酸混合液，待泡沫全部消失后，再加大火力，至有机质分解完全，产生白烟，溶液应澄明无色或微带黄色，放冷。以下按固体食品试样处理中自"加 20mL 水煮沸……"起依法操作。

⑥ 水产品：取可食部分试样捣成匀浆，称取 5.00g 或 10.00g（海产藻类、贝类可适当减少取样量），置于 250～500mL 定氮瓶中，加数粒玻璃珠、5～10mL 硝酸-高氯酸混合液，混匀后，以下按固体食品试样处理中自"沿瓶壁加入 5mL 或 10mL 硫酸……"起依法操作。

吸取 5～10mL 水代替试样，加与消化试样相同量的硝酸-高氯酸混合液和硫酸，按相同方法做试剂空白试验。

（2）干法灰化

① 粮食、茶叶及其他含水分少的食品：称取 5.00g 磨碎试样置于坩埚中，加 1g 氧化镁及 10mL 硝酸镁溶液，混匀，浸泡 4h。于低温或置水浴锅上蒸干，用小火炭化至无烟后移入马弗炉中加热至 550℃，灼烧 3~4h，冷却后取出。加 5mL 水湿润后，用细玻棒搅拌，再用少量水洗下玻棒上附着的灰分至坩埚内。放水浴上蒸干后移入高温炉 550℃ 灰化 2h，冷却后取出。加 5mL 水湿润灰分，再慢慢加入 10mL 盐酸（1+1），然后将溶液移入 50mL 容量瓶中，坩埚用盐酸（1+1）洗涤 3 次，每次 5mL，再用水洗涤 3 次，每次 5mL，洗液均并入容量瓶中，再加水至刻度，混匀。定容后的溶液每 10mL 相当于 1g 试样，其加入盐酸量不少于（中和需要量除外）1.5mL。

取与灰化试样相同量的氧化镁和硝酸镁溶液，按同一操作方法做试剂空白试验溶液。

② 植物油：称取 5.00g 试样，置于 50mL 瓷坩埚中，加 10g 硝酸镁，再在上面覆盖 2g 氧化镁，将坩埚置小火上加热，至刚冒烟，立即将坩埚取下，以防内容物溢出，待烟小后，再加热至炭化完全。将坩埚移至高温炉中，550℃ 以下灼烧至灰化完全，冷后取出。加 5mL 水湿润灰分，再缓缓加入 15mL 盐酸（1+1），然后将溶液移入 50mL 容量瓶中。坩埚用盐酸溶液（1+1）洗涤 5 次，每次 5mL，洗液均并入容量瓶中，加盐酸（1+1）至刻度，混匀。定容后的溶液每 10mL 相当于 1g 试样，相当于加入盐酸量（中和需要量除外）1.5mL。

③ 水产品：取可食部分试样捣成匀浆，称取 5.00g 置于坩埚中，加 1g 氧化镁及 10.0mL 硝酸镁溶液，混匀，浸泡 4h。以下按灰化法中"粮食、茶叶及其他含水分少的食品"试样处理中自"于低温或置水浴锅上蒸干……"起依法操作。

5. 系列标准溶液的配制

吸取 0.0mL、1.0mL、2.0mL、3.0mL、4.0mL、5.0mL 锌标准使用液（相当于锌 0μg、1.0μg、2.0μg、3.0μg、4.0μg、5.0μg），分别置于 125mL 分液漏斗中，各加盐酸溶液（0.02mol/L）至 20mL。

6. 标准曲线的绘制

在锌溶液各分液漏斗中加 10mL 乙酸-乙酸盐缓冲液、1mL 250g/L 硫代硫酸钠溶液，摇匀，再各加入 10.0mL 二硫腙使用液，剧烈振摇 2min。静置分层后，经脱脂棉将四氯化碳层滤入 1cm 比色杯中，以四氯化碳调节零点，在波长 530nm 处测吸光度值，各标准点吸光度减去零管吸光度后绘制标准曲线。

7. 样品测定

准确吸取 5~10mL 定容的消化液和相同量的试剂空白液，分别置于 125mL 分液漏斗中，加 5mL 水、0.5mL 盐酸羟胺溶液（200g/L），摇匀，再加 2 滴酚红指示液，用氨水（1+1）调节至红色，再多加 2 滴。再加 5mL 二硫腙-四氯化碳溶液（0.1g/L），剧烈振摇 2min，静置分层。将四氯化碳层移入另一分液漏斗中，水层再用少量二硫腙-四氯化碳溶液振摇提取，每次 2~3mL，直至二硫腙-四氯化碳溶液绿色不变为止。合并提取液，用 5mL 水洗涤，四氯化碳层用盐酸（0.02mol/L）提取 2 次，每次 10mL，提取时剧烈振摇 2min，合并盐酸（0.02mol/L）提取液，并用少量四氯化碳洗去残留的二硫腙。

在试样消化液和试剂空白液各分液漏斗中加 10mL 乙酸-乙酸盐缓冲液、1mL 250g/L 硫代硫酸钠溶液，摇匀，再各加入 10.0mL 二硫腙使用液，剧烈振摇 2min。静置分层后，经脱脂棉将四氯化碳层滤入 1cm 比色杯中，以四氯化碳调节零点，在波长 530nm 处测吸光度，样品与标准曲线比较定量分析。

8. 结果计算

$$X = \frac{(A_1 - A_2) \times 1000}{m \times \dfrac{V_2}{V_1} \times 1000}$$ (5-11)

式中　X——试样中锌的含量，mg/kg 或 mg/L；

　　　A_1——测定用试样消化液中锌的质量，μg；

　　　A_2——试剂空白液中锌的质量，μg；

　　　m——试样质量或体积，g 或 mL；

　　　V_1——试样消化液的总体积，mL；

　　　V_2——测定用消化液的体积，mL。

数据处理：计算结果表示到小数点后两位。

实训 5-2　乳品中钙、铁、锌、钠、钾、镁、铜和锰的测定

【实训要点】

1. 学会使用高温炉操作。

2. 学会使用原子吸收分光光度计。

【仪器试剂】

1. 仪器

① 原子吸收分光光度计。

② 钙、铁、锌、钠、钾、镁、铜、锰空心阴极灯。

③ 分析用钢瓶乙炔气和空气压缩机。

④ 石英坩埚或瓷坩埚。

⑤ 高温炉。

⑥ 分析天平：感量为 0.1mg。

2. 试剂

① 盐酸 A（2%）：取 2mL 盐酸，用水稀释至 100mL。

② 盐酸 B（20%）：取 20mL 盐酸，用水稀释至 100mL。

③ 硝酸溶液（50%）：取 50mL 硝酸，用水稀释至 100mL。

④ 镧溶液（50g/L）：称取 29.32g 氧化镧，用 25mL 去离子水湿润后，缓慢添加 125mL 盐酸使氧化镧溶解后，用去离子水稀释至 500mL。

⑤ 氯化钾：相对分子质量 74.55，光谱纯。

⑥ 氯化钠：相对分子质量 58.44，光谱纯。

⑦ 碳酸钙：相对分子质量 100.05，光谱纯。

⑧ 钾标准溶液（1000μg/mL）：称取干燥的氯化钾 1.9067g，用盐酸 A 溶解，并定容于 1000mL 容量瓶中。可以直接购买该元素的有证国家标准物质作为标准溶液。

⑨ 钠标准溶液（1000μg/mL）：称取干燥的氯化钠 2.5420g，用盐酸 A 溶解，并定容于 1000mL 容量瓶中。可以直接购买该元素的有证国家标准物质作为标准溶液。

⑩ 钙标准溶液（1000μg/mL）：称取干燥的碳酸钙 2.4963g，用盐酸 B 100mL 溶解，并用水定容于 1000mL 容量瓶中。可以直接购买该元素的有证国家标准物质作为标准溶液。

⑪ 镁标准溶液（1000μg/mL）：称取纯镁 1.0000g，用硝酸 40mL 溶解，并用水定容于

1000mL 容量瓶中。可以直接购买该元素的有证国家标准物质作为标准溶液。

⑫ 锌标准溶液（1000μg/mL）：称取金属锌 1.0000g，用硝酸 40mL 溶解，并用水定容于 1000mL 容量瓶中。可以直接购买该元素的有证国家标准物质作为标准溶液。

⑬ 铁标准溶液（1000μg/mL）：称取金属铁粉 1.0000g，用硝酸 40mL 溶解，并用水定容于 1000mL 容量瓶中。可以直接购买该元素的有证国家标准物质作为标准溶液。

⑭ 铜标准溶液（1000μg/mL）：称取金属铜 1.0000g，用硝酸 40mL 溶解，并用水定容于 1000mL 容量瓶中。可以直接购买该元素的有证国家标准物质作为标准溶液。

⑮ 锰标准溶液（1000μg/mL）：称取金属锰 1.0000g，用硝酸 40mL 溶解，并用水定容于 1000mL 容量瓶中。可以直接购买该元素的有证国家标准物质作为标准溶液。

⑯ 钙、铁、锌、钠、钾、镁标准储备液：分别准确吸取钙标准溶液 10.0mL、铁标准溶液 10.0mL、锌标准溶液 10.0mL、钠标准溶液 5.0mL、钾标准溶液 10.0mL、镁标准溶液 1.0mL，用盐酸 A 分别定容到 100mL 石英容量瓶中，得到上述各元素的标准储备液。质量浓度分别为：钙、铁、锌、钾各 100.0μg/mL；钠 50.0μg/mL；镁 10.0μg/mL。

⑰ 锰、铜标准储备液：准确吸取锰标准溶液 10.0mL，用盐酸 A 定容到 100mL，再从定容后溶液中准确吸取 4.0mL，用盐酸 A 定容到 100mL，得到锰标准储备液。准确吸取铜标准溶液 10.0mL，用盐酸 A 定容到 100mL，再从定容后溶液中准确吸取 6.0mL，用盐酸 A 定容到 100mL，得到铜标准储备液。质量浓度分别为：锰 4.0μg/mL；铜 6.0μg/mL。

【工作过程】

1. 试样处理

称取混合均匀的固体试样约 5g 或液体试样约 15g（精确到 0.0001g）于坩埚中，在电炉上微火炭化至不再冒烟，再移入高温炉中，490℃±5℃灰化约 5h。如果有黑色炭粒，冷却后，则滴加少许硝酸溶液湿润。在电炉上小火蒸干后，再移入 490℃高温炉中继续灰化成白色灰烬。

冷却至室温后取出，加入 5mL 盐酸 B，在电炉上加热使灰烬充分溶解。冷却至室温后，移入 50mL 容量瓶中，用水定容，同时处理至少两个空白试样。

2. 试样待测液的制备

（1）钙、镁待测液　从 50mL 的试液中准确吸取 1.0mL 到 100mL 容量瓶中，加 2.0mL 镧溶液，用水定容至刻度。同样方法处理空白试液。

（2）钠待测液　从 50mL 的试液中准确吸取 1.0mL 到 100mL 容量瓶中，用盐酸 A 定容。同样方法处理空白试液。

（3）钾待测液　从 50mL 的试液中准确吸取 0.5mL 到 100mL 容量瓶中，用盐酸 A 定容。同样方法处理空白试液。

思考 1：为什么有的待测液直接可以上机测定？

（4）铁、锌、锰、铜待测液　用 50mL 的试液直接上机测定。同时测定空白试液。

（5）为保证试样待测试液浓度在标准曲线线性范围内，可以适当调整试液定容体积和稀释倍数。

3. 测定

思考 2：为什么有的使用液必须加入镧溶液？

（1）标准曲线的制备

① 标准系列使用液的配制　按表 5-1 给出的体积分别准确吸取各元素的标准储备液于 100mL 容量瓶中，配制铁、锌、钠、钾、锰、铜使用液，用盐酸 A 定容。配制钙镁使用液时，在准确吸取标准储备液的同时吸取 2.0mL 镧溶液于各容量瓶中，用水定容。此为各元素不同浓度的标准使用液，其质量浓度见表 5-2。

表 5-1　配制标准系列使用液所吸取各元素标准储备液的体积

序号	K/mL	Ca/mL	Na/mL	Mg/mL	Zn/mL	Fe/mL	Cu/mL	Mn/mL
1	1.0	2.0	2.0	2.0	2.0	2.0	2.0	2.0
2	2.0	4.0	4.0	4.0	4.0	4.0	4.0	4.0
3	3.0	6.0	6.0	6.0	6.0	6.0	6.0	6.0
4	4.0	8.0	8.0	8.0	8.0	8.0	8.0	8.0
5	5.0	10.0	10.0	10.0	10.0	10.0	10.0	10.0

表 5-2　各元素标准系列使用液浓度

序号	K / (μg/mL)	Ca / (μg/mL)	Na / (μg/mL)	Mg / (μg/mL)	Zn / (μg/mL)	Fe / (μg/mL)	Cu / (μg/mL)	Mn / (μg/mL)
1	1.0	2.0	1.0	0.2	2.0	2.0	0.12	0.08
2	2.0	4.0	2.0	0.4	4.0	4.0	0.24	0.16
3	3.0	6.0	3.0	0.6	6.0	6.0	0.36	0.24
4	4.0	8.0	4.0	0.8	8.0	8.0	0.48	0.32
5	5.0	10.0	5.0	1.0	10.0	10.0	0.60	0.40

②　标准曲线的绘制　按照仪器说明书将仪器工作条件调整到测定各元素的最佳状态，选用灵敏吸收线 K766.5nm、Ca422.7nm、Na589.0nm、Mg285.2nm、Fe248.3nm、Cu324.8nm、Mn279.5nm、Zn213.9nm 将仪器调整好预热后，测定铁、锌、钠、钾、铜、锰时用毛细管吸喷盐酸 A 调零。测定钙镁时先吸取镧溶液 2.0mL，用水定容到 100mL，并用毛细管吸喷该溶液调零。分别测定各元素标准工作液的吸光度。以标准系列使用液浓度为横坐标，对应的吸光度为纵坐标绘制标准曲线。

（2）试样待测液的测定　调整好仪器最佳状态，测铁、锌、钠、钾、铜、锰用盐酸 A 调零，测钙、镁时，先吸取镧溶液 2.0mL，用水定容到 100mL，并用该溶液调零。分别吸喷试样测试液的吸光度及空白试液的吸光度。查标准曲线得对应的质量浓度。

【图示过程】

标准曲线制备

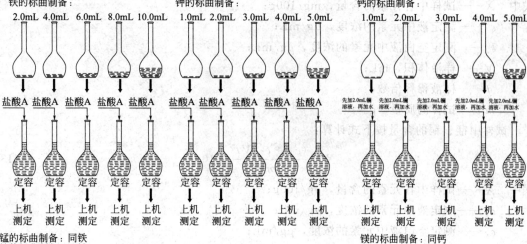

锰的标曲制备：同铁
锌的标曲制备：同铁
铜的标曲制备：同铁
钠的标曲制备：同铁

镁的标曲制备：同钙

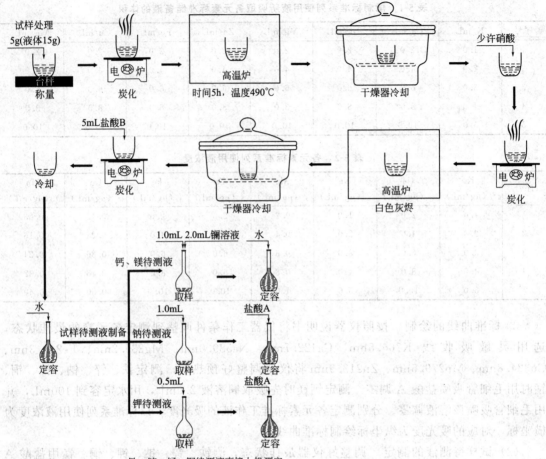

铁、锌、锰、铜待测液直接上机测定

【结果处理】

试样中钙、镁、钠、钾、铁、锌的含量按下式计算：

$$X = \frac{(c_1 - c_2)Vf}{m \times 1000} \times 100 \tag{5-12}$$

式中　X——试样中各元素的含量，mg/100g；

c_1——测定液中元素的浓度，$\mu g/mL$；

c_2——测定空白液中元素的浓度，$\mu g/mL$；

V——样液体积，mL；

f——样液稀释倍数；

m——试样的质量，g。

试样中锰、铜的含量按下式计算：

$$X = \frac{(c_1 - c_2)Vf}{m} \times 100 \tag{5-13}$$

式中　X——试样中各元素的含量，$\mu g/100g$；

c_1——测定液中元素的浓度，$\mu g/mL$；

c_2——测定空白液中元素的浓度，$\mu g/mL$；

V——样液体积，mL；

f——样液稀释倍数；

m——试样的质量，g。

以重复性条件下获得的两次独立测定结果的算术平均值表示，钙、镁、钠、钾、锰、铜、铁、锌结果保留三位有效数字。

在重复性条件下获得两次独立测定结果的绝对差值，钙、镁、钠、钾、铁、锌不得超过算术平均值的 10%；铜和锰不得超过算术平均值的 15%。

【补充知识】

测定原理：试样经干法灰化，分解有机质后，加酸使灰分中的无机离子全部溶解，直接吸入空气-乙炔火焰中原子化，并在光路中分别测定钙、铁、锌、钠、钾、镁、铜和锰原子对特定波长谱线的吸收。测定钙、镁时，需用镧作释放剂，以消除磷酸干扰。

【思考题】

1. 为什么可以将几种元素的标准溶液配制在一起，有什么好处？
2. 用原子吸收法测定金属离子有什么优点？

第三节　有益微量元素的检测（非金属）

碘是人体必需的微量元素，它是甲状腺激素的重要组成成分。甲状腺激素在促进人体的生长发育，维持机体正常的生理功能等方面起着十分重要的作用。碘通过甲状腺素发挥生理作用，如促进蛋白质合成，活化 100 多种酶，调节能量转换，加速生长发育，维持中枢神经系统结构。人体中缺乏碘时会引起甲状腺肿和地方性克汀病，缺碘母亲生的小孩可患呆小病，婴儿每天需碘量为 0.045~0.15mg。碘缺乏症多是地区性的，可以通过富含碘的食物或加碘食盐来治疗。碘在海带、紫菜、海鱼、海盐等中含量丰富。但长期过量摄入碘也会影响甲状腺对碘的吸收利用而造成甲状腺肿。因此，食品中碘的测定在营养学上具有重要意义。

食品中碘的检测方法还有氯仿萃取比色法、硫酸钠接触法、溴氧化碘滴定法等，其中最常用的是氯仿萃取比色法。

一、食品中碘的检测（氯仿萃取比色法）

1. 原理

样品在碱性条件下灰化，碘被有机物还原成碘离子，碘离子与碱金属离子结合成碘化物，碘化物在酸性条件下与重铬酸钾作用，定量析出碘。当用氯仿萃取时，碘溶于氯仿中呈粉红色，当碘含量低时，颜色深浅与碘的含量成正比，与标准系列比较定量。

2. 试剂

① 氢氧化钾溶液（10mol/L）。

② 氯仿。

③ 浓硫酸。

④ 重铬酸钾溶液（0.02mol/L）。

⑤ 碘标准储备液：称取 0.1308g 在 105℃烘干 1h 的碘化钾于烧杯中，加少量水溶解，移入 100mL 容量瓶中，加水定容至刻度，摇匀。此溶液每 1mL 含碘 100μg。

⑥ 碘标准使用液：用水稀释碘标准储备液，此溶液每 1mL 相当于含 10μg 碘。

3. 仪器

① 可见分光光度计。

② 恒温干燥箱。

③ 高温炉。

4. 测定步骤

(1) 样品处理　准确称取样品 2.0～3.0g 于坩埚中，加入 5mL 氢氧化钾溶液（10mol/L），烘干，置于电炉上炭化，然后移入高温炉中，在 460～500℃ 下灰化至呈白色灰烬，冷却。取出后加水 10mL，加热溶解，并滤入 50mL 容量瓶中，用 30mL 热水分次洗涤坩埚和滤纸，洗液并入容量瓶中，用水定容至刻度，摇匀。

(2) 标准曲线的绘制　准确吸取碘标准使用液 0.0mL、2.0mL、4.0mL、6.0mL、8.0mL、10.0mL，分别置于 125mL 分液漏斗中，加水至总体积为 40mL，加入浓硫酸 2mL、0.02mol/L 重铬酸钾溶液 15mL，摇匀后静置 30min，加入氯仿 10mL，振摇 1min，静置分层后通过棉花将氯仿层过滤，用 1cm 比色皿，在波长 510nm 处测定吸光度值，绘制标准曲线。

(3) 样品检测　根据样品含碘量高低，吸取数毫升样品溶液，置于 125mL 分液漏斗中，以下按"标准曲线绘制"自"加水至总体积为 40mL"起依法操作，在波长 510nm 处测定样品溶液的吸光度值，与标准系列比较定量。

5. 结果计算

$$碘含量 = \frac{m_0(V_1 - V_2)}{m} \tag{5-14}$$

式中　m_0——在标准曲线中查得测定用样品溶液中碘含量，μg；

$\quad\quad V_2$——测定时吸取样品溶液的体积，mL；

$\quad\quad V_1$——样品溶液总体积，mL；

$\quad\quad m$——样品的质量，g。

6. 提示

(1) 灰化样品时，加入氢氧化钾的作用是使碘形成难挥发的碘化钾，防止碘在高温灰化时挥发损失。

(2) 本法操作简便、显色稳定、重现性好。

二、食品中硒的检测

硒是人体生理必需的微量元素，具有抗氧化、保护红细胞的功用，并发现有预防癌症的作用。硒还参与体内谷胱甘肽过氧化酶的代谢过程，是人体的肌代谢不可缺少的微量元素。缺硒时容易发生克山病。成年人每天约需 0.4mg 的硒。硒在小麦、玉米、大白菜、南瓜、大蒜和海产品中含量丰富。

食品中硒的检测有氢化物原子荧光光谱法、荧光法两种国家标准方法，下面主要对荧光法作详细阐述。

1. 原理

样品经混合酸消化后，硒化合物被氧化为四价无机硒，在 pH 约为 1.5 的溶液中，2,3-二氨基萘选择性地与四价硒离子反应，生成 4,5-苯并苤硒脑绿色荧光物质，用环己烷萃取，其荧光强度与硒的含量成正比。在激发光波长 376nm，发射光波长 520nm 处测定荧光强度，与标准系列比较定量。

2. 试剂

(1) 环己烷。

（2）硝酸。

（3）高氯酸。

（4）盐酸。

（5）氢溴酸。

（6）氨水（1+1）。

（7）盐酸溶液（1+9）　取 10mL 盐酸，加 90mL 水。

（8）去硒硫酸（5+95）：取 5mL 去硒硫酸，加入 95mL 水中。

（9）EDTA（0.2mol/L）：称 37g EDTA 二钠盐，加水并加热溶解，冷却后稀释至 500mL。

（10）盐酸羟胺（100g/L）：称取 10g 盐酸羟胺溶于水中，稀释至 100mL。

（11）硝酸-高氯酸（2+1）。

（12）2,3-二氨基萘（1g/L，纯度 95%～98%）：称取 200mg 2,3-二氨基萘于一带盖锥形瓶中，加入 200mL 0.1mol/L 盐酸，振摇约 15min，使其全部溶解。约加 40mL 环己烷，继续振摇 5min，将此液转入分液漏斗中，待溶液分层后，弃去环己烷层，收集 2,3-二氨基萘层溶液。如此用环己烷纯化 2,3-二氨基萘直至环己烷中的荧光数值降至最低时为止（纯化次数视 2,3-二氨基萘纯度不同而定，一般需纯化 5～6 次）。将提纯后的 2,3-二氨基萘溶液储于棕色瓶中，加约 1cm 厚的环己烷覆盖溶液表面。置冰箱中保存。必要时再纯化一次。

（13）硒标准储备液（100μg/mL）：精确称取 100.0mg 硒（光谱纯），溶于少量硝酸中，加 2mL 高氯酸，置沸水浴中加热 3～4h，冷却后加入 8.4mL 盐酸，再置沸水浴中煮 2min。准确稀释至 1000mL，其盐酸浓度为 0.1mol/L。此溶液每 1mL 含硒为 100μg。

（14）硒标准使用液（0.5μg/mL）：将硒标准储备液（100μg/mL）用 0.1mol/L 盐酸稀释，使每 1mL 含硒为 0.5μg。

（15）甲酚红指示剂（2g/L）：称取 50mg 甲酚红溶于水中，加（1+1）氨水 1 滴，待甲酚红完全溶解后加水稀释至 250mL。

（16）EDTA 混合液：取 0.2mol/L EDTA 和 10% 盐酸羟胺液各 50mL，混匀，再加 5mL 硒标准使用液，用水稀释至 1000mL。

3. 仪器

① 荧光分光光度计。

② 恒温干燥箱。

4. 样品预处理

（1）固体类　样品用水洗涤干净，于 60℃ 烘干，用不锈钢磨磨成粉，储于塑料瓶内，放一小包樟脑精，盖紧盖保存。

（2）蔬菜及其他植物性食物类　取可食部分用水冲洗干净后吸去水滴，用不锈钢刀切碎，混匀。取混合均匀的样品于 60℃ 烘干，称重，粉碎。

5. 样品消化

称取 0.5～2.0g 样品（含硒量 0.01～0.50μg）于磨口锥形瓶内，加 10mL 5% 去硒硫酸，样品湿润后，再加 20mL 硝酸-高氯酸混合酸放置过夜。次日置于沙浴上逐渐加热，当激烈反应发生后（溶液变无色），继续加热至产生白烟，溶液逐渐变成淡黄色即达终点。取与消化样品相同量的硝酸-高氯酸混合酸，按上述同样操作做试剂空白实验。

6. 测定条件选择

参考条件：激发光波长 376nm；发射光波长 520nm；其他条件按仪器说明调至最佳状态。

7. 标准曲线绘制

准确吸取硒标准使用液 0.0mL、0.2mL、1.0mL、2.0mL、4.0mL，加水至 5mL，加 20mL EDTA 混合液，用氨水（1+1）或盐酸调至淡红橙色（pH1.5~2.0）。以下步骤在暗室中进行：加入 3mL 2,3-二氨基萘试剂，混匀，置沸水浴中煮 5min，取出立即冷却，加 3mL 环己烷，振摇 4min，将全部溶液移入分液漏斗中，待分层后弃去水层，环己烷层转入带盖试管中（小心勿使环己烷中混入水滴），在激发光波长 376nm，发射光波长 520nm 处测定 4,5-苯并苄硒脑的荧光强度，绘制标准曲线。

由于硒含量在 0.5μg 以下时荧光强度与硒的含量呈线性关系，在常规测定样品时，每次需做试剂空白与样品硒含量相近的标准管（双份）即可。

8. 样品测定

在样品消化液中加 20mL EDTA 混合液，用氨水（1+1）或盐酸调至淡红橙色（pH1.5~2.0）。以下步骤在暗室进行：加 3mL 2,3-二氨基萘试剂，混匀，置沸水浴中煮 5min，取出立即冷却，加 3mL 环己烷，振摇 4min，将全部溶液移入分液漏斗，待分层后弃去水层，环己烷层转入带盖试管中（小心勿使环己烷中混入水滴），在激发光波长 376nm，发射光波长 520nm 处测定 4,5-苯并苄硒脑的荧光强度。与标准系列比较定量。

9. 结果计算

$$X = \frac{m_1}{c_1 - c_0} \times \frac{c_2 - c_0}{m_2}$$ (5-15)

式中 X——样品中硒含量，μg/g；

c_1——样品管荧光读数；

c_2——标准管荧光读数；

c_0——空白管荧光读数；

m_1——标准管中硒质量，μg；

m_2——样品质量，g。

10. 提示

（1）本方法检出限为 0.5ng/mL。

（2）2,3-二氨基萘有毒性，需在暗室配制，配制时应特别小心，采取必要的安全措施。

（3）硒标准使用液、硒标准储备液应于冰箱中保存。

（4）去硒硫酸的制备：取 200mL 硫酸，加于 200mL 水中，再加 30mL 氢溴酸，混匀，置沙浴上加热蒸去硒与水至出现浓白烟，此时体积应为 200mL。

（5）某些蔬菜样品消化后常出现浑浊，难以确定终点，所以要细心观察。还有含硒较高的蔬菜含有较多的 Se^{6+}，需要在消化达到终点时冷却后加 10mL（1+9）盐酸，继续加热，使 Se^{6+} 还原成 Se^{4+}。

↘ 实训 5-3 乳制品中碘的检测

【实训要点】

1. 掌握活化过程。

2. 掌握气相色谱仪的使用。

【仪器试剂】

1. 仪器

① 分析天平：感量为 0.1mg。

② 气相色谱仪，带电子捕获检测器。

2. 试剂

① 高峰氏（Taka-Diastase）淀粉酶：酶活力≥1.5U/mg。

② 碘化钾或碘酸钾：优级纯。

③ 丁酮（C_4H_8O）：色谱纯。

④ 硫酸（H_2SO_4）：优级纯。

⑤ 正己烷（C_6H_{14}）。

⑥ 无水硫酸钠（Na_2SO_4）。

⑦ 双氧水（3.5%）：吸取 11.7mL 体积分数为 30% 的双氧水，稀释至 100mL。

⑧ 亚铁氰化钾溶液（109g/L）：称取 109g 亚铁氰化钾，用水定容于 1000mL 容量瓶中。

⑨ 乙酸锌溶液（219g/L）：称取 219g 乙酸锌，用水定容于 1000mL 容量瓶中。

⑩ 碘标准贮备液（1.0mg/mL）：称取 131mg 碘化钾（精确至 0.1mg）或 168.5mg 碘酸钾（精确至 0.1mg），用水溶解并定容至 100mL，5℃±1℃ 冷藏保存，一个星期内有效。

⑪ 碘标准工作液（1.0μg/mL）：吸取 10mL 碘标准贮备液，用水定容至 100mL 混匀，再吸取 1.0mL，用水定容至 100mL 混匀，临用前配制。

【工作过程】

1. 试样处理

称取混合均匀的固体试样 5g，液体试样 20g（精确至 0.0001g）于 150mL 锥形瓶中，固体试样用 25mL 约 40℃ 的热水溶解。

2. 试样测定液的制备

思考1：为什么要衍生？

（1）沉淀　将上述处理过的试样溶液转入 100mL 容量瓶中，加入 5mL 亚铁氰化钾溶液和 5mL 乙酸锌溶液后，用水定容至刻度，充分振摇后静置 10min。滤纸过滤后吸取滤液 10mL 于 100mL 分液漏斗中，加 10mL 水。

思考2：如何用无水硫酸钠脱水？

（2）衍生与提取　向分液漏斗中加入 0.7mL 硫酸、0.5mL 丁酮、2.0mL 双氧水，充分混匀，室温下保持 20min 后加入 20mL 正己烷，振荡萃取 2min。静置分层后，将水相移入另一分液漏斗中，再进行第二次萃取。合并有机相，用水洗涤两到三次。通过无水硫酸钠过滤脱水后移入 50mL 容量瓶中，用正己烷定容，此为试样测定液。

3. 碘标准测定液的制备

分别吸取 1.0mL、2.0mL、4.0mL、8.0mL、12.0mL 碘标准工作液，相当于 1.0μg、2.0μg、4.0μg、8.0μg、12.0μg 的碘，其他分析步骤同（2）。

4. 检测

（1）参考色谱条件

色谱柱：填料为 5% 氰丙基-甲基聚硅氧烷的毛细管柱（柱长 30m，内径 0.25mm，膜厚 0.25μm）或具同等性能的色谱柱。

进样口温度：260℃。

ECD 检测器温度：300℃。

分流比：1∶1。

进样量：1.0μL。

程序升温见表 5-3。

表 5-3　程序升温

升温速率/（℃/min）	温度/℃	持续时间/min
	50	9
30	220	3

（2）标准曲线的制作　将碘标准测定液分别注入气相色谱仪中得到标准测定液的峰面积（或峰高）。以标准测定液的峰面积（或峰高）为纵坐标，以碘标准工作液中碘的质量为横坐标制作标准曲线。图 5-7 所示为气相色谱图。

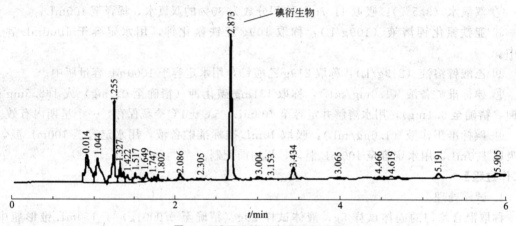

图 5-7　碘标准衍生物气相色谱图

（3）试样溶液的测定　将试样测定液注入气相色谱仪中得到峰面积（或峰高），从标准曲线中获得试样中碘的含量（μg）。

【图示过程】 样品处理过程

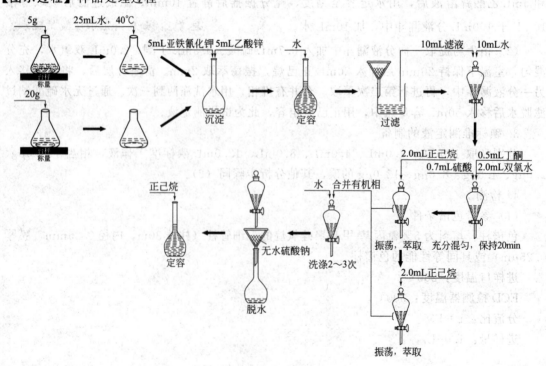

碘标准测定液的制备

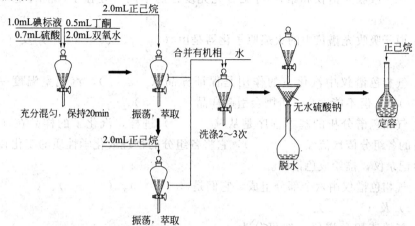

注：此实验是加入1.0mL碘标液的制作过程，接下来分别加入2.0mL、4.0mL、8.0mL、12.0mL碘标液并进行同样的实验步骤即可。

【结果处理】

试样中碘含量按下式计算：

$$X = \frac{c_s}{m} \times 100 \tag{5-16}$$

式中　X——试样中碘含量，$\mu g/100g$；

c_s——从标准曲线中获得试样中碘的含量，μg；

m——试样的质量，g。

以重复性条件下获得的两次独立测定结果的算术平均值表示，结果保留至小数点后一位。

在重复性条件下获得的两次独立测定结果的绝对差值不得超过算术平均值的10%。

【相关知识】

1. 测定原理

试样中的碘在硫酸条件下与丁酮反应生成丁酮与碘的衍生物，经气相色谱分离，电子捕获检测器检测，外标法定量。

2. 样品处理

（1）不含淀粉的试样　称取混合均匀的固体试样5g，液体试样20g（精确至0.0001g）于150mL锥形瓶中，固体试样用25mL约40℃的热水溶解。

（2）含淀粉的试样　称取混合均匀的固体试样5g，液体试样20g（精确至0.0001g）于150mL锥形瓶中，加入0.2g高峰氏淀粉酶，固体试样用25mL约40℃的热水充分溶解，置50～60℃恒温箱中酶解30min，取出冷却。

【本章小结】

本章重点掌握有益的微量元素的测定原理、测定方法。掌握对不同被测样品的不同处理方法和要点。掌握标准溶液、标准使用液的配制和使用方法。掌握样品的消化方法和操作技能。

📄 思考练习题

一、填空题

1. 在气相色谱法测定碘含量中，无水硫酸钠层的作用是（　　　　　）。

2. 原子吸收光谱仪和紫外-可见分光光度计的不同之处在于，前者是（　　　　），后者是（　　　　）。

3. 原子吸收光谱仪中的火焰原子化器是由（　　　）、（　　　）及（　　　）三部分组成。

4. 气相色谱仪中汽化室的作用是保证样品（　　　），汽化室温度一般要比柱温高（　　　）度，但不能太高，否则会引起样品（　　　）。

5. 气相色谱分析的基本程序是从（　　　）进样，汽化了的样品在（　　　）分离，分离后的各组分依次流经（　　　），它将各组分的物理或化学性质的变化转换成电量变化，输送给记录仪，描绘成色谱图。

6. 气相色谱仪由六个部分组成，它们是（　　　）、（　　　）、（　　　）、（　　　）、（　　　）及（　　　）。

7. 高效液相色谱仪一般可分为（　　　）、（　　　）、（　　　）、（　　　）和（　　　）等部分。

8. 常用的高效液相色谱检测器主要是（　　　）、（　　　）、（　　　）、（　　　）和（　　　）检测器等。

9. 高效液相色谱中的（　　　）技术类似于气相色谱中的程序升温，不过前者连续改变的是流动相的（　　　），而不是温度。

10. 流动相常用的脱气方法有（　　　）、（　　　）和（　　　）。

11. 高效液相色谱固定相的性质和结构的差异，使分离机理不同而构成各种色谱类型，主要有（　　　）、（　　　）、（　　　）、（　　　）和（　　　）等。

12. 根据维生素的溶解性，可分为（　　　）和（　　　）两大类。

二、选择题

1. 原子吸收分光光度计常用的光源是（　　　）。
   - （1）氢灯
   - （2）氘灯
   - （3）钨灯
   - （4）空心阴极灯

2. 原子吸收法测定 Ca^{2+} 含量时，为消除其中 PO_4^{3-} 的干扰而加入高浓度的锶盐，则加入锶盐称为（　　　）。
   - （1）释放剂
   - （2）保护剂
   - （3）防电离剂
   - （4）以上答案都不对

3. 原子吸收光谱法的背景干扰，主要表现为（　　　）形式。
   - （1）火焰中被测元素发射的谱线
   - （2）火焰中干扰元素发射的谱线
   - （3）光源产生的非共振线
   - （4）火焰中产生的分子吸收

4. 在原子吸收分析中，已知由于火焰发射背景信号很高，因而采取了下面一些措施，指出哪种措施是不适当的（　　　）。
   - （1）减小光谱通带
   - （2）改变燃烧器高度
   - （3）加入有机试剂
   - （4）使用高功率的光源

5. 在原子吸收分析中，下列哪种火焰组成的温度最高？（　　　）
   - （1）空气-乙炔
   - （2）空气-煤气
   - （3）笑气-乙炔
   - （4）氧气-氢气

6. 原子吸收光谱定量分析中，适合于高含量组分的分析的方法是（　　　）。
   - （1）工作曲线法
   - （2）标准加入法
   - （3）稀释法
   - （4）内标法

7. 氢火焰检测器的检测依据是（　　　）。
   - （1）不同溶液折射率不同
   - （2）被测组分对紫外线的选择性吸收

（3）有机分子在氢氧焰中发生电离　　　　（4）不同气体热导率不同

8. 气相色谱检测器的温度必须保证样品不出现（　　　　）现象。

（1）冷凝　　　　　　（2）升华　　　　　　（3）分解　　　　　　（4）汽化

9. 气液色谱法中，氢火焰离子化检测器（　　　　）优于热导检测器。

（1）装置简单化　　（2）灵敏度　　　　（3）适用范围　　　　（4）分离效果

10. 在加标回收率试验中，决定加标量的依据是（　　　　）。

（1）称样质量　　　　　　　　　　（2）取样体积

（3）样液浓度　　　　　　　　　　（4）样液中待测组分的质量

11. 下列气相色谱操作条件中，正确的是（　　　　）。

（1）载气的热导率尽可能与被测组分的热导率接近

（2）使最难分离的物质对能很好分离的前提下，尽可能采用较低的柱温

（3）汽化温度愈高愈好

（4）检测室温度应低于柱温

12. 液相色谱流动相过滤必须使用何种粒径的过滤膜？（　　　　）

（1）0.5μm　　　　（2）0.45μm　　　　（3）0.6μm　　　　（4）0.55μm

13. 液相色谱中通用型检测器是（　　　　）。

（1）紫外吸收检测器　　　　　　　　（2）示差折光检测器

（3）热导池检测器　　　　　　　　　（4）氢火焰离子化检测器

14. 在液相色谱中，不会显著影响分离效果的是（　　　　）。

（1）改变固定相种类　　　　　　　　（2）改变流动相流速

（3）改变流动相配比　　　　　　　　（4）改变流动相种类

15. 在液相色谱中，为了改变柱子的选择性，可以进行（　　　　）的操作。

（1）改变柱长　　　　　　　　　　（2）改变填料粒度

（3）改变流动相或固定相种类　　　　（4）改变流动相的流速

16. 使用乙炔钢瓶气体时，管路接头不可以用的是（　　　　）。

（1）铜接头　　　　（2）锌铜合金接头　　（3）不锈钢接头　　（4）银铜合金接头

17. 在火焰原子化过程中，伴随着产生一系列的化学反应，下列哪些反应是不可能发生的？（　　　　）

（1）裂变　　　　　　（2）化合　　　　　　（3）聚合　　　　　　（4）电离

18. 原子吸收分光光度法中，造成谱线变宽的主要原因有（　　　　）。

（1）自然变宽　　　　（2）温度变宽　　　　（3）压力变宽　　　　（4）物理干扰

19. 在原子吸收光谱分析中，为了防止回火，各种火焰点燃和熄灭时，燃气与助燃气的开关必须遵守的原则是（　　　　）。

（1）先开助燃气，后关助燃气　　　　（2）先开燃气，后关燃气

（3）后开助燃气，先关助燃气　　　　（4）后开燃气，先关燃气

20. 下列组分中，在 FID 中有响应的是（　　　　）。

（1）氢气　　　　　　（2）氮气　　　　　　（3）甲烷　　　　　　（4）甲醇

21. 气相色谱中与含量成正比的是（　　　　）。

（1）保留体积　　　　（2）保留时间　　　　（3）峰面积　　　　　（4）峰高

22. 下列气相色谱操作条件中，正确的是（　　　　）。

(1) 汽化温度越高越好

(2) 使最难分离的物质对能很好分离的前提下，尽可能采用较低的柱温

(3) 实际选择载气流速时，一般略低于最佳流速

(4) 检测室温度应低于柱温

23. 在气-液色谱填充柱的制备过程中，下列做法正确的是（　　　　）。

(1) 一般选用柱内径为 3～4mm、柱长为 1～2m 的不锈钢柱

(2) 一般常用的液载比是 25% 左右

(3) 新装填好的色谱柱即可接入色谱仪的气路中，用于进样分析

(4) 在色谱柱的装填时，要保证固定相在色谱柱内填充均匀

24. 高效液相色谱仪与气相色谱仪比较增加了（　　　　）。

(1) 恒温箱　　　　　(2) 高压泵　　　　　(3) 程序升温　　　　　(4) 梯度淋洗装置

25. 高效液相色谱仪与气相色谱仪比较增加了（　　　　）。

(1) 贮液器　　　　　(2) 恒温器　　　　　(3) 高压泵　　　　　(4) 程序升温

三、判断题

1. （　　）原子吸收分光光度计的光源是连续光源。

2. （　　）原子吸收光谱是带状光谱，而紫外-可见光谱是线状光谱。

3. （　　）原子吸收分光光度计中的单色器是放在原子化系统之前的。

4. （　　）原子吸收与紫外分光光度法一样，标准曲线可重复使用。

5. （　　）原子吸收光谱分析中的背景干扰会使吸光度增加，因而导致测定结果偏低。

6. （　　）原子吸收光谱分析中灯电流的选择原则是：在保证放电稳定和有适当光强输出的情况下，尽量选用低的工作电流。

7. （　　）原子吸收光谱分析中，测量的方式是峰值吸收，而以吸光度值反映其大小。

8. （　　）空心阴极灯亮，但高压开启后无能量显示，可能是无高压。

9. （　　）石墨炉原子吸收测定中，所使用的惰性气体的作用是保护石墨管不因高温灼烧而氧化，作为载气将汽化的样品物质带走。

10. （　　）进行原子光谱分析操作时，应特别注意安全。点火时应先开助燃气、再开燃气、最后点火。关气时应先关燃气再关助燃气。

11. （　　）气相色谱仪中，转子流量计显示的载气流速十分准确。FID 检测器对所有化合物均有响应，属于通用型检测器。

12. （　　）FID 检测器对所有化合物均有响应，属于通用型检测器。

13. （　　）气相色谱分析中，调整保留时间是组分从进样到出现峰最大值所需的时间。

第六章 食品安全成分的检测（一）

知识目标

1. 了解常用食品防腐剂的影响，掌握苯甲酸、山梨酸（钾）的测定原理及操作技术。
2. 了解护色剂的作用，掌握测定硝酸盐、亚硝酸盐的原理和方法。
3. 了解漂白剂的作用，掌握测定亚硫酸盐（二氧化硫）的原理和方法。
4. 了解着色剂的分类、影响，掌握食品中食用合成色素的测定方法。
5. 了解 BHA、BHT 的作用，掌握其测定方法。

技能目标

1. 能够正确测定苯甲酸、山梨酸（钾）含量。
2. 能够正确测定硝酸盐、亚硝酸盐含量。
3. 能够正确测定亚硫酸盐（二氧化硫）含量。
4. 能够正确测定食品中食用合成色素含量。
5. 能够正确测定 BHA、BHT 等含量。

知识导入

《中华人民共和国食品安全法》中明确指出：食品添加剂，指为改善食品品质和色、香、味以及为防腐、保鲜和加工工艺的需要而加入到食品中的人工合成或者天然物质。食品添加剂一般可以不是食物，也不一定有营养价值，但必须符合上述定义的概念，既不影响食品的营养价值，又具有防止食品腐败变质、增强食品感官性状或提高食品质量的作用，且必须是一定剂量内对人体无害的。

一般来说，食品添加剂按其来源可分为天然的和化学合成的两大类。天然食品添加剂是指利用动植物或微生物的代谢产物等为原料，经提取所获得的天然物质；化学合成的食品添加剂是指采用化学手段，使元素或化合物通过氧化、还原、缩合、聚合、成盐等合成反应而得到的物质。目前使用的大多属于化学合成食品添加剂。

食品添加剂的种类繁多，我国较为常用的有 1000 多种。

食品添加剂的分类按其功能和用途，可将食品添加剂分为 20 类。它们是：①酸度调节剂；②抗结剂；③消泡剂；④抗氧化剂；⑤漂白剂；⑥膨松剂；⑦胶姆糖基础剂；⑧着色剂；⑨护色剂；⑩乳化剂；⑪酶制剂；⑫增味剂；⑬面粉处理剂；⑭被膜剂；⑮水分保持剂；⑯营养强化剂；⑰防腐剂；⑱稳定和凝固剂；⑲甜味剂；⑳增稠剂。

长期以来，加工食品中的添加成分到底是否安全，一直是人们关注的焦点。目前通过检测手段来预防哪个企业在食品中添加了不该添加的东西，仍有比较大的难度。其实在日常生活中，我们消费者自己完全可以尽量少去消费那些添加剂含量较高的食品，做到这一点并不难。下面介绍几种常见的食品添加剂及其食用风险。

人工合成色素：目前人工合成色素多用于红绿丝、罐头、果味粉、果子露、汽水、配制酒等食品。摄入人造色素的食用风险是加剧孩子的多动症症状。儿童是最应该避免摄入人工色素的人群。但为了取悦儿童，许多儿童食品中都含多种人工色素，对此家长们应提高警惕，在选择儿童食品时，应尽量远离色彩过于鲜艳的产品。

高果糖玉米糖浆：是一种由玉米制成的糖浆，不仅使用在糖果中，在碳酸类饮料中更为常见。有一种观点认为，食用高果糖玉米糖浆会增加肥胖和患 2 型糖尿病的风险。专家认为从严格意义上讲，高果糖玉米糖浆不能算作食品添加剂，其实它和蔗糖一样都是糖，都有热量，只是口味更清甜，还有保水性，喝了这种糖浆配制的饮料之后，人们几乎没有饱的感觉，不知不觉就会多喝，从而可能增加肥胖危险。

阿斯巴甜：被作为增甜剂广泛用于风味酸奶、水果罐头、八宝粥、果冻、面包等食品中。有人曾担忧它会导致癌症、癫痫、头疼以及影响智力等。但大规模的研究显示，阿斯巴甜与上述疾病并没有直接联系。阿斯巴甜的甜度是白糖的 200 倍，用在食品中的量极小，故而它不会像白糖那样增加膳食热量。

苯甲酸钠：是常用的防腐剂。一般用于各种食品如酱油、酱菜、果酱、腐乳、果子露、汽水、罐头等，也用于医药工业各种药品的防腐及日用品牙膏、工业印泥及黏胶剂等的防腐。有食品专家认为，饮料同时含有苯甲酸钠与维生素 C 这两种成分，可能产生相互作用生成苯，而苯是一种致癌物。但这种说法尚未得到化学专家们的一致认同。苯甲酸钠在人体内能自行代谢，通过尿液排出。其实，人们每天通过呼吸而进入体内的苯比喝饮料而摄入的苯要多。专家提醒，苯甲酸钠在体内的代谢主要是在肝脏部位，对于肝脏功能不好的人，建议少喝含苯甲酸钠的饮料。

亚硝酸钠：在肉类加工中被广泛使用，香肠、肉罐头等食品中都含有这种添加剂。亚硝酸钠能抑制肉毒杆菌的繁殖，具有一定的防腐作用。食用风险：有人认为摄入大量的亚硝酸钠会导致胃癌。在我国，亚硝酸钠的使用有严格要求，在肉制品中它的最大用量为每千克加 0.15g，在香肠中允许加 0.03g。只要不经常大量地食用加工的肉制品，就可减少亚硝酸钠的摄入量。

专家表示，为追求感官享受和方便快捷，就难免会和食品添加剂亲密接触，所以不必把它看成毒药或洪水猛兽。与其为了某些食品添加剂惶恐不安，不如多吃新鲜的、天然的、保质期较短的、口味色泽朴素的食物，这样自然会远离过多的添加剂，也能得到更多的营养成分。

第一节　甜味剂的检测

甜味剂是赋予食品以甜味的食品添加剂。有些食品不具甜味或其甜味不足，需加甜味剂以满足消费者的需要。甜味剂的分类按其来源分为天然甜味剂和人工合成甜味剂；以其营养价值分为营养性（如山梨糖醇、乳糖醇等）和非营养性（如糖精钠等）甜味剂。非营养性甜味剂的相对甜度远远高于蔗糖，糖精钠的甜度是蔗糖的 300 倍。

通常所说的甜味剂是指人工合成的非营养甜味剂、糖醇类甜味剂和非糖天然甜味剂三类。其中葡萄糖、果糖、麦芽糖、蔗糖、乳糖等视为食品原料，不作添加剂。

常用的甜味剂有糖精钠、阿斯巴甜、安赛蜜、甜蜜素等。

一、糖精钠的检测

糖精化学名称为邻苯甲酰磺酰亚胺，市场销售的商品糖精实际是易溶性的邻苯甲酰磺酰亚胺的钠盐，简称糖精钠。糖精钠的甜度为蔗糖的 450～550 倍，故其十万分之一的水溶液即有甜味感，浓度高了以后还会出现苦味。糖精钠俗称糖精，是广泛使用的一种人工甜味剂，常用食品如酱菜、冰淇淋、蜜饯、糕点、饼干、面包等均可以糖精钠作甜味剂，以提高其甜度。

制造糖精的原料主要有甲苯、氯磺酸、邻甲苯胺等，均为石油化工产品。甲苯易挥发和燃烧，甚至引起爆炸，大量摄入人体后会引起急性中毒，对人体健康危害较大；氯磺酸极易吸水分解产生氯化氢气体，对人体有害，并易爆炸；糖精生产过程中产生的中间体物质对人体健康也有危害。糖精在生产过程中还会严重污染环境。此外，目前从部分中小糖精厂私自流入广大中小城镇、农村市场的糖精，还因为工艺粗糙、工序不完全等原因而含有重金属、氨化合物、砷等杂物。它们在人体中长期存留、积累，不同程度地影响着人体的健康。

糖精钠是有机化工合成产品，是食品添加剂而不是食品，除了在味觉上引起甜的感觉外，对人体无任何营养价值。相反，当食用较多的糖精时，会影响肠胃消化酶的正常分泌，降低小肠的吸收能力，使食欲减退。在食品检测中，经常出现含量超标的现象。

1. 原理

试样加热除去二氧化碳和乙醇，调 pH 至近中性，过滤后进高效液相色谱仪，经反相色谱分离后，根据保留时间和峰面积进行定性和定量。

2. 试剂

（1）甲醇：经 $0.45\mu m$ 滤膜过滤。

（2）氨水（1+1）：氨水加等体积水混合。

（3）乙酸铵溶液（0.02mol/L）：称取 1.54g 乙酸铵，加水至 1000mL 溶解，经 $0.45\mu m$ 滤膜过滤。

（4）糖精钠标准储备液：准确称取 0.0851g 经 120℃ 烘干 4h 后的糖精钠，加水溶解定容至 100mL，糖精钠含量为 1.0mg/mL，作为储备液。

（5）糖精钠标准使用液：吸取糖精钠标准储备液 10mL，放入 100mL 容量瓶中，加水至刻度，经 $0.45\mu m$ 滤膜过滤，该溶液每毫升相当于 0.10mg 的糖精钠。

3. 仪器

高效液相色谱仪，紫外检测器。

4. 步骤

（1）试样处理

① 汽水：称取 5.00～10.00g，放入小烧杯中，微热搅拌除去二氧化碳，用氨水调 pH 约 7。加水定容至适当的体积，经 $0.45\mu m$ 滤膜过滤。

② 果汁类：称取 5.00～10.00g，放入小烧杯中，用氨水调 pH 约为 7。加水定容至适当的体积，离心沉淀，上清液经 $0.45\mu m$ 滤膜过滤。

③ 配制酒类：称取 10.00g，放入小烧杯中，水浴加热除去乙醇，用氨水调 pH 约 7。加水定容至 20mL，经 0.45μm 滤膜过滤。

（2）高效液相色谱参考条件

柱：YWG-C18，4.6mm×250mm，10μm 不锈钢柱。

流动相：甲醇-乙酸铵（5＋95）。

流速：1mL/min。

检测器：紫外检测器，230nm 波长，0.2AUFS。

（3）检测　取处理液和标准使用液各 10μL 注入高效液相色谱仪进行分离，以其标准溶液峰的保留时间为依据进行定性，以其峰面积求出样液中被测物质的含量。

5. 结果计算

$$X = \frac{A \times 1000}{m \times \frac{V_2}{V_1} \times 1000} \qquad (6\text{-}1)$$

式中　X——试样中糖精钠含量，g/kg；

A——进样体积中糖精钠的质量，mg；

V_2——进样体积，mL；

V_1——试样稀释液总体积，mL；

m——试样质量，g。

计算结果保留三位有效数字。

在重复性条件下获得的两次独立测定结果的绝对值不得超过算术平均值的 10%。

二、阿斯巴甜的检测

1981 年经美国 FDA 批准用于干制食品、1983 年允许配制软饮料后在全球 100 余个国家和地区被批准使用，甜度为蔗糖的 200 倍。

甜味纯正，具有和蔗糖极其近似的清爽甜味，无苦涩后味和金属味，是迄今开发成功的甜味最接近蔗糖的甜味剂。阿斯巴甜的甜度是蔗糖的 200 倍，在应用中仅需少量就可达到希望的甜度，所以在食品和饮料中使用阿斯巴甜替代糖，可显著降低热量并不会造成龋齿。与蔗糖或其他甜味剂混合使用有协同效应，如加 2%～3%于糖精中，可明显掩盖糖精的不良口感。与香精混合，具有极佳的增效性，尤其是对酸性的柑橘、柠檬、柚等，能使香味持久、减少芳香剂用量。

1. 原理

根据阿斯巴甜易溶于水和酒精等溶剂的特点，固体饮料中阿斯巴甜用蒸馏水在超声波振荡下提取，提取液用水定容；碳酸饮料类试样除二氧化碳后用水定容；乳饮料类试样中阿斯巴甜用乙醇沉淀蛋白，上清液用乙醇＋水（2＋1）定容，提取液在液相色谱 ODSC18 反相柱上进行分离，在波长 208nm 处检测，以色谱峰的保留时间定性，外标法定量。

2. 试剂

（1）甲醇：色谱纯。

（2）乙醇：优级纯。

（3）阿斯巴甜标准品：纯度≥99%。

（4）水：为实验室一级用水，电导率（25℃）为 0.01mS/m。

（5）pH4.3 的水：用乙酸调节水 pH 为 4.3。

（6）阿斯巴甜标准储备液（1.00mg/mL）：称取 0.1g 阿斯巴甜标准品（精确至 0.0001g），置于 100mL 容量瓶中，用 pH4.3 的水溶解并定容至刻度，置于冰箱保存，有效期为 3 个月。

（7）阿斯巴甜标准使用溶液系列的配制：将阿斯巴甜标准储备液用 pH4.3 的水逐级稀释为 500μg/mL、250μg/mL、125μg/mL、50.0μg/mL、25.0μg/mL 的标准使用溶液系列。置于冰箱保存，有效期为两个月。

3. 仪器

液相色谱仪：配有二极管阵列检测器。

超声波振荡器。

离心机：4000r/min。

4. 步骤

（1）试样的处理

① 碳酸饮料类：称取约 10g 试样（试样量精确到 0.001g），50℃微温除去二氧化碳，用水定容到 25～50mL，4000r/min 离心 5min，上清液经 0.45μm 水系滤膜过滤，备用。

② 乳饮料类：称取约 5g 试样（试样量精确到 0.001g）于 50mL 离心管加入 10mL 乙醇，盖上盖子，轻轻上下颠倒数次（不能振摇），静置 1min，4000r/min 离心 5min，上清液滤入 25mL 容量瓶，沉淀用 5mL 乙醇＋水（2＋1）洗涤，离心后合并上清液，用乙醇＋水（2＋1）定容至刻度，经 0.45μm 有机系滤膜过滤，备用。

③ 浓缩果汁类：称取 0.5～2g 试样（试样量精确到 0.001g），用水定容到 25mL 或 50mL，4000r/min 离心 5min，上清液经 0.45μm 水系滤膜过滤，备用。

④ 固体饮料：称取 0.2～1g 试样（试样量精确到 0.001g），加水后超声波振荡提取 20min，并定容到 25mL 或 50mL 4000r/min 离心 5min，上清液经 0.45μm 水系滤膜过滤，备用。

（2）检测

液相色谱参考条件：

色谱柱：ODSC$_{18}$柱，4.6mm×250mm，5μm。

流动相：甲醇-水（39＋61）。

流速：0.8mL/min。

进样量：20μL。

柱温：25℃。

检测器：二极管阵列检测器。

检测波长：208nm。

（3）校正曲线的绘制　取阿斯巴甜标准溶液系列，在上述色谱条件下进行 HPLC 测定，绘制阿斯巴甜浓度-峰面积（峰高）的标准曲线或求出直线回归方程。

（4）色谱分析　在上述液相色谱条件下，分别将标准溶液和试样溶液注入液相色谱仪中，以保留时间定性，以试样峰高或峰面积与标准比较定量。

5. 结果计算

按标准曲线外标法计算试样中阿斯巴甜的含量

$$X = \frac{cV}{m \times 1000} \tag{6-2}$$

式中　X——试样中阿斯巴甜含量，g/kg；

c——由标准曲线计算出进样液中阿斯巴甜的浓度，$\mu g/mL$；

V——试样的最后定容体积，mL；

m——试样的质量，g；

1000——由 $\mu g/g$ 换算成 g/kg 的换算因子。

在重复性条件下获得的两次独立测定结果的绝对值不得超过算术平均值的 10%。

三、安赛蜜的检测

安赛蜜也称乙酰磺胺酸钾，生产工艺不复杂、价格便宜、性能优于阿斯巴甜，被认为是最有前途的甜味剂之一。经过长达 15 年的实验和检查，联合国世界卫生组织、美国食品药品管理局、欧共体等权威机构得出的结论是："安赛蜜对人体和动物安全、无害"。目前，全球已有 90 多个国家正式批准安赛蜜用于食品、饮料、口腔卫生/化妆品（可用于口红、唇膏、牙膏和漱口液等）及药剂（用于糖浆制剂、糖衣片、苦药掩蔽剂等）等领域中。我国卫生部于 1992 年 5 月正式批准安赛蜜用于食品、饮料领域，但不得超标使用。

安赛蜜为人工合成甜味剂，经常食用合成甜味剂超标的食品会对人体的肝脏和神经系统造成危害，特别是对老人、孕妇、小孩危害更为严重。如果短时间内大量食用，会引起血小板减少，导致急性大出血。

1. 原理

试样中乙酰磺胺酸钾、糖精钠经高效液相反相 C_{18} 柱分离后，以保留时间定性，峰高或峰面积定量。

2. 试剂

（1）甲醇。

（2）乙腈。

（3）0.02mol/L 硫酸铵溶液：称取硫酸铵 2.642g，加水溶解至 1000mL。

（4）10% 硫酸溶液。

（5）中性氧化铝：色谱用，100～200 目。

（6）乙酰磺胺酸钾、糖精钠标准储备液：精密称取乙酰磺胺酸钾、糖精钠各 0.1000g，用流动相溶解后移入 100mL 容量瓶中，并用流动相稀释至刻度，即含乙酰磺胺酸钾、糖精钠各 1mg/mL 的溶液。

（7）乙酰磺胺酸钾、糖精钠标准使用液：吸取乙酰磺胺酸钾、糖精钠标准储备液 2mL 于 50mL 容量瓶，加流动相至刻度，然后分别吸取此液 1mL、2mL、3mL、4mL、5mL 于 10mL 容量瓶中，各加流动相至刻度，即得各含乙酰磺胺酸钾、糖精钠 $4\mu g/mL$、$8\mu g/mL$、$12\mu g/mL$、$16\mu g/mL$、$20\mu g/mL$ 的混合标准液系列。

（8）流动相：0.02mol/L 硫酸铵（740～800mL）＋甲醇（170～150mL）＋乙腈（90～50mL）＋10% 硫酸（1mL）

3. 仪器

高效液相色谱仪。

超声清洗仪（溶剂脱气）。

离心机。

抽滤瓶。

G_3 耐酸漏斗。

微孔滤膜 0.45μm。

色谱柱，可用 10mL 注射器筒代替，内装 3cm 高的中性氧化铝

4. 步骤

（1）试样处理

① 汽水：将试样温热，搅拌除去二氧化碳或超声脱气。吸取试样 2.5mL 于 25mL 容量瓶中。加流动相至刻度，摇匀后，溶液通过微孔滤膜过滤，滤液作 HPLC 分析用。

② 可乐型饮料：将试样温热，搅拌除去二氧化碳或超声脱气。吸取已除去二氧化碳的试样 2.5mL，通过中性氧化铝柱，待试样液流至柱表面时，用流动相洗脱，收集 25mL 洗脱液，此液作 HPLC 分析用。

（2）测定

① HPLC 参考条件

分析柱：SpherisorbC_{18}、4.6mm×150mm，粒度 5μm。

流动相：0.02mol/L 硫酸铵（740～800mL）＋甲醇（170～150mL）＋乙腈（90～50mL）＋10% H_2SO_4（1mL）。

波长：214nm。

流速：0.7mL/min。

② 标准曲线　分别进样含乙酰磺胺酸钾、糖精钠 4μg/mL、8μg/mL、12μg/mL、16μg/mL、20μg/mL 混合标准液各 10μg，进行 HPLC 分析，然后以峰面积为纵坐标，以乙酰磺胺酸钾、糖精钠的含量为横坐标，绘制标准曲线。

③ 试样检测　吸取（1）处理后的试样溶液 10μL 进行 HPLC 分析，测定其峰面积，从标准曲线查得测定液中乙酰磺胺酸钾、糖精钠的含量。

5. 结果计算

试样中乙酰磺胺酸钾的含量按下式计算：

$$X = \frac{cV \times 1000}{m \times 1000} \tag{6-3}$$

式中　X——试样中乙酰磺胺酸钾、糖精钠的含量，mg/kg 或 mg/L

　　　 c——由标准曲线上查得进样液中乙酰磺胺酸钾、糖精钠的量，μg/mL；

　　　 V——试样稀释液的总体积，mL；

　　　 m——试样的质量，g 或 mL。

计算结果保留两位有效数字。

四、甜蜜素的检测

甜蜜素亦称环己基氨基磺酸钠，属于非营养型合成甜味剂，其甜度为蔗糖的 30 倍，而价格仅为蔗糖的 3 倍，而且它不像糖精那样用量稍多时有苦味，因而作为国际通用的食品添加剂中可用于清凉饮料、果汁、冰淇淋、糕点食品及蜜饯等中。亦可用于家庭调味、烹饪、酱菜品、化妆品中甜味、糖浆、糖衣、甜锭、牙膏、漱口水、唇膏等。糖尿病患者、肥胖者可用其代替糖。

1. 原理

在硫酸介质中，环己烷氨基硝酸钠与亚硝酸反应，生成环己醇亚硝酸酯，利用气相色谱法进行定性和定量。

2. 试剂

(1) 正己烷。

(2) 氯化钠。

(3) 色谱用硅胶（或海砂）。

(4) 50g/L 亚硝酸钠溶液。

(5) 100g/L 硫酸溶液。

(6) 环己基氨基磺酸钠标准溶液（含环己基氨基磺酸钠 98%）：精确称取 1.0000g 环己基氨基磺酸钠，加入水溶解并定容至 100mL，此溶液每毫升含环己基氨基磺酸钠 10mg。

3. 仪器

气相色谱仪：附氢火焰离子化检测器。

涡旋混合器。

离心机。

10μL 微量注射器。

色谱条件：色谱柱：长 2m，内径 3mm，U 形不锈钢柱；固定相：Chromosorb WAWDMCS80～100 目，涂以 10%SE-30。

测定条件：柱温 80℃；汽化温度 150℃；检测温度 150℃。流速：氮气 40mL/min；氢气 30mL/min；空气 300mL/min。

4. 试样处理

(1) 液体试样　摇匀后直接称取。含二氧化碳的试样先加热除去，含酒精的试样加 40g/L 氢氧化钠溶液调至碱性，于沸水浴中加热除去，制成试样。

(2) 固体试样　凉果、蜜饯类试样将其剪碎制成试样。

5. 步骤

(1) 制样设备　液体试样：称取 20.0g 试样于 100mL 带塞比色管，置冰浴中。

固体试样：称取 2.0g 已剪碎的试样于研钵中，加少许色谱用硅胶（或海砂）研磨至呈干粉状，经漏斗倒入 100mL 容量瓶中，加水冲洗研钵，并将洗液一并转移至容量瓶中。加水至刻度，不时摇动，1h 后过滤，即得试样，准确吸取 20mL 于 100mL 带塞比色管，置冰浴中。

(2) 测定　标准曲线的制备：准确吸取 1.00mL 环己基氨基磺酸钠标准溶液于 100mL 带塞比色管中，加水 20mL。置浴冰中，加入 5mL 50g/L 亚硝酸钠溶液、5mL 100g/L 硫酸溶液，摇匀，在冰浴中放置 30min，并经常摇动，然后准确加入 10mL 正己烷，5g 氯化钠，摇匀后置涡旋混合器上振动 1min（或振摇 80 次），待静止分层后吸出己烷层于 10mL 带塞离心管中进行离心分离，每毫升己烷提取液相当于 1mg 环己基氨基磺酸钠，将标准提取液进样 1～5μL 于气相色谱仪中，根据响应值绘制标准曲线。试样管按"自加入 5mL 50g/L 亚硝酸钠溶液……"起依法操作，然后将试料同样进样 1～5μL，测得响应值，从标准曲线图中查出相应含量。

6. 结果计算

$$X = \frac{m_1 \times 10 \times 1000}{mV \times 1000} = \frac{10m_1}{mV} \qquad (6\text{-}4)$$

式中　X——试样中环己基氨基磺酸钠的含量，g/kg；

　　　m——试样质量，g；

V——进样体积，μL；

10——正己烷加入量，mL；

m_1——测试用试样中环己基氨基磺酸钠的质量，μg。

实训 6-1　饮料中四种甜味剂的检测

【实训要点】

1. 掌握标准曲线的制作能力。

2. 掌握液相色谱法的基本操作技术。

【仪器试剂】

1. 仪器

① 高效液相色谱仪，带紫外检测器。

② 超声波清洗器。

③ 离心机。

④ 抽滤瓶。

⑤ 微孔滤膜：$0.45\mu m$。

⑥ 电子天平：感量为 0.0001g 和 0.01g。

2. 试剂

① 甲醇：色谱纯。

② 稀氨水（1+1）：氨水与水等体积混合。

③ Tris 储备液（0.5mol/L）：称取 6.057g 三（羟甲基）氨基甲烷溶于超纯水中定容到 100mL，混合均匀。

④ 乙酰磺胺酸钾、糖精钠、环己基氨基磺酸钠、阿斯巴甜标准储备溶液：精密称取乙酰磺胺酸钾、糖精钠各 0.1000g，用超纯水溶解稀释至 10mL；环己基氨基磺酸钠 1.0000g，用超纯水溶解稀释至 10mL；阿斯巴甜 0.1000g，用 1:1 甲醇水溶液溶解稀释至 10mL；阿斯巴甜、乙酰磺胺酸钾、糖精钠浓度分别为 10.0mg/mL；环己基氨基磺酸钠浓度为 100.0mg/mL，于冰箱保存。

⑤ 混合标准使用溶液：取一定量上述标准储备液混合，用超纯水逐级稀释，配成乙酰磺胺酸钾、糖精钠、阿斯巴甜为 1.0mg/mL 的混合标准使用液，环己基氨基磺酸钠浓度为 10.0mg/mL 的标准使用液。

⑥ 混合标准使用系列溶液：准确吸取混合标准使用液 0.00mL、0.05mL、0.10mL、0.20mL、0.40mL、0.60mL，环己基氨基磺酸钠标准使用液 0.00mL、0.10mL、0.50mL、1.0mL、2.0mL、4.0mL，加超纯水定容至 10mL，配成标准系列。其中，乙酰磺胺酸钾、阿斯巴甜、糖精钠其浓度为 $0.0\mu g/mL$、$5.0\mu g/mL$、$10.0\mu g/mL$、$20.0\mu g/mL$、$40.0\mu g/mL$、$60.0\mu g/mL$，环己基氨基磺酸钠浓度 0.0mg/mL、0.1mg/mL、0.5mg/mL、1.0mg/mL、2.0mg/mL、4.0mg/mL，置于冰箱中冷藏保存。

【工作过程】

1. 样品处理

称取 5.0~10.0g（精确到 0.01g）试样，用氨水（1+1）调 pH 至 7，加水定容至适当体积，离心沉淀，上清液经 $45\mu m$ 滤膜过滤，滤液作 HPLC 分析用。

2. HPLC 参考条件

分析柱：C$_{18}$，4.6mm×250mm，粒度 5μm。

思考：为什么要调 pH 为 7？

流动相：甲醇：5mmol/L Tris 缓冲溶液（pH4.5）＝5：95。

波长：205nm。

流速：1.2mL/min。

柱温：25℃

3. 标准曲线的制作

分别进样阿斯巴甜、乙酰磺胺酸钾、糖精钠和环己基氨基磺酸钠标准系列溶液各 10μL，进行 HPLC 分析，然后以峰面积为纵坐标，以四种甜味剂的含量为横坐标，绘制标准曲线。

4. 试样测定

吸取处理后的试样溶液 10μL 进行 HPLC 分析，测定其峰面积，从标准曲线查得测定液中四种甜味剂的含量。图 6-1 所示为四种甜味剂标准物质色谱图。

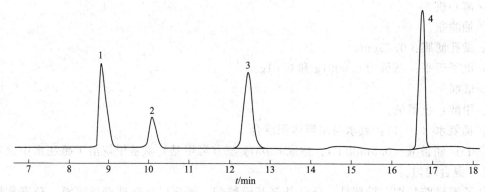

图 6-1 四种甜味剂标准物质色谱图
1—乙酰磺胺酸钾（acesulfame-K）；2—阿斯巴甜（aspartame）；
3—环己基氨基磺酸钠（sodium cyclamate）；4—糖精钠（sodium saccharina）

【结果处理】

试样中甜味剂成分的含量按下式计算：

$$X = \frac{cV \times 1000}{m \times 1000}$$

（6-5）

式中　　X——试样中甜味剂成分的含量，mg/kg；

　　　c——由标准曲线上查得进样液中甜味剂成分的量，μg/mL；

　　　V——试样稀释液总体积，mL；

　　　m——试样质量，g。

计算结果保留两位有效数字。在重复性条件下获得的两次独立测定结果的绝对差值不得超过算术平均值的 10％。

【友情提示】

本标准适用于饮料中乙酰磺胺酸钾、糖精钠、环己基氨基磺酸钠、阿斯巴甜的测定。

本方法乙酰磺胺酸钾的检出限为 0.05μg/mL；糖精钠的检出限为 0.05μg/mL；环己基氨基磺酸钠的检出限为 2.0μg/mL；阿斯巴甜的检出限为 0.05μg/mL。

第二节 发色剂的检测

护色剂又称呈色剂或发色剂，是食品加工中为使肉与肉制品呈现良好的色泽而适当加入的化学物质。最常使用的护色剂是硝酸盐和亚硝酸盐。硝酸盐在亚硝基化菌的作用下还原成亚硝酸盐，并在肌肉中乳酸的作用下生成亚硝酸。亚硝酸不稳定，分解产生亚硝基，并与肌红蛋白反应生成亮红色的亚硝基红蛋白，使肉制品呈现良好的色泽。

亚硝酸盐除了发色外，还是很好的防腐剂，尤其是对肉毒梭状芽孢杆菌在 pH＝6 时有显著的抑制作用。

亚硝酸盐毒性较强，摄入量大可使血红蛋白（Fe^{2+}）变成高铁血红蛋白（Fe^{3+}），失去输氧能力，引起肠还原性青紫症，尤其是亚硝酸盐可于胺类物质生成强致癌物亚硝胺。权衡利弊，各国都在保证安全和产品质量的前提下严格控制其使用。我国目前批准使用的护色剂有硝酸钠（钾）和亚硝酸钠（钾），常用于香肠、火腿、午餐肉罐头等。

一、食品中亚硝酸盐及硝酸盐的测定

1. 原理

亚硝酸盐采用盐酸萘乙二胺法测定，硝酸盐采用镉柱还原法测定。

试样经沉淀蛋白质、除去脂肪后，在弱酸性条件下亚硝酸盐与对氨基苯磺酸重氮化后，再与盐酸萘乙二胺偶合形成紫红色染料，外标法测得亚硝酸盐含量。采用镉柱将硝酸盐还原成亚硝酸盐，测得亚硝酸盐总量，由此总量减去亚硝酸盐含量，即得试样中硝酸盐含量。

2. 试剂

（1）亚铁氰化钾溶液（106g/L）：称取 106.0g 亚铁氰化钾，用水溶解，并稀释至 1000mL。

（2）乙酸锌溶液（220g/L）：称取 220.0g 乙酸锌，先加 30mL 冰乙酸溶解，用水稀释至 1000mL。

（3）饱和硼砂溶液（50g/L）：称取 5.0g 硼酸钠，溶于 100mL 热水中，冷却后备用。

（4）氨缓冲溶液（pH9.6～9.7）：量取 30mL 盐酸，加 100mL 水，混匀后加 65mL 氨水，再加水稀释至 1000mL，混匀。调节 pH 至 9.6～9.7。

（5）氨缓冲液的稀释液：量取 50mL 氨缓冲溶液，加水稀释至 500mL，混匀。

（6）盐酸（0.1mol/L）：量取 5mL 盐酸，用水稀释至 600mL。

（7）对氨基苯磺酸溶液（4g/L）：称取 0.4g 对氨基苯磺酸，溶于 100mL 体积分数为 20％盐酸中，置棕色瓶中混匀，避光保存。

（8）盐酸萘乙二胺溶液（2g/L）：称取 0.2g 盐酸萘乙二胺，溶于 100mL 水中，混匀后，置棕色瓶中，避光保存。

（9）亚硝酸钠标准溶液（200μg/mL）：准确称取 0.1000g 于 110～120℃ 干燥至恒重的亚硝酸钠，加水溶解移入 500mL 容量瓶中，加水稀释至刻度，混匀。

（10）亚硝酸钠标准使用液（5.0μg/mL）：临用前，吸取亚硝酸钠标准溶液 5.00mL，置于 200mL 容量瓶中，加水稀释至刻度。

（11）硝酸钠标准溶液（200μg/mL，以亚硝酸钠计）：准确称取 0.1232g 于 110～120℃ 干燥至恒重的硝酸钠，加水溶解，移入 500mL 容量瓶中，并稀释至刻度。

（12）硝酸钠标准使用液（5.0μg/mL）：临用时吸取硝酸钠标准溶液2.50mL，置于100mL容量瓶中，加水稀释至刻度。

（13）锌皮或锌棒。

（14）硫酸镉。

3. 仪器

① 分析天平：感量为0.1mg和1mg。

② 组织捣碎机。

③ 超声波清洗器。

④ 恒温干燥箱。

⑤ 分光光度计。

⑥ 镉柱

4. 镉柱的准备

（1）海绵状镉的制备　投入足够的锌皮或锌棒于500mL硫酸镉溶液（200g/L）中，经过3～4h，当其中的镉全部被锌置换后，用玻璃棒轻轻刮下，取出残余锌棒，使镉沉底，倾去上层清液，以水用倾泻法多次洗涤，然后移入组织捣碎机中，加500mL水，捣碎约2s，用水将金属细粒洗至标准筛上，取20～40目之间的部分。

（2）镉柱的装填　如图6-2所示。用水装满镉柱玻璃管，并装入2cm高的玻璃棉做垫，

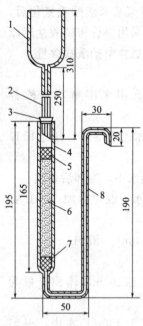

图6-2　镉柱示意图
1—贮液漏斗，内径35mm，外径37mm；2—进液毛细管，内径0.4mm，外径6mm；3—橡胶塞；4—镉柱玻璃管，内径12mm，外径16mm；5，7—玻璃棉；6—海绵状镉；8—出液毛细管，内径2mm，外径8mm

将玻璃棉压向柱底时，应将其中所包含的空气全部排出，在轻轻敲击下加入海绵状镉至8～10cm高，上面用1cm高的玻璃棉覆盖，上置一贮液漏斗，末端要穿过橡胶塞与镉柱玻璃管紧密连接。

如无上述镉柱玻璃管时，可以25mL酸式滴定管代用，但装柱时要注意始终保持液面在镉层之上。当镉柱填装好后，先用25mL盐酸（0.1mol/L）洗涤，再以水洗两次，每次25mL，镉柱不用时用水封盖，随时都要保持水平面在镉层之上，不得使镉层夹有气泡。

（3）镉柱每次使用完毕后，应先以25mL盐酸（0.1mol/L）洗涤，再以水洗两次，每次25mL，最后用水覆盖镉柱。

（4）镉柱还原效率的测定　吸取20.0mL硝酸钠标准使用液，加入5mL氨缓冲液的稀释液，混匀后注入贮液漏斗，使流经镉柱还原，以原烧杯收集流出液，当贮液漏斗中的样液流完后，再加5mL水置换柱内留存的样液。取10.0mL还原后的溶液（相当于10μg亚硝酸钠）于50mL比色管中，以下按亚硝酸盐测定自"吸取0.00mL、0.20mL、0.40mL、0.60mL、0.80mL、1.00mL……"起依法操作，根据标准曲线计算测得结果，与加入量一致，还原效率应大于98%为符合要求。

（5）还原效率计算　还原效率按下式进行计算：

$$X = \frac{A}{10} \times 100\% \qquad (6\text{-}6)$$

式中　X——还原效率，%；

A——测得亚硝酸钠的含量，μg；

10——测定用溶液相当于亚硝酸钠的含量，μg。

5. 样品处理

（1）试样的预处理

① 新鲜蔬菜、水果：将试样用去离子水洗净，晾干后，取可食部分切碎混匀。将切碎的样品用四分法取适量，用食物粉碎机制成匀浆备用。如需加水应记录加水量。

② 肉类、蛋、水产及其制品：用四分法取适量或取全部，用食物粉碎机制成匀浆备用。

③ 乳粉、豆奶粉、婴儿配方粉等固态乳制品（不包括干酪）：将试样装入能够容纳 2 倍试样体积的带盖容器中，通过反复摇晃和颠倒容器使样品充分混匀，直到使试样均一化。

④ 发酵乳、乳、炼乳及其他液体乳制品：通过搅拌或反复摇晃和颠倒容器使试样充分混匀。

⑤ 干酪：取适量的样品研磨成均匀的泥浆状。为避免水分损失，研磨过程中应避免产生过多的热量。

（2）提取　称取 5g（精确至 0.01g）制成匀浆的试样（如制备过程中加水，应按加水量折算），置于 50mL 烧杯中，加 12.5mL 饱和硼砂溶液，搅拌均匀，以 70℃ 左右的水约 300mL 将试样洗入 500mL 容量瓶中，于沸水浴中加热 15min，取出置冷水浴中冷却，并放置至室温。

（3）提取液净化　在振荡上述提取液时加入 5mL 亚铁氰化钾溶液，摇匀，再加入 5mL 乙酸锌溶液，以沉淀蛋白质。加水至刻度，摇匀，放置 30min，除去上层脂肪，上清液用滤纸过滤，弃去初滤液 30mL，滤液备用。

6. 亚硝酸盐的测定

吸取 40.0mL 上述滤液于 50mL 带塞比色管中，另吸取 0.00mL、0.20mL、0.40mL、0.60mL、0.80mL、1.00mL、1.50mL、2.00mL、2.50mL 亚硝酸钠标准使用液（相当于 0.0μg、1.0μg、2.0μg、3.0μg、4.0μg、5.0μg、7.5μg、10.0μg、12.5μg 亚硝酸钠），分别置于 50mL 带塞比色管中。于标准管与试样管中分别加入 2mL 对氨基苯磺酸溶液，混匀，静置 3～5min 后各加入 1mL 盐酸萘乙二胺溶液，加水至刻度，混匀，静置 15min，用 2cm 比色杯，以零管调节零点，于波长 538nm 处测定吸光度，绘制标准曲线比较。同时做试剂空白。并做平行试验。

7. 硝酸盐的测定

（1）镉柱还原

① 先以 25mL 稀氨缓冲液冲洗镉柱，流速控制在 3～5mL/min（以滴定管代替的可控制在 2～3mL/min）。

② 吸取 20mL 滤液于 50mL 烧杯中，加 5mL 氨缓冲溶液，混合后注入贮液漏斗，使流经镉柱还原，以原烧杯收集流出液，当贮液漏斗中的样液流尽后，再加 5mL 水置换柱内留存的样液。

③ 将全部收集液如前再经镉柱还原一次，第二次流出液收集于 100mL 容量瓶中，继以水流经镉柱洗涤三次，每次 20mL，洗液一并收集于同一容量瓶中，加水至刻度，混匀。

（2）亚硝酸钠总量的测定　吸取 10～20mL 还原后的样液于 50mL 比色管中。以下按亚硝酸盐自 "吸取 0.00mL、0.20mL、0.40mL、0.60mL、0.80mL、1.00mL……" 起依法操作。

8. 结果处理

亚硝酸盐（以亚硝酸钠计）的含量按下式进行计算：

$$X_1 = \frac{m_1 \times 1000}{m \times \dfrac{V_1}{V_2} \times 1000} \tag{6-7}$$

式中 X_1——试样中亚硝酸钠的含量，mg/kg；

　　m_1——测定用样液中亚硝酸钠的质量，μg；

　　m——试样质量，g；

　　V_1——测定用样液体积，mL；

　　V_2——试样处理液总体积，mL。

以重复性条件下获得的两次独立测定结果的算术平均值表示，结果保留两位有效数字。

硝酸盐（以硝酸钠计）的含量按下式进行计算：

$$X_2 = \left[\frac{m_2 \times 1000}{m \times \dfrac{V_2}{V_0} \times \dfrac{V_4}{V_3} \times 1000} - X_1 \right] \times 1.232 \tag{6-8}$$

式中 X_2——试样中硝酸钠的含量，mg/kg；

　　m_2——经镉粉还原后测得总亚硝酸钠的质量，μg；

　　m——试样的质量，g；

　1.232——亚硝酸钠换算成硝酸钠的系数；

　　V_2——总亚硝酸钠的测定用样液体积，mL；

　　V_0——试样处理液总体积，mL；

　　V_3——经镉柱还原后样液总体积，mL；

　　V_4——经镉柱还原后样液的测定用体积，mL；

　　X_1——试样中亚硝酸钠的含量，mg/kg。

以重复性条件下获得的两次独立测定结果的算术平均值表示，结果保留两位有效数字。在重复性条件下获得的两次独立测定结果的绝对差值不得超过算术平均值的10%。

9. 提示

(1) 如果实验使用25mL比色管，所有试剂相应减少。

(2) 当亚硝酸盐含量高时，过量的亚硝酸盐可以将偶氮化合物氧化变成黄色，而使红色消失。

二、乳及乳制品中亚硝酸盐及硝酸盐的测定

1. 原理

试样经沉淀蛋白质、除去脂肪后，用镀铜镉粒使部分滤液中的硝酸盐还原为亚硝酸盐。在滤液和已还原的滤液中，加入磺胺和N-1-萘基乙二胺二盐酸盐，使其显粉红色，然后用分光光度计在538nm波长下测其吸光度。

将测得的吸光度与亚硝酸钠标准系列溶液的吸光度进行比较，就可计算出样品中的亚硝酸盐含量和硝酸盐还原后的亚硝酸总量；从两者之间的差值可以计算出硝酸盐的含量。

2. 试剂

测定用水应是不含硝酸盐和亚硝酸盐的蒸馏水或去离子水。

注：为避免镀铜镉柱中混入小气泡，柱制备、柱还原能力的检查和柱再生时所用的蒸馏水或去离子水最好是刚沸过并冷却至室温的。

(1) 亚硝酸钠（$NaNO_2$）。

（2）硝酸钾（KNO_3）。

（3）镀铜镉柱：镉粒直径 0.3～0.8mm。也可按 4. 制备镀铜柱方法进行制备。

（4）硫酸铜溶液：溶解 20g 硫酸铜（$CuSO_4 \cdot 5H_2O$）于水中，稀释至 1000mL。

（5）盐酸-氨水缓冲溶液：pH9.60～9.70。用 600mL 水稀释 75mL 浓盐酸（质量分数为 36%～38%）。混匀后，再加入 135mL 浓氨水（质量分数等于 25% 的新鲜氨水）。用水稀释至 1000mL，混匀。用精密 pH 计调 pH 为 9.60～9.70。

（6）盐酸（2mol/L）：160mL 的浓盐酸（质量分数为 36%～38%）用水稀释至 1000mL。

（7）盐酸（0.1mol/L）：50mL 2mol/L 的盐酸用水稀释至 1000mL。

（8）硫酸锌溶液：将 53.5g 的硫酸锌（$ZnSO_4 \cdot 7H_2O$）溶于水中，并稀释至 100mL。

（9）亚铁氰化钾溶液：将 17.2g 的三水亚铁氰化钾 $[K_4Fe(CN)_6 \cdot 3H_2O]$ 溶于水中，稀释至 100mL。

（10）EDTA 溶液：用水将 33.5g 的乙二胺四乙酸二钠（$Na_2C_{10}H_{14}N_2O_3 \cdot 2H_2O$）溶解，稀释至 1000mL。

（11）显色液 1：将 450mL 浓盐酸（质量分数为 36%～38%）加入到 550mL 水中，冷却后装入试剂瓶中。

（12）显色液 2：5g/L 的磺胺溶液。在 75mL 水中加入 5mL 浓盐酸（质量分数为 36%～38%），然后在水浴上加热，用其溶解 0.5g 磺胺（$NH_2C_6H_4SO_2NH_2$）。冷却至室温后用水稀释至 100mL。必要时进行过滤。

（13）显色液 3：1g/L 的萘胺盐酸盐溶液。将 0.1g 的 N-1-萘基乙二胺二盐酸盐（$C_{10}H_7NHCH_2CH_2NH_2 \cdot 2HCl$）溶于水，稀释至 100mL。必要时过滤。

注：此溶液应少量配制，装于密封的棕色瓶中，冰箱中 2～5℃保存。

（14）亚硝酸钠标准溶液：相当于亚硝酸根的浓度为 0.001g/L。将亚硝酸钠在 110～120℃的范围内干燥至恒重。冷却后称取 0.150g，溶于 1000mL 容量瓶中，用水定容。在使用的当天配制该溶液。取 10mL 上述溶液和 20mL 缓冲溶液于 1000mL 容量瓶中，用水定容。每 1mL 该标准溶液中含 1.00μg 的 NO_2^-。

（15）硝酸钾标准溶液：相当于硝酸根的浓度为 0.0045g/L。将硝酸钾在 110～120℃的温度范围内干燥至恒重，冷却后称取 1.4580g，溶于 1000mL 容量瓶中，用水定容。在使用当天，于 1000mL 的容量瓶中，取 5mL 上述溶液和 20mL 缓冲溶液，用水定容。每 1mL 的该标准溶液含有 4.50μg 的 NO_3^-。

3. 仪器和设备

（1）分析天平：感量为 0.1mg 和 1mg。

（2）烧杯：100mL。

（3）锥形瓶：250mL、500mL。

（4）容量瓶：100mL、500mL 和 1000mL。

（5）移液管：2mL、5mL、10mL 和 20mL。

（6）吸量管：2mL、5mL、10mL 和 25mL。

（7）量筒：根据需要选取。

（8）玻璃漏斗：直径约 9cm，短颈。

（9）定性滤纸：直径约 18cm。

（10）还原反应柱：简称镉柱，如图 6-1 所示。

（11）分光光度计：测定波长 538nm，使用 1～2cm 光程的比色皿。

（12）pH 计：精度为±0.01，使用前用 pH7 和 pH9 的标准溶液进行校正。

4. 制备镀铜镉柱

（1）置镉粒于锥形瓶中（所用镉粒的量以达到要求的镉柱高度为准）。

（2）加足量的盐酸以浸没镉粒，摇晃几分钟。

（3）滗出溶液，在锥形烧瓶中用水反复冲洗，直到把氯化物全部冲洗掉。

（4）在镉粒上镀铜。向镉粒中加入硫酸铜溶液（每克镉粒约需 2.5mL），振荡 1min。

（5）滗出液体，立即用水冲洗镀铜镉粒，注意镉粒要始终用水浸没。当冲洗水中不再有铜沉淀时即可停止冲洗。

（6）在用于盛装镀铜镉粒的玻璃柱的底部装上几厘米高的玻璃纤维。在玻璃柱中灌入水，排净气泡。

（7）将镀铜镉粒尽快地装入玻璃柱，使其暴露于空气的时间尽量短。镀铜镉粒的高度应在 15～20cm 的范围内。

注：避免在颗粒之间遗留空气。并且，注意不能让液面低于镀铜镉粒的顶部。

（8）新制备柱的处理。将由 750mL 水、225mL 硝酸钾标准溶液、20mL 缓冲溶液和 20mL EDTA 溶液组成的混合液以不大于 6mL/min 的流量通过刚装好镉粒的玻璃柱，接着用 50mL 水以同样流速冲洗该柱。

5. 检查柱的还原能力

每天至少要进行两次，一般在开始时和一系列测定之后进行。

（1）用移液管将 20mL 的硝酸钾标准溶液移入还原柱顶部的贮液杯中，再立即向该贮液杯中添加 5mL 缓冲溶液。用一个 100mL 的容量瓶收集洗提液。洗提液的流量不应超过 6mL/min。

（2）在贮液杯将要排空时，用约 15mL 水冲洗杯壁。冲洗水流尽后，再用 15mL 水重复冲洗。当第二次冲洗水也流尽后，将贮液杯灌满水，并使其以最大流量流过柱子。

（3）当容量瓶中的洗提液接近 100mL 时，从柱子下取出容量瓶，用水定容至刻度，混合均匀。

（4）移取 10mL 洗提液于 100mL 容量瓶中，加水至 60mL 左右。然后按 8 操作。

（5）根据测得的吸光度，从标准曲线上可查得稀释洗提液中的亚硝酸盐含量（$\mu g/mL$）。据此可计算出以百分率表示的柱还原能力（NO_2^- 的含量为 $0.067\mu g/mL$ 时还原能力为 100%）。如果还原能力小于 95%，柱子就需要再生。

6. 柱子再生

柱子使用后，或镉柱的还原能力低于 95% 时，按如下步骤进行再生。

（1）在 100mL 水中加入约 5mL EDTA 溶液和 2mL 盐酸，以 10mL/min 左右的速度过柱。

（2）当贮液杯中混合液排空后，按顺序用 25mL 水、25mL 盐酸和 25mL 水冲洗柱子。

（3）检查镉柱的还原能力，如低于 95%，要重复再生。

7. 样品的称取和溶解

（1）液体乳样品：量取 90mL 样品于 500mL 锥形瓶中，用 22mL 50～55℃ 的水分数次冲洗样品量筒，冲洗液倾入锥形瓶中，混匀。

（2）乳粉样品：在100mL烧杯中称取10g样品，准确至0.001g。用112mL 50～55℃的水将样品洗入500mL锥形瓶中，混匀。

（3）乳清粉及以乳清粉为原料生产的粉状婴幼儿配方食品样品：在100mL烧杯中称取10g样品，准确至0.001g。用112mL 50～55℃的水将样品洗入500mL锥形瓶中，混匀。用铝箔纸盖好锥形瓶口，将溶好的样品在沸水中煮15min，然后冷却至约50℃。

8. 脂肪和蛋白质的去除

（1）按顺序加入24mL硫酸锌溶液、24mL亚铁氰化钾溶液和40mL缓冲溶液，加入时要边加边摇，每加完一种溶液都要充分摇匀。

（2）静置15min～1h。然后用滤纸过滤，滤液用250mL锥形瓶收集。

9. 硝酸盐还原为亚硝酸盐

（1）移取20mL滤液于100mL小烧杯中，加入5mL缓冲溶液，摇匀，倒入镉柱顶部的贮液杯中，以小于6mL/min的流速过柱。洗提液（过柱后的液体）接入100mL容量瓶中。

（2）当贮液杯快要排空时，用15mL水冲洗小烧杯，再倒入贮液杯中。冲洗水流完后，再用15mL水重复一次。当第二次冲洗水快流尽时，将贮液杯装满水，以最大流速过柱。

（3）当容量瓶中的洗提液接近100mL时，取出容量瓶，用水定容，混匀。

10. 测定

（1）分别移取20mL洗提液和20mL滤液于100mL容量瓶中，加水至约60mL。

（2）在每个容量瓶中先加入6mL显色液1，边加边混；再加入5mL显色液2。小心混合溶液，使其在室温下静置5min，避免直射阳光。

（3）加入2mL显色液3，小心混合，使其在室温下静置5min，避免直射阳光。用水定容至刻度，混匀。

（4）在15min内用538nm波长，以空白试验液体为对照测定上述样品溶液的吸光度。

11. 标准曲线的制作

（1）分别移取（或用滴定管放出）0mL、2mL、4mL、6mL、8mL、10mL、12mL、16mL和20mL亚硝酸钠标准溶液于9个100mL容量瓶中。在每个容量瓶中加水，使其体积约为60mL。

（2）在每个容量瓶中先加入6mL显色液1，边加边混；再加入5mL显色液2。小心混合溶液，使其在室温下静置5min，避免直射阳光。

（3）加入2mL显色液3，小心混合，使其在室温下静置5min，避免直射阳光。用水定容至刻度，混匀。

（4）在15min内，用538nm波长，以第一个溶液（不含亚硝酸钠）为对照测定另外八个溶液的吸光度。

（5）将测得的吸光度对亚硝酸根质量浓度作图。亚硝酸根的质量浓度可根据加入的亚硝酸钠标准溶液的量计算出。亚硝酸根的质量浓度为横坐标，吸光度为纵坐标。亚硝酸根的质量浓度以μg/100mL表示。

12. 分析结果

（1）样品中亚硝酸根含量按下式计算：

$$X = \frac{20000c_1}{mV_1} \tag{6-9}$$

式中 X——样品中亚硝酸根含量，mg/kg；

c_1——根据滤液的吸光度，从标准曲线上读取的 NO_2 的浓度，$\mu g/100mL$；

m——样品的质量（液体乳的样品质量为 $90\times1.030g$），g；

V_1——所取滤液的体积，mL。

（2）样品中以亚硝酸钠表示的亚硝酸盐含量，按下式计算：

$$w(NaNO_2)=1.5w(NO_2^-) \tag{6-10}$$

式中　$w(NO_2^-)$——样品中亚硝酸根的含量，mg/kg；

$w(NaNO_2)$——样品中以亚硝酸钠表示的亚硝酸盐的含量，mg/kg。

以重复性条件下获得的两次独立测定结果的算术平均值表示，结果保留两位有效数字。

（3）硝酸盐含量　样品中硝酸根含量按下式计算：

$$X=1.35\times\left[\frac{100000c_2}{mV_2}-w(NO_2^-)\right] \tag{6-11}$$

式中　X——样品中硝酸根含量，mg/kg；

c_2——根据洗提液的吸光度，从标准曲线上读取的亚硝酸根离子浓度，$\mu g/100mL$；

m——样品的质量，g；

V_2——所取洗提液的体积，mL；

$w(NO_2^-)$——根据式（6-10）计算出的亚硝酸根含量。

若考虑柱的还原能力，样品中硝酸根含量按下式计算：

$$X=1.35\times\left[\frac{100000c_2}{mV_2}-w(NO_2^-)\right]\times\frac{100}{r} \tag{6-12}$$

式中　r——测定一系列样品后柱的还原能力，其余同上。

样品中以硝酸钠计的硝酸盐的含量按下式计算：

$$w(NaNO_3)=1.5w(NO_3^-) \tag{6-13}$$

式中　$w(NO_3^-)$——样品中硝酸根的含量，mg/kg；

$w(NaNO_3)$——样品中以硝酸钠计的硝酸盐的含量，mg/kg。

以重复性条件下获得的两次独立测定结果的算术平均值表示，结果保留两位有效数字。

由同一分析人员在短时间间隔内测定的两个亚硝酸盐结果之间的差值，不应超过 1mg/kg。

由同一分析人员在短时间间隔内测定的两个硝酸盐结果之间的差值，在硝酸盐含量小于 30mg/kg 时，不应超过 3mg/kg；在硝酸盐含量大于 30mg/kg 时，不应超过结果平均值的 10%。

由不同实验室的两个分析人员对同一样品测得的两个硝酸盐结果之差，在硝酸盐含量小于 30mg/kg 时，差值不应超过 8mg/kg；在硝酸盐含量大于或等于 30mg/kg 时，该差值不应超过结果平均值的 25%。

13. 提示

本标准第一法中亚硝酸盐和硝酸盐检出限分别为 0.2mg/kg 和 0.4mg/kg；第二法中亚硝酸盐和硝酸盐检出限分别为 1mg/kg 和 1.4mg/kg；第三法中亚硝酸盐和硝酸盐检出限分别为 0.2mg/kg 和 1.5mg/kg。

↘ 实训 6-2　肉制品中亚硝酸盐的测定

【实训要点】

1. 掌握标准曲线的制作能力。
2. 掌握分光光度计的基本操作技术。

【仪器试剂】

1. 仪器

思考 1：加入饱和硼砂溶液的作用？

① 分析天平：感量为 0.1mg 和 1mg。

② 组织捣碎机。

思考 2：加入亚铁氰化钾和乙酸锌的作用？

③ 超声波清洗器。

④ 恒温干燥箱。

⑤ 分光光度计。

思考 3：如何去除上层脂肪？

2. 试剂

① 亚铁氰化钾溶液（106g/L）：称取 106.0g 亚铁氰化钾，用水溶解，并稀释至 1000mL。

② 乙酸锌溶液（220g/L）：称取 220.0g 乙酸锌，先加 30mL 冰乙酸溶解，用水稀释至 1000mL。

③ 饱和硼砂溶液（50g/L）：称取 5.0g 硼酸钠，溶于 100mL 热水中，冷却后备用。

④ 氨缓冲溶液（pH9.6～9.7）：量取 30mL 盐酸，加 100mL 水，混匀后加 65mL 氨水，再加水稀释至 1000mL，混匀。调节 pH 至 9.6～9.7。

⑤ 氨缓冲液的稀释液：量取 50mL 氨缓冲溶液，加水稀释至 500mL，混匀。

⑥ 盐酸（0.1mol/L）：量取 5mL 盐酸，用水稀释至 600mL。

⑦ 对氨基苯磺酸溶液（4g/L）：称取 0.4g 对氨基苯磺酸，溶于 100mL20%（体积分数）盐酸中，置棕色瓶中混匀，避光保存。

⑧ 盐酸萘乙二胺溶液（2g/L）：称取 0.2g 盐酸萘乙二胺，溶于 100mL 水中，混匀后，置棕色瓶中，避光保存。

⑨ 亚硝酸钠标准溶液（200μg/mL）：准确称取 0.1000g 于 110～120℃ 干燥至恒重的亚硝酸钠，加水溶解移入 500mL 容量瓶中，加水稀释至刻度，混匀。

⑩ 亚硝酸钠标准使用液（5.0μg/mL）：临用前，吸取亚硝酸钠标准溶液 5.00 mL，置于 200mL 容量瓶中，加水稀释至刻度。

【工作过程】

1. 试样的处理

用四分法取适量或取全部，用食物粉碎机制成匀浆备用。

2. 提取

称取 5g（精确至 0.01g）制成匀浆的试样，置于 50mL 烧杯中，加 12.5mL 饱和硼砂溶液，搅拌均匀，以 70℃ 左右的水约 300mL 将试样洗入 500mL 容量瓶中，于沸水浴中加热 15min，取出置冷水浴中冷却，并放置至室温。

3. 提取液净化

在振荡上述提取液时加入 5mL 亚铁氰化钾溶液，摇匀，再加入 5mL 乙酸锌溶液，以沉淀蛋白质。加水至刻度，摇匀，放置 30min，除去上层脂肪，上清液用滤纸过滤，弃去初滤液 30mL，滤液备用。

4. 亚硝酸盐的测定

吸取 40.0mL 上述滤液于 50mL 带塞比色管中，另吸取 0.00mL、0.20mL、0.40mL、0.60mL、0.80mL、1.00mL、1.50mL、2.00mL、2.50mL 亚硝酸钠标准使用液（相当于 0.0μg、1.0μg、2.0μg、3.0μg、4.0μg、5.0μg、7.5μg、10.0μg、12.5μg 亚硝酸钠），分别置于 50mL 带塞比色管中。于标准管与试样管中分别加入 2.0mL 对氨基苯磺酸溶液，混匀，静置 3～5min 后各加入 1.0mL 盐酸萘乙二胺溶液，加水至刻度，混匀，静置 15min，用 2cm 比色杯，以零管调节零点，于波长 538nm 处测吸光度，绘制标准曲线比较。同时做试剂空白和平行试验。

【工作过程】

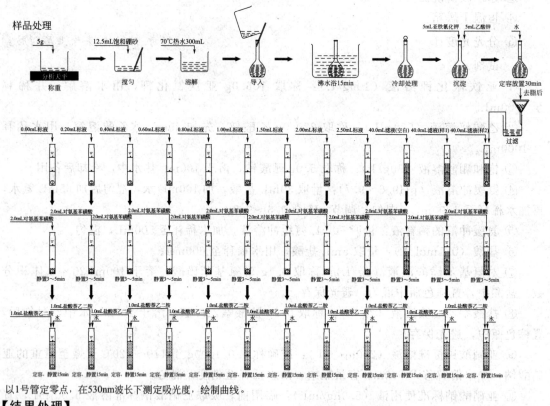

以1号管定零点，在530nm波长下测定吸光度，绘制曲线。

【结果处理】

1. 数据记录

比色管号	亚硝酸盐标准液量/mL	亚硝酸盐含量/（μg/50mL）	吸光度值		
			1	2	平均
0	0.00	0			
1	0.20	1			
2	0.40	2			
3	0.60	3			
4	0.80	4			

续表

比色管号	亚硝酸盐标准液量/mL	亚硝酸盐含量/ (μg/50mL)	吸光度值		
			1	2	平均
5	1.00	5			
6	1.50	7.5			
7	2.00	10.0			
8	2.50	12.5			
样液 1					
样液 2					

2. 亚硝酸盐含量计算

亚硝酸盐（以亚硝酸钠计）的含量按下式进行计算。

$$X_1 = \frac{A_1 \times 1000}{m \times \dfrac{V_1}{V_0} \times 1000} \tag{6-14}$$

式中　X_1——试样中亚硝酸钠的含量，mg/kg；

A_1——测定用样液中亚硝酸钠的质量，μg；

m——试样质量，g；

V_1——测定用样液的体积，mL；

V_0——试样处理液的总体积，mL。

以重复性条件下获得的两次独立测定结果的算术平均值表示，结果保留两位有效数字。在重复性条件下获得的两次独立测定结果的绝对差值不得超过算术平均值 5%。

【思考题】

1. 若从标准曲线上查不到滤液所相当的亚硝酸盐量，如何改进实验？

2. 采用回归方程计算与从校正曲线直接求得亚硝酸盐的含量，有何优缺点？

3. 为什么要用试剂空白做参比溶液？

第三节　抗氧化剂的检测

日常生活中常遇到这样的情形：含油脂的食品会酸败、褐变、变味儿，而导致食品不能食用。其原因是食品在贮存过程中，发生了一系列化学、生物变化，尤其是氧化反应，即在酶或某些金属的催化作用下，食品中所含易于氧化的成分与空气中的氧反应，生成醛、酮、醛酸、酮酸等一系列哈败物质。因此为防止或延缓食品成分的氧化变质，在其加工过程中加入一定的抗氧化剂，以保护食品的质量。

一、食品抗氧化剂应具备的条件

1. 具有优良的抗氧化效果。

2. 本身及分解产物都无毒无害。

3. 稳定性好，与食品可以共存，对食品的感官性质（包括色、香、味等）。

4. 使用方便，价格便宜。

二、食品抗氧化剂分类

（1）抗氧化剂按来源分 可分为人工合成抗氧化剂和天然抗氧化剂（如茶多酚、植酸等）。

（2）抗氧化剂按溶解性分 可分为油溶性、水溶性和兼容性三类。油溶性抗氧化剂有BHA、BHT 等；水溶性抗氧化剂有抗坏血酸、茶多酚等；兼容性抗氧化剂有抗坏血酸棕榈酸酯等。

（3）抗氧化剂按照作用方式分 可分为自由基吸收剂、金属离子螯合剂、氧清除剂、过氧化物分解剂、酶抗氧化剂、紫外线吸收剂或单线态氧淬灭剂等。

常用的抗氧化剂有茶多酚、生育酚、黄酮类、丁基羟基茴香醚、二丁基羟基甲苯、叔丁基对苯二酚等。

三、食品抗氧化剂使用的注意事项

1. 充分了解抗氧化剂的性能；
2. 正确掌握抗氧化剂的添加时机；
3. 抗氧化剂及增效剂、稳定剂的复配使用；
4. 选择合适的添加量；
5. 控制影响抗氧化剂作用效果的因素。

四、抗氧化剂的作用机理

（1）通过抗氧化剂的还原反应，降低食品内部及其周围的氧含量，有些抗氧化剂如抗坏血酸与异抗坏血酸本身极易被氧化，能使食品中的氧首先与其反应，从而避免了油脂的氧化。

（2）抗氧化剂释放出氢原子与油脂自动氧化反应产生的过氧化物结合，中断链锁反应，从而阻止氧化过程继续进行。

（3）通过破坏、减弱氧化酶的活性，使其不能催化氧化反应的进行。

（4）将能催化及引起氧化反应的物质封闭，如络合能催化氧化反应的金属离子等。

近年来，由于人们对化学合成品的疑虑，使得天然抗氧化剂受到越来越多的重视。如经由微生物发酵制成的异抗坏血酸的用量上升很快；茶多酚是我国近年开发的天然抗氧化剂，在国内外颇受欢迎，其抗氧活性约比维生素 E 高 20 倍，且具有一定的抑菌作用。但目前而言天然抗氧化剂仍处于研发阶段，真正应用不多。无论是天然还是人工抗氧化剂都不是十全十美，因食品的性质、加工方法不同，一种抗氧化剂很难适合各种各样的食品要求。

各国允许使用的抗氧化剂的品种有所不同，美国 24 种，德国 12 种，日本、英国 11 种，我国 15 种。

↘ 实训 6-3 油脂中抗氧化剂丁基羟基茴香醚(BHA)、二丁基羟基甲苯(BHT)与叔丁基对苯二酚(TBHQ)的测定

【实训要点】

1. 掌握样品的处理能力。
2. 掌握液相色谱法的基本操作技术。

【仪器试剂】

1. 仪器和设备

① 气相色谱仪（GC）：配氢火焰离子化检测器（FID）。

② 凝胶渗透色谱净化系统（GPC），或可进行脱脂的等效分离装置。

③ 分析天平：感量为 0.01g 和 0.0001g。

④ 旋转蒸发仪。

⑤ 涡旋混合器。

思考：油脂含量少的样品中加入乙腈的作用？

⑥ 粉碎机。

⑦ 微孔过滤器：孔径 0.45μm，有机溶剂型滤膜。

⑧ 玻璃器皿。

2. 试剂

① 环己烷。

② 乙酸乙酯。

③ 石油醚：沸程 30～60℃（重蒸）。

④ 乙腈。

⑤ 丙酮。

⑥ BHA 标准品：纯度≥99.0%，－18℃冷冻储藏。

⑦ BHT 标准品：纯度≥99.3%，－18℃冷冻储藏。

⑧ TBHQ 标准品：纯度≥99.0%，－18℃冷冻储藏。

⑨ BHA、BHT、TBHQ 标准储备液：准确称取 BHA、BHT、TBHQ 标准品各 50mg（精确至 0.1mg）；用乙酸乙酯：环己烷（1:1，体积比）定容至 50mL，配制成 1mg/mL 的储备液，于 4℃冰箱中避光保存。

⑩ BHA、BHT、TBHQ 标准使用液：吸取标准储备液 0.1mL、0.5mL、1.0mL、2.0mL、3.0mL、4.0mL、5.0mL 于一组 10mL 容量瓶中，乙酸乙酯：环己烷（1:1，体积比）定容，此标准系列的浓度为 0.01mg/mL、0.05mg/mL、0.1mg/mL、0.2mg/mL、0.3mg/mL、0.4mg/mL、0.5mg/mL，现用现配。

【工作过程】

1. 试样制备

取同一批次 3 个完整独立包装样品（液体样品不少于 200mL），液体样品混合均匀，放置于广口瓶内保存待用。

2. 试样处理

混合均匀的油脂样品，过 0.45μm 滤膜备用。

3. 净化

准确称取备用的油脂试样 0.5g（精确至 0.1mg），用乙酸乙酯：环己烷（1:1，体积比）准确定容至 10.0mL，涡旋混合 2min，经凝胶渗透色谱装置净化，收集流出液，旋转蒸发浓缩至近干，用乙酸乙酯：环己烷（1:1，体积比）定容至 2mL，进气相色谱仪分析。

凝胶渗透色谱分离参考条件如下。

凝胶渗透色谱柱：300mm×25mm 玻璃柱，BioBeads（S-X3），200～400 目，25g。

柱分离度：玉米油与抗氧化剂（BHA、BHT、TBHQ）的分离度＞85%。

流动相：乙酸乙酯：环己烷（1:1，体积比）。

流速：4.7mL/min。

进样量：5mL。

流出液收集时间：7～13min。

紫外检测器波长：254nm。

4. 测定

(1) 色谱参考条件　色谱柱：（14％氰丙基-苯基）二甲基聚硅氧烷毛细管柱（30m×0.25mm），膜厚 0.25μm（或相当型号色谱柱）。

进样口温度：230℃。

升温程序：初始柱温 80℃，保持 1min，以 10℃/min 升温至 250℃，保持 5min。

检测器温度：250℃。

进样量：1μL。

进样方式：不分流进样。

载气：氮气，纯度≥99.999％，流速 1mL/min。

(2) 定量分析　在（1）仪器条件下，试样待测液和 BHA、BHT、TBHQ 三种标准品在相同保留时间处（±0.5％）出峰，可定性 BHA、BHT、TBHQ 三种抗氧化剂。以标准样品浓度为横坐标，峰面积为纵坐标，作线性回归方程，从标准曲线上查出试样溶液中抗氧化剂的相应含量。BHA、BHT、TBHQ 三种抗氧化剂标准样品溶液气相色谱图如图 6-3 所示。

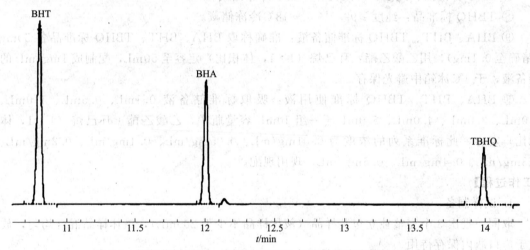

图 6-3　抗氧化剂 BHA、BHT、TBHQ 标准样品溶液的气相色谱图

【图示过程】

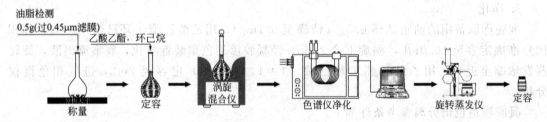

【结果处理】

试样中抗氧化剂（BHA、BHT、TBHQ）的含量（g/kg）按下式进行计算：

$$X = c \times \frac{V \times 1000}{m \times 1000} \tag{6-15}$$

式中　X——试样中抗氧化剂含量，mg/kg（或 mg/L）；

　　　　c——从标准工作曲线上查出的试样溶液中抗氧化剂的浓度，μg/mL；

　　　　V——试样最终定容体积，mL；

　　　　m——试样质量，g（或 mL）。

计算结果保留至小数点后三位。

在重复性条件下获得的两次独立测定结果的绝对差值不得超过算术平均值的 10%。

【友情提示】

1. 试样制备

取同一批次 3 个完整独立包装样品（固体样品不少于 200g，液体样品不少于 200mL），固体或半固体样品粉碎混匀，液体样品混合均匀，然后用对角线法取四分之二或六分之二，或根据试样情况取有代表性试样，置广口瓶内保存待用。

2. 试样处理

（1）油脂样品　混合均匀的油脂样品，过 0.45μm 滤膜备用。

（2）油脂含量较高或中等的样品（油脂含量 15% 以上的样品）　根据样品中油脂的实际含量，称取 50~100g 混合均匀的样品，置于 250mL 具塞锥形瓶中，加入适量石油醚，使样品完全浸没，放置过夜，用快速滤纸过滤后，减压回收溶剂，得到的油脂试样过 0.45μm 滤膜备用。

（3）油脂含量少的样品（油脂含量 15% 以下的样品）和不含油脂的样品（如口香糖等）称取 1~2g 粉碎并混合均匀的样品，加入 10mL 乙腈，涡旋混合 2min，过滤，如此重复三次，将收集滤液旋转蒸发至近干，用乙腈定容至 2mL，过 0.45μm 滤膜，直接进气相色谱仪分析。

3. 本实验检出限为 2.0μg，气相色谱最佳线性范围为 0~100μg。

4. 抗氧化剂存放时间延长，其含量逐渐下降，因此采集来的样品应及时检测，不宜久存。

5. 测定原理

样品中的抗氧化剂用有机溶剂提取、凝胶渗透色谱净化系统（GPC）净化后，用气相色谱氢火焰离子化检测器检测，采用保留时间定性，外标法定量。

【思考题】

1. 气相色谱实验技术的操作要点是什么？

2. 为防止实验过程氢气可能发生泄漏，实验室防火安全措施有哪些？

第四节　防腐剂的检测

食品在存放加工和销售过程中，因微生物的作用，会导致其腐败、变质而不能食用。为延长食品的保存时间，一方面可通过物理方法控制微生物的生存条件，如温度、水分、pH 等，以杀灭或抑制微生物的活动；另一方面还可用化学方法保存，即使用食品防腐剂提高食品的保藏期。防腐剂具有使用方便、高效、投资少的特点而被广泛采用。

防腐剂有广义和狭义之分，狭义的防腐剂主要指山梨酸、苯甲酸等直接加入食品中的化学物质；广义的防腐剂除包括狭义的防腐剂外，还包括通常被认为是调料而具有防腐作用的食盐、醋、蔗糖、二氧化碳等以及那些不直接加入食品，而在食品储藏过程中应用的消毒剂和防霉剂等。

防腐剂可分为有机防腐剂和无机防腐剂。有机防腐剂有：苯甲酸及其盐类、山梨酸及其盐类、对羟基苯甲酸酯类、丙酸及其盐类等。无机防腐剂有：二氧化硫及亚硫酸盐类、亚硝酸盐类等。

防腐剂是人为添加的化学物质，具有在杀死或抑制微生物的同时，也不可避免地对人体产生副作用。表 6-1 列举了几种我国允许使用的防腐剂。

表 6-1　常用食品防腐剂

名　称	使用范围	最大使用量/（g/kg）
苯甲酸 苯甲酸钠	酱油、食醋、果汁（味）型饮料、果酱（不包括罐头）	1.0
	葡萄酒、果酒、软糖	0.8
	碳酸饮料	0.2
	低盐酱菜、酱类、蜜饯	0.5
	食品工业用塑料桶装浓缩果蔬汁	2.0
山梨酸 山梨酸钾	酱油、食醋、果酱、氢化植物油、软糖、鱼干制品、即食豆制品食品、糕点、馅、面包、蛋糕、月饼、即食海蜇、乳酸菌饮料	1.0
	低盐酱菜、酱类、蜜饯、果汁（味）型饮料、果冻、胶原蛋白肠衣	0.5
	葡萄酒、果酒	0.6
	果蔬类保鲜、碳酸饮料	0.2
	肉、鱼、蛋、禽类制品	0.075
	食品工业用塑料桶装浓缩果蔬汁	2.0
对羟基苯甲酸丙酯 （又名尼泊金丙酯）	酱油、酱料、果酱（不包括罐头）、果汁（果味）型饮料	0.25
	食醋	0.10
	糕点馅	0.5 （单一或混合用总量）
	果蔬保鲜	0.012
	碳酸饮料、蛋黄馅	0.20
脱氢乙酸	腐乳、酱菜、原汁橘浆	0.30
丙酸钙	生面湿制品	0.25
	面包、醋、酱油、糕点、豆制品	2.5
丙酸钠	糕点	2.5
	杨梅罐头	50

目前我国食品加工业多使用苯甲酸及其钠盐和山梨酸及山梨酸钾，苯甲酸在 pH＝5.0、山梨酸在 pH＝8.0 以下，对霉菌、酵母菌和好气性细菌具有较好的抑制作用。

一、山梨酸、苯甲酸的理化性质

1. 山梨酸理化性质

山梨酸俗名花楸酸，化学名称为 2,4-己二烯酸。山梨酸及其钾盐作为酸性防腐剂，在酸性介质中对霉菌、酵母菌、好气性细菌具有良好的抑制作用，可与这些微生物酶系统中的巯基结合使之失活。但对厌氧的芽孢杆菌、乳酸菌无效。山梨酸是一种不饱和脂肪酸，在肌体内可参与正常的新陈代谢，对人体无毒性，是目前认为最安全的一类食品防腐剂。

2. 苯甲酸理化性质

苯甲酸俗称安息香酸，是最常用的防腐剂之一。因对其安全性尚有争议，此前已有苯甲酸引起叠加（蓄积）中毒的报道，故有逐步被山梨酸盐类防腐剂取代的趋势，在我国由于山梨酸盐类防腐剂的价格比苯甲酸类防腐剂要贵很多，一般多用于出口食品或婴幼儿食品，普通酸性食品则以苯甲酸（钠）应用为主。

二、食品中山梨酸、苯甲酸的测定（第二法高效液相色谱法）

1. 原理

试样加温除去二氧化碳和乙醇，调 pH 至近中性，过滤后进高效液相色谱仪，经反相色谱分离后，根据保留时间和峰面积进行定性和定量。

2. 试剂

① 甲醇：经滤膜（$0.5\mu m$）过滤。

② 稀氨水（1+1）：氨水加水等体积混合。

③ 乙酸铵溶液（0.02mol/L）：称取 1.54g 乙酸铵，加水至 1000mL，溶解，经 $0.45\mu m$ 滤膜过滤。

④ 碳酸氢钠溶液（20g/L）：称取 2g 碳酸氢钠（优级纯），加水至 100mL，振摇溶解。

⑤ 苯甲酸标准储备溶液：准确称取 0.1000g 苯甲酸，加碳酸氢钠溶液（20g/L）5mL，加热溶解，移入 100mL 容量瓶中，加水定容至 100mL，苯甲酸含量为 1mg/mL，作为储备溶液。

⑥ 山梨酸标准储备溶液：准确称取 0.1000g 山梨酸，加碳酸氢钠溶液（20g/L）5mL，加热溶解，移入 100mL 容量瓶中，加水定容至 100mL，山梨酸含量为 1mg/mL，作为储备溶液。

⑦ 苯甲酸、山梨酸标准混合使用溶液：取苯甲酸、山梨酸标准储备溶液各 10.0mL，放入 100mL 容量瓶中，加水至刻度。此溶液含苯甲酸、山梨酸各 0.1mg/mL。经 $0.45\mu m$ 滤膜过滤。

3. 仪器

高效液相色谱仪（带紫外检测器）。

4. 分析步骤

（1）试样处理

① 汽水：称取 $5.00\sim10.0$g 试样，放入小烧杯中，微温搅拌除去二氧化碳，用氨水（1+1）调 pH 约为 7。加水定容至 $10\sim20$mL，经 $0.45\mu m$ 滤膜过滤。

② 果汁类：称取 $5.00\sim10.0$g 试样，用氨水（1+1）调 pH 约为 7，加水定容至适当体积，离心沉淀，上清液经 $0.45\mu m$ 滤膜过滤。

③ 配制酒类：称取 10.0g 试样，放入小烧杯中，水浴加热除去乙醇，用氨水（1+1）调 pH 约 7，加水定容至适当体积，经 $0.45\mu m$ 滤膜过滤。

（2）高效液相色谱参考条件

柱：YWG-C_{18}，4.6mm×250mm，$10\mu m$ 不锈钢柱。

流动相：甲醇：乙酸铵溶液（0.02mol/L）（5∶95）。

流速：1mL/min。

进样量：10μL。

检测器：紫外检测器，230nm 波长，0.2AUFS。

根据保留时间定性，外标峰面积法定量。

5. 结果计算

试样中苯甲酸或山梨酸的含量按下式进行计算。

$$X = \frac{A \times 1000}{m \times \dfrac{V_2}{V_1} \times 1000} \tag{6-16}$$

式中　X——试样中苯甲酸或山梨酸的含量，g/kg；

　　　A——进样体积中苯甲酸或山梨酸的质量，mg；

　　　V_2——进样体积，mL；

　　　V_1——试样稀释液总体积，mL；

　　　m——试样质量，g。

计算结果保留两位有效数字。

在重复性条件下获得的两次独立测定结果的绝对差值不得超过算术平均值的 10%。

三、硼酸、硼砂（禁用防腐剂定性试验）

1. 试剂

① 盐酸（1+1）：量取盐酸 100mL，加水稀释至 200mL。

② 碳酸钠溶液（40g/L）。

③ 氢氧化钠溶液（4g/L）：称取 2g 氢氧化钠，溶于水并稀释至 500mL。

④ 姜黄试纸：称取 20g 姜黄粉末，用冷水浸渍 4 次，每次各 100mL，除去水溶性物质后，残渣在 100℃干燥，加 100mL 乙醇，浸渍数日，过滤。取 1cm×8cm 滤纸条，浸入溶液中，取出，于空气中干燥，贮于玻璃瓶中。

2. 分析步骤

（1）试样处理　称取 3～5g 固体试样，加碳酸钠溶液（40g/L）充分湿润后，于小火上烘干、炭化后再置高温炉中灰化。量取 10～20mL 液体试样，加碳酸钠溶液（40g/L）至呈碱性后，置水浴上蒸干、炭化后再置高温炉中灰化。

（2）定性试验

① 姜黄试纸法，取一部分灰分，滴加少量水与盐酸（1+1）至微酸性，边滴边搅拌，使残渣溶解，微温后过滤。将姜黄试纸浸入滤液中，取出试纸置表面皿上，于 60～70℃干燥，如有硼酸、硼砂存在时，试纸显红色或橙红色，在其变色部分熏以氨即转为绿黑色。

② 焰色反应：取灰分置于坩埚中，加硫酸数滴及乙醇数滴，直接点火，硼酸或硼砂存在时，火焰呈绿色。

四、水杨酸（禁用防腐剂定性试验）

1. 试剂

① 氯化铁溶液（10g/L）。

② 亚硝酸钾溶液（100g/L）。

③ 乙酸 (50%)。

④ 硫酸铜溶液 (100g/L)：称取 10g 硫酸铜 ($CuSO_4 \cdot 5H_2O$)，加水溶解至 100mL。

2. 分析步骤

(1) 试样提取

① 饮料、冰棍、汽水：取 10.0mL 均匀试样 (如试样中含有二氧化碳，先加热除去，如试样中含有酒精，加 4% 氢氧化钠溶液使其呈碱性，在沸水浴中加热除去)，置于 100mL 分液漏斗中，加 2mL 盐酸 (1+1)，用 30mL、20mL、20mL 乙醚提取三次，合并乙醚提取液，用 5mL 盐酸酸化的水洗涤一次，弃去水层。乙醚通过无水硫酸钠脱水后，挥发乙醚，加 2.0mL 乙醇溶解残留物，密塞保存，备用。

② 酱油、果汁、果酱：称取 20.0g 或吸取 20.0mL 均匀试样，置于 100mL 容量瓶中，加水至 60mL，加 20mL 硫酸铜溶液 (100g/L)，均匀，再加 4.4mL 氢氧化钠溶液 (40g/L)，加水至刻度，均匀，静置 30min，过滤，取 50mL 滤液置于 150mL 分液漏斗中，加 2mL 盐酸 (1+1)，用 30mL、20mL、20mL 乙醚提取三次，合并乙醚提取液，用 5mL 盐酸酸化的水洗涤一次，弃去水层。乙醚通过无水硫酸钠脱水后，挥发乙醚，加 2.0mL 乙醇溶解残留物，密塞保存，备用。

③ 固体果汁粉等：称取 20.0g 磨碎的均匀试样，置于 200mL 容量瓶中，加水 100mL，加温使溶解、放冷，加 20mL 硫酸铜溶液 (100g/L)，均匀，再加 4.4mL 氢氧化钠溶液 (40g/L)，加水至刻度，均匀，静置 30min，过滤，取 50mL 滤液置于 150mL 分液漏斗中，加 2mL 盐酸 (1+1)，用 30mL、20mL、20mL 乙醚提取三次，合并乙醚提取液，用 5mL 盐酸酸化的水洗涤一次，弃去水层。乙醚通过无水硫酸钠脱水后，挥发乙醚，加 2.0mL 乙醇溶解残留物，密塞保存，备用。

④ 糕点、饼干等含蛋白、脂肪、淀粉多的食品：称取 25.0g 均匀试样，置于透析用玻璃纸中，放入大小适当的烧杯内，加 50mL 氢氧化钠溶液 (0.8g/L)。调成糊状，将玻璃纸口扎紧，放入盛有 200mL 氢氧化钠溶液 (0.8g/L) 的烧杯中，盖上表面皿，透析过夜。

量取 125mL 透析液 (相当于 12.5g 试样)，加 0.4mL 盐酸 (1+1) 使成中性，加 20mL 硫酸铜溶液 (100g/L)，均匀，再加 4.4mL 氢氧化钠溶液 (40g/L)，混匀，静置 30min，过滤，取 120mL (相当于 10g 试样)，置于 250mL 分液漏斗中，加 2mL 盐酸 (1+1)，用 30mL、20mL、20mL 乙醚提取三次，合并乙醚提取液，用 5mL 盐酸酸化的水洗涤一次，弃去水层。乙醚通过无水硫酸钠脱水后，挥发乙醚，加 2.0mL 乙醇溶解残留物，密塞保存，备用。将乙醚提取液蒸干后，残渣备用。

(2) 定性试验

① 三氯化铁法：残渣加 1~2 滴氯化铁溶液 (10g/L)，水杨酸存在时显紫黄色。

② 确证试验：溶解残渣于少量热水中，冷后加 4~5 滴亚硝酸钾溶液 (100g/L)、4~5 滴乙酸 (50%) 及 1 滴硫酸铜溶液 (100g/L)，混匀，煮沸 0.5h，放置片刻，水杨酸存在时呈血红色 (苯甲酸不显色)。

↘ 实训 6-4　饮料中山梨酸、苯甲酸的测定

【实训要点】

1. 掌握样品的处理能力。

2. 掌握气相色谱法的基本操作技术。

【仪器试剂】

1. 仪器

思考1：酸化的目的？

气相色谱仪：具有氢火焰离子化检测器。

2. 试剂

① 乙醚：不含过氧化物。

② 石油醚：沸程 30～60℃。

③ 盐酸。

④ 无水硫酸钠。

⑤ 盐酸（1+1）：取 100mL 盐酸，加水稀释至 200mL。

⑥ 氯化钠酸性溶液（40g/L）：于氯化钠溶液（40g/L）中加少量盐酸（1+1）酸化。

⑦ 山梨酸、苯甲酸标准溶液：准确称取山梨酸、苯甲酸各 0.2000g，置于 100mL 容量瓶中，用石油醚-乙醚（3+1）混合溶剂溶解后并稀释至刻度。此溶液每毫升相当于 2.0mg 山梨酸或苯甲酸。

⑧ 山梨酸、苯甲酸标准使用液：吸取适量的山梨酸、苯甲酸标准溶液，以石油醚-乙醚（3+1）混合溶剂稀释至每毫升相当于 $50\mu g$、$100\mu g$、$150\mu g$、$200\mu g$、$250\mu g$ 山梨酸或苯甲酸。

【工作过程】

1. 试样提取

思考2：加入无水硫酸钠的目的？

吸取 10.00mL 的试样，置于 150mL 分液漏斗中，加 0.5mL 盐酸（1+1）酸化，用 15mL、10mL 乙醚提取两次，每次振摇 1min，将上层乙醚提取液吸入另一个 25mL 带塞量筒中，合并乙醚提取液。用 3mL 氯化钠酸性溶液（40g/L）洗涤两次，静置 15min，用滴管将乙醚层通过无水硫酸钠滤入 25mL 容量瓶中。加乙醚至刻度，混匀，准确吸取 5mL 乙醚提取液于 5mL 带塞刻度试管中，置 40℃水浴上挥干，加入 2mL 石油醚-乙醚（3+1）混合溶剂溶解残渣，备用。

2. 色谱参考条件

色谱柱：玻璃柱，内径 3mm，长 2m，内装涂以 5%DEGS+1%磷酸固定液的 60～80 目 ChromosorbWAW。

气流速度：载气为氮气，50mL/min（氮气和空气、氢气之比按各仪器型号不同选择各自的最佳比例条件）。

温度：进样口 230℃。

检测器：230℃。

柱温：170℃。

3. 测定

进样 $2\mu L$ 标准系列中各浓度标准使用液于气相色谱仪中，可测得不同浓度的山梨酸、苯甲酸的峰高（见图 6-4），以浓度为横坐标，相应的峰高值为纵坐标，绘制标准曲线。

同时进样 $2\mu L$ 试样溶液，测得峰高与标准曲线比较定量。

图 6-4 山梨酸和苯甲酸的气相色谱图

【图示过程】

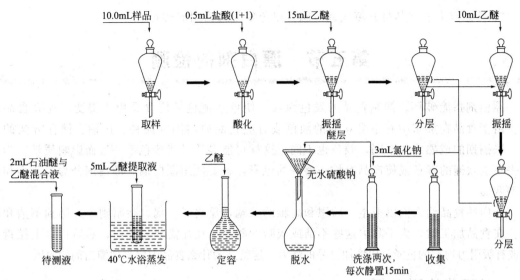

【结果处理】

1. 记录数据

浓度 试剂	50μg/mL	100μg/mL	150μg/mL	200μg/mL	250μg/mL	样品/(μg/mL)
进样量	2	2	2	2	2	2
峰高值						

2. 结果计算

试样中山梨酸或苯甲酸的含量按下式进行计算：

$$X = \frac{A \times 1000}{m \times \frac{5}{25} \times \frac{V_2}{V_1} \times 1000}$$ (6-17)

式中 X——试样中山梨酸或苯甲酸的含量，mg/kg；

　　A——测定用试样液中山梨酸或苯甲酸的质量，μg；

　　V_1——加入石油醚-乙醚（3+1）混合溶剂的体积，mL；

　　V_2——测定时进样的体积，μL；

　　m——试样的质量，g；

　　5——测定时吸取乙醚提取液的体积，mL；

　　25——试样乙醚提取液的总体积，mL。

由测得苯甲酸的量乘以 1.18，即为试样中苯甲酸钠的含量。

3. 数据处理

计算结果保留两位有效数字。在重复性条件下获得的两次独立测定结果的绝对差值不得超过算术平均值的 10%。

【相关知识】

测定原理：试样酸化后，用乙醚提取山梨酸、苯甲酸，用附氢火焰离子化检测器的气相色谱仪进行分离测定，与标准系列比较定量。

【友情提示】

1. 样品处理时酸化可使山梨酸钾、苯甲酸钠转变为山梨酸、苯甲酸。

2. 乙醚提取液应用无水硫酸钠充分脱水，进样溶液中有水分会影响测定结果。

3. 注意点火前严禁打开氮气调节阀，以免氢气逸出引起爆炸。

第五节　漂白剂的检测

漂白剂指能破坏、抑制食品的发色因素，使色素褪色或使食品免于褐变，提高食品品质。由于食品在加工中有不受欢迎的颜色或有些食品原料因为品种、运输、储存方法的不同，采摘期的成熟度的不同，颜色也不同，这样可能导致最终颜色不一致而影响质量。为了除去不受欢迎的颜色或使产品有均一整齐的色彩，就要使用漂白剂。漂白剂分为氧化型和还原型两类。

洁白的食品给人们以卫生、欣慰和高雅的感觉，反之黑、褐、晦暗则令人感到不洁和厌恶。在食品加工时，为了除去这些不洁或灰暗的颜色，往往需要先漂白，然后再染上接近天然或有吸引力均一的色泽，以增加食品的魅力。这就是为什么食品中要添加漂白剂的原因。

一、亚硫酸盐漂白剂

亚硫酸盐类漂白剂用它们漂白水果、蔬菜时，以红、紫色褪色效果最好，黄色次之，绿色最差。

亚硫酸能消耗食品组织中的氧，抑制微生物的活性，并对微生物所必需的酶活性有抑制，这些作用与防腐剂作用一样，所以又有防腐作用。

二、二氧化硫漂白剂

二氧化硫熏蒸漂白常用于食用菌、竹笋、干果、干菜等食品。二氧化硫残留量过多，使钙形成不溶性物质，影响人体对钙的吸收。文献指出，此类漂白剂过量还会引发食物中毒，严重时会导致肺、脑水肿，呼吸衰竭而死亡。

三、过氧化苯甲酰漂白剂

在许多食品中，如小麦、玉米、豆类等原料的胚乳中都含有胡萝卜素等不饱和脂溶性天然色素，由这些原料加工的产品都略带颜色，过氧化苯甲酰可以有效地对这些食品原料进行漂白。

过氧化苯甲酰已在国内批准使用多年，由于过氧化苯甲酰活性强，在商品中还用硫酸钙、碳酸钙等物质做稀释剂。过氧化苯甲酰在使用中一定要混合使用，否则在加热工艺条件下产生的苯基易与氢氧根、酸根、金属离子结合，可能生成苯酚等物质，使制品带有褐色斑点，影响质量。

↘ 实训6-5　白糖中二氧化硫的测定

【实训要点】

1. 学习检测的实验原理

2. 掌握实验的操作要点及测定方法。

【仪器试剂】

1. 仪器

分光光度计。

2. 试剂

① 四氯汞钠吸收液：称取 13.6g 氯化高汞及 6.0g 氯化钠，溶于水中并稀释至 1000mL，放置过夜，过滤后备用。

② 1.2%氨基磺酸铵溶液（12g/L）。

③ 甲醛溶液（2g/L）：吸取 0.55mL 无聚合沉淀的甲醛（36%），加水稀释至 100mL。

④ 淀粉指示液：称取 1g 可溶性淀粉，用少许水调成糊状，缓缓倾入 100mL 沸水中，搅拌煮沸，放冷备用，此溶液应使用时配制。

⑤ 亚铁氰化钾溶液：称取 10.6g 亚铁氰化钾，加水溶解并稀释至 100mL。

⑥ 乙酸锌溶液：称取 22g 乙酸锌溶于少量水中，加入 3mL 冰乙酸，加水稀释至 100mL。

⑦ 盐酸副玫瑰苯胺溶液：称取 0.1g 盐酸副玫瑰苯胺（$C_{19}H_{18}N_2Cl \cdot 4H_2O$）于研钵中，加少量水研磨、溶解并稀释至 100mL。取出 20mL 置于 100mL 容量瓶中，加盐酸溶液（浓盐酸体积分数为 50%）充分摇匀后使溶液由红变黄，如不变黄再滴加少量盐酸至出现黄色，再加水定容，备用。或者购买现成的溶液。

⑧ 碘溶液（0.100mol/L）：称取 12.7g 碘用水定容至 100mL。

⑨ 硫代硫酸钠标准溶液：0.100mol/L。

⑩ 二氧化硫标准溶液

配制：称取 0.5g 亚硫酸氢钠，溶于 200mL 四氯汞钠吸收液中，放置过夜，上清液用定量滤纸过滤备用。

标定：吸取 10.0mL 亚硫酸氢钠-四氯汞钠溶液于 250mL 碘量瓶中，加 100mL 水，准确加入 20.00mL 碘溶液（0.05mol/L）、5mL 冰乙酸，放置于暗处 2min 后迅速以 0.100mol/L 硫代硫酸钠标准溶液滴定至淡黄色，加 0.5mL 淀粉指示剂，继续滴定至无色。另取 100mL 水，准确加入 0.05mol/L 碘溶液 20.0mL、5mL 冰乙酸，按同一方法做试剂空白对照。

二氧化硫标准溶液的浓度按下式进行计算：

$$X = \frac{(V_2 - V_1)c \times 32.03}{10} \tag{6-18}$$

式中 X——二氧化硫标准溶液浓度，mg/mL；

　　 V_1——测定用亚硫酸氢钠-四氯汞钠溶液消耗硫代硫酸钠标准溶液体积，mL；

　　 V_2——试剂空白消耗硫代硫酸钠标准溶液的体积，mol/L；

　　 c——硫代硫酸钠标准溶液的摩尔浓度，mol/L；

32.03——每毫升硫代硫酸钠标准溶液(0.1000mol/L)相当于二氧化硫的质量(以 mg 计)。

⑪ 二氧化硫使用液：临用前将二氧化硫标准溶液以四氯汞钠溶液稀释为每毫升相当于 2μg 二氧化硫。

⑫ 氢氧化钠溶液（20g/L）。

⑬ 硫酸溶液 1 份浓硫酸缓缓加入到 71 份水中。

【工作过程】

1. 样品处理

思考：为什么要加入氢氧化钠溶液？

称取约 10.00g 均匀试样（试样量可视含量高低而定），以少量水溶解，置于 100mL 容量瓶中，加入 4mL 氢氧化钠溶液（20g/L），5min 后加入 4mL 硫酸溶液，再加入 20mL 四氯汞钠溶液，以水定容。

2. 测定

吸取 0.50~5.0mL 上述试样处理液于 25mL 带塞比色管中。

另吸取 0.00mL、0.20mL、0.40mL、0.60mL、0.80mL、1.50mL、2.00mL 二氧化硫标准使用液（相当于 0μg、0.4μg、0.8μg、1.2μg、1.6μg、2.0μg、3.0μg、4.0μg 二氧化硫），分别置于 25mL 带塞比色管中。

于试样及标准管中各加入四氯汞钠溶液至 10.0mL，然后再加入 1.0mL 氨基磺酸铵溶液（12g/L）、1.0mL 甲醛溶液（2g/L）及 1.0mL 盐酸副玫瑰苯胺溶液，摇匀，放置 20min。用 1cm 比色杯，以零管为参比，于波长 550nm 处测吸光度，绘制标准曲线比较。

【图示过程】

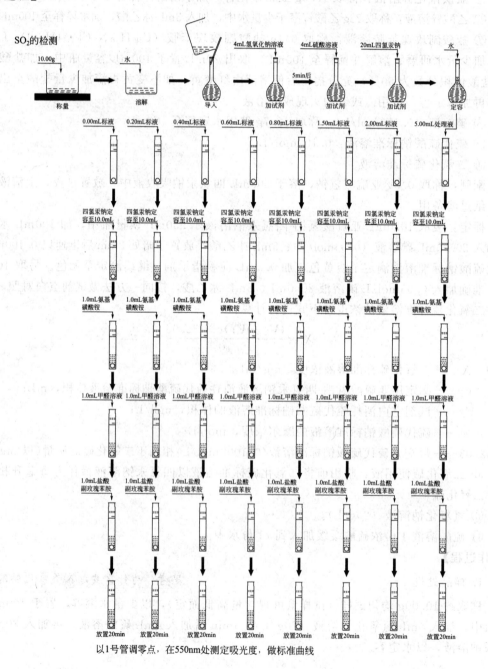

以1号管调零点，在550nm处测定吸光度，做标准曲线

【结果处理】

测试样中二氧化硫含量由下式计算：

$$X = \frac{m_0 \times 1000}{m \times \dfrac{V}{100} \times 1000 \times 1000} \tag{6-19}$$

式中　X——测试样中二氧化硫的含量，g/kg；

　　　m_0——测定用样液中二氧化硫的质量，μg；

　　　m——试样质量，g；

　　　V——测定用样液的体积，mL。

结果保留三位有效数字。

【友情提示】

（1）本实验最低检出浓度为 1mg/kg。

（2）要求在重复性条件下获得两次独立测定结果的绝对差值不得超过 10%。

（3）亚硫酸和食品中的醛、酮和糖相结合，以结合型的亚硫酸存在于食品中。加碱是为了将食品中的二氧化硫释放出来，加硫酸是为了中和碱，这是因为总的显色反应应在微酸性条件下进行。

（4）显色时间对显色有影响，所以在显色时要严格控制显色时间。

（5）盐酸副玫瑰苯胺的精制方法如下：称取 20g 盐酸副玫瑰苯胺于 400mL 水中，用 50mL 体积分数为 1/6 的盐酸溶液酸化，徐徐搅拌，加入 4～5g 活性炭，加热煮沸 2min。混合物用保温漏斗趁热过滤。滤液放置过夜并出现结晶，用布氏漏斗抽滤，将结晶再悬浮于 1000mL 乙醚-乙醇（体积比为 10∶1）的混合液中，振摇 3～5min，以布氏漏斗抽滤，再用乙醚反复洗涤至醚层不带色为止，于硫酸干燥器中干燥，研细后贮于棕色瓶中保存。

（6）如无盐酸副玫瑰苯胺可用盐酸品红代替。

【相关知识】

1. 实验原理

亚硫酸盐与四氯汞钠反应，生成稳定的络合物，再与甲醛及盐酸副玫瑰苯胺作用生成紫红色络合物，此络合物于波长 550nm 处有最大吸收峰，且在一定范围内其颜色的深浅与亚硫酸盐的浓度成正比，可以比色定量。结果以试样中二氧化硫的含量表示。

2. 样品处理

（1）水溶性固体试样：如白砂糖等可称取约 10.00g 均匀试样（试样量可视含量高低而定），以少量水溶解，置于 100mL 容量瓶中，加入 4mL 氢氧化钠溶液（20g/L），5min 后加入 4mL 硫酸溶液，再加入 20mL 四氯汞钠溶液，以水定容。

（2）固体试样如饼干、粉丝等：可称取 5.0～10.0g 研磨均匀的试样，以少量水湿润并移入 100mL 容量瓶中，然后加入 20mL 四氯汞钠溶液，浸泡 4h 以上，若上层溶液不澄清可加入亚铁氰化钾溶液及乙酸锌溶液各 2.5mL，最后用水定容，过滤备用。

（3）液体试样（如葡萄酒等）：可直接吸取 5.0～10.0mL 试样，置于 100mL 容量瓶中，以少量水稀释，加 20mL 四氯汞钠溶液，再加水定容，必要时过滤备用。

【本章小结】

重点掌握常见的食品添加剂的检测原理、检测方法及样品的处理方法。

思考练习题

一、填空题

1. 食品添加剂的种类很多,按照其来源的不同,可以分为(   )、(   )两大类。

2. 紫外分光光度法测定食品中糖精钠时,样品处理液酸化的目的是(   ),因为糖精易溶于乙醚,而糖精钠难溶于乙醚。

二、选择题

1. 下列防腐剂是不允许使用的防腐剂(   )。

(1) 硼砂　　　　(2) 山梨酸　　　　(3) 苯甲酸　　　　　　　(4) BHT

2. 以亚硝酸钠含量转化为硝酸钠含量的计算系数为(   )。

(1) 0.232　　　(2) 1.0　　　　(3) 6.25　　　　　　　(4) 1.232

3. 在测定亚硝酸盐含量时,在样品液中加入饱和硼砂溶液的作用是(   )。

(1) 提取亚硝酸盐(2) 沉淀蛋白质　(3) 便于过滤　　　　　(4) 还原硝酸盐

4. 下列物质具有防腐剂特性的是(   )。

(1) 苯甲酸钠　　(2) 硫酸盐　　　(3) BHT　　　　　　　(4) TBHQ

5. 在测定火腿肠中亚硝酸盐含量时,加入(   )作蛋白质沉淀剂。

(1) 硫酸钠　　　(2) $CuSO_4$　　(3) 亚铁氰化钾和乙酸锌　(4) 乙酸铅

6. 使用分光光度法测定食品中亚硝酸盐含量的方法称为(   )。

(1) 盐酸副玫瑰苯胺比色法　　　　(2) 盐酸萘乙酸比色法

(3) 格里斯比色法　　　　　　　　(4) 双硫腙比色法

7. 比色法测定食品中 SO_2 残留量时,加入(   )防止亚硝酸盐的干扰。

(1) 四氯汞钠　　(2) 亚铁氰化钾　(3) 甲醛　　　　　　　(4) 氨基磺酸铵

8. 下列测定方法不能用于食品中糖精钠的测定的是(   )。

(1) 高效液相色谱法　　　　　　　(2) 薄层色谱法

(3) 气相色谱法　　　　　　　　　(4) 离子选择电极法

9. 下列测定方法不能用于食品中苯甲酸的测定的是(   )。

(1) 气相色谱法　　　　　　　　　(2) 薄层色谱法

(3) 高效液相色谱法　　　　　　　(4) 双硫腙光度法

10. 食品中防腐剂的测定,应选用下列(   )装置。

(1) 回流　　　　(2) 蒸馏　　　　(3) 分馏　　　　　　　(4) 萃取

11. 我国禁止使用的食品添加剂不包括下面所说的(   )

(1) 甲醛用于乳及乳制品　　　　　(2) 硼酸、硼砂,用于肉类防腐、饼干膨松

(3) 吊白块用于食品漂白　　　　　(4) 亚硝酸钠,用于肉制品护色

12. 下列测定方法不能用于食品中山梨酸的测定方法的是(   )。

(1) 薄层色谱法　　　　　　　　　(2) 气相色谱法

(3) 高效液相色谱法　　　　　　　(4) EDTA-2Na 滴定法

13. 薄层色谱法测糖精钠采用无水硫酸钠作(   )。

(1) 反应剂　　　(2) 吸附剂　　　(3) 脱水剂　　　　　　(4) 沉淀剂

14. 测定食品中糖精钠时,试样加温除去的物质是(   )。

(1) 二氧化碳　　(2) 乙醇　　　(3) 水　　　(4) 盐酸　　　(5) 碱类

第七章

食品安全成分的检测（二）

知识目标

1. 了解食品中残留农药、兽药的影响及危害；
2. 了解食品中重金属的危害；
3. 掌握有机磷、氨基甲酸酯类、拟除虫菊酯类农药、抗生素、己烯雌酚的测定方法；
4. 掌握有害重金属的测定方法。

技能目标

1. 能够正确测定有机磷、氨基甲酸酯类、拟除虫菊酯类农药、抗生素、己烯雌酚等含量。
2. 能够正确测定重金属含量及样品灰化处理能力。

知识导入

食品中有毒有害物质的危害主要集中在以下几个方面：化学性危害、生物毒素、微生物性危害等。随着现代社会的快速发展在给人们带来丰富、高产的农产品同时，农产品种植养殖生长过程中使用农药、化肥、兽药等给食用这些农产品的人类健康造成危害。据试验，用含有滴滴涕 1.0mg/kg 以上的饲料喂养乳牛，其分泌的乳汁即可检出滴滴涕的残留。这说明，农药可以通过食物链由土壤进入食物，再进入动物，而最后富集到人体组织中去。为了预防和治疗家畜和养殖鱼患病而大量投入抗生素、磺胺类等化学药物，往往造成药物残留于食品动物组织中，国内外发生的因兽药残留不安全引起的消费者中毒事件，增加了消费者对所食用畜产品的担忧和关注。

食品中的重金属在人体内具有蓄积性，随着在人体内蓄积量的增加，机体就会出现各种中毒反应，如致癌、致畸，甚至死亡。对于有毒重金属，必须严格控制其在食品中的含量。

综上所述，对食品中的有害有毒物质的检测，是为人们寻找污染源，找出一条有效的治理方案提供依据。

对食品中的有害有毒物质，有时须迅速进行鉴别，以便采取针对性的防治措施，所以在任务安排上除讲述食品中有害有毒物质的定量分析方法外，还将介绍一些定性分析方法。由于食品中常见的有毒有害物质通常都是微量存在，一般的化学分析方法灵敏度达不到，目前较多的使用仪器分析方法。

第一节 有机磷农药的检测

一、有机磷农药概述

自 1938 年德国发现有机磷农药有强大的杀虫效果后，有机磷农药开始广泛应用于农业。有机磷农药多属于磷酸酯类化合物。多为油状液体，少数为结晶固体，具有大蒜臭味，易挥发，难溶于水，可溶于有机溶剂，遇酸、碱易降解。这类农药具有杀虫效力高、用药量少、分解快、残留低的特点。由于有机磷农药化学性质不稳定，在自然界极易分解，对植物药害小，减少了对环境的污染。同时这类农药在生物体内能迅速分解解毒，在食物中残留时间极短，所以慢性中毒比较少见，与有机氯农药相比，在慢性中毒方面较为安全。但由于有机磷农药对哺乳动物急性毒性较强，如使用不当或误食后可造成严重急性中毒。我国常用的有机磷农药有敌百虫、甲胺磷、乐果、敌敌畏、对硫磷、马拉硫磷、1059、1065 等，毒性最强的有机磷沙林和塔崩可以作为军用毒剂，对人具有击倒作用。

二、有机磷农药的毒性

有机磷农药对人的毒性属于神经毒，主要是抑制体内的胆碱酯酶，引起乙酰胆碱中毒。乙酰胆碱的蓄积可引起人体神经功能的紊乱，从而出现中毒症状。有机磷农药中毒多为急性，主要为长期接触有机磷农药的工人，临床表现有：患者首先感觉头昏、无力、精神烦躁、激动，并且恶心及多汗，不久患者眩晕，步态蹒跚，站立不稳。此时常自诉视力模糊，同时可有全身肌肉紧束感，毒性进一步发展，可产生高度眩晕和轻度意识障碍，患者腹痛，多次呕吐，肌肉震颤可先自眼睑和颜面肌肉开始，双手手指抖动，逐渐发展至全身肌肉颤动。此时患者牙关紧咬，胸部发紧，动作不协调，甚至出现肌肉抽搐等症状，气管痉挛，分泌物增多，甚至发生肺水肿，重度患者很快进入昏迷，全身抽搐，大小便失禁，如不及时抢救，可因呼吸中枢抑制或周围循环衰竭而死亡。

▶ 实训 7-1 大米中有机磷农药残留量的测定

【实训要点】

1. 掌握样品处理的能力。
2. 掌握气相色谱法的基本操作技术。

【仪器试剂】

1. 仪器

① 组织捣碎机。

② 粉碎机。

③ 旋转蒸发仪。

④ 气相色谱仪：附有火焰光度检测器（FPD）。

2. 试剂

① 丙酮。

② 二氯甲烷。

③ 氯化钠。

④ 无水硫酸钠。

⑤ 助滤剂 Celite545。

⑥ 农药标准品　敌敌畏，纯度≥99％；速灭磷，顺式纯度≥60％，反式纯度≥40％；久效磷，纯度≥99％；甲拌磷，纯度≥98％；巴胺磷，纯度≥99％；二嗪磷，纯度≥98％；乙嘧硫磷，纯度≥97％；甲基嘧啶磷，纯度≥99％；甲基对硫磷，纯度≥99％；稻瘟净，纯度≥99％；水胺硫磷，纯度≥99％；氧化喹硫磷，纯度≥99％；稻丰散，纯度≥99.6％；甲喹硫磷，纯度≥99.6％；克线磷，纯度≥99.9％；乙硫磷，纯度≥95％；乐果，纯度≥99.0％；喹硫磷，纯度≥98.2％；对硫磷，纯度≥99.0％；杀螟硫磷，纯度≥98.5％。

【工作过程】

1. 农药标准溶液的配制

分别准确称取标准品，用二氯甲烷为溶剂，分别配制成 1.0mg/mL 的标准储备液，贮于冰箱（4℃）中，使用时根据各农药品种的仪器响应情况，吸取不同量的标准储备液，用二氯甲烷稀释成混合标准使用液。

2. 试样的制备

思考：为什么要加丙酮作为提取剂？

取粮食试样经粉碎机粉碎，过 20 目筛制成粮食试样。

3. 提取

称取 25.00g 试样，置于 300mL 烧杯中，加入 50mL 水和 100mL 丙酮（提取液总体积为 150mL），用组织捣碎机提取 1～2min，匀浆液经铺有两层滤纸和约 10g Celite545 的布氏漏斗减压抽滤。取滤液 100mL 移至 500mL 分液漏斗中。

4. 净化

向上步的滤液中加入 10～15g 氯化钠，使溶液处于饱和状态。猛烈振摇 2～3min，静置 10min，使丙酮与水相分层，水相用 50mL 二氯甲烷振摇 2min，再静置分层。

将丙酮与二氯甲烷提取液合并，并经装有 20～30g 无水硫酸钠的玻璃漏斗脱水滤入 250mL 圆底烧瓶中，再以约 40mL 二氯甲烷分数次洗涤容器和无水硫酸钠。洗涤液也并入烧瓶中，用旋转蒸发器浓缩至约 2mL，浓缩液定量转移至 5～25mL 容量瓶中，加二氯甲烷定容至刻度。

5. 色谱参考条件

① 色谱柱

a. 玻璃柱 2.6m×3mm（i.d），填装涂有 4.5％ DC-200＋2.5％ OV-17 的 Chromosorb WAWDMCS（80～100 目）的载体。

b. 玻璃柱 2.6m×3mm（i.d），填装涂有质量分数为 1.5％的 QF-1 的 ChromosorbWAW DMCS（60～80 目）的载体。

② 气体速度：氮气 50mL/min、氢气 100mL/min，空气 50mL/min。

③ 温度：柱箱 240℃、汽化室 260℃、检测器 270℃。

6. 测定

吸取 2～5μL 混合标准液注入气相色谱仪中，测得不同浓度有机磷标准溶液的峰高，分别绘制有机磷标准曲线。同时取试样 2～5μL 注入气相色谱仪中，根据测得的峰高，从标准曲线中查出相应的含量。色谱图如图 7-1 所示。

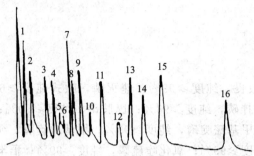

图 7-1 有机磷农药标准溶液色谱图

1—敌敌畏（最低检测浓度 0.005mg/kg）；2—速灭磷（最低检测浓度 0.004mg/kg）；3—久效磷（最低检测浓度 0.014mg/kg）；4—甲拌磷（最低检测浓度 0.004mg/kg）；5—巴胺磷（最低检测浓度 0.011mg/kg）；6—二嗪磷（最低检测浓度 0.003mg/kg）；7—乙嘧硫磷（最低检测浓度 0.003mg/kg）；8—甲基嘧啶磷（最低检测浓度 0.004mg/kg）；9—甲基对硫磷（最低检测浓度 0.004mg/kg）；10—稻瘟净（最低检测浓度 0.004mg/kg）；11—水胺硫磷（最低检测浓度 0.005mg/kg）；12—氧化喹硫磷（最低检测浓度 0.025mg/kg）；13—稻丰散（最低检测浓度 0.017mg/kg）；14—甲喹硫磷（最低检测浓度 0.014mg/kg）；15—克线磷（最低检测浓度 0.009mg/kg）；16—乙硫磷（最低检测浓度 0.014mg/kg

【图示过程】

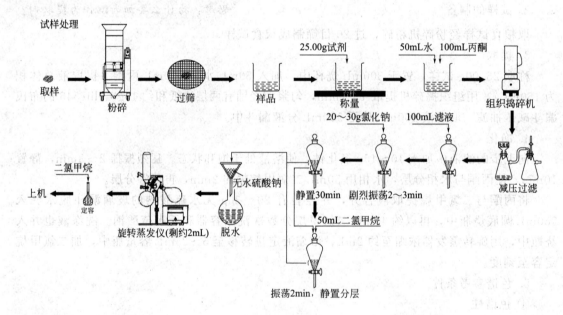

【结果处理】

结果按下式计算：

$$X_i = \frac{A_i V_1 V_3 E_m \times 1000}{A_m V_2 V_4 m \times 1000} \qquad (7\text{-}1)$$

式中　X_i——试样中有机磷农药的含量，mg/kg；

　　　A_i——进样中 i 组分的峰面积；

　　　A_m——混合标准液中 i 组分的峰面积；

　　　V_1——试样提取液的总体积，mL；

　　　V_2——净化用提取液的总体积，mL；

V_3——浓缩后的定容体积，mL；

V_4——进样体积，μL；

E_m——注入色谱仪中的 i 标准组分的质量，ng。

计算结果保留两位有效数字。

【友情提示】

（1）测定原理　将食品中含有残留有机磷农药的样品提取、净化、浓缩后，注入气相色谱仪，汽化后于色谱柱内分离，其中的有机磷农药在火焰光度检测器中的富氢焰上燃烧，以 HPO 碎片的形式放射波长 526nm 的特征辐射，通过滤光片选择后，由光电倍增管接收，转换成电信号，经微电流放大器放大后记录下色谱流出曲线。通过比较样品与标准样品的峰面积或峰高，计算出样品中有机磷农药的残留量。

（2）样品的处理　粮食试样经粉碎机粉碎，过 20 目筛制成粮食试样；称取 25.00g 试样，置于 300mL 烧杯中，加入 50mL 水和 100mL 丙酮（提取液总体积为 150mL），用组织捣碎机提取 1～2min，匀浆液经铺有两层滤纸和约 10g Celite545 的布氏漏斗减压抽滤。取滤液 100mL 移至 500mL 分液漏斗中。

水果、蔬菜试样去掉非可食部分后制成待分析试样：称取 50.00g 试样，置于 300mL 烧杯中，加入 50mL 水和 100mL 丙酮（提取液总体积为 150mL），用组织捣碎机提取 1～2min，匀浆液经铺有两层滤纸和约 10g Celite545 的布氏漏斗减压抽滤。取滤液 100mL 移至 500mL 分液漏斗中。

（3）本法采用毒性较小且价格较为便宜的二氯甲烷作为提取试剂，国际上多用乙腈作为有机磷农药的提取试剂及分配净化试剂，但其毒性较大。

（4）有些稳定性差的有机磷农药如敌敌畏因稳定性差且易被色谱柱中的载体吸附，故本法采用降低操作温度来克服上述困难。另外，也可采用缩短色谱柱至 1～1.3m 或减少固定液涂渍的厚度等措施来克服。

第二节　氨基甲酸酯类农药的检测

一、氨基甲酸酯类农药的概述

氨基甲酸酯类农药是 20 世纪 40 年代发现并发展起来的具有杀虫力强、作用迅速和对人畜毒性较低等高效、低毒、低残留特点的农药，可分为 N-烷基化合物（用做杀虫剂）和 N-芳香基化合物（用做除草剂）2 类，其种类主要有甲萘威、呋喃丹、滴灭威和残杀威等。该类农药一般为白色结晶粉末，难溶于水，易溶于有机溶剂，遇碱即可分解，受光线和温度等作用可降解。因氨基甲酸酯类农药半衰期短，故对食品污染较轻。氨基甲酸酯类农药进入人体后，可抑制胆碱酯酶的活性，出现中毒现象，具体表现为流涎、流泪、颤动、瞳孔缩小等症状，在低剂量轻度中毒时，可见一时性的麻醉作用，大剂量中毒时可表现深度麻痹，并有严重的呼吸困难。

二、氨基甲酸酯类农药的分类

氨基甲酸酯类用作农药的杀虫剂、除草剂、杀菌剂等，也用作灭蚊药、灭蟑药。该类农药分为五大类：①萘基氨基甲酸酯类，如西维因；②苯基氨基甲酸酯类，如叶蝉散；③氨基甲酸肟酯类，如涕灭威；④杂环甲基氨基甲酸酯类，如呋喃丹；⑤杂环二甲基氨基甲酸酯类，如异索威。除少数品种如呋喃丹等毒性较高外，大多数属中、低毒性。中毒表现与有机磷农药中毒类似，易混淆；阿托品是其特效解毒药；禁用肟类胆碱酯酶复能剂。

氨基甲酸酯类农药主要在植物性食品中残留，通常为氨基甲酸酯类杀虫剂残留，但一般均不超过国家标准。氨基甲酸酯类农药在体内不蓄积，动物食品不易检出。常采用气相色谱法进行测定。

▼ 实训 7-2　大米中氨基甲酸酯农药残留量的测定

【实训要点】

1. 掌握样品处理的能力。

2. 掌握气相色谱法的基本操作技术。

【仪器试剂】

1. 仪器

① 气相色谱仪：附有 FTD（火焰热离子检测器）。

② 电动振荡器。

③ 组织捣碎机。

④ 粮食粉碎机：带 20 目筛。

⑤ 恒温水浴锅。

⑥ 减压浓缩装置。

⑦ 分液漏斗（250mL、500mL）；量筒（50mL、100mL）；具塞锥形瓶（250mL）；抽滤瓶（250mL）；布氏漏斗。

2. 试剂

① 无水硫酸钠：于 450℃焙烤 4h 备用。

② 丙酮：重蒸。

③ 无水甲醇：重蒸。

④ 二氯甲烷：重蒸。

⑤ 石油醚：沸程 30～60℃，重蒸。

⑥ 农药标准品：速灭威，纯度≥99%；异丙威，纯度≥99%；残杀威，纯度≥99%；克百威，纯度≥99%；抗蚜威，纯度≥99%；甲萘威，纯度≥99%。

⑦ 氯化钠溶液（50g/L）：称取 25g 氯化钠，用水溶解并稀释至 500mL。

⑧ 甲醇-氯化钠溶液：取无水甲醇及 50g/L 氯化钠溶液等体积混合。

【工作过程】

1. 氨基甲酸酯杀虫剂标准溶液的配制

分别准确称取速灭威、异丙威、克百威及甲萘威等各种标准液，用丙酮配制成 1mg/mL 的标准储备液。使用时用丙酮稀释配制成单一品种的标准使用液（5μg/mL）和混合标准工作液（每个品种浓度为 2～10μg/mL）。

2. 试样的制备

> 思考：为什么使用石油醚提取而不是乙醚？

取粮食经粮食粉碎机粉碎，过 20 目筛制成粮食试样。

3. 提取

称取约 40g 粮食试样，精确至 0.001g，置于 250mL 具塞锥形瓶中，加入 20～40g 无水硫酸钠（视试样的水分而定），100mL 无水甲醇。塞紧，摇匀，于电动振荡器上振荡 30min。然后经快速滤纸过滤于量筒中，收集 50mL 滤液，转入 250mL 分液漏斗中，用 50g/L 氯化钠溶液洗涤量筒，并入分液漏斗中。

4. 净化

于盛有试样提取液的 250mL 分液漏斗中加入 50mL 石油醚，振荡 1min，静置分层后将下层（甲醇-氯化钠溶液）放入第二个 250mL 分液漏斗中，加 25mL 甲醇-氯化钠溶液于石油醚层中，振摇 30s，静置分层后，将下层并入甲醇-氯化钠溶液中。

5. 浓缩

于盛有试样净化液的分液漏斗中，用二氯甲烷（50mL、25mL、25mL）依次提取三次，每次振摇 1min，静置分层后将二氯甲烷层经铺有无水硫酸钠（玻璃棉支撑）的漏斗（用二氯甲烷预洗过）过滤于 250mL 蒸馏瓶中，用少量二氧甲烷洗涤漏斗，并入蒸馏瓶中。将蒸馏瓶接上减压浓缩装置，于 50℃ 水浴上减压浓缩至 1mL 左右，取下蒸馏瓶，将残余物转入 10mL 刻度离心管中，用二氯甲烷反复洗涤蒸馏瓶并入离心管中。然后吹氮气除尽二氯甲烷溶剂，用丙酮溶解残渣并定容至 2.0mL，供气相色谱分析用。

6. 色谱参考条件

① 色谱柱

a. 玻璃柱 3.2mm（id）×2.1m，填装涂有 2% OV-101＋6% OV-210 混合固定液的 ChromosorbW（HP）80～100 目的载体。

b. 玻璃柱 3.2mm（id）×1.5m，填装涂有 1.5% OV-17＋1.95% OV-210 混合固定液的 ChromosorbW（AW-DMCS）80～100 目的载体。

② 气体条件：氮气 65mL/min、氢气 3.2mL/min、空气 150mL/min。

③ 温度：柱温 190℃、进样口或检测室温度 240℃。

7. 测定

取前步骤中的试样液及标准样液各 1μL，注入气相色谱仪中，做色谱分析。根据组分在两根色谱柱上的出峰时间与标准组分比较定性；用外标法与标准组分比较定量。色谱图如图 7-2 所示。

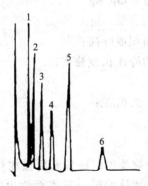

图 7-2　6 种氨基甲酸酯杀虫剂的色谱图
1—速灭威；2—异丙威；3—残杀威；4—克百威；5—抗蚜威；6—甲萘威

【图示过程】

氨基甲酸酯的检测

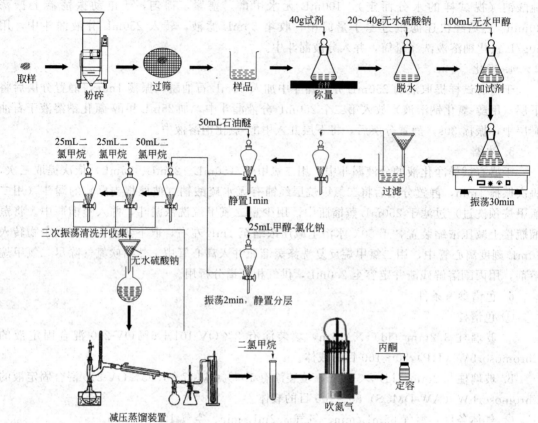

【结果处理】

按下式计算：

$$X_i = \frac{E_i \times \dfrac{A_i}{A_E} \times 2000}{m \times 1000} \qquad (7\text{-}2)$$

式中　X_i——试样中组分 i 的含量，mg/kg；

　　　E_i——标准试样中组分 i 的含量，ng；

　　　A_i——试样中组分 i 的峰面积或峰高；

　　　A_E——标准试样中组分 i 的峰面积或峰高；

　　　m——试样质量，g；

　　　2000——进样液的定容体积，2.0mL；

　　　1000——换算单位。

【友情提示】

（1）测定原理　含氮有机化合物被色谱柱分离后在加热的碱金属片的表面产生热分解，形成氰自由基（·CN），并且从被加热的碱金属表面放出的原子状态的碱金属（Rb）接受电子变成 CN^-，再与氢原子结合。放出电子的碱金属变成正离子，由收集极收集，并作为信号电流而被测定。电流信号的大小与含氮化合物的含量成正比。以峰面积或峰高比较定量。

（2）样品预处理　粮食经粮食粉碎机粉碎，过 20 目筛制成粮食试样；称取约 40g 粮食试样，精确至 0.001g，置于 250mL 具塞锥形瓶中，加入 20～40g 无水硫酸钠（视试样的水分而定），100mL 无水甲醇。塞紧，摇匀，于电动振荡器上振荡 30min。然后经快速滤纸过滤于量筒中，收集 50mL 滤液，转入 250mL 分液漏斗中，用 50g/L 氯化钠溶液洗涤量筒，并入分液漏斗中。

蔬菜样品洗净、晾干，去掉非食部分后剁碎或经组织捣碎机捣碎制成蔬菜试样：称取 20g 蔬菜试样，精确至 0.001g，置于 250mL 具塞锥形瓶中，加入 80mL 无水甲醇，塞紧，于电动振荡器上振荡 30min。然后经铺有快速滤纸的布氏漏斗抽滤于 250mL 抽滤瓶中，用 50mL 无水甲醇分次洗涤提取瓶及滤器。将滤液转入 500mL 分液漏斗中，用 100mL 50g/L 氯化钠水溶液分次洗涤滤器，并入分液漏斗中。

(3) 样品净化 粮食试样：于盛有试样提取液的 250mL 分液漏斗中加入 50mL 石油醚，振荡 1min，静置分层后将下层（甲醇-氯化钠溶液）放入第二个 250mL 分液漏斗中，加 25mL 甲醇-氯化钠溶液于石油醚层中，振摇 30s，静置分层后，将下层并入甲醇-氯化钠溶液中。

蔬菜试样：于盛有试样提取液的 500mL 分液漏斗中加入 50mL 石油醚，振荡 1min，静置分层后将下层放入第二个 500mL 分液漏斗中，并加入 50mL 石油醚，振摇 1min，静置分层后将下层放入第三个 500mL 分液漏斗中。然后用 25mL 甲醇-氯化钠溶液并入第三分液漏斗中。

第三节 拟除虫菊酯类农药的检测

一、拟除虫菊酯类农药概述

拟除虫菊酯类农药是近年来发展较快的杀虫剂，具有广谱、高效、低毒、低残留等特点。其化学结构可分为 2 种：Ⅰ型不含氰基，如丙烯菊酯、联苯菊酯等；Ⅱ型含氰基，如氯氟菊酯、溴氰菊酯、甲氰菊酯等。大多数农药为黏稠油状液体，易溶于丙酮、石油醚等有机溶剂，难溶于水，在酸性溶液中稳定，遇碱性易分解。

二、拟除虫菊酯类农药的中毒特征

职业性拟除虫菊酯急性中毒常系经皮吸收和经呼吸道吸入引起，主要表现为下列症状：

(1) 皮肤和黏膜刺激 多在接触后 4～6h 出现。流泪、眼痛、畏光、眼睑红肿、球结膜充血和水肿等，有的患者还可有呼吸道刺激症状。面部皮肤或其他暴露部位瘙痒感，并有蚁走、烧灼或紧麻感，亦可有粟粒样丘疹或疱疹。

(2) 全身症状 有头晕、头痛、恶心、食欲不振、乏力等，并可出现流涎、多汗、胸闷、精神萎靡等。较重者可出现呕吐、烦躁、视物模糊、四肢肌束颤动等。有些患者可有瞳孔缩小，但程度较急性有机磷农药中毒轻。部分患者体温轻度升高，严重中毒者可因呼吸、循环衰竭而死亡，目前尚无人类发生慢性中毒的证据。

除皮炎外，溴氰菊酯还可引起类似枯草热的症状，也可诱发过敏性哮喘等。拟除虫菊酯与其他农药混用时，可产生增毒作用。临床表现具有急性有机磷农药中毒和拟除虫菊酯中毒的双重特点，但以有机磷农药中毒特征最为明显，其比有机磷农药中毒急，且更易发生呼吸和循环衰竭。

人类食品中普遍存在有机氯农药残留，特别是脂肪含量高的动物性食品中蓄积较多的有机氯农药。这类农药通过食物链进入人体被吸收后，呈现慢性、积蓄性毒性。因此，为了保证人类健康，就必须加强对食品中有机氯农药残留的检测与监督。该类农药主要污染农产品，常采用气相色谱法进行测定。

▶ 实训 7-3　大米中有机氯和拟除虫菊酯类农药残留量的测定

【实训要点】

1. 掌握样品处理的能力。
2. 掌握气相色谱法的基本操作技术。

【仪器试剂】

1. 仪器

① 气相色谱仪：配有电子捕获检测器（ECD）。

② 凝胶色谱仪。

③ 组织捣碎机。

④ 旋转蒸发仪。

⑤ 过滤器具：布氏漏斗、抽滤瓶。

⑥ 具塞锥形瓶：100mL。

⑦ 分液漏斗：250mL。

⑧ 色谱柱。

2. 试剂

① 丙酮：分析纯，重蒸。

② 石油醚：沸程 60~90℃，重蒸。

③ 乙酸乙酯：分析纯，重蒸。

④ 苯：重蒸。

⑤ 无水硫酸钠：分析纯，将无水硫酸钠置干燥箱中 120℃干燥 4h，冷却后，密闭保存。

⑥ 弗罗里硅土：于 620℃灼烧 4h 后备用，用前于 140℃烘 2h，趁热加 5％水灭活。

⑦ 农药标准品：见表 7-1。

表 7-1　农药标准品

中文名称	英文名称	纯度
α-六六六	α-HCH	≥99％
β-六六六	β-HCH	≥99％
γ-六六六	γ-HCH	≥99％
δ-六六六	δ-HCH	≥99％
p,p'-滴滴涕	p,p'-DDT	≥99％
p,p'-滴滴滴	p,p'-DDD	≥99％
p,p'-滴滴伊	p,p'-DDE	≥99％
o,p'-滴滴涕	o,p'-DDT	≥99％
七氯	heptachlor	≥99％

续表

中文名称	英文名称	纯度
艾氏剂	aldrin	≥99%
甲氰菊酯	fenpropathrin	≥99%
氯氟氰菊酯	cyhalothrin	≥99%
苄氯菊酯	permethrin	≥99%
氯氰菊酯	cypermethrin	≥99%
氰戊菊酯	fenvalerate	≥99%
溴氰菊酯	deltamethrin	≥99%

⑧ 标准溶液：分别准确称取适量的每种农药标准品，用苯溶解并配制成浓度为 1mg/mL 的标准储备液，使用时用石油醚稀释配制成单品种的标准使用液。再根据各农药品种的仪器响应情况，吸取不同量的标准储备液，用石油醚稀释成混合标准使用液。

【工作过程】

1. 试样制备

取粮食试样经粮食粉碎机粉碎，过 20 目筛制成粮食试样。

2. 提取

粮食试样：称取 10g 粮食试样，置于 100mL 具塞锥形瓶中，加入 20mL 石油醚，于电动振荡器上振荡 0.5h。

3. 净化与浓缩

色谱柱的制备：玻璃色谱柱中先加入 1cm 高无水硫酸钠，再加入 5g 5% 弗罗里硅土，最后加入 1cm 高无水硫酸钠，轻轻敲实，用 20mL 石油醚淋洗净化柱，弃去淋洗液，柱面要留有少量的液体。

净化与浓缩：准确吸取试样提取液 2mL，加入已淋洗过的净化柱中，用 100mL 石油醚-乙酸乙酯（95＋5）洗脱，收集洗脱液于蒸馏瓶中，于旋转蒸发仪上浓缩近干，用少量石油醚多次溶解残渣于刻度离心管中，最终定容至 1.0mL，供气相色谱分析。

4. 测定

用附有电子捕获检测器的气相色谱仪测定。

色谱操作条件：石英弹性毛细管柱，0.25mm（内径）×15m，内涂有 OV-101 固定液。

气体流速：氮气 40mL/min，尾吹气 60mL/min，分流比 1∶50。

温度：柱温自 180℃升至 230℃保持 30min。

检测器、进样温度：250℃。

色谱分析：吸取 1μL 试样液注入气相色谱仪，记录色谱峰的保留时间和峰高。再吸取 1μL 混合标准溶液进样，记录色谱峰的保留时间和峰高。色谱图见图 7-3。根据组分在色谱上的出峰时间与标准组分比较定性，用外标法与标准组分比较定量。

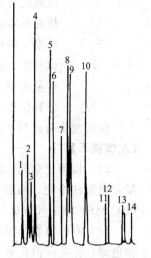

图 7-3　有机氯和拟除虫菊酯类农药色谱图

1—α-六六六；2—β-六六六；3—γ-六六六；4—δ-六六六；5—七氯；6—艾氏剂；7—p，p′-滴滴伊；8—o，p′-滴滴涕；9—p，p′-滴滴滴；10—p，p′-滴滴涕；11—三氟氯氰菊酯（功夫）；12—二氯苯醚菊酯；13—氰戊菊酯；14—溴氰菊酯

【图示过程】 试样处理

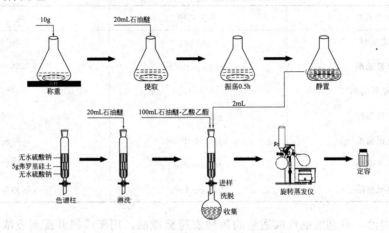

【结果处理】

以外标法定量，按下式计算：

$$X = \frac{h_i m_{si} V_2}{h_{si} m V_1} \times K \tag{7-3}$$

式中　X——样品中拟除虫菊酯农药残留的含量，mg/kg；

　　　m_{si}——标准品中 i 组分农药的含量，ng；

　　　V_1——试样进样量，μL；

　　　V_2——样品的定容体积，mL；

　　　h_{si}——标准溶液中 i 组分农药的峰高，mm；

　　　h_i——试样中 i 组分农药的峰高，mm；

　　　m——样品质量，g；

　　　K——稀释倍数。

保留两位有效数字。

【友情提示】

（1）拟除虫菊酯类农药测定原理　试样用水-丙酮均质提取，经二氯甲烷液-液分配，以凝胶色谱柱净化，再经活性炭固相柱净化，洗脱液浓缩并溶解定容后，供气相色谱-质谱（GC-MS）测定和确证，外标法定量。

（2）有机氯农药测定原理　样品中有机氯农药经有机溶剂提取、纯化与浓缩后，注入气相色谱。样品在汽化室被汽化，在一定的温度下，汽化的样品随载气通过色谱柱，由于样品中组分与固定相间相互作用的强弱不同而被逐一分离，当到达电子捕获检测器时，亲电型强的组分对检测器发出的恒定 β 射线中的一定能量的电子产生，从而使电流减弱，产生可检测的电信号。根据色谱峰的保留时间定性，外标法定量。

（3）样品处理　取粮食试样经粮食粉碎机粉碎，过 20 目筛制成粮食试样：称取 10g 粮食试样，置于 100mL 具塞锥形瓶中，加入 20mL 石油醚，于电动振荡器上振荡 0.5h。

取蔬菜试样洗净，去掉非可食部分后备用：称取 20g 经处理蔬菜试样。置于组织捣碎杯中，加入丙酮和石油醚各 30mL，于捣碎机上捣碎 2min，捣碎液经抽滤，滤液移入 250mL分液漏斗中，加入 100mL 20g/L 硫酸钠水溶液，充分摇匀，静置分层，将下层溶液转移到另一 250mL 分液漏斗中，用 20mL 石油醚萃取一次，再用 20mL 石油醚萃取一次，合并三次萃取的石油醚层，过无水硫酸钠层，于旋转蒸发仪上浓缩至 10mL。

第四节　兽药残留的检测

兽药残留指给动物使用后蓄积和贮存在细胞、组织和器官内的药物原形、代谢产物和药物杂质。兽药残留包括兽药在生态环境中的残留和兽药在动物性食品中的残留。残留毒理学意义较重的兽药，按其用途分类主要包括：抗生素类、化学合成抗生素类、抗寄生虫药、生长促进剂和杀虫剂。抗生素和化学合成抗生素统称抗微生物药物，是最主要的兽药添加剂和兽药残留，约占药物添加剂的60%。

兽药（包括兽药添加剂）在畜牧业中的广泛使用，对降低牲畜发病率与死亡率、提高饲料利用率、促进生长和改善产品品质方面起到十分显著的作用，已成为现代畜牧业不可缺少的物质基础。但是，由于科学知识的缺乏和经济利益的驱使，畜牧业中滥用兽药和超标使用兽药的现象普遍存在。其后果，一方面是导致动物性食品中兽药残留，摄入人体后影响人类的健康；另一方面，各种养殖场大量排泄物（包括粪便、尿等）向周围环境排放，兽药又成为环境污染物，给生态环境带来不利影响。

近年来，兽药残留在国内外已经成为社会关注的公共卫生问题，与人类的健康息息相关。中国加入WTO后，国际贸易中的非贸易性技术壁垒现象，使中国畜禽产品的出口面临更加激烈的竞争环境。如不能很好地控制兽药残留，将直接影响畜禽产品的出口贸易。由此可见，药物（兽药）残留的测定具有特殊重要的意义。食品中兽药残留主要分抗生素残留、硝基呋喃类药物残留、生长促进剂残留3种。

利用高效液相色谱法分析禽肉中抗生素（土霉素、四环素、金霉素）残留，是将样品经提取、微孔滤膜过滤后直接进样，用反相色谱分离，紫外检测器检测，再与标准比较定量的一种方法。

一、动物性食品中青霉素族抗生素残留物测定

1. 原理

样品中青霉素族抗生素残留物用乙腈-水溶液提取，提取液经浓缩后，用缓冲溶液溶解，固相萃取柱净化，洗脱液经氮气吹干后，用液相色谱-质谱/质谱测定，外标法定量。

2. 试剂

（1）乙腈：高效液相色谱级。

（2）甲醇：高效液相色谱级。

（3）甲酸：高效液相色谱级。

（4）氯化钠。

（5）氢氧化钠。

（6）磷酸二氢钾。

（7）磷酸氢二钾。

（8）0.1mol/L氢氧化钠：称取4g氢氧化钠，并用水稀释至1000mL。

（9）乙腈＋水（15＋2，体积比）。

（10）乙腈＋水（30＋70，体积比）。

（11）0.05mol/L磷酸盐缓冲溶液（pH＝8.5）：称取8.7g磷酸氢二钾，超纯水溶解，稀释至1000mL，用磷酸二氢钾调节pH至8.5±0.1。

（12）0.025mol/L 磷酸盐缓冲溶液（pH＝7.0）：称取 3.4g 磷酸二氢钾，超纯水溶解，稀释至 1000mL，用氢氧化钠调节 pH 至 7.0±0.1。

（13）0.01mol/L 乙酸铵溶液（pH＝4.5）：称取 0.77g 乙酸铵，超纯水溶解，稀释至 1000mL，用甲酸调节 pH 至 4.5±0.1。

（14）11 种青霉素族抗生素标准品：羟氨苄青霉素、氨苄青霉素、邻氯青霉素、双氯青霉素、乙氧萘青霉素、苯唑青霉素、苄青霉素、苯氧甲基青霉素、苯咪青霉素、甲氧苯青霉素、苯氧乙基青霉素，纯度均大于等于 95%。

（15）11 种青霉素族抗生素标准储备溶液：分别称取适量标准品，分别用乙腈水溶液（10）溶解并定容至 100mL，各种青霉素族抗生素浓度为 100μg/mL，置于−18℃冰箱中避光保存，保存期 5d。

（16）11 种青霉素族抗生素混合标准中间溶液：分别吸取适量的标准储备液于 100mL 容量瓶中，用磷酸盐缓冲溶液定容至刻度，配成混合标准中间溶液：各种青霉素族抗生素浓度为：羟氨苄青霉素 500ng/mL，氨苄青霉素 200ng/mL，苯咪青霉素 100ng/mL，甲氧苯青霉素 10ng/mL，苄青霉素 100ng/mL，苯氧甲基青霉素 50ng/mL，苯唑青霉素 200ng/mL，苯氧乙基青霉素 1000ng/mL，邻氯青霉素 100ng/mL，乙氧萘青霉素 200ng/mL，双氯青霉素 1000ng/mL。置于−4℃冰箱中避光保存，保存期 5d。

（17）混合标准工作溶液：准确移取标准中间溶液适量，用空白样品基质配制成不同浓度系列的混合标准工作溶液（用时现配）。

（18）OasisHLB 固相萃取小柱，或相当者：500mg，6mL。使用前用甲醇和水预处理，即先用 2mL 甲醇淋洗小柱，然后用 1mL 水淋洗小柱。

3. 仪器

① 液相色谱-质谱/质谱仪：配有电喷雾离子源。

② 旋转蒸发器。

③ 固相萃取装置。

④ 离心机。

⑤ 均质器。

⑥ 旋涡混合器。

⑦ pH 计。

⑧ 氮吹仪。

4. 试样制备与保存

取代表性样品，用组织捣碎机充分捣碎，装入洁净容器中，密封，并标明标记，于−18℃以下冷冻存放。

5. 提取

（1）肝脏、肾脏、肌肉组织、鸡蛋样品　称取约 5g 试样（精确到 0.01g）于 50mL 离心管中，加入 15mL 乙腈水溶液，均质 30s，4000r/min 离心 5min，上清液转移至 50mL 离心管中；另取一离心管，加入 10mL 乙腈水溶液，洗涤均质器刀头，用玻棒捣碎离心管中的沉淀，加入上述洗涤均质器刀头溶液，在旋涡混合器上振荡 1min，4000r/min 离心 5min，上清液合并至 50mL 离心管中，重复用 10mL 乙腈水溶液洗涤刀头并提取一次，上清液合并至 50mL 离心管中，用乙腈水溶液定容至 40mL。准确移取 20mL 入 100mL 鸡心瓶。

（2）牛奶样品　称取 10g 样品（精确到 0.01g）于 50mL 离心管中，加入 20mL 乙腈，均质提取 30s，4000r/min 离心 5min，上清液转移至 50mL 离心管中；另取一离心管，加入 10mL 乙腈水溶液，洗涤均质器刀头，用玻棒捣碎离心管中的沉淀，加入上述洗涤均质器刀头溶液，在旋涡混合器上振荡 1min，4000r/min 离心 5min，上清液合并至 50mL 离心管中，重复用 10mL 乙腈水溶液洗涤刀头并提取一次，上清液合并至 50mL 离心管中，用乙腈水溶液定容至 50mL，准确移取 25mL 入 100mL 鸡心瓶。将鸡心瓶于旋转蒸发器上（37℃水浴）蒸发除去乙腈（易起沫样品可加入 4mL 饱和氯化钠溶液）。

6. 净化

立即向已除去乙腈的鸡心瓶中加入 20mL 磷酸盐缓冲溶液，涡旋混匀 1min，用 0.1mol/L 氢氧化钠调节 pH 为 8.5，以 1mL/min 的速度通过经过预处理的固相萃取柱，先用 2mL 磷酸盐缓冲溶液淋洗 2 次，再用 1mL 超纯水淋洗，然后用 3mL 乙腈洗脱（速度控制在 1mL/min）。将洗脱液于 40℃下氮气吹干，用 0.025mol/L 磷酸盐缓冲溶液定容至 1mL，过 0.45μm 滤膜后，立即用液相色谱-质谱/质谱仪测定。

（1）液相色谱条件

① 色谱柱：C_{18}柱，250mm×4.6mm（内径），粒度 5μm，或相当者。

② 流动相：A 组分是 0.01mol/L 乙酸铵溶液（甲酸调 pH 至 4.5）；B 组分是乙腈。梯度洗脱见表 7-2。

表 7-2 梯度洗脱程序

步骤	时间/min	流速/（mL/min）	组分 A/%	组分 B/%
1	0.00	1.0	98.0	2.0
2	3.00	1.0	98.0	2.0
3	5.00	1.0	90.0	10.0
4	15.00	1.0	70.0	30.0
5	20.00	1.0	60.0	40.0
6	20.10	1.0	98.0	2.0
7	30.00	1.0	98.0	2.0

③ 流速：1.0mL/min。

④ 进样量：100μL。

（2）质谱条件

① 离子源：电喷雾离子源。

② 扫描方式：正离子扫描。

③ 检测方式：多反应监测。

④ 雾化气、气帘气、辅助气、碰撞气均为高纯氮气；使用前应调节各参数，使质谱灵敏度达到检测要求。

7. 测定

（1）液相色谱-质谱/质谱测定　根据试样中被测物的含量情况，选取响应值相近的标准工作液一起进行色谱分析。标准工作液和待测液中青霉素族抗生素的响应值均应在仪器线性响应范围内。对标准工作液和样液等体积进行测定。在上述色谱条件下，11 种青霉素的参考保留时间分别约为：羟氨苄青霉素 8.51min，氨苄青霉素 11.01min，苯咪青霉素 16.50min，甲氧苯青霉素 16.80min，苄青霉素 18.10min，苯氧甲基青霉素 19.45min，苯唑青霉素 20.29min，苯氧乙基青霉素 20.33min，邻氯青霉素 21.65min，乙氧萘青霉素 22.50min，双氯青霉素 23.53min。青霉素族抗生素标准溶液的定量离子对重构离子色谱图见图 7-4。

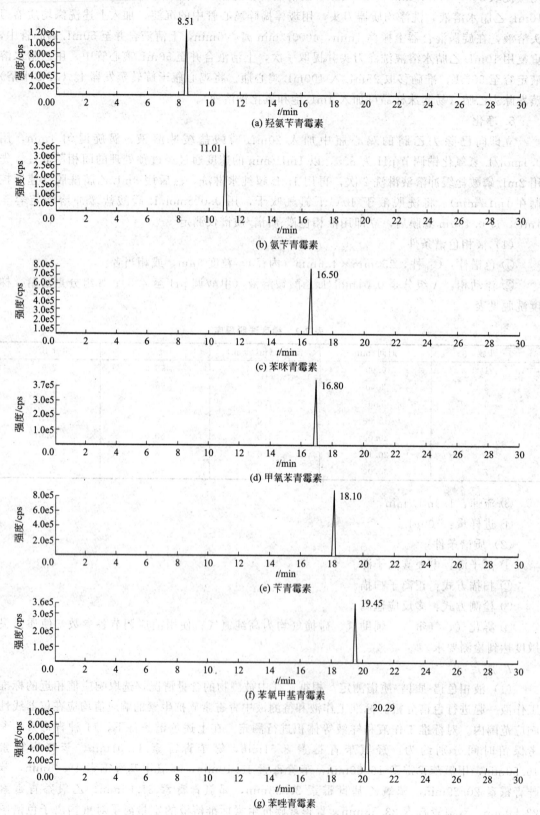

(a) 羟氨苄青霉素

(b) 氨苄青霉素

(c) 苯咪青霉素

(d) 甲氧苯青霉素

(e) 苄青霉素

(f) 苯氧甲基青霉素

(g) 苯唑青霉素

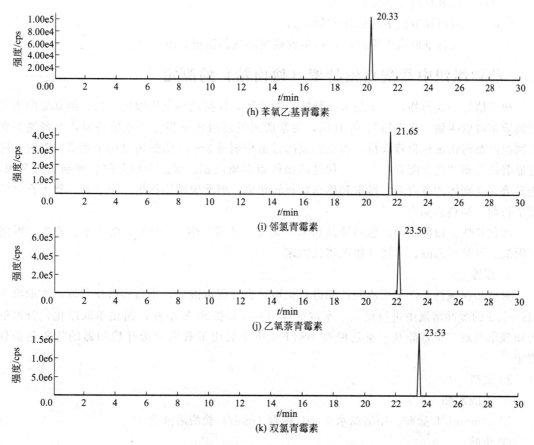

图 7-4　青霉素族抗生素标准溶液的定量离子对重构离子的色谱图

（2）定性测定　按照上述条件测定样品和建立标准工作曲线，如果样品中化合物色谱峰的保留时间与标准溶液相比在±2.5％的允许偏差之内；待测化合物的定性离子对的重构离子色谱峰的信噪比大于或等于 3（$S/N \geqslant 3$），定量离子对的重构离子色谱峰的信噪比大于或等于 10（$S/N \geqslant 10$）；定性离子对的相对丰度与浓度相当的标准溶液相比，相对丰度偏差不超过表 7-3 的规定，则可判断样品中存在相应的目标化合物。

表 7-3　相对丰度偏差

相对离子丰度	50％	20％～50％	10％～20％	10％
允许的相对偏差	20％	25％	30％	50％

（3）定量测定　按外标法使用标准工作曲线进行定量测定。

（4）空白试验　除不加试样外，均按上述操作步骤进行。

8. 结果计算与表述

用色谱数据处理机或按下式计算试样中青霉素族抗生素的残留量，计算结果需扣除空白值：

$$X = \frac{cV \times 1000}{m \times 1000} \tag{7-4}$$

式中　X——试样中青霉素族残留量，$\mu g/kg$；

V——样液最终定容体积，mL；

m——最终样液代表的试样质量，g；

c——从标准曲线上得到的青霉菌族残留溶液的浓度，ng/mL。

二、动物组织中盐酸克伦特罗（瘦肉精）的测定

瘦肉精是一类药物，而不是某一种特定的药物，任何能够促进瘦肉生长、抑制肥肉生长的物质都可以叫做"瘦肉精"。在我国，通常所说的瘦肉精是指盐酸克伦特罗，而普通消费者则把此类药物统称为瘦肉精。当它们以超过治疗剂量5～10倍的用量用于家畜饲养时，即有显著的营养"再分配效应"——促进动物体蛋白质沉积、促进脂肪分解、抑制脂肪沉积，能显著提高胴体的瘦肉率，增重和提高饲料转化率，因此曾被用作牛、羊、禽、猪等畜禽的促生长剂、饲料添加剂。

理化特性：白色或类白色的结晶粉末，无臭、味苦，熔点161℃，溶于水、乙醇，微溶于丙酮，不溶于乙醚。常用气相色谱仪测定。

1. 原理

对样品在碱性条件下用乙酸乙酯进行提取，合并提取液后，用稀盐酸反萃取，萃取液在pH＝5.2的缓冲溶液中进行提取。萃取的样液用C_{18}和SCX小柱，固相萃取净化，分离的药物残留经双三甲基硅基三氟乙酰胺BSTFA衍生后用带有质量选择检测器的气相色谱仪测定。

2. 试剂

① 乙酸乙酯。

② 30mmol/L盐酸：用蒸馏水30mL稀释1mol/L盐酸溶液至1L。

③ 甲醇。

④ 4％氨化甲醇：用甲醇稀释4mL氨水溶液至100mL。

⑤ 双三甲基硅基三氟乙酰胺

⑥ 10％碳酸钠。

⑦ 甲苯。

⑧ SCX小柱：supelelcan，LC-SCX小柱500mg，3mL。

⑨ 盐酸克伦特罗储备液：精确称盐酸克伦特罗标准品，用甲醇配成浓度约1mg/mL的标准储备液。

⑩ 盐酸克伦特罗标准工作液：将储备液用甲醇稀释为10～2000μg/L，存放在冰箱中备用。

3. 仪器设备

① 聚四氟乙烯管：50mL，具塞。

② SeP-Pak真空接头。

③ 匀浆机。

④ 机械真空泵。

⑤ 涡旋混合器。

⑥ 恒温箱，精度为±3℃。

⑦ 离心机。

⑧ 气相色谱/质谱联用仪。

4. 分析步骤

（1）提取 称取 5g±0.5g 动物肝组织样品于带盖的聚四氟乙烯离心管中，加入 15mL 乙酸乙酯，再加入 3mL 10.0%碳酸钠溶液，然后以 10000r/min 以上的速度均质 60s，盖上盖子以 5000r/min 的速度离心 2min，吸取上层有机溶剂于离心管中，在残渣中再加入 10mL 乙酸乙酯，在涡旋混合器上混合 1min，离心后吸取有机溶剂合并提取液。在收集的有机溶剂中加入 5mL 0.10mol/L 的盐酸溶液，涡旋混合 30s，以 5000r/min 的速度离心 2min，吸取下层溶液，同样步骤重复萃取一次，合并两次萃取液，用 2.5mol/L 氢氧化钠调节 pH 至 5.2。

（2）净化 SCX 小柱依次用 5mL 甲醇、5mL 水和 5mL 30mmol/L 盐酸活化，然后将（1）中萃取液上样至固相萃取小柱中，依次用 5mL 水和 5mL 甲醇淋洗柱子，在溶剂流过固相萃取柱后，抽干 SCX 小柱，再用 5mL 4%氨化甲醇溶液洗脱，收集洗脱液。

（3）测定

① 衍生化：在 50℃ 水浴中用氮气吹干上述洗脱液，加入 100μL 甲苯和 100μL BSTFA，试管加盖后于涡旋混合器上振荡 30s，在 80℃ 的烘箱中加热衍生 1h（盖住盖子），同时吸取 0.5mL 标准工作液加到 4.5mL 4%氨化甲醇溶液中。用氮气吹干后同样品操作，待衍生结束冷却后加入 0.3mL 甲苯，转入进样小瓶中，进行气相色谱/质谱分析。

② GC/MS 测定参数设定

色谱柱：HP-5MS 5%苯基甲基聚硅氧烷，30m×0.25mm（内径），0.25μm（膜厚）。

进样口：220℃。

进样方式：不分流。

柱温：70℃ 保持 0.6min，以 25℃/min 升温至 200℃ 保持 6min，以 25℃/min 升温至 280℃ 保持 5min。

载气：氮气。

流速：0.9mL/min。

GC/MS 传输线温度：280℃。

溶剂延迟：8min。

EM 电压：高于调谐电压 220V。

离子源温度：280℃。

四极杆温度：160℃。

选择离子监测（m/z）86，212，262，277。

（4）定量方法 选择试样峰（m/z 86）的峰面积进行单点或多点校准定量。当单点校准定量时，根据样品液中盐酸克伦特罗含量情况，选择峰面积相近的标准工作溶液进行定量，同时标准工作溶液和样品液中盐酸克伦特罗响应值均应在仪器检测线性范围内。

5. 结果计算

试样中盐酸克伦特罗的含量按下式计算：

$$X = \frac{Ac_s V}{A_s m} \tag{7-5}$$

式中 X——试样中盐酸克伦特罗残留含量，$\mu g/kg$；

A——样液中经衍生化盐酸克伦特罗的峰面积；

A_s——标准工作液中经衍生化盐酸克伦特罗的峰面积；

c_s——标准工作液中盐酸克伦特罗的浓度，$\mu g/L$；

V——样液最终定容体积，mL；

m——最终样液所代表的试样量，g。

在重复性条件下获得的两次独立测定结果的绝对值不得超过算术平均值的30%。

实训7-4　畜禽肉中土霉素、四环素、金霉素残留量的测定

【实训要点】

1. 了解高效液相色谱仪的工作原理及使用方法。

2. 学习用高效液相色谱仪测定食品中抗生素残留情况。

【仪器试剂】

1. 仪器

高效液相色谱仪（HPLC）：具紫外检测器。

2. 试剂

① 乙腈（分析纯）。

② 0.01mol/L磷酸二氢钠溶液：称取1.56g（精确到0.01g）磷酸二氢钠溶于蒸馏水中，定容到100mL，经微孔滤膜（0.45μm）过滤，备用。

③ 土霉素（OTC）标准溶液：称取土霉素0.0100g（精确到0.0001g），用0.1mol/L盐酸溶液溶解并定容到10.00mL，此溶液土霉素浓度为1mg/mL，于4℃保存。

④ 四环素（TC）标准溶液：称取四环素0.0100g（精确到0.0001g），用0.01mol/L盐酸溶液溶解并定容到10.00mL，此溶液四环素浓度为1mg/mL，于4℃保存。

⑤ 金霉素（OTC）标准溶液：称取金霉素0.0100g（精确到0.0001g），溶于蒸馏水并定容到10.00mL，此溶液金霉素浓度为1mg/mL，于4℃保存。

⑥ 混合标准溶液：取土霉素、四环素标准溶液各1.00mL，取金霉素标准溶液2.00mL，置于10mL容量瓶中加水定容。此溶液土霉素、四环素浓度为0.1mg/mL，金霉素浓度为0.2mg/mL，临用时现配。

⑦ 5%高氯酸溶液。

【工作过程】

1. 色谱条件

色谱柱：ODS-C$_{18}$，5μm，6.2mm×15cm。

检测波长：355nm。

灵敏度：0.002AUFS。

柱温：室温。

流速：1.0mL/min。

进样量：10μL。

流动相：乙腈-0.01mol/L磷酸二氢钠溶液（用30%硝酸溶液调节pH为2.5）体积比为35∶65，使用前超声波脱气10min。

2. 试样测定

称取5.00g（精确到0.01g）切碎的肉样（<5mm），置于50mL锥形瓶中，加入5%高氯酸25.0mL，于振荡器上振荡提取10min，移入到离心管中，以2000r/min离心3min。上清液经0.45μm微膜过滤，取溶液10μL进样，记录峰面积或峰高。

3. 工作曲线的绘制

分别称取 7 份切碎的肉样，每份 5.00g（精确到 0.01g），分别加入混合标准溶液 $0\mu L$、$25\mu L$、$50\mu L$、$100\mu L$、$150\mu L$、$200\mu L$、$250\mu L$（含土霉素、四环素均为 $0\mu g$、$2.5\mu g$、$5.0\mu g$、$10.0\mu g$、$15.0\mu g$、$20.0\mu g$、$25.0\mu g$；含金霉素 $0\mu g$、$5.0\mu g$、$10.0\mu g$、$30.0\mu g$、$40.0\mu g$、$50.0\mu g$），按试样测定中的方法操作，以峰面积或峰高为纵坐标、以抗生素含量为横坐标作标准工作曲线，给出回归方程。

【结果处理】

试样中抗生素含量按下式计算

$$X = \frac{c_i V \times 1000}{m} \tag{7-6}$$

式中　X——试样中抗生素含量，mg/kg；

c_i——进样试样溶液中抗生素 i 的浓度，由回归方程算出，$\mu g/mL$；

V——进样试样溶液的体积，μL；

m——与进样试样溶液体积相当的试样质量，g。

【友情提示】

（1）洗脱液应严格脱气。

（2）本操作中用来制备溶液的去离子水均应过滤。

（3）为了避免四环素类与金属离子形成螯合物及在柱上吸附，常将流动相调 pH 至 2.5。如 pH＞4.0 便出现峰拖尾。

【思考题】

1. 什么是反相色谱柱及反相高效液相色谱法？

2. 液相色谱法与气相色谱法的异同点？

3. 在不影响出峰顺序的前提下，采用什么方法可以达到适当加快或减慢各物质的出峰时间？

第五节　有害重金属的检测

通常情况下，重金属的自然本底浓度不会达到有害的程度，但随着社会工业化的快速发展，进入大气、水和土壤的有毒有害重金属如铅、汞、镉、铬等不断增加，超过正常范围则会引起环境的重金属污染。从食品安全方面考虑的重金属污染，目前最引人关注的是汞、镉、铅、铬以及类金属砷等有显著生物毒性的重金属。重金属主要通过污染食品、饮用水及空气而最终威胁人们的健康。据研究，重金属污染经食物链放大随食品进入人体后，主要引起机体的慢性损伤，进入人体的重金属要经过较长时间的积累才会显示出毒性，因此，往往不易被早期察觉，很难在毒性发作前就引起足够的重视，从而更加重了其危害性。

20 世纪 50 年代在日本出现的"水俣病"和"痛痛病"，经查明就是由于食品遭到汞、镉污染所引起的公害病，因此，重金属的环境污染通过食物链造成食源性危害的问题引起了人们的关注。近十几年来，随着我国经济的快速发展，环境治理和环境污染日趋失衡。

一、铅的测定（二硫腙比色法）

食品原料生产中含铅农药的使用，食品原料加工中含铅镀锡管道、器具和容器、食品添加剂的使用，陶瓷食用釉料中使用含铅颜料，都会直接或间接地造成食品污染，使食品中含有一定量的铅。由于铅是一种具有蓄积性的有害元素，经常摄入含铅食品会引起慢性中毒。

1. 原理

样品经消化后，在 pH 为 8.5～9.0 时，铅离子与二硫腙生成红色配合物，溶于三氯甲烷。加入柠檬酸铵、氰化钾和盐酸羟胺等，防止铜、铁、锌等离子干扰，与标准系列比较定量。

2. 试剂

（1）氨水（1+1）。

（2）盐酸（1+1）：量取 100mL 盐酸，加入 100mL 水中。

（3）1g/L 酚红指示液：称取 0.10g 酚红，用少量多次乙醇溶解后移入 100mL 容量瓶中定容。

（4）100g/L 氰化钾溶液：称取 10.0g 氰化钾，用水溶解后稀释定容至 100mL。

（5）三氯甲烷：不应含氧化物；

（6）硝酸（1+99）：量取 1mL 硝酸，加水 99mL。

（7）硝酸-硫酸混合液（4+1）。

（8）200g/L 盐酸羟胺溶液：称取 20g 盐酸羟胺，加水溶解至 50mL，加 2 滴酚红指示液，加氨水（1+1），调 pH 至 8.5～9.0（由黄色变红色，再多加 2 滴），用二硫腙-三氯甲烷溶液提取至三氯甲烷层绿色不变为止，再用三氯甲烷洗两次，弃去三氯甲烷层，水层加盐酸（1+1）呈酸性，加水至 100mL。

（9）200g/L 柠檬酸铵溶液：称取 50g 柠檬酸铵，溶于 100mL 水中，加 2 滴酚红指示液，加氨水（1+1），调 pH 至 8.5～9.0，用二硫腙-三氯甲烷溶液提取数次，每次 10～20mL，至三氯甲烷层绿色不变为止，弃去三氯甲烷层，再用三氯甲烷洗两次，每次 5mL，弃去三氯甲烷层，加水稀释至 250mL。

（10）淀粉指示液：称取 0.5g 可溶性淀粉，加 5mL 水摇匀后，慢慢倒入 100mL 沸水中，随倒随搅拌，煮沸，放冷备用。临用时配制。

（11）二硫腙-三氯甲烷溶液 0.5g/L：称取精制过的二硫腙 0.5g，溶于 50mL 三氯甲烷中，如不全溶，可用滤纸过滤于 250mL 分液漏斗中，用氨水（1+1）提取三次，每次 100mL，将提取液用棉花过滤至 500mL 分液漏斗中，用盐酸（1+1）调至酸性，将沉淀的二硫腙用三氯甲烷提取，最后用三氯甲烷定容至 1L，保存于冰箱中。

（12）二硫腙使用液：吸取 1.0mL 二硫腙溶液，加三氯甲烷至 10mL 混匀。用 1cm 比色杯，以三氯甲烷调节零点，于波长 510nm 处测吸光度（A），用下式算出配制 100mL 二硫腙使用液（70% 透光度）所需二硫腙溶液的体积（V）。

$$V = \frac{10 \times (2 - \lg 70)}{A} = \frac{1.55}{A} \tag{7-7}$$

（13）铅标准溶液：精密称取 0.1598g 硝酸铅，加 10mL 硝酸（1+99），全部溶解后，移入 100mL 容量瓶中，加水稀释至刻度。此溶液每毫升相当于 1.0mg 铅。

（14）铅标准使用液：吸取 1.0mL 铅标准溶液，置于 100mL 容量瓶中，加水稀释至刻度。此溶液每毫升相当于 10.0μg 铅。

3. 仪器

分光光度计、高温炉。

4. 样品预处理

（1）在采样和制备过程中，应注意不使样品污染。

① 粮食、豆类去杂物后，磨碎，过 20 目筛，储于塑料瓶中，保存备用。

② 蔬菜、水果、鱼类、肉类及蛋类等水分含量高的鲜样，用食品加工机或匀浆机打成匀浆，储于塑料瓶中，保存备用。

（2）样品消化（灰化法）。

① 粮食及其他含水分少的食品：称取 5.00g 样品，置于石英或瓷坩埚中；加热至炭化，然后移入高温炉中，500℃灰化 3h，放冷，取出坩埚，加硝酸（1＋1），润湿灰分，用小火蒸干，在 500℃灼烧 1h，放冷，取出坩埚。加 1mL 硝酸（1＋1），加热，使灰分溶解，移入 50mL 容量瓶中，用水洗涤坩埚，洗液并入容量瓶中，加水至刻度，混匀备用。

② 含水分多的食品或液体样品：称取 5.0g 或吸取 5.00mL 样品，置于蒸发皿中，先在水浴上蒸干，加热至炭化，然后移入高温炉中，500℃灰化 3h，放冷，取出坩埚，加硝酸（1＋1），润湿灰分，用小火蒸干，在 500℃灼烧 1h，放冷，取出坩埚。加 1mL 硝酸（1＋1），加热，使灰分溶解，移入 50mL 容量瓶中，用水洗涤坩埚，洗液并入容量瓶中，加水至刻度，混匀备用。

5. 测定

吸取 10.0mL 消化后的定容溶液和同量的试剂空白液，分别置于 125mL 分液漏斗中，各加水至 20mL。

吸取 0.00mL、0.10mL、0.20mL、0.30mL、0.40mL、0.50mL 铅标准使用液（相当 0μg、1μg、2μg、3μg、4μg、5μg 铅），分别置于 125mL 分液漏斗中，各加硝酸（1＋99）至 20mL。

于样品消化液、试剂空白液和铅标准液中各加 2mL 柠檬酸铵溶液（20g/L）、1mL 盐酸羟胺溶液（200g/L）和 2 滴酚红指示液，用氨水（1＋1）调至红色，再各加 2mL 氰化钾溶液（100g/L），混匀。各加 5.0mL 二硫腙使用液，剧烈振摇 1min，静置分层后，三氯甲烷层经脱脂棉滤入 1cm 比色杯中，以三氯甲烷调节零点，于波长 510nm 处测吸光度，各点减去零管吸光度值后，绘制标准曲线或计算一元回归方程，样品与曲线比较。

6. 结果计算

$$X = \frac{(m_1 - m_2) \times 1000}{m \times \dfrac{V_2}{V_1} \times 1000} \tag{7-8}$$

式中　X——样品中铅的含量，mg/kg 或 mg/L；

m_1——测定用样品消化液中铅的质量，μg；

m_2——试剂空白液中铅的质量，μg；

m——样品质量（体积），g 或 mL；

V_1——样品消化液的总体积，mL；

V_2——测定用样品消化液的体积，mL。

二、砷含量测定（Gutze 法）

砷广泛分布于自然界中，几乎所有的土壤中都有砷。砷常用于制造农药和药物，食品原料及水产品由于受农药和药物、水质污染或其他原因污染而含有一定量的砷。砷的化合物具有强烈的毒性，在人体内积蓄可引起慢性中毒，表现为食欲下降、胃肠障碍、末梢神经炎等症状。

食品中砷的测定有氢化物原子荧光光谱法、银盐法、斑砷法及硼氢化物还原比色法四种国家标准方法。

1. 原理

样品经分解消化后，其中的砷转变成五价砷。五价砷在酸性氯化亚锡和碘化钾的作用下，被还原为三价砷：

$$H_3AsO_4+2KI+2HCl \longrightarrow H_2AsO_3+I_2+2KCl+H_2O$$
$$I_2+SnCl_2+2HCl \longrightarrow 2HI+SnCl_4$$

三价砷与氢反应生成砷化氢：

$$H_3AsO_3+3Zn+6HCl \longrightarrow AsH_3+3ZnCl_2+3H_2O$$

所产生的砷化氢气体，通过醋酸铅溶液浸润过的棉花除去硫化氢的干扰，与溴化汞试纸作用生成由黄色到橙色的色斑，根据颜色深浅，与标准比较定量。

$$AsH_3+3HgBr_2 \longrightarrow 3HBr+As(HgBr)_3 \quad （黄色）$$
$$2As(HgBr)_3+AsH_3 \longrightarrow 3AsH(HgBr)_2 \quad （黄褐色）$$
$$As(HgBr)_3+AsH_3 \longrightarrow 3HBr+As_2Hg_3 \quad （橙色）$$

2. 仪器与试剂

(1) 溴化汞乙醇溶液（5%） 取溴化汞1g，加95%乙醇稀释至20mL。

(2) 溴化汞试纸 将滤纸剪成测砷管大小的圆片，浸入溴化汞乙醇溶液中约1h，取出放暗处，使其自然干燥后备用。

(3) 酸性氯化亚锡溶液（40%） 称取分析纯氯化亚锡（$SnCl_2 \cdot 2H_2O$）40g，用盐酸溶解并稀释至100mL，临用时配制，贮于棕色瓶中。

(4) 醋酸铅棉花 用10%醋酸铅溶液浸透脱脂棉花，挤干并使其疏松，在80℃以下干燥，贮于棕色磨口瓶中备用。

(5) 无砷锌粒（直径2～3mm）。

(6) 碘化钾溶液（20%）。

(7) 砷标准贮备溶液 精确称取预先在硫酸中干燥的分析纯三氧化二砷0.1320g，溶于10mL 1mol/L氢氧化钠溶液中，加1mol/L H_2SO_4溶液10mL，将此溶液仔细地移入1000mL容量瓶中，用水定容。此溶液含砷量为0.1mg/mL。

(8) 砷标准使用溶液 吸取1mL砷标准贮备液于100mL容量瓶中，加10%硫酸1mL，加水定容。此溶液含砷量为1μg/mL。

(9) 测砷装置（见图7-5）。

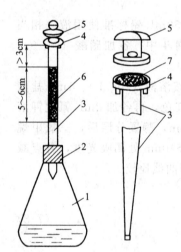

图 7-5 测砷装置
1—锥形瓶（或广口瓶）；2—橡皮塞；3—测砷管；4—管口；5—玻璃帽；6—醋酸铅棉花；7—溴化汞试纸

3. 样品处理

(1) 湿法消化 吸取样品10mL（含砷约10μg以下），置于500mL凯氏烧瓶中，加入10mL浓硫酸，混匀后放置片刻，小火加热使样品溶解，冷却。然后加浓硫酸10mL并加热，至棕红色烟雾消失，溶液开始变成棕色时，立即滴入硝酸，反复操作2～3次，至溶液澄明，并发生大量白烟时取下，冷却并加水20mL，继续加热至冒白烟，重复操作两次，将剩余的硝酸完全驱除，冷却。加水20mL稀释，冷却后，用水将溶液全部移入100mL容量瓶中，冷却至室温，加水定容。

（2）干法消化 准确称取均匀样品 1～10g（视砷含量多少而定）于 60mL 瓷坩埚中，加入分析纯氧化镁粉 1g，10%硝酸镁 10mL，于烘箱中烘干或在水浴上蒸干。用小火炭化至无烟后移入高温炉中加热至 550℃，灼烧 5h，冷却后取出。加水 5mL，湿润灰分，再慢慢加入 6mol/L 盐酸 10mL 溶解，移入 100mL 容量瓶中，再用 6mol/L 盐酸 10mL、水 5mL 分数次洗涤坩埚，洗液均移入容量瓶中，加水定容。

同时做试剂空白对照。

4. 样品测定

（1）安装测砷管 将醋酸铅棉花拉松后装入各支测砷管中，长度为 5～6cm，上端至管口处不少于 3cm。棉花松紧程度要求基本一致，不得太紧或太松。然后将溴化汞试纸安放在测砷管的管口上，用橡皮圈扣紧玻璃帽，注意管口与帽盖吻合、密封。

（2）砷斑生成与比较 将测砷管和测砷瓶编号，于各瓶中按表 7-4 加入试剂和进行操作。立即装上测砷管，塞紧，于 25～40℃放置 45min，取出样品及试剂空白的溴化汞试纸与标准砷斑比较定量。

表 7-4 试剂配料

编 号	标准管				样品管	试剂空白管
	1	2	3	4	5	6
砷标准使用液/mL	0.25	0.50	1.00	2.00	—	—
砷含量/μg	0.25	0.50	1.00	2.00	—	—
样品测定液/mL	—	—	—	—	20.0	—
试剂空白液/mL	—	—	—	—	—	20.0
蒸馏水/mL	24.75	24.5	24.0	23.0	5.0	5.0
20%KI/mL	5.0	5.0	5.0	5.0	5.0	5.0
体积分数为 50%的硫酸/mL	10.0	10.0	10.0	10.0	6.0	6.0
酸性 SnCl₂ 溶液	各加入 10 滴					
无砷锌粒	在滴入酸性 SnCl₂ 10min 后各加 3g					

5. 结果计算

样品中砷含量按下式计算：

$$X = \frac{(m_1 - m_2) \times 1000}{m \times \dfrac{V_2}{V_1} \times 1000}$$

(7-9)

式中 X——样品中砷的含量，mg/kg；

　　　m_1——样品溶液相当于标准砷斑的质量，μg；

　　　m_2——空白溶液相当于标准砷斑的质量，μg；

　　　m——样品质量或体积，g 或 mL；

　　　V_1——样品消化液的总体积 mL；

　　　V_2——测定用的样品消化液体积，mL。

6. 注意事项

（1）测砷装置的规格，如瓶的大小与高度，测砷管的长度及圆孔直径等必须一致。

（2）试剂空白测定应为无色或呈现极浅的淡黄色，若砷斑色深，说明试剂不纯。

（3）整个操作过程应避免阳光直接照射。

（4）锑、磷也能与溴化汞试纸显色。可用浓氨水蒸气熏的方法鉴别，如退色则为砷，不变色为磷，变黑为硫。

（5）同一批测定用的溴化汞试纸的纸质必须一致，否则因疏密不同而影响色斑深度。制作时应避免手接触到纸，晾干后贮于棕色试剂瓶内。

（6）三氧化三砷剧毒，使用时必须小心谨慎。

（7）砷斑不稳定，显色后应立即比色定量。如需保存，可将滤纸片在5％石油醚溶液中浸渍，挥干石油醚后避光保存。

三、铜含量的测定（溶液萃取比色法）

1. 原理

样品经消化后，在碱性溶液中，铜离子与二乙基二硫代氨基甲酸钠（铜试剂）作用，生成棕黄色络合物，用有机溶剂四氯化碳萃取，于440nm处测定吸光度，由标准曲线计算含量。

2. 仪器与试剂

（1）仪器　分液漏斗；分光光度计。

（2）试剂与材料

① 柠檬酸铵-乙二胺四乙酸二钠溶液：称取柠檬酸铵20g和乙二胺四乙酸二钠5g，加水溶解并稀释至100mL。

② 硫酸溶液（2mol/L）。

③ 铜试剂溶液（简称DDTC-Na）：称取0.1g二乙基二硫代氨基甲酸钠，溶于水并稀释至100mL，贮存于棕色瓶与冰箱中，可用一周。

④ 铜标准贮存液：准确称取硫酸铜（$CuSO_4 \cdot 5H_2O$）0.1964g，加2mol/L硫酸溶解，移入500mL容量瓶中定容。此溶液含铜量相当于0.1mg/mL。

⑤ 铜标准使用液：吸取10mL铜标准贮备液于100mL容量瓶中，加2mol/L硫酸定容。此溶液含铜量相当于10μg/mL。

⑥ 氨水（体积分数50％）。

⑦ 麝香草酚蓝指示剂（0.1％）：溶解0.1g麝香草酚蓝于水中，滴加0.1mol/L氢氧化钠至溶液变蓝色，再加水稀释至100mL。

⑧ 四氯化碳（分析纯）。

3. 样品消化

硝酸-硫酸法，同砷的测定。

4. 标准曲线的绘制与样品测定

（1）取8个125mL分液漏斗，编号后按表7-5加入试剂。样品消化液、试剂空白液均加水稀释至20mL。标准液加2mol/L硫酸调至20mL。

表7-5　试剂配加表

编　号	标　准						样品	试剂空白
	0	1	2	3	4	5	6	7
铜标准使用液/mL	0.00	0.50	1.00	1.50	2.00	2.50	—	—

续表

编号	标准						样品	试剂空白
	0	1	2	3	4	5	6	7
相当含铜量/μg	0	5	10	15	20	25	—	—
样品测定溶液/mL	—	—	—	—	—	—	10.00	—
试剂空白液/mL	—	—	—	—	—	—	—	10.00
加水量/mL							10.00	10.00
加 2mol/L 硫酸量/mL	20.00	19.50	19.00	18.50	18.00	17.50	—	—

（2）于上述各分液漏斗中，各加入柠檬铵-乙二胺四乙酸二钠溶液 5mL，麝香草酚蓝指示剂 2 滴，混匀后滴加氨水至溶液由黄色变微蓝色（此时溶液为 pH9.0～9.2），加入铜试剂 2.00mL 和四氯化碳 10.00mL，剧烈振摇 2min，静置分层后，四氯化碳通过脱脂棉滤入 2cm 比色杯中，以零管为参比，于 440nm 处测定吸光度。

5. 数据处理

编号 样品名称	1	2	3	4	5	6	7
	铜标准液含铜量/μg					样品	试剂空白
	5	10	15	20	25		
吸光度（A）							

（1）绘制标准曲线：以铜标准液含铜量为横坐标，与其对应的吸光度为纵坐标，绘制标准曲线。

（2）用样品消化液的吸光度于标准曲线上查得测定溶液的含铜量（μg）。

6. 结果计算

样品中铜含量按下式计算：

$$X = \frac{(m_1 - m_2) \times 1000}{m \times \dfrac{V_2}{V_1} \times 1000} \tag{7-10}$$

式中　X——样品铜的含量，mg/kg；

　　　m_1——样品测定液中含铜的质量，μg；

　　　m_2——空白试剂含铜的质量，μg；

　　　m——样品质量或体积，g 或 mL；

　　　V_1——样品消化液的总体积，mL；

　　　V_2——测定用的样品液体积，mL。

7. 注意事项

（1）铁对测定有干扰，如加入柠檬酸铵-乙二胺四乙酸二钠溶液，可使铁保留在溶液中不被有机溶剂萃取而除去铁的干扰。

（2）铜离子与铜试剂生成的棕黄色配合物，遇光不稳定，应避光操作。

四、镉的测定（分光光度法）

1. 原理

样品经消化后，在碱性溶液中，镉离子与 6-溴苯并噻唑偶氮萘酚形成红色配合物，溶于三氯甲烷，与标准系列比较定量。

2. 试剂

① 三氯甲烷；

② 二甲基甲酰胺；

③ 混合酸：硝酸-高氯酸（3＋1）；

④ 酒石酸钾钠溶液：400g/L；

⑤ 氢氧化钠溶液：200g/L；

⑥ 柠檬酸钠溶液：250g/L。

⑦ 镉试剂：称取 38.4mg 6-溴苯并噻唑偶氮萘酚，溶于 50mL 二甲基甲酰胺，贮于棕色瓶中。

⑧ 镉标准溶液：准确称取 1.0000g 金属镉（99.99％），溶于 20mL 盐酸（5＋7）中，加入 2 滴硝酸后，移入 1000mL 容量瓶中，以水稀释至刻度，混匀。贮于聚乙烯瓶中。此溶液每毫升相当于 1.0mg 镉。

⑨ 镉标准使用液：吸取 10.0mL 镉标准溶液，置于 100mL 容量瓶中，以盐酸（1＋11）稀释至刻度，混匀。如此多次稀释至每毫升相当于 1.0μg 镉。

3. 仪器

分光光度计。

4. 样品消化

称取 5.00～10.00g 样品，置于 150mL 锥形瓶中，加入 15～20mL 混合酸（如在室温放置过夜，则次日易于消化），小火加热，待泡沫消失后，可慢慢加大火力，必要时再加少量硝酸，直至溶液澄清无色或微带黄色，冷却至室温。

取与消化样品相同量的混合酸、硝酸，按同一操作方法做试剂空白实验。

5. 测定

将消化好的样液及试剂空白液用 20mL 水分数次洗入 125mL 分液漏斗中，以氢氧化钠溶液（200g/L）调节至 pH 为 7 左右。

取 0.0mL、0.5mL、1.0mL、3.0mL、5.0mL、7.0mL、10.0mL 镉标准使用液（相当于 0.0μg、0.5μg、1.0μg、3.0μg、5.0μg、7.0μg、10.0μg 镉），分别置于 125mL 分液漏斗中，再各加水至 20mL。用氢氧化钠溶液（200g/L）调节至 pH＝7 左右。

于样品消化液、试剂空白液及标准液中依次加入 3mL 柠檬酸钠溶液（250g/L）、4mL 酒石酸钾钠溶液（400g/L）及 1mL 氢氧化钠溶液（200g/L），混匀。再各加 5.0mL 三氯甲烷及 0.2mL 镉试剂，立即振摇 2min，静置分层后，将三氯甲烷层经脱脂棉滤入试管中，以三氯甲烷调节零点，于 1cm 比色杯在波长 585nm 处测吸光度。

6. 结果计算

$$X = \frac{(m_1 - m_2) \times 1000}{m \times 1000} \tag{7-11}$$

式中　X——样品中镉的含量，mg/kg；

　　　m_1——测定用样品液中镉的质量，μg；

　　　m_2——试剂空白液中镉的质量，μg；

　　　m——样品质量，g。

➤ 实训 7-5 食品中铅含量的测定

【实训要点】

1. 根据各元素的分析特性、试样的含量、基体组成及可能干扰选取合适的分析条件。

2. 掌握试样的制备、预处理、标准溶液的配制及校正曲线的制作、分析条件的选择、操作方法、结果计算、数据处理及误差分析等。

【仪器试剂】

1. 仪器

① 石墨炉原子吸收分光光度计（带氘灯扣背景装置）及其他配件。

② 氮气钢瓶。

③ 铅元素空心阴极灯。

2. 试剂

① 高氯酸-硝酸消化液：1＋4。

② 0.5mol/L 硝酸：量取 32mL 硝酸，加水，用水定容至 1000mL。

③ 20g/L 磷酸铵：称取 2g 磷酸铵，用水定容至 100mL。

④ 硝酸（1＋1）。

⑤ 铅标准储备液：精确 1.000g 铅（99.99％），或者称取 0.1598g 硝酸铅，加适量硝酸（1＋1）使之溶解，移入 1000mL 容量瓶中，用 0.5mol/L 硝酸定容。

⑥ 铅标准使用液：吸取铅标准储备液 10.0mL，置于 100mL 容量瓶中，用 0.5mol/L 硝酸定容至刻度，该溶液含铅，100μg/mL。

【工作过程】

1. 铅样品的处理

（1）湿法消化 精确称取样品 2.00～5.00g 于 150mL 锥形瓶中，放入几粒玻璃珠，加入混合酸 10mL。盖一个玻璃片，放置过夜。次日于电热板上逐渐升温加热，溶液变棕红色，应注意防止炭化。如发现颜色较深，再滴加浓硝酸，继续加热消化至冒白色烟雾，取下放冷后，加入约 10mL 水，继续加热赶酸冒白烟为止。放冷后用水洗至 25mL 的刻度试管中，用少量水多次洗涤锥形瓶，洗涤液并入刻度试管中，定容。混匀。

取与消化液相同的混合液、硝酸、水，按同样方法做试剂空白试验。

（2）干法灰化 精确称取样品 2.00～5.00g 于坩埚中，在电炉上小火炭化至无烟后，移入高温炉中，于 500℃灰化 6～8h 后取出，放冷后再加入少量混合酸，小火加热至无炭粒，待坩埚稍凉，加 0.5mol/L 硝酸，溶解残渣并移入 25mL 容量瓶中，再用 0.5mol/L 硝酸反复洗涤坩埚，洗液并入容量瓶中至刻度。

2. 系列标准溶液的制备

铅的标准使用液稀释至 1μg/mL，吸取 0.00mL、0.50mL、1.00mL、2.00mL、3.00mL、4.00mL 铅标准使用液，分别定容至 50mL 容量瓶中。

3. 仪器参考条件

测定波长：283.3nm。

灯电流：5～7mA。

狭缝：0.7nm。

干燥温度：120℃，20s。

灰化温度：450℃，20s。

原子化温度：1900℃，4s。

其他仪器条件按仪器说明调至最佳状态。

4. 标准曲线的绘制

将铅的系列标准溶液分别置入石墨炉自动进样器的样品盘上，进样量为 10μL，以磷酸二氢铵为基体改进剂，进样量为 5μL，注入石墨炉进行原子化，测出吸光度。以标准溶液中铅的含量为横坐标，对应的吸光值为纵坐标，绘出标准曲线。

5. 样品测定

将样品处理液、试剂空白液分别置入石墨炉自动进样器的样品盘上，进样量为 10μL，以 20％磷酸铵为基体改进剂，进样量小于 5μL，注入石墨炉进行原子化，结果与标准曲线比较定量分析。

【图示过程】

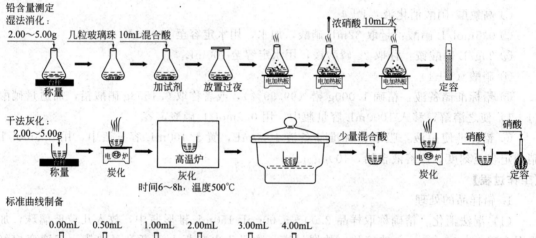

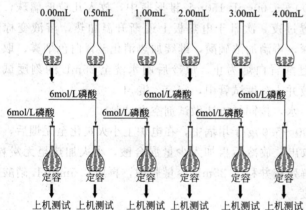

【结果处理】

计算公式

$$X = \frac{(c - c_0)V \times 1000}{m \times 1000} \tag{7-12}$$

式中　X——样品的铅含量，mg/kg；

　　　c——测定用样品液中铅的浓度，μg/mL；

　　　c_0——试剂空白液中铅的浓度，μg/mL；

　　　m——样品的质量，g；

V——样品的处理液，mL。

【本章小结】

项目中重点掌握重金属和农残与药残测定时的样品处理方法，标准曲线的制备。

思考练习题

一、选择题

1. 下列测定方法不属于食品中砷的测定方法有（　　）。

(1) 砷斑法　　　　　　　　　　　　　　(2) 银盐法

(3) 硼氢化物还原光度法　　　　　　　　(4) 钼黄光度法

2. 下列测定方法中不能用于食品中铅的测定的是（　　）。

(1) 石墨炉原子吸收光谱法　　　　　　　(2) 火焰原子吸收光谱法

(3) EDTA-2Na 滴定法　　　　　　　　　(4) 双硫腙光度法

3. 食品中重金属测定时，排除干扰的方法有（　　）。

(1) 改变被测原子化合价　　　　　　　　(2) 改变体系的氧化能力

(3) 调节体系的 pH　　　　　　　　　　 (4) 加入掩蔽剂

4. 间接碘量法测定水中 Cu^{2+} 含量，介质的 pH 应控制在（　　）。

(1) 强酸性　　　　(2) 弱酸性　　　　(3) 弱碱性　　　　(4) 强碱性

5. 碘量法测定 $CuSO_4$ 含量，试样溶液中加入过量的 KI，下列叙述错误的是（　　）。

(1) 还原 Cu^{2+} 为 Cu^+　　　　　　　　(2) 防止 I_2 挥发

(3) 与 Cu^+ 形成 CuI 沉淀　　　　　　　(4) 把 $CuSO_4$ 还原成单质 Cu

6. 某食品消化液取一滴于离心试管中，加入 1 滴 1mol/L 的 K_2CrO_4 溶液，有黄色沉淀生成，证明该食品中可能含有（　　）。

(1) Pb^{2+}　　　　(2) Cu^{2+}　　　　(3) As^{2+}　　　　(4) Hg^{2+}

7. 色谱柱的分离效能，主要由（　　）所决定。

(1) 载体　　　　(2) 流动相　　　　(3) 固定液　　　　(4) 固定相

8. 色谱峰在色谱图中的位置用（　　）来说明。

(1) 保留值　　　　(2) 峰高值　　　　(3) 峰宽值　　　　(4) 灵敏度

9. 在纸色谱分离时，试样中的各组分在流动相中（　　）大的物质，沿着流动相移动较长的距离。

(1) 浓度　　　　(2) 溶解度　　　　(3) 酸度　　　　(4) 黏度

10. 银盐法测砷含量时，用（　　）棉花吸收可能产生的 H_2S 气体。

(1) 乙酸铅　　　　(2) 乙酸钠　　　　(3) 乙酸锌　　　　(4) 硫酸锌

11. 食品中铜的测定方法常采用下列中（　　）。

(1) 原子吸收光谱法　　　　　　　　　　(2) 离子选择电极法

(3) 气相色谱法　　　　　　　　　　　　(4) 高效液相色谱法

12. 砷斑法测 As，其中溴化汞试纸的作用是与砷化氢反应生成（　　）色斑点。

(1) 绿　　　　(2) 黑　　　　(3) 黄　　　　(4) 蓝

13. 二乙基硫代氨甲酸钠比色法测 Cu 时，加入 EDTA 和柠檬酸铵的作用是掩蔽（　　）的干扰。

(1) Fe^{2+} (2) Fe^{3+} (3) Zn^{2+} (4) Cd^{2+}

14. 高效液相色谱仪主要用于测定 ( )。

(1) 食品添加剂 (2) 农兽药残留量 (3) 氨基酸 (4) 非金属离子

15. 双硫腙比色法测定汞的 pH 条件是 ( )。

(1) 酸性溶液 (2) 中性溶液 (3) 碱性溶液 (4) 任意溶液

16. 原子吸收分光光度法测定铅的分析线波长为 ( )。

(1) 213.8nm (2) 248.3nm (3) 285.0nm (4) 279.5nm

17. 测定汞是为了保持氧化态，避免汞挥发损失，在消化样品是 ( ) 溶液应适量。

(1) 硝酸 (2) 硫酸 (3) 高氯酸 (4) 以上都是

18. 砷斑法测定砷时，去除反应中生成的硫化氢气体应采用 ( )。

(1) 乙酸铅试纸 (2) 溴化汞试纸 (3) 氯化亚锡 (4) 碘化钠

19. 银盐法测定砷时，为了避免反应过缓或过激，反应温度应控制在 ( )。

(1) 15℃ (2) 20℃ (3) 25℃ (4) 30℃

20. 原子吸收法测定铜的分析线为 ( )。

(1) 324.8nm (2) 248.3nm (3) 285.0nm (4) 283.3nm

21. 用硝酸-硫酸法消化处理样品时，不能先加硫酸是因为 ( )。

(1) 硫酸有氧化性 (2) 硫酸有脱水性

(3) 硫酸有吸水性 (4) 以上都是

22. 下列分析不属于仪器分析范围的是 ( )。

(1) 光度分析法 (2) 电化学分析法

(3) 萃取法测定食品中脂肪含量 (4) 色谱法测定食品农药残留量

23. 测定砷时，实验结束后锌粒应 ( )。

(1) 丢弃 (2) 直接保持

(3) 用热水冲洗后保存 (4) 先活化，后再生处理

24. 为探证某食品中是否含有 Hg^{2+}，应配制下面 ( ) 试剂。

(1) 0.1mol/L K_2CrO_4 (2) 0.25mol/L $K_4Fe(CN)_6$

(3) 0.5mol/L $SnCl_2$ (4) 0.1mol/L $AgNO_3$

25. 样品发生气化并解离成基态原子是在预混合型原子化器的 ( ) 中进行的。

(1) 雾化器 (2) 预混合室 (3) 燃烧器 (4) 毛细管

26. 双硫腙比色法测定铅时产生的废氰化钾溶液，在排放前应加入 ( ) 降低毒性。

(1) 氢氧化钠和硫酸亚铁 (2) 盐酸和硫酸亚铁

(3) 氢氧化钠 (4) 盐酸

27. 双硫腙比色法测定汞的测量波长为 ( )。

(1) 450nm (2) 470nm (3) 490nm (4) 510nm

28. 砷斑法测定砷时，与新生态氢作用生成砷化氢的是 ( )。

(1) 砷原子 (2) 五价砷 (3) 三价砷 (4) 砷化物

29. 双硫腙比色法测定铅中，铅与双硫腙生成 ( ) 配合物。

(1) 红色 (2) 黄色 (3) 蓝色 (4) 绿色

30. 测铅用的所有玻璃均需用下面的 ( ) 溶液浸泡 24h 以上，用自来水反复冲洗，最后用去离子水中洗干净。

（1）1∶5 的 HNO₃　　（2）1∶5 的 HCl　　（3）1∶5 的 H₂SO₄　　（4）1∶2HNO₃

31. 二乙氨基二硫代甲酸钠法测定铜的 pH 条件是（　　）。

（1）酸性溶液　　　　　（2）中性溶液　　　　　（3）碱性溶液　　　　　（4）任意溶液

32. 二乙氨基二硫代甲酸钠法测定铜的测量波长为（　　）。

（1）400nm　　　　　（2）420nm　　　　　（3）440nm　　　　　（4）460nm

33. 双硫腙比色法测定金属离子是在（　　）溶液中进行的。

（1）水　　　　　（2）三氯甲烷　　　　　（3）乙醇　　　　　（4）丙酮

34. 有关汞的处理错误的是（　　）。

（1）汞盐废液先调节 pH 为 8～10，加入过量 Na₂S 后再加入 FeSO₄ 生成 HgS、FeS 共同沉淀，再作回收处理

（2）洒落在地上的汞可用硫黄粉盖上，干后清扫

（3）试验台上的汞可用适当措施收集在有水的烧杯

（4）散落过汞的地面可喷洒质量分数为 20％FeCl₂水溶液，干后清扫

35. 砷斑法测砷，其中 KI 和 SnCl₂的作用是将样品中的（　　）。

（1）As⁵⁺氧化成 As³⁺　　　　　　　　　　（2）As⁵⁺还原成 As³⁺

（3）As³⁺还原成 As⁵⁺　　　　　　　　　　（4）As³⁺氧化成 As⁵⁺

二、判断题

1. （　）测砷时，测砷瓶各连接处都不能漏气，否则结果不准确。

2. （　）砷斑法测砷时，砷斑在空气中易褪色，没法保存。

3. （　）双硫腙比色法测定铅含量时，用普通蒸馏水就能满足实验要求。

4. （　）双硫腙比色法测定铅的灵敏度高，故所用的试剂及溶剂均需检查是否含有铅，必要时需经纯化处理。

5. （　）双硫腙是测定铅的专一试剂，测定时没有其他金属离子的干扰。

6. （　）在汞的测定中，样品消解可采用干灰化法或湿消解法。

7. （　）用硝酸-硫酸消化法处理样品时，应先加硫酸后加硝酸。

8. （　）测砷时，由于锌粒的大小影响反应速率，所以所用锌粒应一致。

9. （　）测砷时，导气管中塞有乙酸铅棉花是为了吸收砷化氢气体。

10. （　）在汞的测定中，不能采用干灰化法处理样品，是因为会引入较多的杂质。

11. （　）二乙氨基二硫代甲酸钠光度法测定铜含量是在酸性条件下进行的。而吡啶偶氮间苯二酚比色法测定铜含量则是在碱性条件下进行的。

12. （　）双硫腙比色法测定铅含量是在酸性条件下进行的。加入柠檬酸铵、氰化钾等是为了消除铁、铜、锌等离子的干扰。

13. （　）双硫腙比色法测定汞含量是在碱性介质中，低价汞及有机汞被氧化成高价汞，双硫腙与高价汞生成橙红色的双硫腙汞络盐。

14. （　）二乙氨基二硫代甲酸钠法测定铜时，一般样品中存在的主要元素是铁。

15. （　）电感耦合等离子体发射光谱分析仪主要应用于农药兽药残留量的检测。

16. （　）气相色谱仪主要应用于商品中金属离子的检测。

知识目标

1. 了解食品中有毒有害物质的影响及危害。
2. 掌握加工过程中产生的有毒物质的测定。
3. 掌握包装材料中有毒物质的测定。

技能目标

1. 能够正确测定黄曲霉毒素的能力。
2. 能够正确测定 α-苯并芘的能力。

第一节 有毒物质的检测

黄曲霉毒素是由黄曲霉和寄生曲霉产生的一类代谢产物，具有极强的毒性和致癌性，已经确定是肝癌致癌物。由于黄曲霉毒素的剧毒性、强致癌性及广泛存在性，世界各国都制定有最高允许限量标准。

α-苯并芘在自然界中分布较广，由于其具有致癌性，可诱发胃癌、皮肤癌及肺癌等，所以苯并芘的污染问题引起人民的广泛关注。

一、乳粉中黄曲霉毒素 M_1 的检测

1. 测定原理

液体试样或固体试样提取液经均质、超声提取、离心，取上清液经免疫亲和柱净化，洗脱液经氮气吹干，定容，微孔滤膜过滤，经液相色谱分离，电喷雾离子源离子化，多反应离子监测（MRM）方式检测。基质加标外标法定量。

2. 试剂

（1）甲酸（HCOOH）。

（2）乙腈（CH_3CN）：色谱纯。

（3）石油醚（$C_nH_{2n+2}O$）：沸程为 30～60℃。

（4）三氯甲烷（$CHCl_3$）。

（5）氮气：纯度≥99.9%。

（6）黄曲霉毒素 M_1 标准样品：纯度≥98％。

（7）乙腈-水溶液（1＋4）：在 400mL 水中加入 100mL 乙腈。

（8）乙腈-水溶液（1＋9）：在 450mL 水中加入 50mL 乙腈。

（9）0.1％甲酸水溶液：吸取 1mL 甲酸，用水稀释至 1000mL。

（10）乙腈-甲醇溶液（50＋50）：在 500mL 乙腈中加入 500mL 甲醇。

（11）氢氧化钠溶液（0.5mol/L）：称取 2g 氢氧化钠，溶解于 100mL 水中。

（12）黄曲霉毒素 M_1 标准储备溶液：分别称取标准品黄曲霉毒素 M_1 0.10mg（精确至 0.01mg），用三氯甲烷溶解定容至 10mL。此标准溶液浓度为 0.01mg/mL。溶液转移至棕色玻璃瓶后，在 －20℃ 电冰箱内保存，备用。

（13）黄曲霉毒素 M_1 标准系列溶液：吸取黄曲霉毒素 M_1 标准储备溶液 10μL 于 10mL 容量瓶中，用氮气将三氯甲烷吹至近干，空白基质溶液定容至刻度，所得浓度为 10ng/mL 的 M_1 标准中间溶液。再用空白基质溶液将黄曲霉毒素 M_1 标准中间溶液稀释为 0.5ng/mL、0.8ng/mL、1.0ng/mL、2.0ng/mL、4.0ng/mL、6.0ng/mL、8.0ng/mL 的系列标准工作液。

3. 仪器

（1）液相色谱-质谱联用仪，带电喷雾离子源。

（2）色谱柱：ACQUITY UPLC HSS T3，柱长 100mm，柱内径 2.1mm；填料粒径 1.8μm，或同等性能的色谱柱。

（3）分析天平：感量为 0.001g 和 0.0001g。

（4）匀浆器。

（5）超声波清洗器。

（6）离心机：转速≥6000r/min。

（7）50mL 具塞 PVC 离心管。

（8）水浴：温控 30℃±2℃，50℃±2℃，温度范围 25～60℃。

（9）容量瓶：100mL。

（10）玻璃烧杯：250mL、50mL。

（11）带刻度的磨口玻璃试管：5mL、10mL、20mL。

（12）移液管：1.0mL、2.0mL 和 50.0mL。

（13）玻璃棒。

（14）10 目圆孔筛。

（15）250mL 分液漏斗、100mL 圆底烧瓶、250mL 具塞锥形瓶。

（16）一次性微孔滤头：带 0.22μm 微孔滤膜（水相系）。

（17）旋转蒸发仪。

（18）pH 计：精度为 0.01。

（19）免疫亲和柱：针筒式 3mL、10mL 和 50mL 一次性注射器。

（20）固相萃取装置（带真空系统）。

4. 操作

（1）乳及乳制品样品处理方法

① 乳：称取 50g（精确至 0.01g）混匀的试样，置于 50mL 具塞离心管中，在水浴中加热到 35～37℃。在 6000r/min 下离心 15min。收集全部上清液，供净化用。

② 发酵乳（包括固体状、半固体状和带果肉型）：称取 50g（精确至 0.01g）混匀的试样，用 0.5mol/L 的氢氧化钠溶液在酸度计指示下调 pH 至 7.4，在 9500r/min 下匀浆 5min，以下按① 进行操作。

③ 乳粉和粉状婴幼儿配方食品：称取 10g（精确至 0.01g）试样，置于 250mL 烧杯中。将 50mL 已预热到 50℃ 的水加入到乳粉中，用玻璃棒将其混合均匀。如果乳粉仍未完全溶解，将烧杯置于 50℃ 的水浴中放置 30min。溶解后冷却至 20℃，移入 100mL 容量瓶中，用少量的水分次洗涤烧杯，洗涤液一并移入容量瓶中，用水定容至刻度，摇匀后分别移至两个 50mL 离心管中，在 6000r/min 下离心 15min，混合上清液，用移液管移取 50mL 上清液供净化处理用。

④ 干酪：称取经切细、过 10 目圆孔筛混匀的试样 5g（精确至 0.01g），置于 50mL 离心管中，加 2mL 水和 30mL 甲醇，在 9500r/min 下匀浆 5min，超声提取 30min，在 6000r/min 下离心 15min，收集上清液并移入 250mL 分液漏斗中。在分液漏斗中加入 30mL 石油醚，振摇 2min，待分层后，将下层移入 50mL 烧杯中，弃去石油醚层。重复用石油醚提取 2 次。将下层溶液移到 100mL 圆底烧瓶中，减压浓缩至约 2mL，浓缩液倒入离心管中，烧瓶用乙腈-水溶液（1+4）5mL 分 2 次洗涤，洗涤液一并倒入 50mL 离心管中，加水稀释至约 50mL，在 6000r/min 下离心 5min，上清液供净化处理。

⑤ 奶油：称取 5g（精确至 0.01g）试样，置于 50mL 烧杯中，用 20mL 石油醚将其溶解并移入 250mL 具塞锥形瓶中。加 20mL 水和 30mL 甲醇，振荡 30min 后，将全部液体移入分液漏斗中，待分层后，将下层溶液全部移到 100mL 圆底烧瓶中，在旋转蒸发仪中减压浓缩至约 5mL，加水稀释至约 50mL，供净化处理。

(2) 空白基质溶液　分别称取与待测样品基质相同的、不含所测黄曲霉毒素的阴性试样 8 份于 100mL 烧杯中。以下操作按 2. 试液提取和 3. 净化步骤进行。合并所得 8 份试样的纯化液，用 0.22μm 微孔滤膜的一次性滤头过滤。弃去前 0.5mL 滤液，接取少量滤液供液相色谱-质谱联用仪检测。获得色谱-质谱图后，对照图 8-2，在相应的保留时间处，应不含黄曲霉毒素 M_1，剩余滤液转移至棕色瓶中，在 -20℃ 电冰箱内保存，供配制标准系列溶液使用。

(3) 净化

① 免疫亲和柱的准备：将一次性的 50mL 注射器筒与亲和柱上顶部相串联，再将亲和柱与固相萃取装置连接起来。

注：根据免疫亲和柱的使用说明书要求，控制试液的 pH。

② 试样的纯化：将以上试液提取液移至 50mL 注射器筒中，调节固相萃取装置的真空系统，控制试样以 2~3mL/min 稳定的流速过柱。取下 50mL 的注射器筒，装上 10mL 注射器筒。注射器筒内加入水，以稳定的流速洗柱，然后，抽干亲和柱。脱开真空系统，在亲和柱下部放入 10mL 刻度试管，上部装上另一个 10mL 注射器筒，加入 4mL 乙腈，洗脱黄曲霉毒素 M_1，洗脱液收集在刻度试管中，洗脱时间不少于 60s。然后用氮气缓缓地在 30℃ 下将洗脱液蒸发至近干（如果蒸发至干，会损失黄曲霉毒素 M_1），用乙腈-水溶液稀释至 1mL。

5. 液相色谱参考条件

流动相：A 液，0.1％甲酸溶液；B 液，乙腈-甲醇溶液（1+1）。

梯度洗脱：参见表 8-1。

流动相流动速度：0.3mL/min。

柱温：35℃。

试液温度：20℃。

进样量：10μL。

表 8-1　梯度洗脱

时间/min	流动相液 A/%	流动相液 B/%	梯度变化曲线
0	68.0	32.0	
4.20	55.0	45.0	6
5.00	0.0	100.0	6
5.70	0.0	100.0	1
6.00	68.0	32.0	6

注：1 为即时变化，6 为线性变化。

6. 质谱参考条件

检测方式：多离子反应监测（MRM），详见表 8-2 中母离子、子离子和碰撞能量。扫描图参见图 8-1。

表 8-2　离子选择参数表

	母离子	定量子离子	碰撞能量	定性子离子	碰撞能量	离子化方式
黄曲霉素 M_1	329.0	273.5	22	259.5	22	ESI+

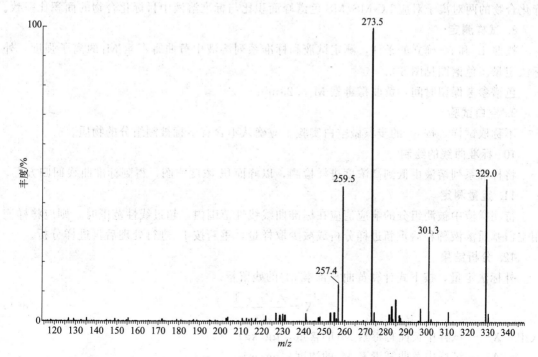

图 8-1　黄曲霉毒素 M_1 质谱图

离子源控制条件参见表 8-3。

表 8-3　离子源控制条件

电离方式	毛细管电压/kV	锥孔电压/V	射频透镜1电压/V	射频透镜2电压/V	离子源温度/℃	锥孔反吹气流量/(L/h)	脱溶剂气温度/℃	脱溶剂气流量/(L/h)	电子倍增电压/V
电喷雾电离,负离子	3.5	45	12.5	12.5	120	50	350	500	650

7. 定性

试样中黄曲霉毒素 M_1 色谱峰的保留时间与相应标准色谱峰的保留时间相比较,变化范围应在 $\pm 2.5\%$ 之内。

黄曲霉毒素 M_1 的定性离子的重构离子色谱峰的信噪比应大于等于 3 $(S/N \geqslant 3)$,定量离子的重构离子色谱峰的信噪比应大于等于 10 $(S/N \geqslant 10)$。

每种化合物的质谱定性离子必须出现,至少应包括一个母离子和两个子离子,而且同一检测批次,对同一化合物,样品中目标化合物的两个子离子的相对丰度比与浓度相当的标准溶液相比,其允许偏差不超过表 8-4 规定的范围。

表 8-4　定性时相对离子丰度的最大允许偏差

相对离子丰度	>50%	>20%至50%	>10%至20%	≤10%
允许相对偏差	±20%	±25%	±30%	±50%

各检测目标化合物以保留时间和两对离子(特征离子对/定量离子对)所对应的 LC-MS/MS 色谱峰面积相对丰度进行定性。要求被测试样中目标化合物的保留时间与标准溶液中目标化合物的保留时间一致(一致的条件是偏差小于 20%),同时要求被测试样中目标化合物的两对离子对应 LC-MS/MS 色谱峰面积比与标准溶液中目标化合物的面积比一致。

8. 试样测定

按照 4. 和 5. 确立的条件,测定试液和标准系列溶液中黄曲霉毒素 M_1 的离子强度,外标法定量。色谱图见图 8-2。

色谱参考保留时间:黄曲霉毒素 M_1 3.23min。

9. 空白试验

不称取试样,按 6. 的步骤做空白实验。应确认不含有干扰被测组分的物质。

10. 标准曲线的绘制

将标准系列溶液由低到高浓度进样检测,以峰面积-浓度作图,得到标准曲线回归方程。

11. 定量测定

待测样液中被测组分的响应值应在标准曲线线性范围内,超过线性范围时,则应将样液用空白基质溶液稀释后重新进样分析或减少取样量,重新按 1. 进行处理后再进样分析。

12. 分析结果

外标法定量,按下式计算黄曲霉毒素 M_1 的残留量。

$$X = \frac{AVf \times 1}{m} \tag{8-1}$$

式中　X——试样中黄曲霉毒素 M_1 的含量,$\mu g/kg$;

A——试样中黄曲霉毒素 M_1 的浓度,ng/mL;

V——样品定容体积,mL;

　　f——样液稀释因子；

　　m——试样的称样量，g。

以重复性条件下获得的两次独立测定结果的算术平均值表示，结果保留三位有效数字。

在重复性条件下获得的两次独立测定结果的绝对差值不得超过算术平均值的10%。

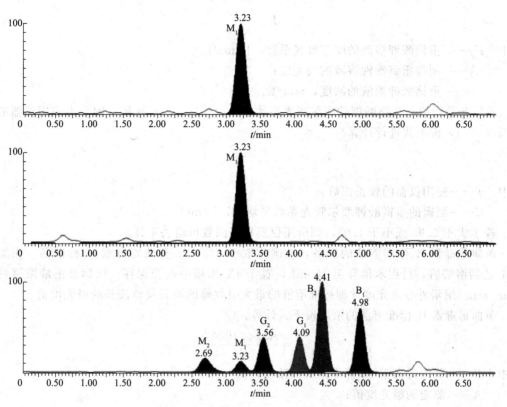

图 8-2　黄曲霉毒素 M_1 质谱色谱图

二、食用油中黄曲霉毒素 B_1 的测定

1. 实验原理

样品中黄曲霉毒素 B_1 经提取、浓缩、薄层分离后，在 365nm 紫外线下产生蓝紫色荧光，根据其在薄层上显示的荧光的最低检出量来测定含量。

2. 试剂

① 三氯甲烷。

② 硅胶 G（薄层色谱用）

③ 无水硫酸钠。

④ 苯-乙腈混合液：量取 98mL 苯，加 2mL 乙腈，混匀。

⑤ 甲醇水溶液：55mL 甲醇，加 45mL 水，混匀。

⑥ 黄曲霉毒素 B_1 标准溶液。

仪器校正：测定重铬酸钾溶液的摩尔吸光系数，以求出使用仪器的校正因素。准确称取 25mg 经干燥的重铬酸钾（基准级），用稀硫酸（0.5mL 浓硫酸加 1000mL 水）溶解后准确稀释至 200mL（重铬酸钾溶液浓度为 0.0004mol/L）。吸取 25mL 此溶液于 50mL 容量瓶中，再加稀硫酸定容，配成 0.0002mol/L 的溶液。再吸取 25mL 此稀释液于 50mL 容量瓶中，加稀硫酸定容，配成浓度为 0.0001mol/L 的溶液。用 1cm 石英杯在 350nm 以稀硫酸为参比，测得以上三种不同浓度溶液的吸光度，并按下式计算以上三种浓度的摩尔吸光系数的平均值。

$$E_1 = \frac{A}{c} \tag{8-2}$$

式中　E_1——重铬酸钾溶液的摩尔吸光系数，L/mol；

　　　A——测得重铬酸钾溶液的吸光度；

　　　c——重铬酸钾溶液的浓度，mol/L。

再以此平均值与重铬酸钾的摩尔吸光系数值（3160L/mol）比较，即求出使用仪器的校正因数（f），按下式进行计算。

$$f = \frac{3160}{E} \tag{8-3}$$

式中　f——使用仪器的校正因数；

　　　E——测得的重铬酸钾摩尔吸光系数平均值，L/mol。

若 f 大于 0.95 或小于 1.05，则所用仪器校正因数可略去不计。

黄曲霉毒素 B_1 标准溶液的制备：准确称取 1～1.2mg 黄曲霉毒素 B_1 标准品，先加入 2mL 乙腈溶解后，再用苯稀释至 100mL，置于 4℃冰箱中避光保存。该标准溶液浓度约为 10μg/mL。用紫外分光光度计测标准溶液的最大吸收峰的波长及该波长的吸光度值。

黄曲霉毒素 B_1 标准溶液的浓度按下式计算。

$$X = \frac{AM \times 1000f}{E_2} \tag{8-4}$$

式中　X——黄曲霉毒素 B_1 标准溶液的浓度，μg/mL；

　　　A——测定的吸光度值；

　　　f——所使用仪器的校正因数；

　　　M——黄曲霉毒素 B_1 的摩尔质量，312g/mol；

　　　E_2——黄曲霉毒素 B_1 在苯-乙腈混合液中的摩尔吸光系数（19800L/mol）。

根据计算，用苯-乙腈混合液调到标准溶液浓度恰为 10.0μg/mL，并用分光光度计核对其浓度。

黄曲霉毒素样品纯度测定：取 10μg/mL 黄曲霉毒素标准溶液 5μL，滴加于涂层厚度为 0.25mm 的硅胶 G 薄层板上，用甲醇-三氯甲烷（体积比 4∶96）与丙酮-三氯甲烷（体积比 8∶92）展开剂展开，在紫外光灯下观察光的产生，应符合以下条件：在展开后，只有单一的荧光点，无其他杂质的荧光点；原点上没有任何残留的荧光物质。

⑦ 黄曲霉毒素 B_1 标准使用液：准确吸取 1mL 标准溶液（10μg/mL）于 10mL 容量瓶中，加苯-乙腈混合液至刻度。此溶液中黄曲霉毒素 B_1 浓度为 1.0μg/mL。吸取 1.0mL 此稀释液，置于 5mL 容量瓶中，加苯-乙腈混合液定容。此溶液中黄曲霉毒素 B_1 的浓度为 0.2μg/mL。再吸取此黄曲霉毒素 B_1 标准溶液（0.2μg/mL）1.0mL，置于 5mL 容量瓶中，加苯-乙腈混合液定容，使溶液黄曲霉毒素 B_1 浓度为 0.04μg/mL。

3. 仪器

① 全玻璃浓缩器。

② 玻璃板：5cm×20cm。

③ 展开槽：25cm×6cm×4cm。

④ 紫外灯：100～125W，带有波长 365nm 滤光片。

⑤ 微量注射器或血色素吸管。

4. 样品处理

于小烧杯中称取油样 4.00g，用 20mL 正己烷或石油醚将试样转移至 125mL 分液漏斗中。用 20mL 甲醇水溶液分数次洗烧杯，洗液并入分液漏斗中，振摇 2min，静置分层后，将下层甲醇水溶液移入第二个分液漏斗中，再用 5mL 甲醇水溶液重复振摇提取一次，提取液并入第二个分液漏斗中。在第二个分液漏中加入 20mL 三氯甲烷，振摇 2min，静置分层，如出现乳化现象，可滴加甲醇促使分层，放出三氯甲烷层。经盛有约 10g 无水硫酸钠（预先用三氯甲烷湿润）的定量慢速滤纸置于 50mL 蒸发皿中。再加 5mL 三氯甲烷于分液漏斗中，重复振摇提取，三氯甲烷层一并滤入蒸发皿中。最后再用少量三氯甲烷洗涤过滤器，洗液并于蒸发皿中。将蒸发皿放在通风柜中于 65℃ 水浴上通风挥干，放在冰盒上冷却 2～3min 后，准确加入 1mL 苯-乙腈混合液（或将三氯甲烷用浓缩蒸馏器减压吹气蒸干后，准确加入 1mL 苯-乙腈混合液），用带橡皮头的滴管的管尖将残渣与溶液充分混合。若有苯的结晶析出，将蒸发皿从冰盒上取下，继续溶解、混合，晶体即消失。用滴管吸取上清液转移于 2mL 具塞试管中。

5. 单向展开法测定

（1）薄层板的制备　称取 3g 硅胶 G，加相当于硅胶量 2～3 倍的水，用力研磨 1～2min，成糊状后立即倒入玻璃板（5cm×20cm）上，均匀铺在整块玻璃板上。在空气中干燥 15min 后，于 100℃ 活化 2h，取出后，放入干燥器中保存。一般可保存 2～3d，若放置时间较长，可再活化后使用。

（2）点样　将薄层板边缘附着的吸附剂刮净，在距薄层板下端 3cm 的基线上，用微量注射器均匀点 4 个样点，样点距边缘和点间距约为 1cm，点直径约 3mm。在同一块板上滴加点的大小应一致，点样时可借助吹风机用冷风边吹边点。

各样点的样液成分如下：

① 第一点，10μL 黄曲霉毒素 B_1 标准使用液（0.04μg/mL）；

② 第二点，20μL 待测样液；

③ 第三点，20μL 待测样液＋10μL 0.04μg/mL 黄曲霉毒素 B_1 标准使用液；

④ 第四点，20μL 待测样液＋10μL 0.2μg/mL 黄曲霉毒素 B_1 标准使用液。

（3）展开　在展开槽内加 10mL 无水乙醚，预展 12cm，取出挥干。再于另一展开槽内加 10mL 丙酮-三氯甲烷（体积比为 8：92），展开 10～12cm 取出。

（4）结果观察　在 365nm 紫外灯下观察样点结果。由于待测样液点上加滴黄曲霉毒素 B_1 标准使用溶液，可使黄曲霉毒素 B_1 的标准点与样液中的黄曲霉毒素 B_1 荧光点重叠。如待测样液为阴性，薄层板上的第三点中黄曲霉毒素 B_1 多 0.0004μg，可用作检查在样液内黄曲霉毒素 B_1 最低检出量是否正常出现；如为阳性，则起定性作用。薄层板上的第四点中黄曲霉毒素 B_1 为 0.002μg，主要起定位作用。

（5）验证实验　若第二点在与黄曲霉毒素 B_1 标准点的相应位置上无蓝紫色荧光点，表示试样中黄曲霉毒素 B_1 含量在 5μg/kg 以下；如在相应位置上有蓝紫色荧光点，则需进行进一步验证试验。

为了证实薄层板上样液荧光系由黄曲霉毒素 B_1 产生的，可在样品和标样上分别滴加三氟乙酸，产生黄曲霉毒素 B_1 的衍生物，展开后此衍生物的比移值约为 0.1。

操作方法：于薄层板左边依次滴加两个点：第一点，$0.04\mu g/mL$ 黄曲霉毒素 B_1 标准使用液 $10\mu L$；第二点，$20\mu L$ 样液。于以上两点各加一小滴三氟乙酸，盖于其上，反应 5min，用吹风机吹热风 2min，使热风吹到薄层板上的温度不高于 40℃。再于薄层板上滴加以下两点：第三点，$0.04\mu g/mL$ 黄曲霉毒素 B_1 标准使用液 $10\mu L$；第四点，$20\mu L$ 样液。展开方法同上。在紫外灯下观察样液是否产生与黄曲霉毒素 B_1 标准点相同的衍生物。未加三氟乙酸的三、四两点，可依次作为样液与标准的衍生物空白对照。

（6）稀释定量　样液中的黄曲霉毒素 B_1 荧光点的荧光强度如与黄曲霉毒素 B_1 标准点的最低检出量（$0.0004\mu g$）的荧光强度一致，则试样中黄曲霉毒素 B_1 含量即为 $5\mu g/kg$。如样液中荧光强度比最低检出量强，则根据其强度估计减少加样体积或将样液稀释后再加不同体积，直到样液点的荧光强度与最低检出量的荧光强度一致为止。

6. 结果计算

试样中黄曲霉毒素 B_1 含量由下式计算，结果表示到测定值的整数位。

$$X = 0.0004 \times \frac{V_1 D}{V_2} \times \frac{1000}{m} \tag{8-5}$$

式中　X——试样中黄曲霉毒素 B_1 的含量，$\mu g/kg$；

$\quad\quad V_1$——加入苯-乙腈混合液的体积，mL；

$\quad\quad V_2$——出现最低荧光时滴加样液的体积，mL；

$\quad\quad D$——样液的总稀释倍数；

$\quad\quad m$——加入苯-乙腈混合液溶解时相当于试样的质量，g；

$\quad 0.0004$——黄曲霉毒素 B_1 的最低检出量，μg。

7. 提示

（1）实验后玻璃仪器可用 10g/L 次氯酸钠溶液浸泡半天或用 50g/L 次氯酸钠溶液浸泡片刻后，即可达到去毒效果。

消毒用次氯酸钠溶液的配制方法如下：取 100g 漂白粉，加 500mL 水，搅拌均匀。另将 80g 工业用碳酸钠（$Na_2CO_3 \cdot 1OH_2O$）溶于 500mL 温水中，再将两液混合，搅拌澄清后过滤。此溶液含次氯酸钠浓度约为 25g/L。若用漂粉精制备，则碳酸钠的量可以加倍，所得溶液的浓度约为 50g/L。

（2）黄曲霉毒素 B_1 标准液保存时应将标准液保存于具塞试管中，将塞密闭并封严，于 4℃冰箱中避光保存。用后在标准液的液面处做记号，用前检查标准液在贮备期内的体积有无改变，若有明显减少，则应准确补充溶剂到记号处后再用。必要时重测浓度及纯度。

（3）如用单向展开法展开后，薄层色谱由于杂质干扰掩盖了黄曲霉毒素 B_1 的荧光强度，可采用双向展开法。薄层板先用无水乙醚作横向展开，将干扰的杂质展至样液点的一边而黄曲霉毒素 B_1 不动；再用丙酮-三氯甲烷（体积比为 8：92）作纵向展开，使试样在黄曲霉毒素 B_1 处的杂质底色大量减少，因而提高了方法的灵敏度。如滴加两点法展开仍有杂质干扰时，则可改用滴加一点法。检测方法可参照 GB/T 5009.22—2003 标准方法进行。

↘ 实训 8-1　肉制品中 α-苯并芘的测定

【实训要点】

1. 掌握样品处理的能力。

2. 掌握荧光分光光度法的基本操作技术。

【仪器试剂】

1. 仪器

① 脂肪抽提器。

② 色谱柱：10mm×350mm，上端有内径25mm、长80～100mm内径漏斗，下端具有活塞。

③ 展开槽。

④ K-D全玻璃浓缩器。

⑤ 紫外光灯：带有波长为365nm或254nm的滤光片。

⑥ 回流皂化装置：锥形瓶磨口处接冷凝管。

⑦ 荧光分光光度计。

2. 试剂

① 苯（重蒸馏）。

② 环己烷（重蒸馏或经氧化铝柱处理至无荧光）或石油醚（沸程30～60℃）。

③ 二甲基甲酰胺或二甲基亚砜。

④ 无水乙醇（重蒸馏）。

⑤ 无水硫酸钠。

⑥ 展开剂：95％乙醇-二氯甲烷（体积比2：1）。

⑦ 硅镁吸附剂：将通过60～100目筛孔的硅镁吸附剂水洗四次（每次用水量为吸附剂质量的4倍），于垂融漏斗上抽滤后，再以等量的甲醇洗（甲醇与吸附剂质量相等）；抽滤干后，吸附剂铺于干净瓷盘上，于130℃干燥5h，装瓶贮存于干燥器内，临用前加5％水减活，混匀并平衡4h以上，最好放置过夜。

⑧ 色谱分离用氧化铝（中性）：120℃活化4h。

⑨ 乙酰化滤纸：将中速色谱用滤纸裁成30cm×4cm的条状，逐条放入盛有乙酰化混合液（180mL苯，130mL乙酸酐，0.1mL硫酸）的500mL烧杯中，使滤纸充分地接触溶液，保持溶液温度在21℃以上，不断搅拌，反应6h，再放置过夜。取出滤纸条，在通风橱内吹干，再放入无水乙醇中浸泡4h，取出后放在垫有滤纸的干净白瓷盘上，在室温内风干压平备用。一次可处理滤纸15～18条。

⑩ α-苯并芘标准溶液：精密称取10.0mg α-苯并芘，用苯溶解后移入100mL棕色容量瓶中定容，此溶液α-苯并芘浓度为100μg/mL。放置冰箱中保存。

⑪ α-苯并芘标准使用液：吸取1.00mL α-苯并芘标准溶液，置于10mL容量瓶中，用苯定容，同法依次用苯稀释，最后配成α-苯并芘浓度分别为1.0μg/mL和0.1μg/mL两种标准使用液，放置冰箱中保存。

【工作过程】

1. 样品制备

称取50.0～60.0g切碎混匀的熏肉，用无水硫酸钠搅拌（样品与无水硫酸钠的比例为1：1或1：2），然后装入滤纸筒内，放入脂肪提取器，加入100mL环己烷于90℃水浴上回流提取6～8h，然后将提取液倒入250mL分液漏斗中，再用6～8mL环己烷淋洗滤纸筒，洗液合并于250mL分液漏斗中，以环己烷饱和过的二甲基甲酰胺提取三次（每次40mL，振摇1min），合并二甲基甲酰胺提取液，用40mL经二甲基甲酰胺饱和过的环己烷提取一次，弃去环己烷液层。二甲基甲酰胺提取液合并于预先装有 240mL 硫酸钠溶液（20g/L）的 500mL 分液漏斗中，混匀后静置数分钟，用环己烷提取两次（每次 100mL，振摇 3min），环己烷提取液合并于第一个 500mL 分液漏斗中。

2. 样品提取液的净化处理

（1）于色谱柱下端填入少许玻璃棉，先装入 5～6cm 的氧化铝，轻轻敲管壁使氧化铝层填实、无空隙，顶面平齐；再同样装入 5～6cm 的硅镁型吸附剂，上面再装入 5～6cm 无水硫酸钠。用 30mL 环己烷淋洗装好的色谱柱，待环己烷液面流下至无水硫酸钠层时关闭活塞。

（2）将试样环己烷提取液倒入色谱柱中，打开活塞，调节流速为 1mL/min，必要时可用适当方法加压，待环己烷液面下降至无水硫酸钠层时，用 30mL 苯洗脱。此时应在紫外灯下观察，以蓝紫色荧光物质完全从氧化铝层洗下为止，如 30mL 苯不足，可适当增加苯量。收集苯液于 50～60℃减压浓缩至 0.1～0.5mL（根据试样中 α-苯并芘含量而定，注意不可蒸干）。

3. 样品提取液的分离

（1）在乙酰化滤纸条的一端 5cm 处，用铅笔画一横线为起始线，吸取一定量净化后的浓缩液，点于滤纸条上。用电吹风从纸条背面吹冷风，使溶剂挥散。同时点 20μL α-苯并芘的标准使用液（1μg/mL），点样时斑点的直径不超过 3mm，展开槽内盛有展开剂，滤纸条下端浸入展开剂约 1cm，待溶剂前沿至约 20cm 时取出阴干。

（2）在 365nm 或 254nm 紫外灯下观察展开后的滤纸条，用铅笔划出标准 α-苯并芘及与其同一位置的试样的蓝紫色斑点。剪下此斑点分别放入小比色管中，各加 4mL 苯加盖，插入 50～60℃水浴中振摇浸泡 15min。

4. 样品测定

（1）将试样及标准斑点的苯浸出液移入荧光分光光度计的石英比色皿中，以 365nm 为激发光波长，在 365～460nm 波长范围内进行荧光扫描，所得荧光光谱与标准 α-苯并芘的荧光光谱比较定性。

（2）与试样分析的同时做试剂空白对照，包括处理试样所用的全部试剂同样操作，分别读取试样、标准及试剂空白于波长 406nm、（406＋5）nm、（406－5）nm 处的荧光强度（F_{406}、F_{411}、F_{401}），按基线法由下式计算得到的数值，为定量计算的荧光强度（F）。

$$F = F_{406} - \frac{F_{401} + F_{411}}{2} \tag{8-6}$$

【结果处理】

试样中 α-苯并芘含量按下式计算，结果保留小数点后一位。

$$X = \frac{\dfrac{S}{F} \times (F_1 - F_2) \times 1000}{m \times \dfrac{V_2}{V_1}} \tag{8-7}$$

式中　X——试样中 α-苯并芘的含量，μg/kg；

　　　S——α-苯并芘标准斑点的质量，μg；

　　　F——标准的斑点浸出液荧光强度，mm；

　　　F_1——试样斑点浸出液荧光强度，mm；

　　　F_2——试剂空白浸出液荧光强度，mm；

　　　V_1——试样浓缩液体积，mL；

V_2——点样体积，mL；

m——试样质量，g。

【友情提示】

（1）制备乙酰化滤纸时，必须严格控制处理时间与温度。温度高处理时间长，乙酰化程度过大，则展开时分离困难（R_f值过小）；反之则乙酰化程度太低，则展开时几乎与溶剂前沿相近（R_f值过大）。一般展开后的 α-苯并芘的 R_f 值在 0.1～0.2 之间较为适宜。

（2）实验用的滤纸规格、乙酰化混合液的数量，乙酰化温度、时间及滤纸与乙酰化混合液的接触程度均对乙酰化程度有影响，应严格依法操作。

（3）供测的玻璃仪器不能用洗衣粉洗涤，以防止荧光性物质干扰，产生实验测定误差。

（4）α-苯并芘是致癌活性物质。操作时应戴手套。接触 α-苯并芘的玻璃应用 5％～10％ 硝酸溶液浸泡后，再进行清洗。

（5）实验精密度要求为：在重复性条件下获得两次独立测定结果的绝对差值不得超过算术平均值的 20％。

（6）实验原理：检测时试样先用有机溶剂提取，或经皂化后提取，提取液经萃取或色谱柱纯化后，在乙酰化滤纸上分离 α-苯并芘。α-苯并芘在紫外线照射下呈蓝色荧光斑点，将分离后有 α-苯并芘的滤纸部分剪下，用溶剂溶解后，用荧光分光光度计测定荧光强度与标准比较定量。

第二节　天然有毒物质的检测

食品中的天然毒素主要是指某些动、植物中所含的有毒天然成分，如河豚中含有河豚毒素；苦杏仁中存在氰化物；毒蕈中含有毒肽或毒蝇碱等。有些动植物食品是由于贮存不当而形成某些有毒物质，例如马铃薯发芽后可产生龙葵素。此外，由于某些特殊原因而引入的有毒物质，例如蜂蜜本身并无毒性，但蜜源植物含有毒素会酿成有毒蜂蜜，食用后可引起中毒。

天然毒素可存在于动物性食品或植物性食品中。动物性食品有毒者多为海产品，主要包括鱼类的内源性毒素和贝类毒素；植物性食物中的毒素种类较多，主要包括有毒植物蛋白、氨基酸、毒苷、生物碱等。

一、动物类食品中（天然）毒素的检测

水产品中组胺是组氨酸在莫根变形杆菌、组胺无色杆菌的组氨酸脱羧酶作用下，脱去羧基后而形成的一种胺类物质。人体摄入一定量的组胺后，会引起组胺中毒。我国水产品管理办法中规定：凡青皮红肉的鱼类，如鲤鱼、鲐鱼等，易分解产生大量组胺，出售时应注意鲜度质量，水产品中组胺的测定常用比色法。

1. 原理

鱼体中组胺用正戊醇提取，遇偶氮试剂显橙色，与标准系列比较定量。最低检出浓度为 5mg/100g。

2. 试剂与仪器

① 正戊醇。

② 100g/L 三氯乙酸溶液。

③ 50g/L 碳酸钠溶液。

④ 250g/L 氢氧化钠溶液。

⑤ 盐酸 (1+11)。

⑥ 偶氮试剂：甲液 5mL、乙液 40mL 混合后立即使用。

甲液：称取 0.5g 对硝基苯胺，加 5mL 盐酸溶解后，再加水至 200mL，置冰箱中。乙液：0.1mol/L 亚硝酸钠溶液，临用现配。

⑦ 磷酸组胺标准溶液：准确称取 0.276g 磷酸组胺，溶于水，移入 100mL 容量瓶中，加水至刻度。每 1mL 相当于 1.0mg 组胺。

⑧ 磷酸组胺标准使用液：准确吸取 1.0mL 组胺标准溶液，置于 50mL 容量瓶中，加水至刻度。每 1mL 相当于 20μg 组胺。

⑨ 分光光度计。

3. 样品处理

称取 5~10g 切碎样品，置于具塞锥形瓶中，加入 15~20mL 100g/L 三氯乙酸溶液，浸泡 2~3h，过滤。吸取 2.0mL 滤液，置于分液漏斗中，加 250g/L 氢氧化钠溶液呈碱性，每次加入正戊醇，振摇 5min，提取 3 次，合并正戊醇并稀释至 10.0mL。吸取 2.0mL 正戊醇提取液于分液漏斗中，每次加 3mL 盐酸 (1+11) 振摇提取 3 次，合并盐酸提取液并稀释至 10.0mL，备用。

4. 测定

吸取 2.0mL 盐酸提取液及 0.0mL、0.2mL、0.4mL、0.6mL、0.8mL、1.0mL 组胺标准使用液（相当于 0μg、4μg、8μg、12μg、16μg、20μg 组胺），分别置于 10mL 比色管中，加水至 1mL，再各加入 1mL 盐酸 (1+11)，各加 3mL 50g/L 碳酸钠溶液、3mL 偶氮试剂，加水至刻度，混匀。放置 10min 后，用 1cm 比色皿 480nm 波长处测吸光度。

5. 计算

$$X = \frac{A \times 100}{m \times \dfrac{V}{V_0} \times 1000} \tag{8-8}$$

式中　X——样品中组胺含量，$\mu g/kg$；

　　　A——样液中组胺的质量，μg；

　　　V——取滤液的体积，mL；

　　　V_0——样品滤液的总体积，mL；

　　　m——样品的质量，g。

二、植物类食品中（天然）毒素的测定

棉酚是棉籽中的一种萘的衍生物。其测定方法有多种，其中氯化锡试验用于定性鉴定，三氯化锑法可以测定总棉酚的含量，苯胺法或紫外分光光度法可以测定游离棉酚的含量，高效液相色谱法是常用的用于测定游离棉酚的方法。

1. 原理

植物油中的游离棉酚经无水乙醇提取，经 C_{18} 柱将棉酚与试样中的杂质分开，在 235nm 处测定。水溶性试样中的游离棉酚经无水乙醚提取，浓缩至干，再加入乙醇溶解，用 C_{18} 柱将棉酚与试样中的杂质分开，在 235nm 处测定。根据色谱峰的保留时间定性，外标法峰高定量。

2. 试剂

① 磷酸。

② 无水乙醇。

③ 无水乙醚。

④ 普通氮气。

⑤ 甲醇经 $0.5\mu m$ 滤膜过滤。

⑥ 棉酚标准储备液：精密称取 $0.1000g$ 棉酚纯品，用无水乙醚溶解，并定容至 $100mL$。此溶液相当于每 $1mL$ 含棉酚 $1.0mg$。

⑦ 棉酚应用液：取 $1mg/mL$ 棉酚储备液 $5.0mL$ 于 $100mL$ 容量瓶中，用无水乙醇定容至刻度，此溶液相当于每 $1mL$ 含棉酚 $50\mu g$。

⑧ 磷酸溶液：取 $300mL$ 水，加 $6.0mL$ 磷酸，混匀，经 $0.5\mu m$ 滤膜过滤。

3. 仪器

① 液相色谱仪：带紫外检测器。

② K-D 浓缩仪。

③ 离心机：$3000r/min$。

④ $10pL$ 微量注射器。

⑤ Micropark C_{18}（$250mm$，$6mm$）不锈钢色谱柱。

4. 色谱条件

柱温：$40℃$。

流动相：甲醇＋磷酸溶液（$85＋15$）。

测定波长：$235nm$。

流量：$1.0mL/min$。

纸速：$0.25mm/min$，衰减 1。

灵敏度：$0.02AUFS$。

进样：$10\mu L$。

5. 试样制备

① 植物油：取油样 $1.000g$，加入 $5mL$ 无水乙醇，剧烈振摇 $2min$，静置分层（或冰箱过夜），取上清液过滤，离心，取上清液 $10\mu L$ 进液相色谱。

② 水溶性试样：吸取试样 $10.0mL$ 于离心试管中，加入 $10mL$ 无水乙醚，振摇 $2min$，静置 $5min$，取上层乙醚层 $5mL$，用氮气吹干，用 $1.0mL$ 无水乙醇定容，过滤膜，取 $1\mu L$ 进液相色谱仪。

6. 测定

① 标准曲线的制备：准确吸取 $1.00mL$、$2.00mL$、$5.00mL$、$8.00mL$ 的 $50\mu g/mL$ 的棉酚标准液于 $10.0mL$ 容量瓶中，用无水乙醇稀释至刻度，此溶液相应于 $5\mu g/mL$、$10\mu g/mL$、$25\mu g/mL$、$40\mu g/mL$ 的标准系列，进样 $10\mu L$，作标准系列，根据响应值绘制标准曲线。

② 色谱分析：取 $10\mu L$ 试样溶液注入液相色谱仪，记录色谱峰的保留时间和峰高，根据保留时间确定游离棉酚，根据峰高，从标准曲线上查出游离棉酚的含量。

7. 结果计算

$$X = \frac{5A}{m}$$

(8-9)

式中 X——试样中棉酚的含量，mg/kg；

$\quad m$——试样的质量，g；

$\quad A$——测定试样中棉酚的含量，$\mu g/mL$；

$\quad 5$——折合所用无水乙醇的体积，mL。

三、加工过程中形成的有害物质的检测

人类的食物除少数物品如食盐等外，绝大部分来自动、植物。这些物品易腐败，需要进行适当处理，特别是为了运输和贮存，以及为了适应人们不同的饮食习惯和嗜好、满足某些特殊需要，往往将各种不同的动、植物原料，经过各种不同的加工、处理、调配，制成形态、色泽、风味、质地，以及营养价值等各不相同的加工食品。

食品加工对食物营养素的影响具有双重性。一方面加工可以有效地杀灭微生物并钝化酶的活性，降低微生物和酶对加工工艺及营养价值的不利影响，破坏食物中某些抗营养因子和有毒物质，从而提高食物的消化率和营养价值；另一方面则由于各种营养素稳定特性以及对不同加工工艺适应程度的差异，在加工中也会造成营养素不同程度的破坏或损失，甚至在加工过程中还会产生一些有害物质。如腌制食品中可能含有亚硝基化合物；烟熏食品中可能含有苯并芘，油炸食品中可能含有丙烯酰胺，粮食作物在贮藏过程中可能产生黄曲霉毒素等。对食品加工中形成的有害物质进行测定，已成为食品分析的一项重要内容。通过分析，测出有害物质，找出根源，就有利于采取有效措施，改进食品加工工艺，防止食品污染，保障人们的身体健康。

本方法适用于酒类、肉及肉制品、蔬菜、豆制品、调味品、茶叶等食品中 N-亚硝基二甲胺、N-亚硝基二乙胺、N-亚硝基二丙胺及 N-亚硝基吡咯烷含量的测定。

1. 原理

样品中的 N-亚硝胺类化合物经水蒸气蒸馏和有机溶剂萃取后，浓缩至一定量，采用气相色谱-质谱联用仪的高分辨峰匹配法进行确认和定量。

2. 试剂

① 二氯甲烷：须用全玻璃蒸馏装置重蒸。

② 硫酸（1+3）。

③ 无水硫酸钠。

④ 氯化钠（优级纯）。

⑤ 氢氧化钠溶液。

⑥ N-亚硝胺标准溶液：用二氯甲烷作溶剂，分别配制 N-亚硝基二甲胺、N-亚硝基二乙胺、N-亚硝基二丙胺、N-亚硝基吡咯烷的标准溶液，使每 1mL 分别相当于 0.5mg N-亚硝胺。

⑦ N-亚硝胺标准使用液：在四个 10mL 容量瓶中，加入适量二氯甲烷，用微量注射器各吸取 $100\mu L$ N-亚硝胺标准溶液，分别置于上述四个容量瓶中，用二氯甲烷稀释至刻度。此溶液每 1mL 分别相当于 $5\mu g$ N-亚硝胺。

⑧ 耐火砖颗粒：将耐火砖破碎，取直径为 $1\sim2mm$ 的颗粒，分别用乙醇、二氯甲烷清洗后，在高温炉（400℃）中灼烧 1h，作助沸石使用。

3. 仪器

① 水蒸气蒸馏装置。

② K-D 浓缩器。

③ 气相色谱-质谱联用仪。

4. 水蒸气蒸馏

称取 200g 切碎（或绞碎、粉碎）后的样品，置于水蒸气蒸馏装置的蒸馏瓶中（液体样品直接量取 200mL），加入 100mL 水（液体样品不加水），摇匀。在蒸馏瓶中加入 120g 氯化钠，充分摇动，使氯化钠溶解。将蒸馏瓶与水蒸气发生器及冷凝器连接好，并在锥形接收瓶中加入 40mL 二氯甲烷及少量冰块，收集 400mL 馏出液。

5. 萃取纯化

在锥形接收瓶中加入 80g 氯化钠和 3mL 硫酸（1+3），搅拌使氯化钠完全溶解；然后转移到 500mL 分液漏斗中，振荡 5min，静置分层，将二氯甲烷层分至另一锥形瓶中，再用 120mL 二氯甲烷分三次提取水层，合并四次提取液，总体积为 160mL。

对于含有较高浓度乙醇的样品，如蒸馏酒、配制酒等，须用 50mL 氢氧化钠溶液（120g/L）洗有机层两次，以除去乙醇的干扰。

6. 浓缩

将有机层用 10g 无水硫酸钠脱水后，转移至 K-D 浓缩器中，加入一粒耐火砖颗粒，于 50℃ 水浴上浓缩至 1mL。备用。

7. 测定

（1）色谱条件

汽化室温度：190℃。

色谱柱温度：对 N-亚硝基二甲胺、N-亚硝基二乙胺、N-亚硝基二丙胺、N-亚硝基吡咯烷分别为 130℃、145℃、130℃、160℃。

色谱柱：内径 1.8～3.0mm，长 2m 的玻璃柱，内装涂以 15%（质量分数）PEG20M 固定液和氢氧化钾溶液（10g/L）的 80～100 目 ChromosorbW AW DMCs。

载气：氮气，流速为 40mL/min。

（2）质谱仪条件

分辨率≥7000。

离子化电压：70V。

离子化电流：300μA。

离子源温度：180℃。

离子源真空度：1.33×10^{-4}Pa。

界面温度：180℃。

（3）测定　采用电子轰击源高分辨峰匹配法，用全氟煤油（PFK）的碎片离子（它们的质荷比为 68.99527、99.9936、130.9920、99.9936）分别监视 N-亚硝基二甲胺、N-亚硝基二乙胺、N-亚硝基二丙胺及 N-亚硝基吡咯烷的分子、离子（它们的质荷比为 74.0480、102.0793、130.1106、100.0636），结合它们的保留时间来定性，以示波器上该分子、离子的峰高来定量。

8. 计算

$$X = \frac{\dfrac{h_1}{h_2} \times A}{m} \times 1000 \tag{8-10}$$

式中　X——样品中某一 N-亚硝胺化合物的含量，$\mu g/kg$ 或 $\mu g/L$；

　　　h_1——浓缩液中该 N-亚硝胺化合物的峰高，mm；

　　　h_2——标准使用液中该 N-亚硝胺化合物的峰高，mm；

　　　A——标准使用液中该 N-亚硝胺化合物的浓度，$\mu g/mL$；

　　　m——样品质量（体积），g 或 mL。

四、食品包装材料中有害物质的检测

食品包装是指采用适当的包装材料、容器和包装技术，把食品包裹起来，以使食品在运输和贮藏过程中保持其价值和原有的状态。食品包装可将食品与外界隔绝，防止微生物以及有害物质的污染，避免虫害的侵袭。同时，良好的包装还可起到延缓脂肪的氧化、避免营养成分的分解、阻止水分、香味的蒸发散逸，保持食品固有的风味、颜色和外观等作用。

目前，食品用的包装材料包括塑料成型品、涂料、橡胶制品及包装用纸等。食品包装材料的测定，一般是模拟不同食品，制备几种浸泡液（水、4%乙酸、20%或65%乙醇及正己烷），在一定温度下，以试样浸泡一定时间后，测定其高锰酸钾消耗量、蒸发残渣、重金属及退色试验。

聚乙烯、聚苯乙烯、聚丙烯成型品这三类不饱和烃的聚合物，是目前应用最多的树脂，广泛地用于食品包装、食品容器、食具餐具等。

1. 取样方法

每批按 0.1%取试样，小批时取样数不少于 10 只（以每只 500mL 容积计，小于 500mL 时，试样应加倍取量）。其中半数供化验用，另半数保存两个月，以备作仲裁分析用，分别注明产品名称、批号、取样时期。试样洗净备用。

2. 浸泡条件

（1）水：60℃，保温 2h。

（2）乙酸（40g/L）：60℃，保温 2h。

（3）乙醇（65%）：室温，浸泡 2h。

（4）正己烷：室温，浸泡 2h。

以上浸泡液按接触面积每 $1cm^2$ 加 2mL，在容器中则加入浸泡液至 2/3～4/5 容积为准。

3. 高锰酸钾消耗量

（1）原理　试样经用浸泡液浸泡后，测定其高锰酸钾消耗量，表示可溶出有机物质的含量。

（2）试剂

① 硫酸（1+2）。

② $\frac{1}{5}KMnO_4$ 标准滴定溶液：0.01mol/L。

③ $H_2C_2O_4$（草酸）标准滴定溶液：0.01mol/L。

（3）分析步骤

① 锥形瓶的处理：取 100mL 水，放入 250mL 锥形瓶中，加入 5mL 硫酸（1+2）、5mL 高锰酸钾溶液，煮沸 5min，倒去，用水冲洗备用。

② 滴定：准确吸取 100mL 水浸泡液（有残渣则需过滤）于上述处理过的 250mL 锥形瓶中，加 5mL 硫酸（1+2）及 5.0mL 1/5KMnO₄标准滴定溶液（0.01mol/L），再加玻璃

珠 2 粒，准确煮沸后，立即趁热加入 10.0mL $H_2C_2O_4$ 标准滴定溶液（0.01mol/L），再以 $1/5KMnO_4$ 标准滴定溶液（0.01mol/L）滴定至微红色，记取二次高锰酸钾溶液的滴定量。

③ 另取 100mL 水，按上法同样做试剂空白试验。

（4）结果计算

$$X = \frac{(V_1 - V_2)c \times 31.6 \times 100c}{100} \tag{8-11}$$

式中　X——试样中高锰酸钾的消耗量，mg/L；

V_1——试样浸泡液滴定时消耗高锰酸钾溶液的体积，mL；

V_2——试剂空白滴定时消耗高锰酸钾溶液的体积，mL；

c——$1/5KMnO_4$ 标准滴定溶液的实际浓度，mol/L；

31.6——$1/5KMnO_4$ 的摩尔质量，g/mol。

4. 蒸发残渣

（1）原理　试样经用各种溶液浸泡后，蒸发残渣即表示在不同浸泡液中的溶出量。四种溶液为模拟接触水、酸、酒、油不同性质食品的情况。

（2）分析步骤　取各浸泡液 200mL，分次置于预先在 100℃±5℃ 干燥至恒重的 50mL 玻璃蒸发皿或恒量过的小瓶浓缩器（为回收正己烷用）中，在水浴上蒸干，于 100℃±5℃ 下干燥 2h，在干燥器中冷却 0.5h 后称重，再于 100℃±5℃ 干燥 1h，取出，在干燥器中冷却 0.5h，称量。

同时进行空白试验。

（3）结果计算

$$X = \frac{(m_1 - m_2) \times 1000}{200} \tag{8-12}$$

式中　X——试样浸泡液（不同浸泡液）蒸发残渣，mg/L；

m_1——试样浸泡液蒸发残渣的质量，mg；

m_2——空白浸泡液的质量，mg。

5. 重金属

（1）原理　浸泡液中重金属（以铅计）与硫化钠作用，在酸性溶液中形成黄棕色硫化铅，与标准比较不得更深，即表示重金属含量符合标准。

（2）试剂

① 硫化钠溶液：称取 5g 硫化钠，溶于 10mL 水和 30mL 甘油的混合液中，或将 30mL 水和 90mL 甘油混合后分成二等份，一份加 5g 氢氧化钠溶解后通入硫化氢气体（硫化铁加稀盐酸），使溶液饱和后，将另一份水和甘油混合液倒入，混合均匀后装入瓶中，密闭保存。

② 铅标准溶液：准确称取 0.1598g 硝酸铅，溶于 10mL 硝酸（10%）中，移入 1000mL 容量瓶内，加水稀释至刻度。此溶液每 1mL 相当于 100μg 铅。

③ 铅标准使用液：吸取 10.0mL 铅标准溶液，置于 100mL 容量瓶中，加水稀释至刻度。此溶液每 1mL 相当于 10μg 铅。

（3）分析步骤　吸取 20.0mL 乙酸（4%）浸泡液于 50mL 比色管中，加水至刻度。另取 2mL 铅标准使用液于 50mL 比色管中，加 20mL 乙酸（4%）溶液，加水至刻度混匀，两液中各加硫化钠溶液 2 滴，混匀后，放置 5min，以白色为背景，从上方或侧面观察，试样呈色不能比标准溶液更深。

结果的表述：呈色大于标准管试样，重金属 [以铅（Pb）计] 报告值大于 1。

（4）脱色试验　取洗净待测食具一个，用蘸有冷餐油、乙醇（65%）的棉花，在接触食品部位的小面积内，用力往返擦拭 100 次，棉花上不得染有颜色。

四种浸泡液也不得染有颜色。

【本章小结】

重点介绍常见的有毒有害物质的检测，如黄曲霉毒素、苯并芘等。要求掌握这些检测方法的样品正确处理能力，熟练使用大型仪器以及关于仪器的相关知识。

思考练习题

一、填空题

1. 色谱法是一种（　　　）技术。

2. 气相色谱的流动相称为（　　　），使用最多的是（　　　）和（　　　）。

3. 当色谱柱中只有载气经过时检测器记录的信号称为（　　　）。

4. 气液色谱的固定相由（　　　）和（　　　）组成。

5. 色谱分离的两个基本理论：一个是（　　　）；另一个是（　　　）。

6. 以 ODS 键合固定相，甲醇-水为流动相时，该色谱条件为（　　　）（填正相或反相）色谱。

二、选择题

1. 色谱法分离混合物的可能性决定于试样混合物在固定相中（　　　）的差别。

(1) 沸点差　　　　(2) 温度差　　　　(3) 吸光度　　　　(4) 分配系数

2. 选择固定液时，一般根据（　　　）原则。

(1) 沸点高低　　　(2) 熔点高低　　　(3) 相似相溶　　　(4) 化学稳定性

3. 相对保留值是指某组分 2 与某组分 1 的（　　　）。

(1) 调整保留值之比(2) 死时间之比　　(3) 保留时间之比　(4) 保留体积之比

4. 气相色谱定量分析时，（　　　）要求进样量特别准确。

(1) 内标法　　　　(2) 外标法　　　　(3) 面积归一化法

5. 理论塔板数反映了（　　　）。

(1) 分离度　　　　(2) 分配系数　　　(3) 保留值　　　　(4) 柱的效能

6. 下列气相色谱仪的检测器中，属于质量型检测器的是（　　　）。

(1) 热导池和氢火焰离子化检测器

(2) 火焰光度和氢火焰离子化检测器

(3) 热导池和电子捕获检测器

(4) 火焰光度和电子捕获检测器

7. 衡量色谱柱总分离效能的指标是（　　　）。

(1) 塔板数　　　　(2) 分离度　　　　(3) 分配系数　　　(4) 相对保留值

8. 液-液分配色谱法的分离原理是利用混合物中各组分在固定相和流动相中溶解度的差异进行分离的，分配系数大的组分（　　　）大。

(1) 峰高　　　　　(2) 峰面积　　　　(3) 峰宽　　　　　(4) 保留值

9. 液相色谱适宜的分析对象是（　　　）。

(1) 低沸点小分子有机物　　　　　　　(2) 高沸点大分子有机物

(3) 所有有机化合物 　　　　　　　　(4) 所有化合物

10. 液相色谱流动相过滤必须使用 (　　) 粒径的过滤膜。

(1) $0.5\mu m$ 　　(2) $0.45\mu m$ 　　(3) $0.6\mu m$ 　　(4) $0.55\mu m$

11. 气相色谱图中，与组分含量成正比的是 (　　)。

(1) 峰面积 　　(2) 相对保留值 　　(3) 峰宽 　　(4) 保留时间

12. TCD 的基本原理是依据被测组分与载气 (　　) 的不同。

(1) 相对极性 　　(2) 电阻率 　　(3) 相对密度 　　(4) 热导率

13. 在气固色谱中各组分在吸附剂上分离的原理是 (　　)。

(1) 各组分溶解度不同 　　　　　　　(2) 各组分电负性不同

(3) 各组分颗粒大小不同 　　　　　　(4) 各组分的吸附能力不同

14. 气相色谱分析下列哪个因素对理论塔板高度没有影响 (　　)。

(1) 填料的粒度 　　　　　　　　　　(2) 载气流速

(3) 色谱柱长 　　　　　　　　　　　(4) 填料粒度的均匀程度

15. 气相色谱定量分析时，当样品中各组分不能全部出峰或在多种组分中只需定量其中某几个组分时，可选用 (　　)。

(1) 归一化法 　　(2) 标准曲线法 　　(3) 内标法 　　(4) 比较法

16. 气相色谱柱的载体可分为两大类 (　　)。

(1) 硅藻土类载体 　　(2) 红色载体 　　(3) 白色载体 　　(4) 非硅藻土类载体

17. 气相色谱仪样品不能分离，原因可能是 (　　)。

(1) 柱温太高 　　(2) 色谱柱太短 　　(3) 固定液流失 　　(4) 载气流速太高

18. 常用的液相色谱检测器有 (　　)。

(1) 氢火焰离子化检测器 　　　　　　(2) 紫外检测器

(3) 示差折光检测器 　　　　　　　　(4) 荧光检测器

19. 高效液相色谱仪与气相色谱仪比较增加了 (　　)。

(1) 贮液器 　　(2) 恒温器 　　(3) 高压泵 　　(4) 程序升温

20. 气相色谱法中一般选择汽化室的温度 (　　)。

(1) 比柱温高 $30\% \sim 70\%$ 　　　　(2) 比样品组分中最高沸点高 $30 \sim 50℃$

(3) 比柱温高 $30 \sim 50℃$ 　　　　　(4) 比样品组分中最高沸点高 $30 \sim 70℃$

21. 气相色谱仪由载气系统、柱分离系统、进样系统外，其另外一个主要系统是 (　　)。

(1) 恒温系统 　　(2) 样品制备系统 　　(3) 记录系统 　　(4) 检测系统

22. 气相色谱分离一个组分的分配系数取决于 (　　)。

(1) 固定液 　　(2) 柱温 　　(3) 检测器 　　(4) 载气流速

三、判断题

1. (　　) 气相色谱分析中，混合物能否完全分离取决于色谱柱，分离后的组分能否准确检测出来，取决于检测器。

2. (　　) 在用气相色谱仪分析样品时，载气的流速应恒定。

3. (　　) 电子捕获检测器对含有 S、P 元素的化合物具有很高的灵敏度。

4. (　　) 气相色谱分析中，热导池检测器的桥路电流和钨丝温度一定时，适当降低池体温度，可以提高灵敏度。

5. （　　）FID 检测器是典型的非破坏型质量型检测器。

6. （　　）当无组分进入检测器时，色谱流出曲线称色谱峰。

7. （　　）相对保留值仅与柱温、固定相性质有关，与操作条件无关。

8. （　　）相邻两组得到完全分离时，其分离度 $R < 1.5$。

9. （　　）某试样的色谱图上出现三个峰，该试样最多有三个组分。

10. （　　）气相色谱定性分析中，若标准物与未知物保留时间一致，则可以肯定两者为同一物质。

11. （　　）每次安装了新的色谱柱后，应对色谱柱进行老化。

12. （　　）高效液相色谱仪的工作流程同气相色谱仪完全一样。

13. （　　）液-液分配色谱中，各组分的分离是基于各组分吸附能力的不同。

14. （　　）反相键合液相色谱法中常用的流动相是水-甲醇。

附 录

附表 1 观测糖度锤度温度校正表（标准温度20℃）

测得的糖锤度

温度低于20℃时应减去的校正数

温度/℃	0	1	2	3	4	5	6	7	8	9	10	11	12	13	14	15	16	17	18	19	20	21	22	23	24	25	30
0	0.30	0.34	0.36	0.41	0.45	0.49	0.52	0.55	0.59	0.62	0.65	0.67	0.70	0.72	0.75	0.77	0.79	0.82	0.84	0.87	0.89	0.91	0.93	0.95	0.97	0.99	1.08
5	0.36	0.38	0.40	0.43	0.45	0.47	0.49	0.51	0.52	0.54	0.56	0.58	0.60	0.61	0.63	0.65	0.67	0.68	0.70	0.71	0.73	0.74	0.75	0.76	0.77	0.80	0.86
10	0.32	0.33	0.34	0.36	0.37	0.38	0.39	0.40	0.41	0.42	0.43	0.44	0.45	0.46	0.47	0.48	0.49	0.50	0.50	0.51	0.52	0.53	0.54	0.55	0.56	0.57	0.60
10.5	0.31	0.32	0.33	0.34	0.35	0.36	0.37	0.38	0.39	0.40	0.41	0.42	0.43	0.44	0.45	0.46	0.47	0.48	0.48	0.49	0.50	0.51	0.52	0.52	0.53	0.54	0.57
11	0.31	0.32	0.33	0.33	0.34	0.35	0.36	0.37	0.38	0.39	0.40	0.41	0.42	0.43	0.43	0.44	0.45	0.46	0.46	0.47	0.48	0.49	0.49	0.50	0.50	0.51	0.55
11.5	0.30	0.31	0.31	0.32	0.32	0.33	0.34	0.35	0.36	0.37	0.38	0.39	0.40	0.40	0.41	0.42	0.43	0.43	0.44	0.44	0.45	0.46	0.46	0.47	0.47	0.48	0.52
12	0.29	0.30	0.30	0.31	0.31	0.32	0.33	0.34	0.34	0.35	0.36	0.37	0.38	0.38	0.39	0.40	0.41	0.41	0.42	0.42	0.43	0.44	0.44	0.45	0.45	0.46	0.46
12.5	0.27	0.28	0.28	0.29	0.29	0.30	0.31	0.32	0.32	0.33	0.34	0.35	0.35	0.36	0.36	0.37	0.38	0.38	0.39	0.39	0.40	0.41	0.41	0.42	0.42	0.43	0.47
13	0.26	0.27	0.27	0.28	0.28	0.29	0.30	0.30	0.31	0.31	0.32	0.33	0.33	0.34	0.34	0.35	0.36	0.36	0.37	0.37	0.38	0.39	0.39	0.40	0.40	0.41	0.44
13.5	0.25	0.25	0.25	0.25	0.26	0.27	0.28	0.28	0.29	0.29	0.30	0.31	0.31	0.32	0.32	0.33	0.34	0.34	0.35	0.35	0.36	0.36	0.37	0.37	0.38	0.38	0.41
14	0.24	0.24	0.24	0.24	0.25	0.26	0.27	0.27	0.28	0.28	0.29	0.29	0.30	0.30	0.31	0.31	0.32	0.33	0.33	0.33	0.34	0.34	0.35	0.35	0.36	0.36	0.38
14.5	0.22	0.22	0.22	0.22	0.23	0.24	0.24	0.25	0.25	0.26	0.26	0.26	0.27	0.27	0.28	0.28	0.29	0.30	0.30	0.30	0.31	0.32	0.32	0.32	0.33	0.33	0.35
15	0.20	0.20	0.20	0.20	0.21	0.22	0.22	0.23	0.23	0.24	0.24	0.24	0.25	0.25	0.26	0.26	0.26	0.27	0.27	0.28	0.28	0.28	0.29	0.29	0.30	0.30	0.32
15.5	0.18	0.18	0.18	0.18	0.19	0.20	0.20	0.21	0.21	0.22	0.22	0.22	0.23	0.23	0.24	0.24	0.24	0.25	0.25	0.25	0.25	0.25	0.26	0.26	0.27	0.27	0.29
16	0.17	0.17	0.17	0.18	0.18	0.18	0.18	0.19	0.19	0.20	0.20	0.20	0.21	0.21	0.22	0.22	0.22	0.23	0.23	0.23	0.23	0.23	0.24	0.24	0.25	0.25	0.26
16.5	0.15	0.15	0.15	0.16	0.16	0.16	0.16	0.16	0.17	0.17	0.17	0.17	0.18	0.18	0.19	0.19	0.19	0.20	0.20	0.20	0.20	0.20	0.21	0.21	0.22	0.22	0.23

续表

测得的糖锤度（温度低于20℃时应减去的校正数）

温度/℃	0	1	2	3	4	5	6	7	8	9	10	11	12	13	14	15	16	17	18	19	20	21	22	23	24	25	30
17	0.13	0.13	0.13	0.14	0.14	0.14	0.14	0.14	0.15	0.15	0.15	0.15	0.16	0.16	0.16	0.16	0.16	0.16	0.17	0.17	0.18	0.18	0.18	0.18	0.19	0.19	0.20
17.5	0.11	0.11	0.11	0.12	0.12	0.12	0.12	0.12	0.12	0.12	0.12	0.12	0.13	0.13	0.13	0.13	0.13	0.13	0.14	0.14	0.15	0.15	0.15	0.16	0.16	0.16	0.16
18	0.09	0.09	0.09	0.10	0.10	0.10	0.10	0.10	0.10	0.10	0.10	0.10	0.10	0.11	0.11	0.11	0.11	0.11	0.12	0.12	0.12	0.12	0.12	0.13	0.13	0.13	0.13
18.5	0.07	0.07	0.07	0.07	0.07	0.07	0.07	0.07	0.07	0.07	0.07	0.07	0.07	0.08	0.08	0.08	0.08	0.08	0.09	0.09	0.09	0.09	0.09	0.09	0.09	0.09	0.10
19	0.05	0.05	0.05	0.05	0.05	0.05	0.05	0.05	0.05	0.05	0.05	0.05	0.05	0.06	0.06	0.06	0.06	0.06	0.06	0.06	0.06	0.06	0.06	0.06	0.06	0.06	0.07
19.5	0.03	0.03	0.03	0.03	0.03	0.03	0.03	0.03	0.03	0.03	0.03	0.03	0.03	0.03	0.03	0.03	0.03	0.03	0.03	0.03	0.03	0.03	0.03	0.03	0.03	0.03	0.04
20	0	0	0	0	0	0	0	0	0	0	0	0	0	0	0	0	0	0	0	0	0	0	0	0	0	0	0
20.5	0.02	0.02	0.02	0.03	0.03	0.03	0.03	0.03	0.03	0.03	0.03	0.03	0.03	0.03	0.03	0.03	0.03	0.03	0.03	0.03	0.03	0.03	0.03	0.03	0.04	0.04	0.04
21	0.04	0.04	0.04	0.05	0.05	0.05	0.05	0.05	0.06	0.06	0.06	0.06	0.06	0.06	0.06	0.06	0.06	0.06	0.06	0.06	0.06	0.06	0.06	0.07	0.07	0.07	0.07
21.5	0.07	0.07	0.07	0.08	0.08	0.08	0.08	0.08	0.09	0.09	0.09	0.09	0.09	0.09	0.09	0.09	0.09	0.09	0.09	0.09	0.09	0.09	0.09	0.10	0.10	0.10	0.11
22	0.10	0.10	0.10	0.10	0.10	0.10	0.10	0.10	0.11	0.11	0.11	0.11	0.11	0.12	0.12	0.12	0.12	0.12	0.12	0.12	0.12	0.12	0.12	0.13	0.13	0.13	0.14
22.5	0.13	0.13	0.13	0.13	0.13	0.13	0.13	0.13	0.14	0.14	0.14	0.14	0.14	0.15	0.15	0.15	0.15	0.15	0.16	0.16	0.16	0.16	0.16	0.17	0.17	0.17	0.18
23	0.16	0.16	0.16	0.16	0.16	0.16	0.16	0.16	0.17	0.17	0.17	0.17	0.17	0.17	0.17	0.17	0.17	0.18	0.18	0.19	0.19	0.19	0.19	0.20	0.20	0.20	0.21
23.5	0.19	0.19	0.19	0.19	0.19	0.19	0.19	0.19	0.20	0.20	0.20	0.20	0.20	0.21	0.21	0.21	0.21	0.22	0.22	0.23	0.23	0.23	0.23	0.24	0.24	0.24	0.25
24	0.21	0.21	0.21	0.22	0.22	0.22	0.22	0.22	0.23	0.23	0.23	0.23	0.23	0.24	0.24	0.24	0.24	0.25	0.25	0.26	0.26	0.26	0.26	0.27	0.27	0.27	0.28
24.5	0.24	0.24	0.24	0.25	0.25	0.25	0.26	0.26	0.26	0.27	0.27	0.27	0.27	0.28	0.28	0.28	0.28	0.28	0.29	0.29	0.29	0.29	0.30	0.30	0.31	0.31	0.32
25	0.27	0.27	0.27	0.28	0.28	0.28	0.28	0.29	0.29	0.30	0.30	0.30	0.30	0.31	0.31	0.31	0.31	0.31	0.32	0.32	0.32	0.32	0.33	0.33	0.34	0.34	0.35
25.5	0.30	0.30	0.30	0.31	0.31	0.31	0.31	0.32	0.32	0.33	0.33	0.33	0.33	0.34	0.34	0.34	0.34	0.35	0.35	0.36	0.36	0.36	0.36	0.37	0.37	0.37	0.39
26	0.33	0.33	0.33	0.34	0.34	0.34	0.34	0.35	0.35	0.36	0.36	0.36	0.36	0.37	0.37	0.37	0.38	0.38	0.39	0.39	0.40	0.40	0.40	0.40	0.40	0.40	0.42

续表

测得的糖锤度

温度低于20℃时应减去的校正数

温度/℃	0	1	2	3	4	5	6	7	8	9	10	11	12	13	14	15	16	17	18	19	20	21	22	23	24	25	30
26.5	0.37	0.37	0.37	0.38	0.38	0.38	0.38	0.38	0.39	0.39	0.39	0.39	0.40	0.40	0.41	0.41	0.41	0.42	0.42	0.43	0.43	0.43	0.43	0.44	0.44	0.44	0.46
27	0.40	0.40	0.40	0.41	0.41	0.41	0.41	0.41	0.42	0.42	0.42	0.42	0.43	0.43	0.44	0.44	0.44	0.45	0.45	0.46	0.46	0.46	0.47	0.47	0.48	0.48	0.50
27.5	0.43	0.43	0.43	0.44	0.44	0.44	0.44	0.45	0.45	0.46	0.46	0.46	0.47	0.47	0.48	0.48	0.48	0.49	0.49	0.50	0.50	0.50	0.51	0.510	0.52	0.52	0.54
28	0.46	0.46	0.46	0.47	0.47	0.47	0.47	0.48	0.48	0.49	0.49	0.49	0.50	0.50	0.51	0.51	0.52	0.52	0.53	0.53	0.54	0.54	0.55	0.55	0.56	0.56	0.58
28.5	0.50	0.50	0.50	0.51	0.51	0.51	0.51	0.52	0.52	0.53	0.53	0.53	0.54	0.54	0.55	0.55	0.56	0.56	0.57	0.57	0.58	0.58	0.59	0.59	0.60	0.60	0.62
29	0.54	0.54	0.54	0.55	0.55	0.55	0.55	0.55	0.56	0.56	0.56	0.57	0.57	0.58	0.58	0.59	0.59	0.60	0.60	0.61	0.61	0.61	0.62	0.62	0.63	0.63	0.66
29.5	0.58	0.58	0.58	0.59	0.59	0.59	0.59	0.59	0.60	0.60	0.60	0.61	0.61	0.62	0.62	0.63	0.63	0.64	0.64	0.65	0.65	0.65	0.66	0.66	0.67	0.67	0.70
30	0.61	0.61	0.61	0.62	0.62	0.62	0.62	0.62	0.63	0.63	0.63	0.64	0.64	0.65	0.65	0.66	0.66	0.67	0.67	0.68	0.68	0.68	0.69	0.69	0.70	0.70	0.73
30.5	0.65	0.65	0.65	0.66	0.66	0.66	0.66	0.66	0.67	0.67	0.67	0.68	0.68	0.69	0.69	0.70	0.70	0.71	0.71	0.72	0.72	0.73	0.73	0.74	0.74	0.75	0.78
31	0.69	0.69	0.69	0.70	0.70	0.70	0.70	0.70	0.71	0.71	0.71	0.72	0.72	0.73	0.73	0.74	0.74	0.75	0.75	0.76	0.76	0.77	0.77	0.78	0.78	0.79	0.82
31.5	0.73	0.73	0.73	0.74	0.74	0.74	0.74	0.74	0.75	0.75	0.75	0.76	0.76	0.77	0.77	0.78	0.79	0.79	0.80	0.80	0.81	0.81	0.82	0.82	0.83	0.83	0.86
32	0.76	0.77	0.77	0.77	0.78	0.78	0.78	0.78	0.79	0.79	0.79	0.80	0.80	0.81	0.81	0.82	0.83	0.83	0.84	0.84	0.85	0.85	0.86	0.86	0.87	0.87	0.90
32.5	0.80	0.80	0.81	0.81	0.82	0.82	0.82	0.83	0.83	0.83	0.83	0.84	0.84	0.85	0.85	0.86	0.87	0.87	0.88	0.88	0.89	0.90	0.90	0.91	0.91	0.92	0.95
33	0.84	0.84	0.85	0.85	0.85	0.85	0.85	0.86	0.86	0.86	0.86	0.87	0.88	0.88	0.89	0.90	0.91	0.91	0.92	0.92	0.93	0.94	0.94	0.95	0.95	0.96	0.99
33.5	0.88	0.88	0.88	0.89	0.89	0.89	0.89	0.90	0.90	0.90	0.90	0.91	0.92	0.92	0.93	0.94	0.95	0.95	0.96	0.97	0.98	0.98	0.99	0.99	1.00	1.00	1.03
34	0.91	0.91	0.92	0.92	0.93	0.93	0.93	0.93	0.94	0.94	0.94	0.95	0.96	0.96	0.97	0.98	0.99	1.00	1.00	1.01	1.02	1.02	1.03	1.03	1.04	1.04	1.07
34.5	0.95	0.95	0.96	0.96	0.97	0.97	0.97	0.97	0.98	0.98	0.98	0.99	0.99	1.00	1.01	1.02	4.07	1.04	1.04	1.05	1.06	1.07	1.07	1.08	4.08	1.09	1.12
35	0.99	0.99	1.00	1.00	1.01	1.01	1.01	1.01	1.02	1.02	1.03	1.03	1.04	1.05	1.05	1.06	4.07	1.08	1.09	1.09	1.10	1.11	1.12	1.12	1.12	1.13	1.16
40	1.42	1.43	1.43	1.44	1.44	1.45	1.45	1.46	1.47	1.47	1.47	1.48	1.49	1.50	1.50	1.51	1.52	1.53	1.53	1.54	1.54	1.55	1.55	1.56	1.56	1.57	1.62

附表 2　相当于氧化亚铜质量的葡萄糖、果糖、乳糖、转化糖　　　　单位：mg

氧化亚铜	葡萄糖	果糖	乳糖	转化糖	氧化亚铜	葡萄糖	果糖	乳糖	转化糖
11.3	4.6	5.1	7.7	5.2	51.8	22.1	24.4	35.2	23.5
12.4	5.1	5.6	8.5	5.7	52.9	22.6	24.9	36.0	24.0
13.5	5.6	6.1	9.3	6.2	54.0	23.1	25.4	36.8	24.5
14.6	6.0	6.7	10.0	6.7	55.2	23.6	26.0	37.5	25.0
15.8	6.5	7.2	10.8	7.2	56.3	24.1	26.5	38.3	25.5
16.9	7.0	7.7	11.5	7.7	57.4	24.6	27.1	39.1	26.0
18.0	7.5	8.3	12.3	8.2	58.5	25.1	27.6	39.8	26.5
19.1	8.0	8.8	13.1	8.7	59.7	25.6	28.2	40.6	27.0
20.3	8.5	9.3	13.8	9.2	60.8	26.1	28.7	41.4	27.6
21.4	8.9	9.9	14.6	9.7	61.9	26.5	29.2	42.1	28.1
22.5	9.4	10.4	15.4	10.2	63.0	27.0	29.8	42.9	28.6
23.6	9.9	10.9	16.1	10.7	64.2	27.5	30.3	43.7	29.1
24.8	10.4	11.5	16.9	11.2	65.3	28.0	30.9	44.4	29.6
25.9	10.9	12.0	17.7	11.7	66.4	28.5	31.4	45.2	30.1
27.0	11.4	12.5	18.4	12.3	67.6	29.0	31.9	46.0	30.6
28.1	11.9	13.1	19.2	12.8	68.7	29.5	32.5	46.7	31.2
29.3	12.3	13.6	19.9	13.3	69.8	30.0	33.0	47.5	31.7
30.4	12.8	14.2	20.7	13.8	70.9	30.5	33.6	48.3	32.2
31.5	13.3	14.7	21.5	14.3	72.1	31.0	34.1	49.0	32.7
32.6	13.8	15.2	22.2	14.8	73.2	31.5	34.7	49.8	33.2
33.8	14.3	15.8	23.0	15.3	74.3	32.0	35.2	50.6	33.7
34.9	14.8	16.0	23.8	15.8	75.4	32.5	35.8	51.3	34.3
36.0	15.3	16.8	24.5	16.3	76.6	33.0	36.3	52.1	34.8
37.2	15.7	17.4	25.3	16.8	77.7	33.5	36.8	52.9	35.3
38.3	16.2	17.9	26.1	17.3	78.8	34.0	37.4	53.6	35.8
39.4	16.7	18.4	26.8	17.8	79.9	34.5	37.9	54.4	36.3
40.5	17.2	19.0	27.6	18.3	81.1	35.0	38.5	55.5	36.8
41.7	17.7	19.5	28.4	18.9	82.2	35.5	39.0	55.9	37.4
42.8	18.2	20.1	29.1	19.4	83.3	36.0	39.6	56.7	37.9
43.9	18.7	20.6	29.9	19.9	84.4	36.5	40.1	57.5	38.4
45.0	19.2	21.1	30.6	20.4	85.6	37.0	40.7	58.2	38.9
46.2	19.7	21.7	31.4	20.9	86.7	37.5	41.2	59.0	39.4
47.3	20.1	22.2	32.2	21.4	87.8	38.0	41.7	59.8	40.0
48.4	20.6	22.8	32.9	21.9	88.9	38.5	42.3	60.5	40.5
49.5	21.1	23.3	33.7	22.4	90.1	39.0	42.8	61.3	41.0
50.7	21.6	23.8	34.5	22.9	91.2	39.5	43.4	62.1	41.5
92.3	40.0	43.9	62.8	42.0	135.1	59.2	64.9	92.1	62.0

续表

氧化亚铜	葡萄糖	果糖	乳糖	转化糖	氧化亚铜	葡萄糖	果糖	乳糖	转化糖
93.4	40.5	44.5	63.6	42.6	136.2	59.7	65.4	92.8	62.5
94.6	41.0	45.0	64.4	43.1	137.4	60.2	66.0	93.6	63.1
95.7	41.5	45.6	65.1	43.6	138.5	60.7	66.5	94.4	63.6
96.8	42.0	46.1	65.9	44.1	139.6	61.3	67.1	95.2	64.2
97.9	42.5	46.7	66.7	44.7	140.7	61.8	67.7	95.9	64.7
99.1	43.0	47.2	67.4	45.2	141.9	62.3	68.2	96.7	65.2
100.2	43.5	47.8	68.2	45.7	143.0	62.8	68.9	97.5	65.8
101.3	44.0	48.3	69.0	46.2	144.1	63.3	69.2	98.2	66.3
102.5	44.5	48.9	69.7	46.7	145.2	63.8	69.9	99.0	66.8
103.6	45.0	49.4	70.5	47.3	146.4	64.3	70.4	99.8	67.4
104.7	45.5	50.0	71.3	47.8	147.5	64.9	71.0	100.6	69.7
105.8	46.0	50.5	72.1	48.3	148.6	65.4	71.6	101.3	68.4
107.0	46.5	51.1	72.8	48.8	149.7	65.9	72.1	102.1	69.0
108.1	47.0	51.6	73.6	49.4	150.9	66.4	72.7	102.9	69.5
109.2	47.5	52.2	74.4	49.9	152.0	66.9	73.2	103.6	70.0
110.3	48.0	52.7	75.1	50.4	153.1	67.4	73.8	104.4	70.6
111.5	48.5	53.3	75.9	50.9	154.2	68.0	74.3	105.2	71.1
112.6	49.0	53.8	76.7	51.5	155.4	68.5	74.9	106.0	71.6
113.7	49.5	54.4	77.4	52.0	156.5	69.0	75.5	106.7	72.2
114.8	50.0	54.9	78.2	52.5	157.6	69.5	76.0	107.5	72.7
116.0	50.6	55.5	79.0	53.0	158.7	70.0	76.6	108.3	73.2
117.1	51.1	56.0	79.7	53.6	159.9	70.5	77.1	109.0	73.8
118.2	51.6	56.6	80.5	54.1	161.0	71.1	77.7	109.8	74.3
119.3	52.1	57.1	81.3	54.6	162.1	71.6	78.3	110.6	74.9
120.5	52.6	57.7	82.1	55.2	163.2	72.1	78.8	111.4	75.4
121.6	53.1	58.2	82.8	55.7	164.4	72.6	79.4	112.1	75.9
122.7	53.6	58.8	83.6	56.2	165.5	73.1	80.0	112.9	76.5
123.8	54.1	59.3	84.4	56.7	166.6	73.7	80.5	113.7	77.0
125.0	54.6	59.9	85.1	57.3	167.8	74.2	81.1	114.4	77.6
126.1	55.1	60.4	85.9	57.8	168.9	74.7	81.6	115.2	78.1
127.2	55.6	61.0	86.7	58.3	170.0	75.2	82.2	116.0	78.6
128.3	56.1	61.6	87.4	58.9	171.0	75.7	82.8	116.8	79.2
129.5	56.7	62.1	88.2	59.4	172.3	76.3	83.3	117.5	79.7
130.6	57.2	62.7	89.0	59.9	173.4	76.8	83.9	118.3	80.3
131.7	57.7	63.2	89.8	60.4	174.5	77.3	84.4	119.1	80.8
132.8	58.2	63.8	90.5	61.0	175.6	77.8	85.0	119.9	81.3
134.0	58.7	64.3	91.3	61.5	176.8	78.3	85.6	120.6	81.9

续表

氧化亚铜	葡萄糖	果糖	乳糖	转化糖	氧化亚铜	葡萄糖	果糖	乳糖	转化糖
177.9	78.9	86.1	121.4	82.4	220.7	98.9	107.7	150.8	103.1
179.0	79.4	86.7	122.2	83.0	221.8	99.5	108.3	151.6	103.7
180.1	79.9	87.3	122.9	83.5	222.9	100.0	108.8	152.4	104.3
181.3	80.4	87.8	123.7	84.0	224.0	100.5	109.4	153.2	104.8
182.4	81.0	88.4	124.5	84.6	225.2	101.1	110.0	153.9	105.4
182.5	81.5	89.0	125.3	85.1	226.3	101.6	110.6	154.7	106.0
184.5	82.0	89.5	126.0	85.7	227.4	102.2	111.1	155.5	106.5
185.8	82.5	90.1	126.8	86.2	228.5	102.7	111.7	156.3	107.1
186.9	83.1	90.6	127.6	86.8	229.7	103.2	112.3	157.0	107.6
188.0	83.6	91.2	128.4	87.3	230.8	103.8	112.9	157.8	108.2
189.1	84.1	91.8	129.1	87.8	231.9	104.3	113.4	158.6	108.7
190.3	84.6	92.3	129.9	88.4	233.1	104.8	114.0	159.4	109.3
191.4	85.2	92.9	130.7	88.9	234.2	105.4	114.6	160.2	109.9
192.5	85.7	93.5	131.5	89.5	235.3	105.9	115.2	160.9	110.4
193.6	86.2	94.0	132.2	90.0	236.4	106.5	115.7	161.7	110.9
194.8	86.7	94.6	133.0	90.6	237.6	107.0	116.3	162.6	111.5
195.9	87.3	95.2	133.8	91.1	238.7	107.5	116.9	163.3	112.1
197.0	87.8	95.7	134.6	91.7	239.8	108.1	117.5	164.0	112.6
198.1	88.3	96.3	135.3	92.8	240.9	108.6	118.0	164.8	113.2
199.3	88.9	96.9	136.1	92.8	242.1	109.2	118.6	165.6	113.7
200.4	89.4	97.4	136.9	93.3	243.1	109.7	119.2	166.4	114.3
201.5	89.0	98.0	137.7	93.8	244.3	110.2	119.8	167.1	114.9
202.7	90.4	98.6	138.4	94.4	245.4	110.8	120.3	167.9	115.4
203.8	91.0	99.2	139.2	94.9	246.6	111.3	120.9	168.7	116.0
204.9	91.5	99.7	140.0	95.5	247.4	111.9	121.5	169.5	116.5
206.0	92.0	100.3	140.8	96.0	248.6	112.4	122.1	170.3	117.1
207.2	92.6	100.9	141.5	96.6	249.7	112.9	122.6	171.0	117.6
208.3	93.1	101.4	142.3	97.1	251.1	113.5	123.2	171.8	118.2
209.4	93.6	102.0	143.1	97.7	252.2	114.0	123.8	172.6	118.8
210.5	94.2	102.6	143.9	98.2	253.3	14.6	124.4	173.4	119.3
211.7	94.7	103.1	144.6	98.8	254.4	115.1	125.0	174.2	119.9
212.8	95.2	103.7	145.4	99.3	255.6	115.7	125.5	174.9	120.4
213.9	95.7	104.3	146.2	99.9	256.7	116.2	126.1	175.7	121.0
215.0	96.3	104.8	147.0	100.4	257.8	116.7	126.7	176.5	120.6
216.2	96.8	105.4	147.7	101.0	258.9	117.3	127.3	177.3	122.1
217.3	97.3	106.0	148.5—	101.5	260.1	117.8	127.9	178.1	122.7
218.4	97.9	106.6	149.3	102.1	261.2	118.4	128.4	178.8	123.3

氧化亚铜	葡萄糖	果糖	乳糖	转化糖	氧化亚铜	葡萄糖	果糖	乳糖	转化糖
219.5	98.4	107.1	150.1	102.6	262.3	118.9	129.0	179.6	123.8
263.4	119.5	129.6	180.4	124.4	306.2	140.4	151.8	210.0	146.0
264.6	120.0	130.2	181.2	124.9	307.4	141.0	152.4	210.8	146.6
265.7	120.6	130.8	181.9	125.5	308.5	141.6	153.0	211.6	147.1
266.8	121.1	131.3	182.7	126.1	309.6	142.1	153.6	212.4	147.7
268.0	121.7	131.9	183.5	126.6	310.7	142.7	154.2	213.2	148.3
269.1	122.2	132.5	184.3	127.2	311.9	173.2	154.8	214.0	148.9
270.2	122.7	133.1	185.1	127.8	313.0	143.8	155.4	214.7	149.4
271.3	123.3	133.7	185.8	128.3	314.1	144.4	156.0	215.5	150.0
272.5	123.8	134.2	186.6	128.9	315.2	144.9	156.5	216.3	150.6
273.6	124.1	134.8	187.4	129.5	316.4	145.5	157.1	217.1	151.2
274.7	124.9	135.4	188.2	130.0	317.5	146.0	157.7	217.9	151.8
275.8	125.5	136.0	189.0	130.6	318.6	146.6	158.3	218.7	152.3
277.6	126.0	136.6	189.7	131.2	319.7	147.2	158.9	219.4	152.9
278.1	126.6	137.2	190.5	131.7	320.9	147.7	159.5	220.0	153.5
279.2	127.1	137.7	191.3	132.3	322.0	148.3	160.1	221.0	154.1
280.3	127.7	138.3	192.1	132.9	323.1	148.8	160.7	221.8	154.6
281.5	128.2	138.9	192.9	133.4	324.2	148.9	161.3	222.6	155.2
282.6	128.8	139.5	193.6	134.0	325.4	150.0	161.9	223.3	155.8
283.7	129.3	140.1	194.4	134.6	326.5	150.5	162.5	224.1	156.4
284.8	129.9	140.7	195.2	135.1	327.6	151.1	163.1	224.9	157.0
286.0	130.4	141.3	196.0	135.7	328.7	151.7	163.7	225.7	157.5
287.1	131.0	141.8	196.8	136.3	329.9	152.2	164.3	226.5	158.1
288.2	131.6	142.4	197.5	136.8	331.0	152.8	164.9	227.2	158.7
289.3	132.1	143.0	198.3	137.4	333.3	153.9	166.0	228.8	159.9
290.5	132.7	143.6	199.1	138.0	334.4	154.5	166.6	229.6	160.5
291.6	133.2	144.2	199.9	138.6	335.5	155.1	167.2	230.4	161.0
292.7	133.8	144.8	200.7	139.0	336.6	155.5	167.8	231.2	161.6
293.8	134.3	145.4	201.4	139.7	337.8	156.2	168.4	232.0	162.2
295.0	134.9	145.9	202.2	140.3	338.9	156.8	169.0	232.7	162.8
296.1	135.4	146.5	203.0	140.8	340.0	157.3	169.6	233.5	163.4
297.2	136.0	147.1	203.8	141.4	341.0	157.9	170.2	234.3	164.0
297.3	136.5	147.7	204.6	142.0	342.3	158.5	170.9	235.1	164.5
299.5	137.1	148.3	205.3	142.6	343.4	159.0	171.4	235.9	165.1
300.6	137.7	148.9	206.1	143.1	344.5	159.6	172.0	236.7	165.7
301.7	138.2	149.5	206.9	143.7	345.6	160.2	172.6	237.4	166.3
302.9	138.8	150.1	207.7	144.3	246.8	160.7	173.2	238.2	166.9

续表

氧化亚铜	葡萄糖	果糖	乳糖	转化糖	氧化亚铜	葡萄糖	果糖	乳糖	转化糖
304.0	139.3	150.6	208.5	144.8	347.9	161.3	173.8	239.6	167.5
305.1	139.9	151.2	209.2	145.4	349.0	161.9	174.4	239.8	168.0
350.1	162.5	175.0	240.6	168.5	392.9	184.4	197.9	270.5	191.2
351.3	163.0	175.6	2411 4	169.2	394.0	185.0	198.5	271.3	191.8
352.4	163.6	176.2	242.2	169.8	395.2	185.6	199.2	272.1	192.4
353.5	164.2	176.8	243.0	170.4	396.3	186.2	199.8	272.9	193.0
354.6	164.7	177.4	243.7	171.0	397.4	186.8	200.4	273.7	193.6
355.8	165.3	178.0	244.5	171.6	398.5	187.3	201.0	274.4	194.2
356.9	165.9	178.6	245.3	172.2	399.7	187.9	201.6	275.2	194.8
358.0	166.5	179.2	246.1	172.8	400.8	188.5	202.2	276.0	195.4
359.1	167.0	179.8	246.9	173.3	401.9	189.1	202.8	276.8	196.0
360.3	167.6	180.4	247.7	173.9	403.1	189.7	203.4	277.6	196.6
361.4	168.2	181.0	248.5	174.5	404.2	190.3	204.0	27g.4	197.2
362.5	168.8	181.6	249.2	175.1	405.3	190.9	204.7	279.4	197.8
364.8	169.9	182.9	250.8	176.3	406.4	191.5	205.3	280.0	198.4
363.6	169.3	182.2	250.0	175.7	407.6	192.0	205.9	280.8	199.0
367.0	171.1	184.0	252.4	177.5	408.7	192.6	206.5	281.6	199.6
365.9	170.5	183.4	251.6	176.9	409.8	193.2	207.1	282.4	200.2
368.2	171.6	184.6	253.2	178.1	410.9	193.8	207.7	283.2	200.8
369.3	172.2	185.2	253.9	178.7	412.1	194.4	208.3	284.0	201.4
370.4	172.8	185.8	254.7	179.3	413.2	195.0	209.0	284.8	202.0
371.5	173.4	186.4	255.5	179.8	414.3	195.8	209.6	285.6	202.6
372.7	173.9	187.0	256.3	180.4	415.4	196.2	210.2	286.3	203.2
373.8	174.5	187.6	257.1	181.0	416.6	196.8	210.8	287.1	203.8
374.9	175.1	188.2	257.9	181.6	417.7	197.4	211,4	287.9	204.4
376.0	175.7	188.8	258.7	182.2	418.8	198.0	212.0	288.7	205.0
377.2	176.3	189.4	259.4	182.8	419.9	198.5	212.6	289.5	205.7
378.3	176.8	190.1	260.2	183.4	421.1	199.1	213.3	290.3	206.3
379.4	177.4	190.7	261.0	184.0	422.2	199.7	213.9	291.1	206.9
380.5	178.0	191.3	261.8	184.6	423.3	200.3	214.5	2 91.9	207.5
381.7	178.6	191.9	262.6	185.2	424.4	200.9	215.1	292.7	208.1
382.8	179.2	192.5	263.4	185.8	425.6	201.5	215.7	293.5	208.7
383.9	179.7	193.1	264.2	186.4	426.7	202.1	216.3	294.3	209.3
385.0	180.3	193.7	265.0	187.0	427.8	202.7	217.0	295.0	209.9
386.2	180.9	194.3	265.8	187.6	428.9	203.5	217.6	295.8	210.5
387.3	181.5	194.9	266.6	188.2	430.1	203.9	218.2	296.6	211.1
388.4	182.1	195.5	267.4	188.9	431.2	204.5	218.8	297.4	211.8

氧化亚铜	葡萄糖	果糖	乳糖	转化糖	氧化亚铜	葡萄糖	果糖	乳糖	转化糖
389.5	182.7	196.1	268;1	189.4	432.3	205.1	219.5	298.2	212.4
390.7	183.2	196.7	268.9	190.1	433.5	205.7	220.1	299.0	213.0
391.8	183.8	197.3	269.9	190.6	434.6	206.3	220.7	299.8	213.6
435.7	206.9	221.3	300.6	214.2	459.3	219.6	234.5	317.5	227.2
436.8	207.5	221.9	301.4	214.8	460.5	220.2	235.1	318.3	227.9
438.0	208.1	222.6	302.2	215.4	461.6	220.8	235.8	319.1	228.5
439.1	208.7	223.2	303.0	216.0	462.7	221.4	236.4	319.9	229.1
440.2	209.3	223.8	303.8	2116.7	463.8	222.0	237.1	320.7	229.7
441.3	209.9	224.4	304.6	217.3	465.0	222.6	237.7	321.6	230.4
442.5	210.5	225.1	305.4	217.9	466.1	223.3	238.4	322.4	231.0
443.6	211.1	225.7	306.2	218.5	467.2	223.9	239.0	323.3	231.7
444.7	211.7	226.3	307.0	219.1	468.4	224.5	239.7	324.0	232.3
445.8	212.3	226.9	307.8	219.8	469.5	225.1	240.3	324.9	232.9
447.0	212.9	227.6	308.6	220.4	470.6	225.7	241.0	325.7	233.6
448.1	213.5	228.2	309.4	221.0	471.7	226.3	241.6	326.5	234.2
449.2	214.1	228.8	310.2	221.6	472.9	227.0	242.2	327.4	234.8
450.3	214.7	229.4	311.0	222.2	474.0	227.6	242.9	328.2	235.5
451.5	215.3	230.1	311.8	222.9	475.1	228.2	243.6	329.1	236.1
452.6	215.9	230.7	312.6	223.5	476.2	228.8	244.3	329.9	236.8
453.7	216.5	231.3	313.4	224.1	477.4	229.5	244.9	330.8	237.5
454.8	217.1	232.0	314.2	224.7	478.5	230.1	245.6	331.7	238.1
456.0	217.8	232.6	315.0	225.4	479.6	230.7	246.3	332.6	238.8
457.1	218.4	233.2	315.9	226.0	480.7	231.4	247.0	333.5	239.5
458.2	219.0	233.9	316.7	226.6	481.9	232.0	247.8	334.4	240.2

参 考 文 献

[1] 吴晓彤. 食品检测技术. 北京：化学工业出版社，2008.

[2] 周光理. 食品分析与检验技术. 北京：化学工业出版社，2006.

[3] 刘冬莲. 无机与分析化学. 北京：化学工业出版社，2009.

[4] 杨祖英. 食品检验. 北京：化学工业出版社，2001.

[5] 张慧波. 分析化学. 大连：大连理工大学出版社，2006.

[6] 程云燕. 食品分析与检验. 北京：化学工业出版社，2007.

[7] 王燕. 食品检验技术. 北京：中国轻工业出版社，2010.

[8] 康臻. 食品分析与检验. 北京：中国轻工业出版社，2009.

[9] 穆华荣. 食品分析. 第2版. 北京：化学工业出版社，2011.

[10] 王一凡. 食品检验综合技能实训. 北京：化学工业出版社，2009.

[11] 王永华. 食品感官分析与实验. 北京：化学工业出版社，2009.

[12] 张水华. 食品分析实验. 北京：化学工业出版社，2006.